理解

现实

困惑

心理经纬度·学术丛书

隔代教养儿童的心理与教育

陈传锋　著

国家社科基金教育学国家一般项目
"隔代教养儿童的祖辈依赖及其教育干预策略"
（课题编号：BBA180077）研究成果

中国纺织出版社有限公司

内 容 提 要

本书聚焦于当前我国日益普遍的隔代教养现象，基于对隔代教养家庭儿童及其主要教养人的抽样调查，揭示了隔代教养儿童的心理及行为状况。作者及其团队系统考察了隔代教养相关因素对儿童成长发展的影响，并侧重考察了隔代教养儿童的祖辈依赖及其成因。作者在分析祖辈隔代教养利弊的基础上，对如何优化中国式隔代教养提出了专业建议。本书的研究成果对提升隔代教养家庭的教育质量，促进隔代教养儿童的健康成长有重要的参考价值。

图书在版编目（CIP）数据

隔代教养儿童的心理与教育 / 陈传锋著. -- 北京：中国纺织出版社有限公司，2023.9

（心理经纬度·学术丛书）

ISBN 978-7-5229-0702-4

Ⅰ.①隔… Ⅱ.①陈… Ⅲ.①儿童教育—家庭教育②儿童心理学 Ⅳ.①G782 ②B844.1

中国国家版本馆CIP数据核字（2023）第117253号

责任编辑：关雪菁　宋　贺　　责任校对：江思飞
责任印制：王艳丽

中国纺织出版社有限公司出版发行
地址：北京市朝阳区百子湾东里A407号楼　邮政编码：100124
销售电话：010—67004422　传真：010—87155801
http: //www.c-textilep.com
中国纺织出版社天猫旗舰店
官方微博http: //weibo.com/2119887771
北京华联印刷有限公司印刷　各地新华书店经销
2023年9月第1版第1次印刷
开本：710×1000　1/16　印张：28.25
字数：438千字　定价：128.00元

凡购本书，如有缺页、倒页、脱页，由本社图书营销中心调换

序　言

顾名思义，隔代教养就是由祖辈对孙辈的抚养和教育。于我而言，小时候绝没有机会享受这种"教养"，近耳顺之年也尚未收到此种"奖赏"。因此，我对"隔代教养"的认识与理解难免如隔靴搔痒，属于坐而论道的"纸上谈兵"，但冀望能有"不识庐山真面目，只缘身在此山中"的效果。这可能也是陈传锋教授"酒翁之意不在酒"的良苦用心。

先说几句题外话。古今中外，家庭教育在整个人类教育体系中具有不可替代的奠基性价值。隔代教养属于家庭教育的范畴。祖辈是孩子的根，孩子是父母的命；亲子关系是生命的纽带，家庭教育是祖辈、父母与孩子联系的媒介。在这个意义上，隔代教养名正言顺、无可厚非。然而，现实生活中许多祖辈常常感叹：祖辈越做越累，越做越难！确实，为人祖辈能使人度过生命中最美好的时光，也会使人体验到人世间最糟糕的时刻；为人祖辈可以是一种有价值感、令人享受人生的经历，也可以是一种否定自我价值和令人沮丧的经历。因为隔代教养貌似缩短了亲子之间的沟通距离，但实际上限制了父母对孩子的言传身教，为孩子逃避与父母的沟通提供了机会。轻则影响亲子关系和祖辈对自己的身份认同，重则损害家庭心理健康。显然，这是一把"双刃剑"，值得认真研究。我想，这也是陈传锋教授的高明之处：于无声处见惊雷。

再来几下"班门弄斧"。实际上，纵观中华民族的家庭教育发展史，隔代教养世代相传，源远流长。在约距今4000年前的虞舜时期，就已有类似教育机构的地方，即"庠"，其原意是饲养牛羊之所。据推测，是由经验丰富的老者从事饲养牛羊一职，他们一边管理牛羊，一边照顾孩子，这可能是最原始的隔代教养。现代社会，随着人口老龄化、生育政策调整、社会竞争激烈、社会日托照料资源相对不足、自小被捧成"小公主""小皇帝"的独生子女一代逐渐为人父母等现状的出现，加上老年人的隔代情结和对生命价值感的追求，隔代教养正在成为现代家庭的"标配"，而且已然成为父母应对孩子养育压力的不二选择。由于隔代教养的不可避免，祖辈教养的特点及其对孙辈心理和行为的影响备受关注。研究发现：祖辈虽重视孙辈教养，但乏于合理；虽经验丰富，但过于传统；虽倾注情感，却过于溺爱；虽有时间和耐心，但体力和精力有限；虽尽心竭力，但教养观念较为落后，教养方法有失科学；隔代教养内容虽有可取之处，却较为片面和滞后；虽能减轻父辈压力，却过于干预；虽能增进祖孙关系，却减弱了父母与孩子的联系。因此，隔代教养对孙辈的积极影响有之，但消极影响也不可小觑。惟其如此，陈传锋教授的新著《隔代教养儿童的心理与教育》才恰逢其时，其影响力和生命力可圈可点。

还是言归正传吧。毫无疑问，全面推进和深化家庭教育，必须树立"大家庭教育观"。其实质是从新时代家庭教育的特点出发，强调与时俱进的家庭教育观念、明确的家庭教育任务、科学的家庭教育方法，提供适合孩子发展需要的家庭教育服务，建立符合中国国情和富有中国特色的家庭教育体制观。据此，陈传锋教授通过抽样调查，运用问卷法和访谈法，在完成国家社科基金教育学国家一般项目"隔代教养儿童的祖辈依赖与教育干预策略"（课题编号：BBA180077）的基础上，综合其研究成果，进一步完成了《隔代教养儿童的心理与教育》。该书较为系统地探讨了隔代教养对儿童心理和学习的不良影响，并侧重探讨了隔代教养儿童的祖辈依赖及相应的教育对策，结果发现，隔代教养儿童存在祖辈依赖，包括认知依赖、情感依赖、人格依赖和行为依赖，且年龄越小，依赖性越强；儿童祖辈依赖不仅影响亲子关系，而且影响其科学探究能力、自我概念和心理健康；隔代教养方式、祖辈心理控制、祖辈教养意愿、祖辈教养时间、儿童接受祖辈教养阶段、家庭居住方式等对儿童祖辈依赖具有显著影响。在此基础上，作者进一步提出了针对隔代教养家庭的干预对策，包括隔代教养价值提升策略、祖辈身心健康干预策略和儿童祖辈依赖干预策略等。该研究成果对于构建隔代教养家庭教育的理论和有关儿童心理发展的理论等，具有重要的学术价值；对于改进隔代教养家庭祖辈——父辈的教育实践、预防隔代教养儿童的心理问题、促进隔代教养儿童的健康发展，亦具有重要的应用价值。显然，这是一部理论联系实际、"又好看又好吃"的家庭教育专著，我愿意推荐广大家庭教育研究工作者和祖辈父母们阅读。

最后，我的忠告是：祖辈要提供适合孩子发展需要的家庭教育。这意味着要了解孩子的身心发展特点，把孩子作为独立的个体，尊重他们的兴趣和成长需要；要视身教重于言教，保持心态平和，陪伴孩子慢慢成长，让自信陪伴孩子一生。教育是一盘永远也不会下完的"棋"。要一看、二听、三带，这样孩子的棋艺才会不断提高。一句话，祖辈应调整心态，放松心情，放慢脚步，发挥余热，用心享受和孩子一起成长的过程，进而实现自己的"老年新生"，真正达到一种"夕阳无限好"的精神境界。

此为序。愿与同道中人陈传锋教授共勉。

俞国良
2022 年 12 月于北京西海探微斋

（作者系中国人民大学心理研究所所长，心理健康教育跨学科平台首席专家，教育部中小学心理健康教育专家指导委员会秘书长，教育部高等学校心理健康教育专家指导委员会副秘书长）

目 录

Chapter I
第一章　隔代教养概述

第一节　隔代教养的概况与特点 / 2

第二节　隔代教养的优势及劣势 / 19

第三节　隔代教养对孙辈的双刃剑效应 / 27

第四节　隔代教养研究文献的计量分析 / 38

Chapter II
第二章　隔代教养对学前儿童认知和依恋的影响

第一节　隔代教养对学前儿童心理理论的影响 / 48

第二节　隔代教养对学前儿童错误信念理解的影响 / 60

第三节　隔代教养对学前儿童依恋情绪的影响 / 77

Chapter III
第三章　隔代教养儿童的人际关系研究

第一节　隔代教养儿童的亲子关系研究 / 92

第二节　隔代教养儿童的祖孙关系思考 / 108

第三节　隔代教养儿童的同伴关系研究 / 115

Chapter IV

第四章　隔代教养儿童的学业发展研究

第一节　隔代教养小学儿童的学校适应研究 / 134

第二节　隔代教养小学儿童的学习依赖研究 / 146

第三节　隔代教养少年儿童的学习困难研究 / 168

Chapter V

第五章　隔代教养儿童的品行问题研究

第一节　隔代教养少年儿童的道德社会化研究 / 182

第二节　隔代教养学前儿童的说谎行为研究 / 192

第三节　隔代教养学前儿童的行为问题研究 / 205

Chapter VI

第六章　隔代教养学前儿童的心理依赖研究

第一节　隔代教养学前儿童的认知依赖研究 / 214

第二节　隔代教养学前儿童的依赖人格研究 / 227

第三节　隔代教养学前儿童的行为依赖研究 / 244

Chapter VII
第七章 隔代教养学前儿童的祖辈依赖研究

第一节 学前儿童祖辈依赖量表的编制及信效度检验 / 262

第二节 隔代教养学前儿童祖辈依赖的现状调查 / 273

第三节 隔代教养对学前儿童祖辈依赖的影响 / 283

第四节 祖辈依赖对学前儿童心理发展的影响 / 300

Chapter VIII
第八章 隔代教养儿童的身心健康研究

第一节 隔代教养小学儿童的生理健康研究 / 340

第二节 隔代教养学前儿童的心理健康研究 / 355

第三节 隔代教养小学儿童的学习压力研究 / 373

第四节 隔代教养学前儿童的性别角色研究 / 384

Chapter IX
第九章 隔代教养家庭的干预对策

第一节 祖辈隔代教养价值的提升策略 / 394

第二节 隔代教养祖辈身心健康的干预方案 / 409

第三节 隔代教养学前儿童祖辈依赖的干预对策 / 418

第四节 农村留守家庭隔代教养的干预策略 / 426

后 记 / 439

Chapter Ⅰ 第一章
隔代教养概述

第一节　隔代教养的概况与特点

第二节　隔代教养的优势及劣势

第三节　隔代教养对孙辈的双刃剑效应

第四节　隔代教养研究文献的计量分析

第一节　隔代教养的概况与特点

一、隔代教养的概念与类型

（一）隔代教养的概念

隔代教养（grandparenting），也称隔代教育、隔代抚育、隔代照料、隔代抚养，指相对于亲子教养而言，由祖辈担当起对孙辈实施教育、抚养的部分、主要或全部责任，是祖辈和孙辈之间双向影响和互动的过程（李晴霞，2001；段飞艳，李静，2012；李洪曾，2006）。亦即，隔代教养（育）是指祖辈（爷爷奶奶或外公外婆）主动或被动地参与照料孙辈，孙辈曾经（如婴幼儿期或小学时期）有一年以上、或暂时（因父母工作关系，晚上或假日时间）或长期（因父母离异、死亡、异地工作或其他因素）完全或部分由祖辈教育、抚养、照料一年及以上，或父辈为了减轻自己照料子女的负担而要求老人协同自己照料孩子，或祖辈自己为减轻子女负担主动要求协同子女照料孙辈一年及以上的家庭教养形态（陈传锋，孙亚菲，2020）。

（二）隔代教养的类型

根据不同分类标准，可将隔代教养分为不同类型：

第一，按祖辈参与隔代教养的不同时段划分，可将隔代教养分为工作日隔代教养型、晚间隔代教养型、周末隔代教养型、寒暑假隔代教养型，以及时段不固定的隔代教养型（陈传锋，孙亚菲，2020）。

第二，按祖辈参与隔代教养的不同程度划分，可将隔代教养分为完全隔代教养（父母长期与儿童分离，祖辈承担全部教养责任）和不完全隔代教养（祖辈—父辈协同教养）。不完全隔代教养又称为祖辈—父辈协同教养，即祖辈—父辈共育，包括祖辈辅助型教养（低照料强度，祖辈教养时间低于父辈）、祖辈合作型教养（中等照料强度，祖辈教养时间和父辈相当）和祖辈主导型教养（高照料强度，祖辈教养时间高于父辈）。

第三，按祖辈参与隔代教养的不同原因划分，可将隔代教养划分为祖辈被迫型隔代教养（包括因父辈要求而参与教养孙辈、父辈丧失教养能力等）和祖辈主动型隔代教养（即祖辈自己希望并要求参与教养孙辈）（陈传锋，孙亚菲，2020）。

第四，按家庭成员的代际构成划分，可将隔代教养分为由祖辈和孙辈二代成员组成的隔代教养家庭（即完全隔代教养）和祖辈、父辈和孙辈三代成员构成的隔代教养家庭（即祖辈—父辈协同教养）（陈传锋，孙亚菲，2020）。

第五，按家庭成员的居住方式划分，可将隔代教养分为祖辈和孙辈共居型（包括父辈偶尔回来居住和父辈独居），祖辈、父辈和孙辈三代同堂型（或合居式祖辈—父辈协同教养型），祖辈独居、父辈和孩子共居型。前两种居住方式又称为"有祖辈同住"型，后一种居住方式则可称为"无祖辈同住"型（或分居式祖辈—父辈协同教养型）。

第六，按隔代教养在儿童成长的不同阶段划分，可将隔代教养分为儿童在婴幼儿阶段、小学阶段、初中阶段、婴幼儿和小学阶段、婴幼儿和初中阶段、小学和初中阶段以及从婴幼儿到小学及初中阶段的隔代教养（陈传锋，孙亚菲，2020）。

此外，按隔代教养是由父系祖辈还是由母系祖辈来承担，可将隔代教养分为父系祖辈（祖父母）照顾型和母系祖辈（外祖父母）照顾型（孙亚菲，2013）；按隔代教养的地域划分，可将隔代教养分为农村地区的隔代教养和城市地区的隔代教养。

二、隔代教养的现状与成因

（一）隔代教养的现状

纵观已有调研数据，祖辈参与隔代教养的比例普遍较高。中国老龄科学研究中心 1992 年对全国 20083 位老年人调查研究发现，66.47% 的城乡老人帮助子女照料孙辈（中国老龄科学研究中心，1993）。中国城乡老年人口追踪调查 2006 年的数据表明，照料孙辈的老人占调查样本的 45.7%（孙鹃娟，张航空，2013）。中国健康与养老追踪调查 2011 年的数据显示，42.69% 的农村祖辈和 48.01% 的城镇祖辈在照料孙辈（程昭雯等，2017）。中国老年社会追踪调查（CLASS）2014 年的调查数据则显示，我国 73.29% 的老年人参与隔代教养（黄国桂等，2016）。另国家卫生和计划生育委员会[①]2014 年的家庭发展追踪调查数据显示，0~5 岁儿童的日常照料、教育承担人，除母亲外主要是祖辈（国家卫生和计划生育委员会，2015）。从上述时间跨度达 20 余年的调查结果可以看出，祖辈照料孙辈的比例一直居高不下。

数据还显示：儿童年龄越小，隔代教养的比例越高。裴丽颖（2005）对 1~6 岁儿童主要教养人的调查发现，有接近 60% 的 1~2 岁儿童主要由祖辈教养，且有 30% 的儿童被放在祖辈家中教养（即完全隔代教养）。3 岁以后，大部分儿童进入幼儿园，由祖辈教养的比例虽逐渐下降，但其总体数量仍不可小觑。还有调查显示，如将儿童成长阶段划分为幼儿园前期、幼儿园期间和小学期间来看，不同阶段祖辈介入儿童教养的比例分别为 77.7%、72.9% 和 60.1%（岳坤，2018）。

当然，城乡的隔代教养情况有所差异。在农村地区，随着年轻父母纷

[①] 2018 年 3 月，国家卫生和计划生育委员会不再保留，组建国家卫生健康委员会。

纷离开家庭出外谋生，出现许多留守儿童和留守老人，祖辈被迫承担起教养孙辈的责任（毕波，2015；许传新，2018）。在城市地区，祖辈退休后赋闲在家，常主动参与照料孙辈。有研究指出：近80%的城市家庭祖辈参与孙辈的教养，且他们中的绝大多数（93.8%）愿意参与教养（岳坤，2018）。可见，无论城市还是乡村，祖辈皆成带娃"主力军"。

据预测，在经济持续快速发展、社会竞争日益激烈，同时二孩、三孩政策开放的背景下，父辈忙于工作、打拼事业，无暇顾及或疏忽对孩子的教养，加上有些父辈出于离婚或其他各种原因无法照料孩子时，更是会把对孩子的起居责任、教养责任全部或部分交给祖辈，以致家庭中孩子的主要教养人发生改变，祖辈代替父辈成为孩子的主要教养人或者祖辈与父辈共同成为主要教养人的隔代教养现象将会更加普遍。

（二）隔代教养的成因

在国外，祖辈介入孙辈的教养更多是被动的，主要原因在于父辈亲自照顾孩子的条件缺乏或照顾能力丧失，如父辈离开家庭外出务工、无承担孩子教养的经济能力等；还有父母去世、吸毒、入狱、酗酒、离婚、家庭暴力、家庭性侵犯、艾滋病、儿童虐待、非婚生子及父辈患有精神疾病等，从而导致祖辈被迫承担起教养孙辈的责任（Hayslip & Kaminski, 2005; Goodman & Silverstein, 2006; Siordia, 2015）。在我国，由于国情不同，祖辈介入孙辈教养的原因多样，概括起来，主要有以下几点：

1. 我国的传统文化和现代变迁

孝道与代际间互助互惠是我国传统儒家文化之核心，祖辈帮助父辈照料孙辈的现象普遍存在。受传统文化观念的影响，祖辈一辈子都在为儿孙奉献。祖辈喜欢儿孙满堂，普遍把教养孙辈当成是家族传宗接代的责任，是自己晚年应该完成的任务，"天伦之乐""含饴弄孙""养子抱孙"说的就是这个道理（汪文学，2001）。同时，多代同堂也是我国传统的家庭居住形式。

在多代同堂的家庭中，祖、父、孙三代人同吃同住，隔代教养自然而然地发生。祖辈在与孙辈朝夕相处的同时进行隔代教养（徐友龙，周佳松，凌雁，2019）。

随着社会的现代化转型，流传已久的传统家庭文化也在发生着变化。"长幼有序""长者为上"的传统代际关系逐渐演化为"重幼轻老"和"以孩子为中心"、强调个体意识的新型代际关系（郑杨，张艳君，2021），即父辈开始在代际关系中占有主导权，祖辈逐渐处于弱势地位。一方面，祖辈想要通过提供隔代照料，巩固与孙辈的感情联系，从而增加获得儿孙养老支持的可能性（金文龙，2021）。另一方面，父辈将更多的精力与时间用于追求自我实现，照顾孩子的时间大为减少。因此，在现实生活中祖辈教养孙辈的频率和时间变得更高、更长（徐晓慧，2018）。

2. 祖辈的生命价值感和补偿心理

随着退休，祖辈在工作场合获得的价值感逐渐消失。同时，由于不再工作和年纪偏大，在家庭中开始扮演被照顾的角色，他们会觉得自己缺乏价值，给家庭带来了负担。面临这些身份和角色的变化，祖辈有重拾个人价值的心理诉求，希望通过参与照料孙辈从而在家庭中实现个人价值。大多数祖辈退休后时间空余、精力有剩，为照顾孙辈提供了有利条件。祖辈参与照顾孙辈，一方面与家人相处互动，其退休生活变得规律、有意义；另一方面则是在为家族血脉传承方面作出贡献，这使其感受到较高的存在感和自我价值感（刘中一，2019）。

另外，许多祖辈存在一种补偿心理。由于年轻时忙于工作不能兼顾家庭，祖辈与父辈之间存在一定的情感疏离，因此，祖辈退休后希望通过参与孙辈的教养来为父辈减轻压力，进而弥补之前的遗憾。同时，有的祖辈年轻时条件有限、无法给予父辈良好的生活条件，在心理上感觉对父辈有亏欠，于是，祖辈在退休后倾向于将自己现有的物质财富和时间精力用于对孙辈的教养，以此来补偿父辈（刘薇，2005）。

3. 祖辈与父辈代际之间的时间互补

父辈将主要精力与时间投入工作中，没时间教养孙辈；而祖辈在退休之后赋闲在家，日常空闲时间变得宽裕，与父辈时间互补，祖辈因此参与到孙辈的教养中来，使父辈的工作和家庭得以平衡。这是使更多的祖辈参与教养孙辈，以致隔代教养逐渐成为我国家庭教养的重要模式的又一原因（陈改君，2014）。

而且，祖辈有更多的时间和精力陪伴孙辈，同时拥有父辈较为缺乏的教育实践经验、人生感悟和社会阅历等，这些对儿童的健康成长至关重要。刘汶蓉（2016）研究发现，代际之间的合作是以代际之间互补的需求结构作为前提的。退休后回归家庭的祖辈有自身情感和价值上的需求，并且期望以照顾孙辈换取自身的经济保障及日后年老时所需的生活照料与帮助（郑佳然，2019），而父辈则有需要他人协助照顾孩子的需求，两者之间需求结构的互补状态导致隔代教养成为一种日益普遍的代际合作方式。

4. 城镇化进程中的劳动力迁移

在城镇化进程中，城市聚集了大量的就业机会，成年劳动人口为增加经济收入而大规模地从农村迁往城市。有调查数据显示，我国流动人口在总人口中所占的比例从20世纪80年代的几乎可以忽略不计到如今高达近20%（段成荣等，2020）。农村的年轻父母大规模涌向城市，而城乡二元化政策和户籍制度在医疗、教育资源和经济收入等方面对流动人口存在诸多限制，致使流动人口子女无法获取与城市适龄儿童同等的入学资格，医疗服务也难以得到保障（刘欢，席鹏辉，2019）。因此，许多年轻父母只能将孩子留在农村，与老人共同居住，产生了留守老人和留守儿童。第六次全国人口普查结果显示，我国农村留守儿童有6102.55万，其中46.74%的农村留守儿童父母在外务工，祖父母成为他们的主要教养人（段成荣等，2013；毕波，2015）。可见，我国城镇化进程中大规模的劳动力迁移是导致隔代教养的又一重要原因。

5. 现代社会的激烈竞争和压力

当今社会竞争压力增加，父辈在工作与家庭之间奔走，在事业和孩子之间周旋，工作发展与家庭照顾之间的关系逐渐走向失衡。现实中，加班已经成为一种工作常态，员工的个人生活空间不断受到挤压，而家庭照料会降低照料提供者的劳动参与概率和减少其工作时间（刘岚等，2016；林彦梅等，2019），紧张和忙碌使得他们无暇顾及孩子。工作和家庭照料之间如何平衡？隔代教养便是"首选"。

同时，我国已育女性因为有潜在的照料任务而在就业市场中面临职业发展"天花板"等不公正待遇，加之产假等相关制度不完善和与之相关的家庭照料中父亲角色的缺失，使得女性只能在工作之余进行"丧偶式"育儿（李芬，2015；郭戈，2019）。这种工作与家庭之间的严重冲突导致孩子在家里难以得到充分的照料（钟晓慧，郭巍青，2017）。于是，父辈只能让祖辈参与孙辈的照料，以解其后顾之忧，从而更好地创造个人价值与家庭福利。

6. 现代社会儿童照顾资源不足

医疗卫生条件、儿童教育资源、市场化儿童照顾资源等与儿童相关的公共照顾资源的数量不足和质量堪忧，以及女性职业生涯发展的支持缺乏，儿童福利服务尚未完善，民众享受公共育儿服务的机会偏少，导致我国绝大多数家庭在儿童照顾方面压力偏高。"全面二孩"政策实施背景下形势变得更为严峻，这使得祖辈成为最重要的儿童照顾支持资源（霍利婷，2018；岳经纶，范昕，2018）。据统计，我国3岁以下婴幼儿机构照护服务的供给状况仅能满足1/6的需求量，且在全国范围内，婴幼儿在各类托育机构的入托率不足5%（石智雷，刘思辰，2019）。还有研究数据显示，仅有7.2%的城市儿童和0.3%的农村儿童在接受市场化的替代性照顾（李向梅，万国威，2019），所以更多儿童只能接受家庭照料。隔代教养可以弥补我国社会中儿童公共照顾资源和市场化照顾资源的不足，这是隔代教养普遍存在的又一重要原因。

7. 隔代教养的性价比更高

如上所述，我国社会公共照料资源十分有限，私营照料机构和雇用保姆的费用又普遍较高，加上教育产业化、资本化，导致育儿成本也不断增高。国家卫生和计划生育委员会2017年的相关调查显示，育儿支出占中国家庭平均收入的近一半以上（李红梅，2017），父辈没有足够的经济实力支付儿童的市场性照料费用，在面对孩子的照料需求时只得向家庭内部寻求帮助。有研究表明，雇用保姆工资与祖辈参与孙辈教养存在显著的正相关关系，保姆工资每增加1%，家庭对祖辈的隔代照料需求就增加4%~6%（邹红等，2019）。

同时，儿童照顾需要情感投入，而儿童在照顾市场中能够获得的照顾程度和照顾时间有限，情感投入更是不足（袁同成，2019；吴心越，2019）。相反，祖辈对孙辈的照料以血缘关系为纽带，更易获取代际信任与照料支持。且大多数祖辈都会尽全力精心照料孙辈，由于"隔代亲"，情感投入更高。故此隔代教养比市场照料更具保障，性价比更高，是多数普通家庭最大程度提高家庭福利的第一选择。

此外，新一代的父母大多是原生家庭的独生子女，本身就是被其父母捧在手心、放在心尖上的宝贝，行事多以自我为中心，注重享受自由生活，对于养育孩子既缺乏经验，也缺乏责任感，因而在照顾孩子方面会向其父母寻求帮助。甚至有一部分"巨婴"式的青年父母，"啃老"成自然，把孩子交给父母，以致父母无奈参与隔代教养。这也是当前隔代教养盛行的原因之一（黄冲，池碧云，2016）。

三、隔代教养的主要特点

隔代教养的特点是祖辈教养观念、教养方式、教养行为和教养内容的综合体现，同时受祖辈人口统计学特点影响，受时代背景、成长环境、受教育水平和个性特点所制约。祖辈教养一般具有以下特点。

（一）教养经验丰富，但过于传统

祖辈不仅有着丰富的生活经历，同时在育儿方面有着丰富的经验，对于孙辈的喂养和培养比较自如，面对孙辈的困难也能及时给予帮助，保障孙辈的健康成长。虽然祖辈与父辈的教养存在不少差异，但是祖辈教养也并不是没有合理性，祖辈的有些教养观念是可以被理解和接受的，并值得赞同和学习（欧阳洁，万湘桂，2014），如拍背防溢奶、教育成就未来、早睡早起身体好等身体养护的方法和教育发展上的看法。因此，父辈不能完全否认祖辈的育儿经验（张杨波，2018）。

但是，祖辈的教养观念依旧存在重教轻养、重智轻德、重功利轻素质的传统倾向。从历史发展的脉络看，人们对儿童发展的认识经历了"片面强调身体发展——只注重知识传授——提倡智力开发——关注个性全面和谐发展"这样一演变过程。研究发现，祖辈更多停留在片面强调身体发展的传统观念上，而忽略现代社会所倡导的关注个性全面和谐发展，如祖辈在家庭教养中对孙辈的生活照料参与度很高，而在行为规范的树立、心灵关怀与陪伴方面只有中等的参与度（岳坤，2018）。祖辈在教养过程中往往以保障孙辈的基本生活需要和人身安全为责任，很少进行道德教育和心理引导，其对孙辈道德教育的重视程度远远低于对生活和学习的重视程度（刘芳，2018）。另外，祖辈对于孙辈成就的看法具有较大的功利性，较少将孙辈的素质全面发展纳入考量。受传统价值观的影响，祖辈对孙辈成就的评价仍旧基于功名利禄的概念，更多将金钱、学历和职业作为衡量人才的标准，倾向于让孙辈选择稳定、待遇丰厚、职业声望高的职业，如教师、医生、公务员等。祖辈普遍认为只有高学历、好职业才能实现其价值，才能光耀祖宗，而对人才的普遍价值的认可度较低（张永霞，2019；陈虹，高婷，2019）。

（二）重视儿童教养，但乏于合理

祖辈退休后，人际交往相对减少，参与孙辈教养可充实他们的晚年生活，因而他们较为重视孙辈的教养。祖辈不仅在生活上对孙辈悉心照料，对孙辈的学习也较为关注，同时也会探寻促进孙辈发展的合适路径。有的祖辈还会重视与父辈的沟通，较好的配合父辈，并主动提供育儿经验，以使育儿能够更有成效（李东阳等，2015）。总之，祖辈一般重视家庭教育、重视孙辈教养（骆风，2015）。

但是，祖辈的教养观念存在一定的不合理性或有些偏狭，主要体现在祖辈过于将孙辈看作家庭的中心、过于看重孙辈的学习和过于重视自己的旧有经验，即儿童中心、学习中心、经验中心。这里所说的"儿童中心"与杜威所倡导的"儿童中心"不同，杜威强调的是教育教学要从儿童的角度出发，关注儿童的发展，不以教师的意志支配儿童。而祖辈的"儿童中心"则是出于补偿心理，慈幼之性较为强烈，对于孙辈往往过于关心和保护，以照顾孙辈为中心、以孙辈为主似乎成了祖辈生活的全部。此外，祖辈往往将孙辈的学习作为首要任务来对待，将其作为孙辈发展的重心，对孙辈学习的重视程度超过其他教养内容。然而祖辈在关注孙辈学习时，只在乎孙辈有没有学习、学得好不好，却无法对孙辈的学习进行有效的指导。长此以往会让孙辈认为祖辈是在监视自己，不利于孙辈学业水平的提升。诸多研究指出，祖辈对孙辈的教育从来都是凭着经验和感觉，一味地套用自己过往教养经验的固定模式，不懂得如何与孙辈进行交流沟通来了解孙辈内心的真实想法（阴晨雪等，秦敏，2014；刘丹丹，2017）。祖辈较低的教育程度、狭窄的知识面、僵化的思维模式、旧有的思想观念、有限的交往活动范围以及"过来人"的优势心理，使其在教养孙辈时极度依赖之前经验，其视野、理念与现代社会不免有脱节之处，可能会延误孙辈的社会化进程（李赐平，2004）。另外，祖辈深受传统思想的束缚，接受新生事物较慢，获取新知识主动性较低，多年积累形成的固有思维模式和生活方式不易改变，难以顺应时代要求、接受现代科学育儿理念的洗礼，形成祖辈的经验主义甚至是狭隘的经验至上观念。

（三）教养倾注情感，却过于溺爱

祖辈与孙辈之间存在着一种天然的亲缘关系，祖辈对孙辈有着特殊的情感。加上祖辈晚年孤独，孙辈的陪伴是对其较大的宽慰，因此对待孙辈会倾注更多的情感、温暖、关心与爱护（裴丽颖，2005；孔屏，2010）。研究发现，孙辈年龄越小，祖辈对孙辈越温暖、疼爱（苗俊美，2015）。这种关爱与情感有利于儿童心智的健康成长，同时可以避免一些性格暴戾的父母给孩子造成的伤害（张璐斐，吴培冠，2001）。

但是，祖辈对孙辈的关爱容易演变成溺爱，即对孙辈有求必应，在物质和情感上竭尽所能给予满足。祖辈的这种溺爱当父辈不在时还会成倍增长，极易导致孙辈形成自恋型、偏执型、癔症型等人格障碍，不利于孙辈的成长（孙怡等，2020）。调查发现，祖辈存在过分宠溺孙辈、少有严格管教孙辈的现象（Leder et al.，2003；李婧，2012）；且这种溺爱在人口学统计上有着明显的特征，亦即，祖辈对孙辈的溺爱程度因其自身性别、儿童性别、儿童年龄及血缘关系的不同而有差异。首先，在祖辈性别上，与祖父相比，祖母对孙辈更多地采取溺爱型教养方式（裴丽颖，2005）；其次，在儿童性别上，与女性孙辈相比，祖辈对男性孙辈更多地采取溺爱型教养方式；再次，在儿童年龄上，祖辈更加溺爱低年龄段的孙辈，溺爱孙辈具有低龄化倾向（陈传锋等，2021；张帆，2020；姜晓慧，2019；杨函露，曹晓君，2017；许岩，裴丽颖，2012）；最后，在血缘关系上，与父系祖辈相比，母系祖辈更多地采取溺爱型教养方式（孔屏，2010）。

（四）教养虽有耐心，却难以得当

一方面，相较于父辈而言，祖辈生活经历丰富，心态和性格更为平和稳重，对于孙辈的教育较有耐心，处理教养中的问题更为淡定从容，能够为孙辈创造宽松、愉快的环境，有利于孙辈的成长。加上有抚养子女的实际经验，祖辈能够更为从容地处理孙辈在不同年龄段出现的不同问题（陈璐等，2014）。当孙辈犯错误时，祖辈也能够耐心地沟通、说服和教育他们，不仅有利于形成彼此间的亲密关系，还能促进孙辈表达能力的发展（俞峰，2020），促进孙辈良好社会适应能力的发展（闻明晶等，2021）。

另一方面，祖辈在教养过程中虽然扮演着重要的角色，却难以将孙辈平等看待，难以与孙辈平等对话、平等沟通，有时会采取专制与忽视的教养方式。例如，在误解孩子后，父辈能更加主动纠正并且向孩子道歉，而祖辈对于这一做法的能动性不如父辈强。祖辈在"如何与孩子相处"这一方面的教养行为虽有所进步，但依旧受传统观念影响，不容易承认自己的错误，甚至坚持自己没错。现代育儿观念要求家长与儿童平等对话与沟通，而祖辈往往要求孙辈的顺从。由于知识、年龄和地位的差距较大，祖辈总是倾向于根据自己的理想模式与孙辈沟通，进而影响和改变他们，具有较强的专制性，导致孙辈在与祖辈的交往中处于被动地位（聂衍刚，1989）。祖辈更多地将孙辈看成是一个没有自主意识的孩子，而不是一个独立的个体，较少与孙辈进行平等的对话与沟通来了解孙辈的内心想法，容易忽视孙辈的真正诉求。尤其在非独生家庭中，对比家庭中第一个孩子，祖辈对第二个孩子会更多采用忽视型教养方式，较少采取情感温暖型的教养方式。在家庭中第二个孩子降临之前，祖辈会给予第一个孩子全部的关心与疼爱，随着年龄的逐渐增大，时间和精力的逐渐减少，对第二个孩子的关注自然就减少（姜晓慧，2019）。相比对女性孙辈，祖辈对男性孙辈有着更多的专制与忽视；相比对小学儿童，对初中少年更严格（张帆，2020；姜晓慧，

2019）。祖辈会受自身年龄、学历水平、个性特征以及"传宗接代"等传统观念的影响，认为孙子将来会承担家庭责任，而孙女会加入其他家庭，因此往往对于男性孙辈抱有较大期望，在教养方式上也会较为专制。当孙辈进入初中以后，面临着中考这一重要考试，祖辈对孙辈有更多的管束与要求。同时，孙辈的活动范围不断扩大，祖辈出于对孙辈安全的考量，提出更多的要求和进行更严格的管束（苗俊美，2015）。此外，随着孙辈的年龄增长，祖辈对孙辈教养的忽视比重增加，张帆（2020）表示，祖辈忽视型教养方式是祖辈和孙辈双方相互影响的结果，即孙辈从小学进入初中以后，随着其认知水平的提高和学业难度的增大，祖孙之间的交流逐渐变少，为此忽视比重较高。祖辈对孙辈的教养忽视型比例较高，还可能是由于祖辈认为父母对孩子的教养负有主要责任，自己只是参与协助教养；也有可能与祖辈年龄大、活动性差且体弱多病的特点相关，想关注孙辈却有心无力。

（五）教养参与广泛，却过于干预

祖辈人生阅历丰富、人生感悟深刻，同时有丰富的教养经历。因此，无论是祖辈单独教养还是祖辈—父辈协同教养，祖辈实际参与孙辈教养都较为广泛。除了生理性养育和日常生活照料外，在孙辈的学习与辅导、兴趣与爱好、人际交往等方面，祖辈也都部分或主要参与教养。许多研究表明，祖辈在参与孙辈教养内容方面，如生活照料、行为规范的树立、心灵关怀和陪伴等，参与率虽各有不同，但参与教养内容涉及面广（岳坤，2018），祖辈不仅提供对孙辈的日常生活照料，还会承担辅导孙辈学业或者根据孙辈需要给予建议等诸多事务的责任（Griggs et al.，2010；Tan et al.，2010）。祖辈与孙辈的这种频繁接触与互动，有助于祖辈对孙辈传递各种有效资源，如人力资本、文化资本和价值观念等，对孙辈的社会地位获得和教育发展具有重要的影响作用（张帆，吴愈晓，2020）。

祖辈对孙辈教养的广泛参与难免演变成过度干预。祖辈对孙辈倾注了全部的爱，将孙辈作为自己生活的中心，这样就不免会出现过分关注孙辈、过分为孙辈代劳的情况，以致慢慢将孙辈塑造成家中的"小公主"与"小皇帝"，使孙辈逐渐失去了锻炼自己、培育自信的机会，长此以往，促使孙辈形成了独立性差、依赖性强以及自私、任性、倔强等性格及行为问题（李强，谢明明，2012），严重阻碍孙辈的健康成长与长远发展。祖辈不仅在生活照料方面会过度帮助孙辈，在学习辅导方面也会时刻监督他们，以致孙辈对于祖辈的监督较为抵触，逐渐形成一种紧张的教养氛围。此外，祖辈在父辈教育孩子时也会进行干预。当父母管教犯错的孩子时，祖辈有时会出面干涉，甚至有时会在孩子面前直接斥责父母。这非但不能使孩子的错误或者缺点得到改正，还会削弱父母的教养威信，影响父母的教养效果。当祖辈和父辈双方均有不满时，还会发生矛盾和冲突，严重影响家庭教育的效果，不利于祖辈和父辈育儿合力的发挥。

（六）教养内容可取，却较为滞后

祖辈具有丰富的生活知识和深厚的人生阅历，加上曾有教养经历，其对孙辈的教养内容自然有可取之处，例如，重视健康和安全，强调做人和孝道等。这些教养内容若能与父辈先进的教育理念相互结合，能有利于孩子的成长，促进孩子的全面发展。

但是，由于社会背景、生活方式与当下社会的差距以及文化水平等方面的局限性，祖辈的思想观念以及知识储备与现代社会的要求有着或多或少的差距，导致其教养内容跟不上现代教育发展进程，显得较为滞后。首先，祖辈的教养知识和做法缺乏理论依据，与现代倡导的科学教养内容有出入。虽说传统育儿观念有一定的可取之处，但是随着时代的进步和科学理念的发展，祖辈固守传统育儿经验已明显不合时宜，仅重视孙辈的健康与安全，而较少关注对孙辈的社会性培养，必然不利于孙辈未来的发展（闫洪波，

2014)。另外，在信息时代，电子媒介对人产生全面而潜移默化的影响，孙辈在日常生活中接触各种电子媒介，许多新兴教育服务与设施倾向与各种电子媒介相挂钩，而祖辈对各种电子设备缺乏了解，无法跟上现代教育的发展进程，进而导致对孙辈的教养内容相对滞后。

（七）祖辈的人口统计学特点

祖辈的人口学特点不仅影响祖辈参与隔代教养的程度，还影响祖辈参与隔代教养的效果。

1. 祖辈的年龄特点

参与隔代教养的祖辈平均年龄较低，在年龄分布上较为集中，但跨度较大。在平均年龄上，上海市一项关于隔代教养状况的调查显示，祖辈的平均年龄为53.10岁（李洪曾，2006）。张宝莹和韩布新（2016）在北京市的调研发现，参与隔代教养的祖辈平均年龄为62岁。蒋艺岑和刘珍（2022）基于2011—2018年的四期"中国健康与养老追踪调查"数据发现，参与隔代照料的祖辈平均年龄为59.72岁。在年龄分布上，李洪曾（2006）发现68.2%的祖辈年龄在60岁以下，还有研究者发现农村祖辈参与隔代教养的年龄段分布主要集中在40~59岁（段飞艳，2012）。但也有研究者通过调查发现，祖辈的年龄集中在70岁以下，例如，秦敏（2015）在陕北农村的调查发现，92%的祖辈年龄在55~70岁，张宝莹和韩布新（2016）的调研指出，参与隔代教养的祖辈年龄集中在55~69岁。此外，研究者发现，隔代教养中祖父母年龄最大可达80岁（许岩，裴丽颖，2012；梅鹏超，2014），可见参与隔代教养的祖辈年龄跨度甚大，高达40岁。

2. 祖辈的性别特点

祖辈在教养投入、教养方式、教养质量和对孙辈的影响方面存在显著的性别差异。在教养投入上，女性祖辈相较男性祖辈更多地参与隔代教养，且对孙辈的照料也更多。李雪娇（2016）的一项随机调查显示，在照料3

岁以下孙辈的祖辈中，女性占比 86.2%，而男性仅占比 13.8%。倪星（2019）也发现了类似的结果，参与隔代教养的祖辈中 68.3% 是女性，31.6% 是男性。此外，其他研究者还发现，与男性祖辈相比，女性祖辈更多地参与照料孙辈和烹饪等照料家庭的活动中（Sun，2012）。余盼和熊峰（2014）同样指出，女性祖辈几乎全揽孙辈的日常生活照料，而男性祖辈仅提供经济支持。在教养方式上，男性祖辈一般采用严厉惩罚的教养方式教育孙辈，而女性祖辈更多采用情感温暖的教养方式，给予孙辈关心、理解和爱护（张亚利，陆桂芝，2017）。许岩和裴丽颖（2012）还发现，祖母主要采用溺爱型和指导型的教养方式，祖父主要采用专制型和忽视型的教养方式。在教养质量上，Malonebeach 等人（2018）的调查显示，孙辈与女性祖辈之间的关系更为密切，且在孙辈的青春期和青年期两个时期中，女性祖辈的教育质量显著高于男性祖辈的教育质量。在对孙辈的影响上，有研究表明男性祖辈可以在数学和语言方面影响孙辈，但女性祖辈只能在语言技能方面影响女性孙辈（Modin et al.，2012）。

3. 祖辈的学历特点

祖辈的学历普遍不高，大部分为初中及以下，有些祖辈甚至是文盲。有研究者发现，祖辈文化程度在初中及以下的占比为 54.2%（张宝莹，韩布新，2016）；还有调查显示，祖辈的学历为初中及以下者在调研样本中占比达 69.7%（李雪娇，2016）；更有研究者在江苏省的调研发现，88.1% 的祖辈学历为初中或技校及以下（吴祁，2018）。可见，学历为初中及以下的祖辈占比较大，高中及以上的占比较小。张宝莹和韩布新（2016）发现高中及以上学历的祖辈占比为 45.8%，低于半数；李雪娇（2016）的调查显示，30.3% 的祖辈学历为高中及以上，而吴祁（2018）调研发现仅有 11.4% 的祖辈文化程度在高中及以上。同时，祖辈的学历特点还受地域的影响，研究者对上海市的祖辈进行调研发现，78.7% 的祖辈学历在高中及以上，40% 的祖辈受过高等教育（倪星，2019）。祖辈中还存在一定数量的文盲，黄国桂、杜鹏和陈功（2016）根据全国老年社会追踪调查的数据分析发现，在隔代教养中祖辈为文盲的占比为16.4%。此外，研究者发现祖辈的学历特点对其教养方式有重要影响，高学历祖辈的教养方式优于低学历祖辈，多采用接纳、鼓励独立和探索等积极的教养方式。并且，高学历祖辈更愿意学习新的教育理念，且愿意与父辈沟通交流（林青，2009）。

4. 祖辈的婚姻特点

祖辈的婚姻状况对其教养参与影响很大，大部分参与教养的祖辈处于在婚状态，处于离异、未婚、丧偶状态的祖辈较少。一项对北京市参与隔代教养的祖辈的调查发现，91.9%的祖辈处于在婚状态（张宝莹，韩布新，2016）。另一项对山东省参与隔代教养的祖辈的调查显示，祖辈婚姻状况为原配的占比83.8%（李少杰等，2019）。还有一项基于CLASS样本数据的分析得出，在参与隔代教养的祖辈中，有配偶的祖辈多于无配偶的祖辈，占72.5%（黄国桂等，2016）。孙鹃娟等（2016）调查发现参与隔代教养的无配偶祖辈仅占25%。还有研究发现，丧偶的祖辈占15.2%，离异的祖辈仅占1%（李少杰等，2019）。蒋艺岑和刘珍（2022）采用中国健康与养老追踪调查2011年、2013年、2015年和2018年的数据进行分析后指出：隔代教养的祖辈处于离异或未婚状态的仅占3.2%，处于丧偶状态的仅占5.7%。以上数据显示，处于在婚状态的祖辈参与隔代教养的比例较高，而处于非在婚状态的祖辈参与隔代教养的比例较低。

5. 祖辈的城乡特点

参与隔代教养的祖辈在来自城乡的比例上存在较大的差异，农村祖辈参与教养比例高于城市祖辈，但在照顾的程度和强度上不及城市祖辈。顾超凡（2019）的调查显示参与隔代教养的祖辈来自农村的占比较大，为56.3%；来自城镇的占比为12.6%；而来自城市的占比为31.1%。还有研究者从中国健康与营养调查的数据中选择55岁以上参与隔代教养的祖辈进行分析发现，参与隔代教养的农村祖辈占比61%，城市祖辈占比39%（Chen &

Liu，2012）。龙莹和袁嫚（2019）基于 2015 年的中国健康与养老追踪调查数据，对 5585 个隔代照料的样本分析发现，农村祖辈占比 79.9%，城市祖辈占比 20.1%。蒋艺岑和刘珍（2022）通过相关数据的分析也发现，农村地区参与隔代照料的祖辈占 82.3%。但在对孙辈照顾的强度方面，黄国桂、杜鹏和陈功（2016）对 CLASS 样本的数据分析发现，在高强度照料方面，城市祖辈高出农村祖辈 7.41%。

第二节 隔代教养的优势及劣势

隔代教养的普遍存在具有一定合理性，其优势显而易见，但其劣势也不容小觑。因此，在隔代教养中，为了更好地教养儿童，既要关注并发扬其优势，同时又要看到并克服其劣势。

一、隔代教养的优势

（一）祖辈有充足的时间和耐心

祖辈大多无须上班或从事生产劳动，生活和工作压力较小，时间较为充裕。他们的晚年生活大多是围绕孙辈展开，将大部分时间都用于教养孙辈。因此，与父辈相比，祖辈的时间顾虑较少，在教养孩子时不必匆匆忙忙、火急火燎。在穿衣、洗漱、喂养等日常生活起居上，可以给孩子提供较为全面而细致的照顾，有利于促进孩子的身体健康。同时，祖辈也有更多空闲和孩子一起游戏、仔细倾听孩子的诉说、带领孩子认识周边的花草树木，有利于丰富孩子的内心世界，促进其心理的良好发展。

祖辈经历了多年的历练，气质上更加沉稳淡然，心态上更加平和，因此对人对事都更有耐心。在教育孩子时很少表现出急躁、不耐烦，如当孩子遇到困难时，能慢慢地引导孩子；在孩子抛出各种问题时，能细致地予以解答。这种教养行为有利于营造轻松、愉悦的氛围，利于孩子的成长。

（二）祖辈有丰富的经验和智慧

长辈常言"我吃过的盐比你吃过的饭还多"。这句话尽管有夸张的成分，但也确实反映了长辈有更多的阅历和经验。阅历和经验虽然不都是正确的，若能加以转化，形成智慧，就能更好地指导自己和他人的生活。祖辈曾将自己的子女抚养成人，有丰富的育儿经验，知道如何教养不同成长阶段的孩子。如在教养婴幼儿时期的孩子时，新手父母可能手忙脚乱，而祖辈有过育儿经验，在抱孩子、帮孩子做辅食、喂养孩子等方面会更加驾轻就熟。在孩子年龄再大一些的时候，父辈逐渐习得一些教养经验，多与祖辈协同育儿。此时，祖辈可以利用他们的育儿经验给父辈提出建议，使其避免一些育儿错误。更重要的是，过去的教养经验也让祖辈吸取了一定的教训，逐渐形成了一些育儿智慧，而这可能是父辈无法从书本上习得的知识。此外，接受现代教养知识的父辈其教养方式更科学，但也可能太"唯书本"而流于教条主义，祖辈的育儿智慧则可以与之相补充，二者智慧结合形成的教育合力可以更好地提升教养质量。

（三）有利于提升祖辈的脑力及认知

孙辈好奇心旺盛，充满了求知欲，祖辈回答孙辈问题的过程也是思考的过程。而当祖辈以目前的知识水平无法解决问题时，就需要不断学习。这种对学习的投入，能促进祖辈脑力的活化（张书仪等，2017）。

依据"用进废退"的理论假说，教养孙辈会对祖辈的脑功能产生刺激，因而有利于祖辈认知功能和大脑机能的发展。宋璐等人（2013）也证实了隔代教养对祖辈的认知功能有积极影响。王亚鹏（2014）则指出隔代教养可降低祖辈认知老化和老年痴呆的风险。另外，语言是认知功能的一个重要表现，Arpino 和 Bordone（2014）研究发现，在语言流利性上，每周至少照顾孙辈一次的祖辈比不照顾孙辈的祖辈要强。Sneed 等人（2017）进行了一项为期四年的研究，通过即时单词回忆、延迟单词回忆等指标进行认知功能评估，发现祖辈照顾孙辈的次数越多、时间越长，则其认知功能越好。

（四）有利于提升祖辈的自我价值感

祖辈大多逐渐退出生产劳动，回归家庭，若平日无所事事，很容易产生"老而无用"的想法，感到自己再无价值。而参与孙辈教养，则可使祖辈提升自我价值感。首先，祖辈深受传宗接代思想的影响，教养孙辈可使其体验到香火的传承、家族血脉的延续，有利于祖辈找到自身生活意义的寄托（周晶等，2016），使之获得自我价值感。有研究探究了祖父在教养孙辈时的心理状态，发现其在照顾孙辈时会获得更多乐趣，更能增加自我价值感（贾攀华，2015）。其次，参与隔代教养会使祖辈感受到自己是被需要的，对家庭是有贡献的。若孩子因其教养有良好的表现，实现健康成长，祖辈的教养工作就会得到父辈的认可，获得"有用之人""帮手"等积极评价（周晶等，2016），会让祖辈因为能帮助父辈而感到骄傲，体验到一定的成就感（王滕阳，2019），同时产生被需要感，并使其更进一步地肯定了自己的价值，而不会抱怨自己没有用处（陈萌，马丽枝，2018）。

（五）能减轻父辈的经济及心理压力

当今社会经济飞速发展，各种压力也越来越大。对有育儿需求的父辈来说，若选择育儿机构提供的有偿家庭服务，会产生一笔不小的开销。城市的祖辈多为退休职工，经济能力优于农村祖辈，可为孙辈提供一定的物质生活保障，能减轻父辈不少经济压力（张庆华，2021）。农村家庭的父辈多外出打工，祖辈教养孩子十分常见。虽然他们不能为子女提供直接的经济支持，但他们帮忙教养孩子可以让父辈安心外出工作，这种隔代教养不仅本身就基于经济利益最大化的考量，实际上也很好地替代了有偿家庭服务，有利于减轻父辈的经济压力。

隔代教养还可以减轻父辈的心理压力。常言道"家有一老，如有一宝"，有时候祖辈甚至无须做何举动，仅仅在家里就是让人安心的存在。在生活节奏加快、竞争压力加大、各种风险增多的现代生活中，祖辈参与教养的这种支持是可贵、无私和真挚的。研究表明，祖辈提供的情感支持不仅有利于减少家庭生活压力，也可以促进家庭成员的情绪健康（李倩玉，2019）。

（六）有利于家庭生态系统良好发展

家庭生态系统是一个家庭成员相互作用的有机、统一的整体，包含着错综联系的成分与结构（刘俊等，2016）。当家庭成员的行为协调一致时，能有效发挥家庭系统的整体功能；当家庭系统受外界影响时，家庭也能以其特有的恢复力来维持家庭稳定（刘俊等，2018）。

在隔代教养家庭结构下，孩子与祖辈接触的时间、次数增多，为建立良好的祖孙关系提供了有利条件。祖辈和父辈的联结也因为隔代教养而变得更加紧密，两代人围绕家庭育儿问题进行商讨，间接达到了促进沟通的目的，加强了两代人的联系。有学者指出，隔代教养可能助推良好婆媳关系的构建，而且建立在这种亲密关系基础上的代际关系比单纯以物质为纽带的关系更牢固（张爱华，2015）。

此外，我国有很多特殊家庭，如农村留守家庭就是其中的典型。许多农村父辈长期外出打工，将孩子留守在农村，产生了数量庞大且广泛存在的留守儿童，出现了很多农村留守家庭。此时，父母角色的缺失，需有人进行角色补位，祖辈则是这一角色的不二人选，祖辈常充当孩子的代理父母角色，在一定程度上能弥补孩子父母不在身边带来的缺憾。隔代教养还能给孩子提供爱与关怀，使其心理成长环境更加健康，可能减轻负面事件对孩子心理的损害，起到缓冲作用。可见，当家庭生态系统不稳定，甚至崩坏时，隔代教养起着一定的稳定家庭的作用。

二、隔代教养的劣势

（一）祖辈体力、精力有限

随着年龄的增长，祖辈的体力、精力日渐衰退是不可避免的。孙辈生性活泼好动，照顾他们可能使祖辈感到力不从心，甚至引发身体健康问题。且祖辈年龄越大，这一劣势就越发明显（吴秀兰，2014）。对农村祖辈而言，他们可能不仅需要教养孙辈，还需要种地，甚至去打零工（魏小博，2021），导致其体力、精力更有限，可能使之无暇顾及孙辈的教养问题，进而影响教养质量。

此外，受传统"男主外、女主内"的劳动分工思想的影响，大部分女性祖辈除了教养孙辈，还需承担家中大量的家务劳动。其中少部分女性祖辈除上述任务之外，还要兼顾工作（刘雨威等，2020），这让本就辛苦的女性祖辈更加分身乏力，可能对其身心健康造成不利影响。

（二）容易溺爱、娇惯孙辈

李洪曾（2002）以上海的隔代教养家庭为研究对象，通过调查发现，祖辈对孙辈的溺爱是隔代教养的最大弊端；毛瑞静（2014）调查了农村留守隔代教养家庭，发现祖辈容易过度保护、溺爱孙辈；马建欣（2020）认为，现代很多家庭溺爱少教，在隔代教养家庭这一问题尤为严重；古丽米热·艾克拜尔（2020）也指出，祖辈过于溺爱孙辈，不仅自己不注重孩子的规则教育，甚至会打破父辈为孩子设立的规则，干扰父辈对孩子的教养。可见，祖辈溺爱、娇惯孩子的现象非常普遍。原因可能是受自身经历及传统文化的影响（Li et al., 2015）。一方面，祖辈教养自己的子女时，生活环境大多较为艰苦，在物质上可能无法满足子女的要求，没能给予子女很好的照顾，未能提供良好的教育环境，对子女的愧疚可能使祖辈将更多的爱投射到孙辈身上，以间接弥补自己的子女。另一方面，世人皆言"慈母多败儿"，因而有的祖辈在教养自己的子女时较为严厉，但祖辈对孙辈可能并不存在这种心理，在教养孙辈时会更加宽容，加上"隔代亲"，可能出现"隔代惯"。当然，也有祖辈因自身教养能力不足，害怕严加管教孙辈会出差错，无法向自己的子女交待，因而迁就、溺爱孙辈（李炎，2003）。此外，因父辈不能长期陪伴孩子，孩子的心理需求无法得到满足，为了弥补孩子，祖辈也容易溺爱、娇惯孩子，如在物质上尽量满足孩子的需求（马力克·阿不力孜，2014）。溺爱、娇惯孩子不利于孩子身心健康发展，可能造成孩子难以与他人相处、依赖性强、自私任性（刘兵兵，2014；陈璐，陈传锋，2017；唐玉春，王正平，2018），因此并不可取，需要改善。

（三）教育内容过于片面

很多祖辈文化水平不高，导致其对儿童教育的理解较为浅显、单一和局限，教育内容也过于片面。李月彤和孟敏（2021）发现，在教育内容上，大多数祖辈重视提升孙辈的自理能力和培养孙辈的良好习惯，却忽视了对孙辈的道德意识、学习品质等方面的培养；金晓丹（2015）还发现，祖辈不太重视孙辈信息素养的教育，信息素养教育内容严重不足，可能是因为祖辈家长自身信息素养不高，进行教育的能力不足，而且祖辈对信息技术有误解，带有"问题"的滤镜，认为接触计算机和网络不好；司永劳（2012）则指出：隔代教养的内容层次偏低，对孙辈的心理、卫生、人际交往等方面不太关注，教育内容不深入。此外，白哲（2016）认为，在农村隔代抚养中，祖辈对孙辈的教育内容单一，多局限于认数和识字方面，而较少涉及其他方面的内容，且祖辈过于关注孙辈的成绩表现，较少关注孙辈的礼仪及人际方面的教育。综上可知，祖辈教养内容较为片面。

（四）教养方法不够科学

随着社会发展，家长对家庭教育越发重视。尽管很多祖辈知道应做到科学教养，但常存在"知行不一"的情况，教养方法不够科学（刘畅，2017）。张岩和徐俊（2016）认为，祖辈教养孙辈的方式较为单一，常任其发展；李善英（2021）则认为，祖辈多采取言语说服、榜样示范等教育方法，呈现出经验性而非科学性的特点，学习科学知识的主动性也不足；刘玉春和邓美娇（2005）认为，农村祖辈受文化水平限制，教育方法表现出简单肤浅、不科学的特点，常采用恐吓欺骗的教育方法，重说教而不注重以身作则；此外，舒灵梅（2018）调查发现，流动儿童的祖辈在教养方法上存在诸多问题，如爱干涉儿童自由、常打骂儿童等。可见，祖辈的教养方法有待改善。

（五）影响亲子关系建立

授受隔代教养的孩子与父辈的接触较少，与祖辈接触较多。从积极的层面看，这为良好祖孙关系的建立创造了有利条件；但从消极的层面看，可能淡化亲子关系，不利于良好亲子关系的建立与发展（王亚鹏，2014）。

首先，祖辈的溺爱与父辈的严格形成鲜明对比，可能使孩子在情感上偏向祖辈，误以为父辈不爱自己，从而影响亲子关系（孙宏艳，2002）。其次，长期以来，祖辈都在扮演着为家庭付出、为子女牺牲的传统父母角色（唐晓菁，2017），但随着个人主义文化的盛行，父辈的自我发展意识提升，他们大多有"为自己而活"的愿望（袁同成，2020），但过于强调"为自己而活"会使部分父辈过于依靠隔代教养，疏于履行教养职责，因而不注重与孩子的沟通、交流，以致影响良好亲子关系的建立。此外，对于农村完全隔代教养家庭来说，儿童遭遇长期的亲子分离，亲子间沟通更不顺畅，且物理上的距离也更易拉开心理上的距离，同样不利于良好亲子关系的建立（马晓霞，张丽维，2012）。

（六）容易发生教养冲突

在中国文化中，多代同堂被视作是理想的家庭模式，祖辈和父辈协同育儿屡见不鲜。在以"和"为贵的价值引领下，三代同居理应是一幅儿孙绕膝、其乐融融的图景，而实际上，现代祖辈—父辈共育中的代际冲突却比比皆是（段乔雨，2017；Goh & Kuczynski，2010）。据调查，约16%的祖辈和23.6%父辈认为隔代教养增加了代际冲突（岳坤，2018）。研究还发现，大约有七成的隔代教养家庭存在教育理念分歧（孙宏艳，2002），发生分歧之后若不进行有效沟通、交流，矛盾没能得到处理，就会激化教养冲突（蒋爱弟，2017）。教养冲突的内容呈现出不断变化的特点。具体表现为：孩子年龄越小，祖辈和父辈在生活层面上的冲突较多；随着孩子年龄的增长，祖辈和父辈在教育层面的冲突日益增多（付瑶，2018）。

合作式共育中常见的模式是"红脸白脸"模式，即一个家长在教养中严格，扮演惩戒者角色，另一个家长则相对慈爱，扮演保护者角色。这种教养模式在隔代教养中则演变为"严母慈祖"模式，祖辈和父辈教养方式的差异是产生冲突的重要原因。研究发现，祖辈易溺爱孩子，并认为照顾孩子是自己的责任，因而会干涉父辈对孩子的管教（张璐斐，吴培冠，2001；Breheny et al.，2013），祖辈这种行为极易引发与父辈的矛盾。充满冲突的环境可能使孩子无所适从，甚至学会钻空子（阙攀，2011；朱莉等，2020），不利于孩子的健康成长。

第三节 隔代教养对孙辈的双刃剑效应

作为亲代教养的一种重要补充形式,隔代教养对孙辈身心发展影响之利弊受到大众和学界的广泛关注。已有研究表明,隔代教养对孙辈的身心发展存在"双刃剑"效应(卢富荣等,2020),其积极影响值得发扬,其消极影响则应该克服。

一、对孙辈的积极影响

(一)促进儿童的身体健康发展

儿童的健康成长是其健全人格养成的坚实根基。家庭是儿童接受教育的初始摇篮,家庭环境与照顾模式和儿童健康密不可分。隔代照料一定程度上会对儿童健康产生正向影响。李瑶(2020)指出,从收入和陪伴的角度出发,隔代照料对儿童的身体健康有益。首先,祖辈参与孙辈照料可能解放了家庭中的部分劳动力,如母亲得以进入劳动力市场获得工作,还可能减少孙辈托管照料的高昂费用,有利于提升家庭收入,改善家庭生活环境,增加对孙辈的健康投资等,从而促进孙辈的健康成长;其次,祖辈有更充裕的时间陪伴孙辈,增加孙辈户外运动的时间,有利于增强孙辈体质;同时,祖辈细致的陪伴还可以监控孙辈在成长过程中可能遭遇的意外伤害风险,护航其健康成长。此外,从临床测量指标的患病率来看,高盛(2021)的研究表明:相较于父母抚养的儿童,祖辈抚养的儿童一月内患病的概率总体降低 2.2%;在城镇居民中,祖辈抚养的儿童一个月内患病的概率比父母抚养显著降低 4.9%。可见,隔代抚养儿童的健康状况要普遍优于父母抚养儿童的健康状况;且在城镇居民中,隔代抚养对儿童健康状况的积极影响更加显著。

（二）促进儿童的良好品德发展

祖辈是传统美德的传承者，隔代教养有利于祖辈向孙辈传授传统美德，促进孙辈良好品德的发展。许可（2019）通过对祖辈的访谈发现，祖辈在教育中将"知理明耻"放在首位，且十分关注对其他传统美德的培育。孝道是中国优秀传统文化的重要内容，祖辈深受孝道文化影响，重视孝道的传承。在教养过程中，"孝"的教育成为隔代教养的重要内容，孝顺则被祖辈视为家庭中需要培养的一项非常重要的道德品质。因而，隔代教养有利于培养孙辈孝顺的良好品质（朱亚杰，2017）。张延琳和董玉俊（2020）认为，祖辈会向孙辈传递不说谎的价值观念，因而有利于孙辈诚信品质的发展。许多祖辈在年轻时饱受历练，对生活有更深层次的理解，具有自立自强、坚韧不拔等良好品质。祖辈将这些品质内化于心、外化于行，对孙辈的道德品质塑造起着潜移默化的作用。

（三）提升儿童认知和学业水平

隔代教养对孙辈的认知和学业水平有一定提升作用。有证据表明，祖辈可以对九个月的婴儿的认知领域发展产生积极影响；祖辈参与孙辈教养可以降低孙辈在沟通领域的失败风险（Cruise & Reilly，2014）。隔代教养在一定程度上也可以促进孙辈艺术感知与技能的发展（蒋小云，2013）。另外，隔代教养的积极影响还表现在孙辈的学习能力上。相关调查发现，祖辈的教育程度与孙辈的学习能力呈正相关。拥有大学学历的祖辈，其孙辈具有较强的读写和数学技能（Ferguson & Ready，2011）。此外，祖辈教养方式与孙辈学习问题也存在相关，其中民主参与的教养方式与孙辈学习问题存在显著负相关。亦即，祖辈采用民主型的教养方式，孙辈产生学习问题的概率相对较低（侯莉敏等，2019）。同时，祖辈的物质、文化和社会资源，也可以帮助孙辈获得教育上的成功（卢富荣等，2020）。总之，祖辈教养或共同教养可以提升孙辈的认知分数，促使其获得更高的学业成就，对孙辈的认知和学业水平提升起到促进作用（Vakalahi & H.F.O，2011）。

（四）提升儿童的社会适应水平

隔代教养对儿童的人际交往、社会适应等方面亦具有积极影响。高紫薇（2009）的研究表明，隔代教养中良好的祖孙关系有助于增强孙辈在同伴中的领导能力，以及与人共处的能力。赵尉（2011）的研究也发现隔代教养在一定程度上促进了农村留守儿童生活自理能力的发展，有助于提升其社会适应水平。在隔代教养家庭，若父辈陪伴孩子的时间缩减，对孩子的关怀大打折扣，使其爱的需要无法得到充分满足，可能影响良好的亲子依恋的建立，进而产生祖孙依恋。依恋理论认为，儿童可以建立多重依恋关系，当亲子依恋未能有效建立时，儿童会主动寻求其他的依恋关系。岳建宏、王争艳和文娜（2010）指出，祖孙依恋是一种重要的依恋关系，能缓解亲子分离给孙辈带来的紧张感和不安全感，有助于孙辈在祖辈关爱的宽松环境下健康成长。Crittenden等人（2009）的研究也发现，祖辈参与孙辈养育能在亲子依恋之外发展适宜的祖孙依恋，且孙辈能从多重依恋中获益，在与多个养育者互动的过程中获得更好的社交技能，从而提高孙辈的社会适应能力。另外，孙辈与祖辈的情感亲密关系对不良家庭条件有积极的补偿作用，有利于促进儿童的社会性发展（Akhtar et al.，2017）。

（五）缓解儿童的内外化问题行为

儿童的问题行为通常可以划分为两类，即内化问题行为和外化问题行为，其中内化问题行为更多反映被动行为，如退缩、焦虑、抑郁和躯体问题等（闻明晶等，2021）。有研究表明，祖辈抚养可以降低儿童抑郁症的发生，特别是在特殊家庭中。但前提是祖辈和孙辈能够建立起彼此支持的、良好的亲密关系。例如在单亲家庭中，祖辈抚养可能促进孙辈情绪情感的发展，降低孙辈的焦虑水平（Ruiz & Silverstein，2007）。祖辈在抚养孙辈的过程中，对孙辈有更多的关爱，能够及时满足孙辈的生理和心理需求，使其具有良好的情绪状态，从而缓解孙辈的焦虑、抑郁等。

外化问题行为是以多动、侵犯性行为、缺乏控制为特征的一类行为，如攻击性行为、违纪行为等（闻明晶等，2021）。武旭昀（2019）的研究指出，祖辈教养下儿童的攻击性行为显著少于父辈独立教养下儿童的攻击性行为。祖辈较高的学历水平和祖辈、父辈教养的一致性可能是阻止儿童攻击性行为发生发展的保护因素。此外，在家庭系统理论的基础上，有学者提出了溢出假说，即家庭中不同关系系统间的情绪情感会互相迁移。这一假说不仅仅局限于夫妻系统向亲子系统的传导，也同样适用于祖辈—父辈共同养育亚系统对祖孙系统、亲子系统的传导。在祖辈—父辈协同教养家庭中，如果祖辈—父辈共同养育关系和谐，较高的养育支持、养育认可、养育亲密度可以使得祖辈和父辈均能产生更多积极的情绪体验，积极的情绪体验也将同时"溢出"到儿童养育过程中，使祖辈及父辈均可以更好、更敏锐地关注到儿童的需求，并给予理性有效积极的回应，由此降低儿童问题行为的发生率（李维，2019）。

二、对孙辈的消极影响

隔代教养对孙辈的消极影响也显而易见。正如李克钦（2006）在隔代教养问题分析中指出，祖辈的关心和爱护无论多么细致入微，和亲子教育相比总是不尽完美的。

（一）不利于儿童的身体健康

儿童正处于成长的关键时期，饮食卫生、膳食科学、营养平衡尤为重要。联合国教科文组织曾指出，幼儿缺少蛋白质热量会产生不可挽回的生理上和心理上的停滞。然而，受时代背景、成长环境和文化水平影响，懂得这些道理的祖辈很少，在喂养孙辈时往往按照自己的经验，不注重营养成分的合理搭配。正如李晴霞（2001）的研究指出，不少隔代教养有违儿童营养的科学与平衡原则。据某幼儿园调查，在由祖辈直接教养的孩子中，大约有72%的孩子不同程度地吃营养补品，忽视五谷杂粮、蔬菜水果，导致儿童缺铁性贫血、缺钙、缺维生素等，甚至引起记忆力减退、智力下降等问题（朱永芳，1994）。

身体质量指数（Body Mass Index，BMI）是衡量人群胖瘦程度的常用指标。张雨茜等人（2022）系统阐述了隔代教养对小学儿童身体质量指数的影响，研究显示隔代教养下的儿童的BMI普遍更高（即超重和肥胖）。可能原因是祖辈往往会将食物作为一种教育和传递情感的工具，他们认为超重或肥胖是儿童健康、强壮、富有，以及得到良好照护的标志（伍茹星，2022）。此外，隔代教养还可能不利于儿童的口腔健康（张雨茜等，2022），并可能会对婴幼儿的神经心理发育产生负面影响（张月芳等，2015）。研究发现，在儿童24月龄时，隔代抚养组在大运动、精细动作、适应能力等方面均落后于父母抚养组。

（二）不利于儿童的认知发展

隔代教养对儿童认知的发展具有消极影响，主要表现在心理理论、认知过程（感觉、知觉、记忆、想象、思维）、智力、创造力、语言发展等方面。

首先，心理理论是指个体具有的关于自己或他人心理世界的知识，包括愿望、信念和情绪等心理状态的理解，以及据此对自我和他人行为的解释和预测。郭筱琳（2014）的研究发现，与父母独立抚养、三代同住父母抚养为主导、三代同住祖辈抚养为主导的儿童相比，祖辈独立抚养下儿童的心理理论发展水平最低。可能的原因是与父母相比，祖辈更少关注和回应儿童的心理情感需求，也不会鼓励儿童主动表达自己的心理感受，儿童也就缺少对有关心理状态的谈论和对心理状态术语的使用，从而无法很好地帮助他们理解抽象的心理状态。另有研究表明，与父辈教养下的儿童相比，祖辈教养下的儿童的认知灵活性、注意力和坚持性较差（张继英，赵振国，2016）。

其次，幼儿阶段是智力开发的关键时期，需要运用一定的媒介如游戏、音乐等来开发孩子的智力。而在实际生活中，有的祖辈们的知识结构较陈旧，文化水平不高，尤其在接收知识信息和发挥新兴科技能力等方面比不上年轻一代，难以给孙辈科学的指引。汪萍（2009）等采用0~6岁儿童智能发育筛查量表分别对443例隔代抚养儿童和父母抚养儿童进行对照研究，结果表明隔代抚养组儿童的智力指数明显低于父母抚养组。

再次，钱少靖（2019）调查发现由于祖辈的过分包容与溺爱，导致孙辈沉溺电子产品的概率大大增加，直接限制和影响了孙辈的认知发展。在认知依赖方面，陈传锋、陈钰雯和俞睿炜（2021）研究发现祖辈为主要教养人家庭儿童的认知依赖水平显著高于父辈为主要教养人家庭儿童的认知依赖，尤其在"他人归因"和"顺从权威"上儿童表现出更强的认知依赖性。更有研究表明，隔代教养容易泯灭孙辈天生的好奇心、冒险性和创新精神。家庭中隔代抚养的主导性越高，孙辈在创造力总分及流畅性、灵活性、独创性、精确性4个维度的得分越低（徐炜芸，徐璐璐，2018；陆烨，2020）。王军锋（2012）认为，祖辈对新生事物接受较慢，教育理念比较传统，多为了安全、减少危险而限制孙辈的各种探索活动，无形中约束了孙辈，导致他们缺乏开创精神，限制了其创造性思维与发散性思维的发展。也有不少祖辈可能在无意识间传递给孙辈一些不合时宜的理念，阻碍其认知水平的提升。阙攀（2011）、姚加丽（2000）和杨柯（2013）等人的研究认为，孙辈正处于好奇心最强的时候，他们会提出各种各样的问题，有些简单的生活常识类问题祖辈可能还可以应对，但当孙辈问及科学知识或其他专业知识的时候（如《十万个为什么》中的一些问题），祖辈可能无法回答。此时如果他们不帮助孙辈解决问题，粗暴地批评孙辈，又或者自己编造一些答案来敷衍、误导孙辈，很可能打击孙辈的好奇心，导致孙辈对知识的积极性降低。

最后，隔代教养对孙辈的语言发展也具有一定消极影响，主要表现在影响孙辈倾听与表达、语言技能社会化等方面。李阳和曾彬（2016）认为，隔代教育对孙辈的语音、倾听、自我表达、词汇量、语法结构以及孙辈的语言行为习惯六个方面产生消极影响。例如，隔代教育中许多祖辈少言寡语，与孙辈缺乏充分交流和沟通的机会，致使有声语言环境的刺激与互动不足，影响孙辈的倾听能力和自我表达能力。且大多祖辈通常习惯用方言交流，这样的环境不利于孙辈语言技能社会化的发展。李佳佳（2010）对早期阅读情境中祖辈与父辈对婴幼儿的提问与应答进行了比较研究，发现祖辈存在缺乏启发性提问和无创造性提问，缺少等待回答时间，无应答比例较高等问题。

（三）不利于儿童的学业发展

研究发现，隔代教养会阻碍孙辈的学业进步，对其学习产生负面影响，主要体现在学习纪律、学习习惯、自主学习能力、学习兴趣和动机、学习成绩、学习情绪、学习适应等方面（吕敏燕，陈传锋，2022；梁佳怡等，2022）。祖辈的低文化程度、溺爱型教养方式和低教育意识等均会对孙辈的学习纪律产生消极影响，主要体现在孙辈不认真听课、上课睡觉甚至逃课、频繁出入网吧或者游戏厅、不完成作业、抄袭作业等方面（乌日汗，2017）；在学习习惯上，研究发现隔代教养易导致孙辈形成不良学习习惯，主要是由祖辈的溺爱型教养方式、低教育责任感、落后的教育观念和有限的精力引起的。孙辈的不良学习习惯表现为学习时随意出去玩耍、边看电视边做作业、学习用品丢三落四、无整理习惯等（宋少卫，2010）；在儿童自主学习能力上，朱亚杰（2017）调查发现，农村祖辈的低文化水平会导致儿童的学习自觉性比非祖辈教养儿童更差，自主学习情况少，自主学习能力较弱；在儿童学习兴趣和动机上，隔代教养儿童的学习兴趣普遍不高。王雪晴（2018）调查发现，隔代教养儿童与非隔代教养儿童在学习兴趣方面存在显著差异，隔代教养儿童多对学习持有厌倦的态度。此外，祖辈参与教养还可能会影响孙辈的学习成绩。具体来看，白天接受隔代教养仅对孙辈语文成绩有消极影响，晚上接受隔代教养会对其语文、数学成绩、班级排名、年级排名均产生显著负面影响，白天和晚上都接受隔代教养会对其语文和数学成绩产生负面影响（姚植夫，刘奥龙，2019）；隔代教养还容易使孙辈产生消极学习情绪，主要受到祖辈落后的教养观念和专制的教养方式的影响；还有学者指出，隔代教养对孙辈学业表现的长期影响因隔代教养人的教育能力而异，当隔代教养人教育能力较差时，会对孙辈入学后的学业表现产生不利影响（刘馨月，2021）；在学习适应方面，梁佳怡等人（2022）的研究发现隔代教养家庭的小学中高年级儿童学校适应总分处于中下水平，且显著低于非隔代教养家庭的儿童。

（四）不利于儿童的个性发展

隔代教养会扼制儿童独立性和自信心的发展，增强儿童的依赖性。著名儿童教育家陈鹤琴先生曾说过："凡是孩子自己能做的事，让他自己去做。"这样才能培养儿童的独立性、自理能力和责任感。而不少祖辈习惯于包办孙辈生活上的一切事情：吃饭时一口一口地喂，外出时总是抱在怀里，有什么事都抢先替孙辈做。诸如此类的种种做法，使孙辈的手脚得不到充分运动，大脑也无法独立思考，很容易导致孙辈动作发展缓慢、独立生活能力差，一旦遇到困难或要求不能得到即时满足时，就没有信心去解决问题，只会哭闹与求助。在这种过度保护、溺爱的教养模式下，很可能使孙辈变得依赖、顺从、不信任他人，阻碍其独立自主个性的发展（王军锋，2012）。凌辉等人（2022）的研究也发现隔代教养对儿童的自立行为产生负面影响，且年龄在两者间起到调节作用。隔代教养对3~6岁儿童的社会自立—安全常识维度和6~12岁儿童自立的自我决断维度具有显著的负向预测作用，特别是对于年龄较大的儿童，隔代教养的不利影响更严重。

另外，隔代教育由于过分溺爱和迁就儿童，容易使儿童产生"自我中心"意识，形成自我、任性等不良个性。自我中心是指儿童往往只能考虑自己的观点，无法接受别人的观点，也不能将自己的观点与别人的观点相协调。祖辈对孙辈往往过分溺爱和迁就，在孙辈做错时不纠正与批评，对于其不合理的要求无原则地满足，使孙辈养成了唯我独尊、随心所欲的个性，极易形成自我中心意识，使得孙辈的自我认识、自我控制、自我评价都得不到良好的发展（黄祥祥，2006）。李炎（2003）和刘沛洲（2004）的调查表明，隔代教养下的孙辈，其行为控制力等普遍较差，缺少关怀，集体观念淡漠。

（五）不利于亲子关系的发展

隔代教养可能增强儿童对祖辈的依恋，而削弱其对父母的亲情和依恋，导致儿童与父母的亲子关系疏远（宋良恒，2010）。尤其在农村，许多年轻父母忙于工作或外出谋生，陪伴孩子的时间较少，使得父母和孩子之间难以建立安全的依恋关系。王健（2011）也持有相似观点：如果幼儿阶段的儿童由祖辈抚养，父母就错过了与儿童建立深层依恋关系的关键期，即使儿童长大后回到父母身边，也无法再建立起这种依恋关系。经常与父母分离的儿童容易形成分离焦虑和对爱的焦虑，从而缺乏安全感，产生被抛弃感等。正如埃里克森的人格发展阶段理论中指出的，婴儿期（0~1.5岁）是基本信任与不信任的心理冲突期。婴幼儿时期的依恋感、联结感、安全感、归属感是道德人格形成发展的重要基础，其他情感都是在此基础上衍生、发展的。若这些情感未得到及时的满足，早期的亲子依恋关系未得到良好发展，将会阻碍个体健全人格的形成。另外，孩子若平时习惯了祖辈的祖护和迁就，当父母就其错误和缺点提出批评时，孩子往往难以接受并产生对立情绪，进而影响亲子关系和谐。

（六）不利于儿童的情绪情感发展

隔代教养对儿童情绪情感发展的不利影响也不容小觑，主要聚焦在情绪调节与情感依恋层面。于星（2015）从情感亲密度的角度出发，发现被动应付策略与情感亲密显著正相关。在隔代教养中，祖辈对孙辈事事包办，使孙辈的主动性与独立性较差，影响其情绪情感的释放与表达。张筱彤（2015）也指出隔代教养下的孙辈情绪稳定性差，调节能力较弱，易表现出愤怒、歇斯底里等情绪。此外，赵振国（2012）、刘云和赵振国（2013）的研究都表明隔代教养儿童比父辈教养儿童在情绪调节中采取更多的消极策略，如情感发泄等。值得关注的是，农村隔代教养组儿童比城市隔代教养组儿童更多采用情感发泄策略。

在儿童的各种情感的形成中，依恋情感是最先得到发展的。Kobak 和 Sceery（1988）阐明通过良好的依恋关系，儿童会建设性地发展出控制消极情感的能力。而隔代抚养容易使祖辈和父辈产生角色冲突，在儿童心中造成一定的情感混乱。同时祖辈由于缺乏对孙辈心理发展的认识，在对孙辈的抚育中往往容易走向两个极端，一方面溺爱孙辈，另一方面在孙辈哭闹时又采取恐吓惩罚的方式，缺乏尊重与理解，以致孙辈无法形成连贯、稳定的依恋模式，造成紊乱型依恋（宋卫芳，2014），不利于其情绪情感的健康发展。

（七）不利于儿童的社会化发展

隔代教养的儿童在行为习性、社会交往及人际关系方面存在更多问题（宋卫芳，2014）。石志道和曹日芳（2010）指出，隔代教育下的儿童比亲代教育的儿童有更多的社会交往和人际关系问题。一方面，祖辈大多不喜欢运动与外出，可能不利于使隔代教育的儿童养成开阔的胸怀和活泼、宽容的性格；在遇到生人时不敢说话，胆小、内向、孤僻；儿童长大后，不善与人交际，甚至产生交际恐惧症。另一方面，王健（2011）调查发现，在隔代教养家庭中，儿童与父母的不良关系也会影响其今后的人际交往。亲子依恋的安全性与学前儿童的社会交往能力有着很密切的联系。亲子依恋安全性高的儿童相对来说具有较低的攻击性、更乐于帮助别人，有着较好的同伴关系。同时，儿童在幼年时期与父母的依恋模式，有可能影响其一生，成为其成年后建立人际关系的基础。而隔代教养的儿童由于缺乏与父母的互动，难以形成安全的亲子依恋，缺乏安全感，进而对其今后的人际交往产生不良影响。

孟超（2013）指出，幼儿期是儿童良好生活习惯养成的关键时期。祖辈可能在生活中往往有一些较落后的生活习惯，如随地吐痰、随手扔垃圾、饭前便后不洗手等。由于儿童模仿意识较强，有可能在潜移默化中养成不良的生活习惯。

（八）易滋生心理问题

隔代教养容易造成儿童的心理问题，甚至使其产生心理障碍（王健，2011）。童年是人一生中心理最脆弱和敏感的阶段，这一阶段孩子对父母的情感需求是不能被取代的。如果孩子长时间远离父母，容易产生被抛弃感。这种被抛弃感会深刻地影响着孩子的现在和未来。缺少父母疼爱会使孩子缺少安全感和稳定感，这样的孩子长大后，很难融入新的家庭关系中。正如李炎（2003）指出的，隔代教养下的孩子不同程度地存在心理障碍：一是失去亲情，心灵孤独，感情特别脆弱；二是缺少人际交流，性格倔强。阙攀（2011）认为，在隔代家庭中若存在教育冲突，即在进行家庭教育时家长各自为政，使孩子无所适从，可能使孩子形成双重人格或分裂型人格障碍。此外，李星和李红浪（2006）也指出，单亲隔代教育的孩子容易出现自我封闭、逆反等心理问题，且亲社会行为少、攻击行为多。

（九）易滋生行为问题

隔代教养儿童行为问题的检出率显著高于父母教养儿童（邓长明等，2003）。Dubowitz 等人（1994）发现，有 26% 的隔代教养儿童存在行为问题，较一般儿童高 10%。祖辈教养的儿童自我控制能力较弱，生活自理能力较差，存在较多的道德品行问题，例如撒谎、容易与同伴发生冲突、处事能力较差，更容易出现外化问题行为。王瑞晴（2019）的研究也发现家庭中养育不一致性以及养育被破坏的得分越高，小学儿童行为问题的得分越高，说明祖辈与父辈之间的冲突越多，越容易造成儿童的行为问题。

此外，隔代教养儿童若是频发心理问题与行为问题，其长大后出现吸烟、喝酒、游戏成瘾、结伙打架、逃学等不良行为的概率也较高，有的甚至出现赌博、药物滥用等行为，极易演变成违法犯罪行为，对其一生造成不可估量的危害（Crittenden et al., 2009）。有关资料显示，国内六成以上的青少年失足问题与幼儿阶段隔代教养不当有关（石志道，曹日芳，2010）。虽不能以偏概全，但许多犯罪的青少年就是在祖辈百般"呵护"的情况下，一步步走入失足的深渊。

第四节　隔代教养研究文献的计量分析

已有的隔代教养研究主要关注隔代教养的利弊（吴旭辉，2007；陈璐等，2014）、相关方法与效果（骆风等，2014；崔继红，2016）、对孙辈身心发展的影响和对策（周秋帆，2016；刘云，赵振国，2013；宋卫芳，2014；Whitley et al., 1999；Dunifon, 2013）及中外隔代教养比较（李畅，2017），各学科研究重点不同。老年学多关注隔代教养对老年人的影响及老年人的责任和权益等；心理学和教育学则更关注隔代教养对儿童发展的影响，尤其是隔代教养儿童的心理和行为问题等。例如，隔代教养增强儿童的祖辈依恋、削弱对父母的依恋，疏远亲子关系（宋良恒等，2010；梁业昌，2012）。隔代教养家庭常溺爱和迁就儿童，强化其自我中心意识，易于形成任性等不利于儿童健康发展的性格（黄祥祥，2006）。祖辈教养孩子比父辈教养孩子的休学率、退学率更高，学校活动参与率也较低；孩子出现吸烟、喝酒、游戏成瘾、结伙打架、逃学等行为问题较多，有的甚至做出赌博、药物滥用等违法犯罪行为（Kelley et al., 2011；Crittenden et al., 2009）。

如本章前文所述，隔代教养有积极的现实意义，但其负面影响也不容忽视。因此，如何优化中国式隔代教养，最大程度发挥代际支持"正效能"、避免负性后果，是新时代的中国社会需面对的重大问题，也是学界密切关注的重要课题。目前相关研究虽多，却无系统量化综述。为此，全面回顾隔代教养研究文献，并通过计量分析探讨相关研究现状与特点，具有重要的现实意义和理论价值。

因此，对 CNKI 全文数据库及博硕论文库，运用检索式"篇名＝隔代 or 祖辈"进行跨库检索，设定初始时间至 2020 年 12 月 31 日，共检得相关文献 2034 篇。剔除外文文献、一稿多投、重复统计及主题无关文献，最后用于分析的有效文献共 1573 篇。通过计量分析，现将我国隔代教养研究现状报告如下。

一、隔代教养研究历程与趋势

隔代教养研究发文数年代趋势见图 1-1。我国隔代教养开山之作是海音 1983 年发表于《父母必读》的《我们这样做祖辈人》。但真正意义上有关隔代教养研究的开山之作是张增慧于 1985 年发表于同刊的《祖辈和父辈，共同培育好后代》，主要内容是基于我国实行计划生育政策后，四个祖辈和父母围绕一个孩子的情况，提醒社会重视祖辈抚养。

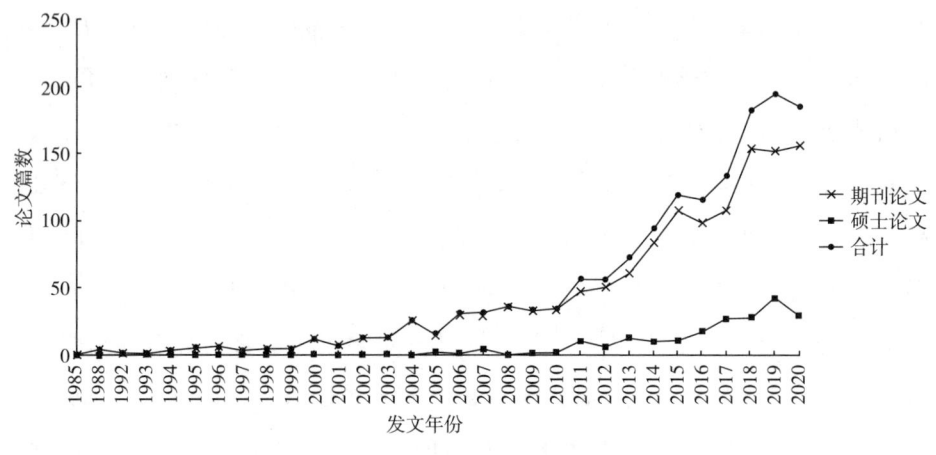

图 1-1 "隔代教养"研究成果历年发文趋势

数据显示我国隔代教养研究可分三个阶段。2000年前为起步阶段，年发文个位数。2000—2014年进入稳步发展阶段，年发文二位数，并不断上升。2015年以来为迅猛发展阶段。2015年，习近平总书记在春节团拜会发表重要讲话，强调"不论时代发生多大变化，不论生活格局发生多大变化，我们都要重视家庭建设，注重家庭、注重家教、注重家风，紧密结合培育和弘扬社会主义核心价值观，发扬光大中华民族传统家庭美德，促进家庭和睦，促进亲人相亲相爱，促进下一代健康成长"，大大推动了隔代教养研究的发展，2015年发文量达124篇。此后保持迅猛发展态势，每年发文量都保持在三位数，且2019年达发文高峰200篇，预示隔代教养研究已成为我国研究热点。

二、隔代教养研究热点与内容：基于文献关键词分析

关键词是文献检索的标识，表达论文主题、反映论文研究内容。关键词词频描述该领域研究状况，并揭示研究热点和发展趋势。按发文量排序，出现频率最高的前10个关键词依次是隔代教育、隔代教养、隔代抚养、留守儿童、祖辈家长、农村留守儿童、隔代、隔代教育问题、祖辈、隔代家庭。

文献聚焦"隔代教育"和"隔代教养",其次是"隔代抚养"和"留守儿童"。用 CiteSpace 软件可视化分析隔代教养研究文献关键词,详见图 1-2。各节点皆代表关键词,节点越大,表明关键词出现频率越高。关键词间连线代表共现关系,连线越粗,表明关键词共现强度越大。图 1-2 所展示的隔代教养关键词关系图谱,特征有三:首先是主题突出,"隔代教育、隔代教养、隔代抚育、留守儿童、祖辈、家庭教育、幼儿"等节点较大,说明相关文献较多。其次是交叉研究多,节点间连线较多,表示其代表关键词交叉研究较多。再次是研究领域多元化,从最初的"祖辈"研究到后来"隔代教育、隔代教养、家庭教育"研究,再到"留守儿童、农村、祖辈家长、幼儿、隔代扶养"研究。最后延伸至"农村隔代教育、独生子女、祖辈教养、亲子关系"研究等,清晰地显示出隔代教养研究的主题逐渐多元化。

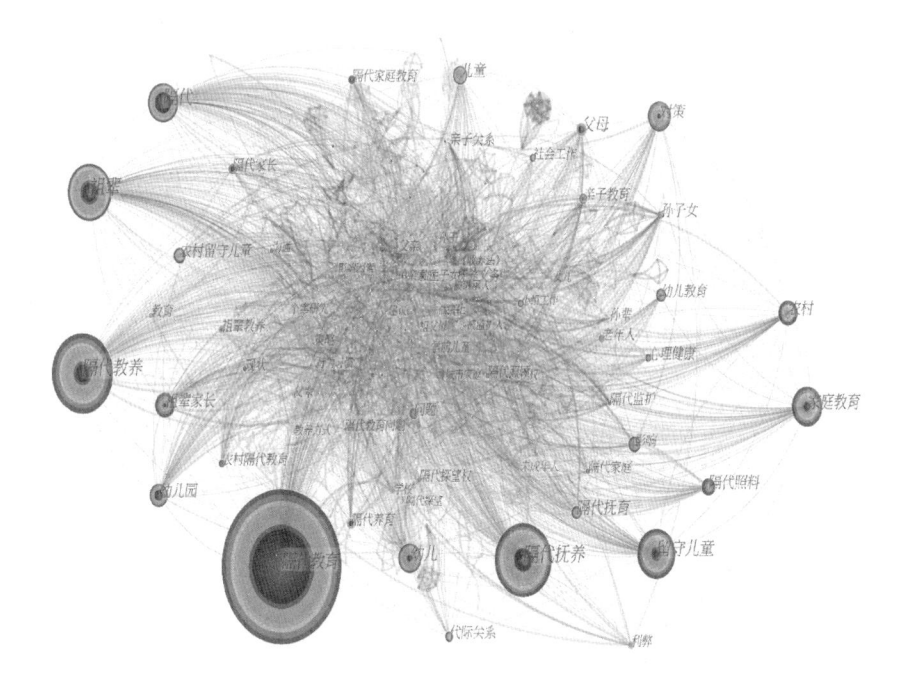

图 1-2　隔代教养研究文献关键词可视化图

三、隔代教养研究文献发表期刊及其影响力分析

（一）隔代教养研究文献发表期刊分析

分析文献发表的期刊可了解相关研究的学科及行业分布。统计表明，载文量（括号内数字）前13位来源期刊皆非核心期刊，《父母必读》（29）、《幼儿教育》（25）、《好家长》（23）、《家庭教育》（21）、《考试周刊》（19）、《晚晴》（17）、《中华家教》（16）、《成才之路》（15）、《家长》（14）、《老同志之友》（13）、《新课程（小学）》（12）、《新课程（上）》（11）、《新课程（综合版）》（11）。综观这些期刊发表的文章，大多是科普类或经验介绍类，其作者大多是从事非研究型工作的一线实践工作者。

在北大核心期刊、CSSSI、CSCD的75种期刊中，剔除无相关文献，共得隔代教养研究论文114篇，每一种杂志的发文量都偏少，无一种超过10篇。发文3篇及以上的杂志有7种，分别是《学前教育研究》《中国学校卫生》各6篇，《人口学刊》《中国临床心理学杂志》各5篇，《中国教育学刊》《人民论坛》和《中国老年学杂志》各3篇；发文2篇的杂志有14种，分别是《北京社会科学》《成人教育》《人口与发展》《教育学术月刊》《上海教育科研》《心理科学进展》《心理与行为研究》《中国公共卫生》《中国农村经济》《内蒙古师范大学学报（教育科学版）》《首都师范大学学报（社会科学版）》《中国心理卫生杂志》《云南民族大学学报（哲学社会科学版）》《经济学动态》。综观这些期刊发表的文章，实证研究文献和理论研究文献较多，其作者大多为高校教学科研人员，学术水平较高。

（二）祖辈隔代教养文献影响力分析

1. 论文被引频次分析

论文被引频次是评价被引文献的学术价值和应用价值的有效手段。从

历年文献被引频次的年度变化趋势来看，2000年前，隔代教养研究文献关注度不高，仅1993年、2000年被引频次较高，分别达65次和67次，其他年间皆在10次以内。进入21世纪，隔代教养文献被引频次跃升逾百，2004—2007年和2011—2018年高达300余次；在2008—2010年被引频次降至200次以下，原因尚待分析；而2019年和2020年发表的文章由于发表后时间短，被引频次分别只有222次和15次。

进一步分析发现，被引次数排名前10的论文，共被引921次，篇均被引92.1次，其篇均年被引仅6.2次。其中，被引次数最高的文章是段飞艳、李静的《近十年国内外隔代教养研究综述》(发表于《上海教育科研》2012年第4期)，达123次，年均被引频次也最高，达15.38次，远高于其他论文；其次为李赐平的《当前隔代教育问题探析》[发表于《淮北煤炭师范学院学报（哲学社会科学版）》2004年第4期]，共被引112次，年均被引6.96次。且高被引频次的文章作者大多是高校教学科研人员，主题大多是探讨隔代教养的共性问题，更容易引起读者共鸣。

2. 论文下载频次分析

文献的被下载（包括全文浏览、转存和打印）频次可以反映其影响及参考价值。对隔代教养文献的下载频次进行分析，排名前10的文献中有6篇是硕士学位论文。另外4篇期刊文献都是综述，系统梳理和评述隔代教养相关研究现状。进一步分析发现，年均下载频次最高（逾千次）的是梁业昌的硕士学位论文《现代家庭教育中隔代教育的问题与对策研究》和段飞艳、李静的综述论文《近十年国内外隔代教养研究综述》，说明这两篇文章的影响力及参考价值都较大。

四、隔代教养研究的学科分布及研究特点

隔代教养相关文献所属学科类别分析表明，文献集中于教育学，有847篇，占比60.4%。其次是社会学，248篇，占17.7%。此外还涉及法学、

心理学、文学等学科，分别占比 6.1%、4.2% 和 3.6%。这些数据显示隔代教育研究被多学科关注。

五、我国隔代教养研究评述与展望

（一）我国隔代教养研究评述

1.隔代教养研究发文量逐年增加，但学术水平有待提升

隔代教养研究发文量不断增加，愈加受学界重视。国家有关部门陆续出台《国家中长期教育改革和发展规划纲要（2010—2020 年）》（2010）、《国务院关于当前发展学前教育的若干意见》（2010）、《3~6 岁儿童学习与发展指南》（2012）等文件和政策，明确要求提高家长教育能力、家庭教育质量，有效促进了对祖辈隔代教养的研究。

但是，核心杂志（包括北大版、CSSCI、CSCD）刊载隔代教养研究论文很少，绝大多数核心杂志只发文 1 篇，发文 2 篇以上的核心杂志只有 21 种。可见，隔代教养研究论文主要集中于科普类读物，该领域的学术研究水平有待提高。

2.研究热点内容相对集中，同时研究主题呈现多元化

前述基于研究关键词的分析表明，一方面，隔代教养研究文献热点内容相对集中，"隔代教育""隔代教养""隔代抚养"和"留守儿童"排在高频关键词前四位，这些关键词相关文献占总文献 42.6%。另一方面，交叉研究较多，研究领域呈现多元化，从最初的"祖辈"研究到"隔代教育、隔代教养、家庭教育"研究，再到"留守儿童、隔代抚养、农村隔代教育、亲子关系"研究等。

3.高被引高下载论文影响力大，多数论文学术价值不高

排名前 10 的高被引、高下载论文的影响力大，但学术价值有限。第一，这些文章多发表于科普读物、非专业杂志和非核心杂志。第二，署名作者

多为硕士研究生或讲师以下职称者，乃至幼儿园、中小学一线教师，只有极个别作者有高级职称（如王玲凤教授）。第三，从内容或性质看，多数文章是硕士学位论文，或仅为对隔代教养的一般综述，少有系统性文献综述和学术性评述。少数实证调研类文章只有半页至一页篇幅，学术性不强。因此，提升隔代教养研究的学术价值迫在眉睫。

4. 研究文献多属教育学和社会学，受省部级及以上基金资助较少

隔代教养文献多属于教育学和社会学科，二者共占总文献93%。可见，隔代教养问题通常被视为教育、社会问题。研究者多从教育对策、社会治理视角探讨如何改进家庭隔代教育、促进孩子健康发展。隔代教养还是重要的社会问题。正如林卡和李骅（2018）从我国老龄化问题视角对隔代教养进行评述，认为隔代教养涉及儿童福利、养老照顾、代际关系、女性主义、家庭与工作平衡等一系列社会问题，须探索相应的家庭政策和社会政策。

分析还表明，隔代教养是多学科研究议题，文献还涉及法学、心理学、文学、老年学等学科。关于隔代教养的心理学研究文献只有59篇，仅占总文献4.2%。心理学研究既探讨隔代教养祖、孙辈心理问题，其成果又是隔代教育和社会治理的理论基础，今后应加强关于隔代教养的心理学研究。当前心理学研究队伍总体偏小，心理学杂志种类太少（如2018年版北大核心期刊目录中，心理学相关杂志只有8本，而教育学相关杂志则多达59种，社会学相关杂志至少30种），极大制约了隔代教养的心理学研究。

此外，隔代教养研究的基金资助少，高级别基金资助更少，严重制约隔代教养研究的发展。因此，今后不仅需提高研究资助数量，而且要提升研究资助级别，吸引更多高层次研究人员参与，以提高隔代教养的学术研究水平，促进相关理论发展，提高核心杂志发文数量。

（二）我国隔代教养研究展望：回归祖辈—父辈家庭共育研究

近30年来，随着经济的快速发展、生育政策的变化、人口的大规模流

动，以及各类文化的冲击，我国的城市家庭结构更加小型化，家庭类型更加多样化，如复合家庭、直系家庭、核心家庭、不完全家庭和单身家庭等；或核心家庭、主干家庭、联合家庭和其他家庭；或核心家庭、主干家庭、单亲家庭、单身家庭、未育家庭、空巢家庭和隔代家庭等。除了核心家庭外，在其他各类家庭中，家庭教养都不再局限于父母教养，而在不同程度上存在不同形式的隔代教养。但无论哪种形式的隔代教养，都有祖辈和父辈对孙辈的共同教养和影响，即孙辈是由祖辈和父辈共同养育的。

因此，不能单纯研究祖辈隔代教养，而应回归祖辈—父辈家庭共育本体，探讨祖辈和父辈对孙辈的共同影响和相互作用，包括祖辈教养为主导、父辈教养的调节作用，以及父辈教养为主导、祖辈教养的调节作用。这样，势必引发研究方法学上的问题：不能简单地通过横断研究收集一时一点的横断面数据，而应更多采用跟踪研究收集纵向发展数据，开发并提供更多应用技术分析中介变量和调节效应，才能揭示祖辈—父辈家庭共育对孙辈发展的共同影响和相互作用。

Chapter II | 第二章

隔代教养对学前儿童认知和依恋的影响

第一节　隔代教养对学前儿童心理理论的影响

第二节　隔代教养对学前儿童错误信念理解的影响

第三节　隔代教养对学前儿童依恋情绪的影响

第一节　隔代教养对学前儿童心理理论的影响

一、引言

心理理论（Theory of Mind）是儿童早期重要的社会认知理论（Keysers & Gazzola，2007），其研究有利于儿童宏观政策的科学制定、学前和初等教育的有效实施和家庭教育的理性回归。心理理论的建构理论认为，儿童关于心理知识理论框架的形成和发展存在着一系列质的变化，且依赖于儿童与环境的交互作用，而家庭微系统作为儿童发展的重要近端过程，是其最初接触的社会化环境，教养实践中的亲子互动影响着个体的社会化进程。因此，非常有必要探究亲子依恋对儿童心理理论影响的作用机制。

基于内部工作模式（Internal Working Models）在亲密关系中关于自我—他人的表征模型可以推测出，儿童与主要教养人（主要是母亲）早期依恋发展的结果是儿童心理理论的重要影响因素（Furman & Buhrmester，2009；Bowlby，1982；付倩倩，2019），且个体早期的社会关系和社会理解都是建立在自我—他人模型基础上的。个体不同的依恋类型与后来的心理理论关系密切，且在不同的依恋关系测验中呈现出相一致的结果。如在分离焦虑测验中所得的依恋安全性与信念、情绪理解相关（Rosnay & Harris，2002）；在陌生情境测验中所得的依恋安全性与4~5年后的复杂情绪和错误信念理解相关（Meins et al.，1998）；通过Q分类技术获得的学前儿童依恋安全性可预测1年后的错误信念理解和4年后的情绪理解（Laible & Thompson，1998），其中的情绪理解、错误信念理解等均是心理理论的下位概念。可见，依恋关系影响心理理论的发展。那么，儿童依恋关系对其心理理论的影响是直接的还是间接的呢？这种影响发生的条件如何？研究证明儿童依恋安全性不能作为学前儿童心理理论的预测因子，母子互动中谈话的细致程度才是（Ontai & Thompson，2008），这虽是小部分的研究报告，但揭示出依恋影响心理理论发展的作用机制不甚清晰。目前有关亲子依恋影响心理理论的内在机制的研究还较少，亲子依恋如何影响心理理论（中介机制）以及在何种条件下影响心理理论（调节机制）尚未明确。有研究考查了母亲共心力（mind-mindedness）等变量在安全型依恋与一般心理理论之间的中介效应，但对其他因素如心理状态术语（mental state talk）的间接作用的关注不够（Meins et al.，2013；柯竞怡，胡平，2017）。此外，探讨儿童教养环境因素，特别是时下城市家庭流行的祖辈—父辈共同教养的调节作用研究也比较欠缺。因此，本研究将在隔代教养背景下考察学前儿童个体因素（心理状态术语）和家庭微环境因素（祖辈—父辈教养一致性）在亲子依恋影响学前儿童心理理论之间的作用机制。

心理理论的建构理论认为社会影响是其产生差异的原因，父母的心理状态术语作为一种重要的建构环境，对儿童的影响至关重要（Hughes & Devine，2015）。父母的心理状态术语和共心力的概念虽相似，但二者的内涵截然不同。前者指父母在与孩子互动的过程中对孩子使用的心理状态语言的频率（Ensor & Hughes，2008），后者指父母描述和评价孩子时使用心理状态语言的频率（柯竞怡，胡平，2017）。有研究者认为是父母的心理状态术语预测了孩子后来的错误信念理解能力，而非共心力（Devine & Hughes，2019）；有研究者发现父母在孩子2岁时使用心理状态术语的频次与孩子6岁时使用心理状态术语的频次具有中等程度的相关，父母的心理状态术语能有效促进儿童心理理论的发展（Meins et al.，2013；Ruffman et al.，2002；Ruffman et al.，2006）；汤普金斯等人（Tompkins et al.，2018）对父母心理状态术语和儿童社会理解所做的元分析显示，母亲心理状态术语对儿童亲子依恋安全性和儿童心理理论都有促进作用，且母亲心理状态术语对学前儿童心理理论的影响是复杂的，其中学前儿童心理状态术语就是不可忽略的重要因素。父母心理状态术语作为学前儿童心理理论发展的一种重要的环境因素被反复研究，但作为儿童自身语言发展的心理状态术语的使用与儿童自身心理理论的关系却鲜有研究。父母心理状态术语为儿童发展提供了环境，但影响是否产生还依赖于双方交互作用的程度。有研究显示，母亲心理状态术语提高了儿童的依恋安全性，进而又促进了儿童自身心理状态术语的使用（Mcquaid et al., 2008）。也有研究表明，依恋安全性和后期的母婴情感对话和儿童心理状态术语有关（Ontai & Virmani, 2010; Carlson et al., 2015）。这些研究均提示儿童心理状态术语在亲子依恋和心理理论间起着中介作用。

本节讨论的隔代教养专指祖辈—父辈协同教养。这是介于祖辈完全隔代教养和父辈完全亲代教养之间的一种家庭教养形态，即由祖辈与父辈一起分担对孙辈实施教养的职责。具体而言，是指"父辈无法独立履行教养孩子的职责、祖辈主动要求或因孩子父母要求、曾经或现在、祖辈与父辈协同教养孩子一学期及以上"的家庭教养模式。祖辈—父辈协同教养是城市大部分家庭在经济快速发展、文化演变、政策指导下的必然产物（岳建宏等，2010），且日益普遍（李晓巍等，2016；何庆红等，2021；Li et al., 2020）。因此，如何促进家庭合作、温暖、凝聚、儿童中心和高度和谐的共同教养关系是城市共同教养家庭面临的首要育儿问题。祖辈—父辈协同教养不仅影响儿童适应、情绪和行为等问题（Leroy et al., 2013），还影响亲子依恋关系和心理理论的发展。西方研究者在探究家庭微系统对心理理论的影响时，凸显了兄弟姐妹因素的影响（Hughes & Devine, 2015），而中国有其本土化因素——祖辈教养。在父母共同教养模式中，共同教养不一致显著影响母婴互动和父亲参与（Leroy et al., 2013），在祖辈—父辈共同教养模式中，祖辈的作用和父辈的作用是否相似是一个值得探究的问题。本节将学前儿童心理状态术语的使用作为亲子依恋对心理理论影响的中介因素，将祖辈—父辈教养一致性作为调节因素，旨在揭示祖辈、父辈共同教养等家庭微系统因素对儿童的影响，以及儿童语言能力的发展对儿童社会认知的影响机制。

二、方法

（一）调研对象

在某城市方便取样 2 所幼儿园，从大、中、小班抽样共同教养儿童 400 人，由幼儿园带班老师将问卷发给学前儿童的主要教养人，学前儿童则参加心理理论和心理状态术语实验测量。按照研究工具的要求获取的有效数据共 345 条，其中男生 182 人（52.75%），女生 163 人（47.25%），平均年龄为 4.57 岁（SD=0.95 岁），年龄范围为 3~7 岁，均由父母和祖辈共同教养。

（二）调研工具

向幼儿园管理者提交资料，陈述研究内容和程序，并承诺共享研究成果。征得园方和儿童监护人的同意后开展研究。以班级为单位对被试的主要教养者进行问卷测量，再对学前儿童进行心理理论和心理状态术语的实验测量，实验均在带班老师的协助下开展。

1. 学前儿童心理理论（实验 1）

学前儿童心理理论测量通过 3 个实验任务合计完成，分别是意外位置任务、意外内容任务和外表—事实区分任务，此实验的最终得分为 0~6 分。

（1）意外位置任务。采用 Baron-Cohen 等人（1985）的经典研究范式——错误信念测验（Sally-Anne Test），对人物名称进行本土化，主试以图片演示的方式呈现测试内容：主试向被试展示图片，并向被试描述图片内容，直至被试完全明白图片含义。图片中有两个人物（丽丽和安安），两个物件（篮子和盒子），共 4 个元素，分 4 部分陈述：①丽丽有一个篮子、一个球，安安有一个盒子；②丽丽在安安面前把球放进篮子里；③丽丽离开了；④安安把球从篮子里拿出来，放进盒子里。提问：a.检测问题：丽丽出去之前，球在哪里？现在球在哪里？ b.错误信念问题：丽丽认为球在哪里？ c.行为预测问题：丽丽进来后会去哪里找球？检测问题不计分，错误信念问题和行为预测问题均为 0 或 1 计分，此任务的最终得分为 0~2 分（下同）。

（2）意外内容任务。根据 Gopnik 和 Astington（1988）的研究范式改编而成。主试以道具演示的方式呈现测试内容：主试向被试展示薯片盒，问儿童里面装的是什么。之后主试打开盒子，拿出一支铅笔。最后把铅笔放回盒子，并关闭盒盖。提问：a.检测问题：盒子里是什么？ b.表征转换问题：在我还没有打开盒子前，你以为里面是什么？ c.错误信念问题：如果小朋友进来，让他（她）看这个盒子，不给他（她）看里面的东西，你猜猜他（她）会以为里面是什么？

（3）外表—事实区分任务。根据 Gopnik 和 Astington（1988）的研究范式改编而成。主试以道具演示的方式呈现测试内容：主试向被试呈现仿真塑料苹果，让他们判断是什么，在儿童辨认为苹果后，把塑料苹果拿给被试，让他们用眼看、用手摸。提问：a.检测问题：这个苹果可以吃吗？ b.表征转换问题：在你们没摸前，你以为这是什么？ c.错误信念问题：如果小朋友进来，让他（她）看这个苹果，不给他（她）摸，你猜猜他（她）会以为这是什么？

2. 学前儿童心理状态术语的使用（实验2）

让被试讲述一本图画书（15页左右），书中的主人公心理状态较为丰富，先让被试认真看一遍（3分钟左右），然后对被试说"这里有几幅图，你可以编一个故事，讲给我听吗？讲得越丰富、越多越好"。若被试暂停叙述，主试重复被试尾句后说："然后呢？"以此诱导其继续。根据研究目的，结合讲述内容，参考先前研究对讲述内容进行编码，心理状态术语包括信念术语、愿望术语、情绪术语等（张长英等，2012；Barreto et al., 2018；

Yuill & Little，2018）。

3.学前儿童依恋问卷（问卷1）

采用洪佩佩（2008）据依恋Q分类法编制的学前儿童依恋问卷，这是一份以条目为基础、由主要教养者报告的问卷，被用作测量学前儿童依恋安全性的便捷工具。学前儿童教养者根据儿童日常行为表现进行评定，采用李克特（Likert）三级计分法，"1"表示有点符合，"3"表示完全符合。因为是先分类，再定量选的作答方式，因此计分范围为1~7分。本问卷由31道题目组成，本研究中其Cronbach's α系数为0.72。

4.祖辈—父母共同养育关系量表（问卷2）

采用李晓巍和魏晓宇（2018）修订的祖辈—父母共同养育关系量表（Feinberg，2003）。共38个项目，采用李克特（Likert）七级记分法，"1"表示非常不同意，"7"表示非常同意，包括养育一致性等7个维度。本研究中主要教养者报告的养育一致性维度的Cronbach's α系数为0.75。

三、结果

（一）共同方法偏差的控制与检验

本研究采用实验法和问卷法共同收集数据，问卷数据来自被试教养者的自我报告。因可能存在共同方法偏差，为减少其影响，采取个体施测，两份问卷的计分方式、反应语句均做差异化处理（周浩，龙立荣，2004）。并对问卷的所有题目进行Harman单因子检验，结果发现特征根大于1的因子有11个，且第一个因子解释了全部变异量的11.5%，小于40%，说明本研究不存在严重的共同方法偏差。

（二）描述性统计结果和变量间的相关

描述性统计结果和变量间的相关分析显示（见表2-1），亲子依恋、学前儿童心理状态术语的使用与心理理论均呈显著正相关，说明亲子依恋安全性越高，学前儿童的心理状态术语的使用和心理理论就越高。另外，心理状态术语的使用与心理理论呈正相关，祖辈—父辈教养一致性与心理状态术语的使用也呈正相关。

表 2-1 描述性统计结果和变量间的相关矩阵

维度	M	SD	1	2	3	4	5	6
1. 性别 [a]	0.47	0.50	—					
2. 年龄	4.57	0.95	−0.03	—				
3. 亲子依恋	4.94	0.69	−0.04	0.11*	—			
4. 学前儿童心理状态术语的使用	1.86	1.65	−0.03	0.13*	0.50***	—		
5. 学前儿童心理理论	2.51	1.49	0.10	0.22***	0.54***	0.42***	—	
6. 祖辈—父辈教养一致性	5.05	1.17	−0.11*	0.11*	0.48***	0.32***	0.36***	—

注：[a] 性别为虚拟变量，男生 =0，女生 =1，均值表示女生所占比例；
  *$p < 0.05$，**$p < 0.01$，***$p < 0.001$（余同）。

（三）学前儿童亲子依恋与心理理论的关系：有调节的中介效应检验

以学前儿童亲子依恋为自变量，学前儿童心理理论为因变量，学前儿童心理状态术语的使用为中介变量，祖辈—父辈教养一致性为调节变量，根据 SPSS Process 宏程序中的模型 59，采用 Bootstrap 法重复抽样 2000 次分别计算 95% 的置信区间（Hayes，2015）。有调节的中介模型检验结果见表 2-2，祖辈—父辈教养一致性调节了中介过程的前半路径，有调节的中介模型成立。

表 2-2　学前儿童亲子依恋对心理理论的有调节的中介效应检验

维度	方程一（校标：Y）				方程二（效标：Me）				方程三（校标：Y）			
	B	SE	t	95%CI	B	SE	t	95%CI	B	SE	t	95%CI
X	1.01	0.11	9.25***	[0.79, 1.22]	1.08	0.13	8.50***	[0.83, 1.33]	0.84	0.12	7.07***	[0.61, 1.07]
Mo	0.17	0.06	2.64**	[0.04, 0.29]	0.14	0.07	1.84	[-0.01, 0.28]	0.15	0.06	2.33*	[0.02, 0.27]
X*Mo	0.08	0.08	0.98	[-0.08, 0.23]	0.24	0.09	2.61**	[0.06, 0.42]	0.04	0.09	0.46	[-0.13, 0.21]
Me	—	—	—	—	—	—	—	—	0.16	0.05	3.39***	[0.07, 0.25]
Me*Mo	—	—	—	—	—	—	—	—	-0.00	0.04	-0.04	[-0.07, 0.07]
性别	0.40	0.13	3.01**	[0.14, 0.66]	-0.06	0.15	-0.37	[-0.36, 0.25]	0.41	0.13	3.14**	[0.15, 0.67]
年龄	0.24	0.07	3.42**	[0.10, 0.37]	0.11	0.08	1.32	[-0.05, 0.27]	0.22	0.07	3.20**	[0.08, 0.36]
R^2	0.35				0.28				0.37			
F	35.9***				25.88***				27.98***			

注：X、Me、Mo 和 Y 分别代表学前儿童亲子依恋、学前儿童心理状态术语使用、祖辈—父辈教养一致性和学前儿童心理理论。

为进一步揭示交互作用，将祖辈—父辈教养一致性按照 $M \pm 1SD$ 的标准分成两组进行简单斜率分析（Preacher et al.，2006），进一步探讨学前儿童心理状态术语的使用在不同教养一致性水平上对学前儿童心理理论的影响。结果发现，当家庭中祖辈—父辈教养一致性较低时，学前儿童亲子依恋对心理理论的正向预测作用显著（$B_{simple}=0.80$，$SE=0.16$，$t=4.90$，$p<0.001$，95%CI=[0.48，1.12]）；当家庭中祖辈—父辈教养一致性水平较高时，学前儿童亲子依恋对心理理论的正向预测作用则显著增强（$B_{simple}=1.36$，$SE=0.17$，$t=8.05$，$p<0.001$，95%CI=[1.03，1.69]；B_{simple} 由 0.80 增强为 1.36）。即相对于低水平的祖辈—父辈教养一致性，亲子依恋对高水平祖辈—父辈教养一致性家庭中的学前儿童的心理状态术语的使用的影响更显著。

四、讨论

心理理论一直是社会认知心理学研究的重要内容，国外学者在 40 多年前就开始了深入的研究（Premack & Woodruff，1978），国内也有近 20 年的研究历史（王茜等，2000），为社会认知领域，尤其是儿童社会认知的丰富和发展做出了突出的贡献。本研究综合探讨了人际互动（亲子依恋）、语言认知（心理状态术语的使用）和家庭环境（祖辈—父辈教养一致性）对学前儿童心理理论的影响，考查了学前儿童心理状态术语的使用和祖辈—父辈教养一致性在亲子依恋与学前儿童心理理论间的作用。整合模型有利于全面查明影响学前儿童心理状态术语发展的个体和环境因素，同时本研究还致力于揭示基于中国独特的历史人文环境下的儿童发展问题。

（一）学前儿童心理状态术语使用的中介作用

研究显示，亲子依恋对学前儿童心理理论有显著的正向预测作用，这与以往研究结论一致（Meins et al.，1998），再一次地凸显了家庭教育，特别是亲子依恋对儿童社会认知发展的重要作用。中介效应检验发现，学前儿童亲子依恋可以直接或间接地通过学前儿童心理状态术语的使用预测个体的心理状态术语，学前儿童心理状态术语的使用具有部分中介作用，可见良好的亲子依恋可以通过提升学前儿童心理状态术语的使用能力进而影响其心理理论能力。一方面，从维果斯基最近发展区（Zone of Proximal Development）的观点出发，良好的亲子互动，特别是亲子间内部心理状态的谈话，为儿童构建了一个语言学习环境，促进了心理状态术语的习得，进而为儿童理解自己和他人的心理状态提供了"脚手架"（Ruffman et al., 2002）。学前儿童语言的习得与外界的环境有着必然的关系，进行频繁的良性输入才有可能实现顺畅地输出，学前儿童心理状态术语的使用有赖于教养者因素，善于呈现心理状态术语、经常谈论内部的心理状态的教养者，其子女有更多机会接触心理状态术语，也对其有更深的理解和更高水平的使用能力（Ruffman et al., 2006）。另一方面，心理状态术语的使用有利于促进学前儿童心理理论的发展，有利于儿童更深入、更概括地理解他人的观念、意图和信念，频繁使用心理状态术语可能提升儿童标示心理状态的能力，使内部语言的内容丰富化、结构复杂化，语言表征机能的进步促进了社会理解相关能力的发展（Nelson et al., 2003；Symons，2004），从而促进他们在错误信念任务上的成功。因此，学前儿童心理状态术语的使用对其心理状态术语的发展具有重要影响，学前儿童心理状态术语的使用是亲子依恋促进心理状态术语发展的重要内在原因，即良好的依恋关系能通过提升学前儿童心理状态术语的使用水平进而影响其心理理论能力。

（二）祖辈—父辈教养一致性的调节作用

本研究显示，亲子依恋通过学前儿童心理状态术语的使用影响心理理论的关系受到祖辈—父辈教养一致性的调节，即相比于祖辈—父辈教养一致性低的共同教养家庭，亲子依恋通过学前儿童心理状态术语的使用对心理理论的间接效应在祖辈—父辈一致性高的家庭中更突出。

调节点位于中介链条的前半段，即亲子依恋与学前儿童心理状态术语的使用之间的关系受到祖辈—父辈教养一致性的调节。原因如下：

第一，生态系统理论（Ecological System Theory）认为，发展中的个体嵌套于相互影响的一系列外部环境系统之中，而外部环境又是影响个体成长发展最重要的原因，个体与系统相互作用从而影响着个体发展。家庭是学前儿童最先接触的生长环境，更是其建立亲密关系、习得沟通技能的最基本场所（Bronfenbrenner，1979；Liu et al.，2018）。安全型依恋儿童的母亲更倾向于将孩子看成是一个有心理的个体，在早期的母婴互动中，母亲不仅会关注孩子的身体状态，也会关注孩子的心理状态，并且在与孩子进行亲子交谈时，更频繁地使用心理状态术语，而那些能准确反映孩子心理状态的言语进一步促进了孩子自身心理状态术语的理解、掌握和使用。

第二，对学前儿童来说家庭的影响效用较大，不同类型的家庭微系统将给学前儿童现阶段和今后产生持续的影响（Hughes & Devine，2015）。不同的家庭微系统提供了不同的看护背景，引发多重依恋关系的发生（邢淑芬，王争艳，2015），在祖辈—父辈共同教养环境下成长的孩子不仅与母亲建立了母子依恋关系，也与祖辈建立了祖孙依恋关系。邢淑芬等人（邢淑芬等，2016）认为，母子依恋和祖孙依恋可以相互影响，但不能像母子依恋和父子依恋那样可以相互补偿，可见祖辈的加入，并非父亲或母亲教养的同类替换或补充，而是一种新的影响因素。

第三，祖孙依恋与祖辈的教养方式有紧密的联系，祖辈和父辈教养方式的差异可能营造不同的家庭氛围，祖辈—父辈教养方式的不一致对亲子依恋、祖孙依恋和儿童成长环境都将造成破坏性影响。消极的、低质量的共同教养可能会为儿童营造一个压力水平较高的家庭环境，减弱了父辈的教养调适和亲子互动，从而影响到学前儿童心理状态术语的习得。特别是中国典型的奶奶—妈妈共同教养模式，奶奶和妈妈不一致的教养方式若是升级为家庭成员间的对立，甚至使儿童被迫参与到家庭矛盾中，将对儿童的社会认知发展产生诸多不利影响。

第四,尽管可以形成多重依恋关系,但在不同的关系中仍旧有主要影响人(父辈)和次要影响人(祖辈)(Verschueren & Marcoen,1999),本研究得到了相似的研究结果(图2-1),仅在高水平的亲子依恋情况下,不同水平的祖辈—父辈教养一致性才产生了不同的效果。而低水平的亲子依恋,再高的祖辈—父辈教养一致性都起不了作用。再一次说明亲子依恋是基础。该结果也提示我们祖辈教养在很大程度上可以减轻父辈教养过程中的压力,但父辈教养对孩子成长的影响效力是祖辈无法替代的,祖辈对孩子发展的影响是"锦上添花",而父辈对孩子的影响则是"不可或缺"。总之,在安全的亲子关系氛围下,隔代教养家庭中的祖辈—父辈教养越一致,对孩子提升个体心理状态术语的作用越大;祖辈参与孙辈教养,既可以发展成促进因素,也可以发展成阻碍因素,这取决于学前儿童祖辈和父辈之间的教养合作。

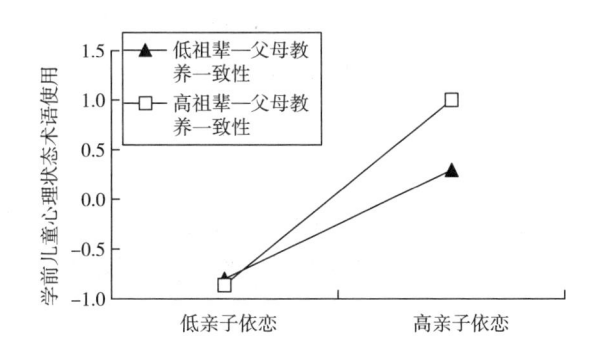

图 2-1 祖辈—父辈教养一致性在亲子依恋与学前儿童心理状态术语使用之间的调节作用

(三)本研究的意义、不足和展望

本研究不仅丰富了以往关于幼儿心理理论的研究,为发展和提升学前儿童心理理论能力提供了理论指导,同时也支持和丰富了家庭微系统理论,揭示了个体和环境间复杂的相互作用关系及其对个体社会认知、语言认知所产生的影响。从现实角度出发，为提升儿童的社会认知能力、语言认知能力，教养者们应该有意识地为儿童营造温暖、融洽、教养方式一致的家庭环境，在多重教养背景下，教养者们，如父辈、祖辈等应尝试在充分沟通的基础上统一教养方式，为儿童的健康成长提供更高质量的社会支持。另外，本研究采用生态性的实验方法测量学前儿童的心理理论和心理状态术语的使用情况，提升了研究的信度和效度。

本研究也存在一些不足。首先，本研究采用横断设计，很难充分验证因果关系。为了充分理解影响机制，应该使用纵向设计来验证模型，观察随时间的变化，亲子依恋、学前儿童心理状态术语的使用、祖辈—父辈教养一致性对心理理论的影响。其次，对亲子依恋、祖辈—父辈教养一致性均采用问卷测量法，虽然量表在信效度上均接受了检验，但无法避免社会赞许性的影响，特别是对亲子依恋应考虑用实验法测量。最后，虽然本研究采用了信效度更高的实验程序来提高测量心理理论、心理状态术语的准确性，但分组测量延长了实验时间，增加了误差。

第二节　隔代教养对学前儿童错误信念理解的影响

一、引言

本节讨论的隔代教养也专指祖辈—父辈协同教养。

（一）祖辈—父辈协同教养对学前儿童心理发展的影响机制

已有研究表明，祖辈参与协同教养对儿童心理、行为和健康状况均可产生重要影响（Sadruddin et al.，2019；Sun & Jiang，2017；邢淑芬等，2016）；但这些影响有利有弊（卢富荣等，2020；龚玲，2017）；相对而言，其影响弊大于利（杨雨清等，2021）。由于祖辈协同教养对学前儿童具有重要影响，研究者进一步探讨了其发生机制，例如，李晓巍等人（2016）研究发现，祖辈参与学前儿童教养能在亲子依恋之外发展适宜的祖孙依恋，且学前儿童能从多重依恋中获益，从而提高其社会适应能力；还有研究指出，共同教养可能通过影响母亲的焦虑和不当的教养行为进而导致学前儿童焦虑，并提出了共同教养与母亲焦虑、学前儿童焦虑的关系的理论模型（Majdandzic et al.，2012）；姚植夫和刘奥龙（2019）则发现，祖辈参与协同教养对儿童的学业成绩存在显著的消极影响，且祖辈参与协同教养的不同类型对儿童学业成绩的影响存在差异：祖辈白天参与教养仅对儿童语文成绩有消极影响；而晚上参与教养会对儿童的语文和数学成绩、班级排名、年级排名均产生消极影响。

因祖辈和父辈各自所承担的主体责任不同、家庭环境和居住方式不同，祖辈参与协同教养的形式多种多样，对孙辈心理发展的影响也可能不一样。因此，祖辈—父辈协同教养应进一步细分各种亚型（李晴霞，2001；陈传锋，孙亚菲，2020；陈传锋等，2021）。考虑到各种亚型都可根据家庭居住方式做进一步划分，即"有祖辈同住"协同教养和"无祖辈同住"协同教养，这种划分不仅在现实生活中比较普遍（龚玲，2017），而且更能从空间上客观地反映祖辈—父辈协同教养的情况（包括相互冲突），故本研究采用这种分类方式。因此，本研究的假设一是："有祖辈同住"和"无祖辈同住"的不同类型祖辈—父辈协同教养对学前儿童心理发展的影响存在差异，"有祖辈同住"的协同教养对学前儿童心理发展会产生更消极的影响。

（二）家庭教养方式、学前儿童错误信念理解和亲子依恋的关系

错误信念理解（False Belief Understanding）是指在某种情形下个体可

以理解他人对某情形或事物持有某种错误的信念，且据此解释和预测他人的心理和行为。错误信念理解是儿童社会认知发展的重要内容之一，对儿童的社会认知发展具有预测和促进作用。儿童获得错误信念理解能力既跟具体的实验任务有关系（Scott & Baillargeon，2017），也与儿童成长环境有关，如家庭教养方式的影响等（Keller et al.，2007；Devine & Hughes，2018；Chan et al.，2020）。研究发现，家庭教养方式与儿童的错误信念理解密切相关，若母亲能够以温暖感情的方式来对待犯错的儿童，便可促进儿童对错误信念的理解（Ruffman et al.，1999）。但儿童错误信念理解能力的发展与家庭教养方式的关系在不同文化背景下研究结果差异较大（Liu et al.，2008）。Vindenc（2001）对韩国裔美国人和英国裔美国人的比较研究发现，韩裔母亲独裁的教养方式与其孩子的错误信念理解能力发展存在正相关，而英裔家庭母亲独裁的教养方式与其孩子的错误信念理解能力存在负相关。此外，不同研究手段得到的结果也有差异。李燕燕和桑标（2006）采用问卷调查和互动游戏两种方式进行研究，发现了不一致的结果：问卷调查结果表明，母亲的严厉惩罚和儿童错误信念理解能力之间存在一定的正相关；而亲子互动游戏观察结果表明，母亲的温暖情感理解和儿童错误信念理解能力发展之间存在显著正相关。上述差异性结果提示我们需要深入探讨教养方式影响儿童错误信念理解的内在机制。

学前儿童的亲子依恋与其错误信念理解能力关系密切。有研究指出，相对于不安全型依恋的婴儿，安全型依恋的婴儿具有较高的认知发展水平（Ding et al.，2014）。在安全的依恋关系中，学前儿童的错误信念理解发展得更好；反之，错误信念理解受损与学前儿童不安全的依恋关系有关。有研究发现，亲子互动关系影响学前儿童错误信念理解的发展：亲子互动越好，儿童错误信念理解发展越好（方德兰等，2019）。

在父母教养方式对儿童社会行为的影响中，研究表明亲子依恋起着关键因素和中介作用（张雪，2018；邓诗颖，2013）。还有研究考查了祖辈参与协同教养对学前儿童心理发展的影响，也发现了亲子依恋的中介作用，如祖辈参与协同教养通过亲子依恋和祖孙依恋影响学前儿童的社会—情绪性发展和问题行为（邢淑芬等，2016；闻明晶等，2020）。据此，本研究的假设二是：亲子依恋在祖辈—父辈协同教养对学前儿童错误信念理解的影响中具有中介作用。

（三）祖辈—父辈协同教养冲突对学前儿童错误信念理解的影响：居住方式的调节作用

在祖辈—父辈协同教养家庭中，较少有祖辈与父辈在教养孙辈上能做到协调一致，大多数祖辈往往由于溺爱孙辈而成为孙辈的"保护伞"，导致祖辈与父辈在孙辈教育中冲突不断。对中国城市家庭祖辈参与教养状况的调查表明，约16.0%的儿童祖辈和23.6%的儿童父辈提到祖辈参与教养增加了双方的代际冲突（朱莉等，2020）。李玲（2019）认为，由于祖辈和父辈两代人的教养观念、教养内容和教养方式上的差异，在协同教养学前儿童过程中难免发生冲突，并对儿童的身心健康发展产生不利影响，如严重影响学前儿童的价值观形成和人格发展（杜红，2015）。龚玲（2017）调查发现，三代同堂的家庭结构在城市占比较高，在这种家庭结构中祖辈参与教养的学前儿童的独立性被削弱，尤其是祖辈和父辈的教养冲突不利于学前儿童的发展。李晓巍等（2016）发现，和谐型、一般型和冲突型的教养方式在祖辈—父辈协同教养家庭中分别占33.9%、35.5%和30.7%，且三类家庭在母亲教养压力和学前儿童问题行为各维度上的得分存在显著差异。有研究进一步发现，祖辈在参与协同教养中与父辈可能有冲突也有合作（Hoang et al.，2020），但多数祖辈和父辈存在共同教养困境，祖辈和父辈的教养观念普遍存在冲突（宋雅婷，李晓巍，2020）；83.74%的祖辈会在儿童面前指责母亲，30.54%的祖辈会与儿童的母亲争论育儿问题（李东阳等，2015）。可见，当祖辈与学前儿童及其父辈共同居住时，祖辈—

父辈更易产生教养冲突，对学前儿童心理发展可能产生更大的消极影响。因此，基于前述亲子依恋在祖辈—父辈协同教养对学前儿童错误信念理解的影响中的中介作用，本研究进一步提出假设三：居住方式（是否有祖辈同住）对祖辈—父辈协同教养冲突影响学前儿童错误信念理解具有调节作用。

二、方法

（一）调研对象

从某市方便取样 3 所幼儿园，在大、中、小班抽样祖辈—父辈协同教养学前儿童共 400 名，由幼儿园指定带班老师发给学前儿童主要教养人（父辈或祖辈）填写《祖辈—父辈协同教养方式问卷》和《幼儿亲子依恋问卷》，学前儿童则在幼儿园接受错误信念理解任务。回收问卷后，剔除各类无效问卷 55 份，得到祖辈协同教养学前儿童有效数据 345 份，其中儿童父辈填写 322 份（占 93.33%），祖辈填写 23 份（占 6.67%）。被试分布及其家庭居住方式信息详见表 2-3。对不同性别和年龄的学前儿童居住方式（是否与祖辈同住）进行独立样本 t 检验，结果显示，学前儿童的居住方式不存在显著的性别差异（$t=0.554$，$p>0.05$）或年龄差异（$t=1.021$，$p>0.05$）。

表 2-3　学前儿童被试分布及其居住方式

维度	类别	人数	百分比（%）
性别	男	182	52.75
	女	163	47.25
年级	小班	104	30.14
	中班	132	38.26
	大班	109	31.59

续表

维度	类别	人数	百分比（%）
居住方式	无祖辈同住	179	51.89
	有祖辈同住	166	48.11

剔除无效问卷的主要标准如下：①学前儿童完全由祖辈教养或完全由父辈教养的问卷；②未填写"主要教养人"的问卷；③在有关"主要教养人"的题目中，有3项及以上未填的问卷；④在有关学前儿童基本信息中，"性别"和"年级"（或"年龄"）都没有填的问卷；⑤在问卷所有题目中，超过1/3题目未勾选（即空白）的问卷；⑥在问卷选项结果相同的问卷中，只保留其中一份问卷为有效问卷，其余为无效问卷。

（二）调研工具

调研工具包括两个部分：操作任务和问卷测量。操作任务用于测量学前儿童的错误信念理解能力，问卷测量用于调查祖辈协同教养方式和学前儿童亲子依恋状况。

1. 幼儿错误信念理解任务

（1）意外位置任务。采用Baron-Cohen等人（1985）的经典研究范式——错误信念测验（Sally-Anne Test），对人物名称进行本土化。主试给被试演示并提问：①检测问题：丽丽出去之前，球在哪里？现在球在哪里？②错误信念问题：丽丽认为球在哪里？（若被试无法立即做出回答，将问题进一步简化为：篮子里还是盒子里？）③行为预测问题：丽丽进来后会去哪里找球？（篮子里还是盒子里？）。检测问题不计分，错误信念问题和行为预测问题均为0或1计分，此任务最终得分为0~2分。

（2）意外内容任务。根据Gopnik和Astington（1988）的研究范式改编而成。主试以道具演示的方式向被试展示薯片盒，然后问学前儿童里面装的是什么，之后主试打开盒子，拿出一支铅笔。把铅笔放回盒子，并关闭盒盖，进行提问：①检测问题：盒子里是什么？②表征转换问题：在我还没有打开盒子前，你以为里面是什么？（若被试无法立即做出回答，将问题进一步简化为：笔还是牙膏？）③错误信念问题：如果×××进来，让他（她）看这个盒子，不给他（她）看里面的东西，你猜猜他（她）会以为里面是什么（笔还是牙膏？）。检测问题不计分，表征转换问题和错误信念问题均为0或1计分，此任务的最终得分为0~2分。

（3）外表—事实区分任务。根据Gopnik和Astington（1988）的研究范式改编而成。主试以道具演示的方式向被试呈现仿真塑料苹果，让他们判断是什么，在学前儿童将其辨认为"苹果"后，把塑料苹果拿给被试，让他们用眼看、用手摸后进行提问：①检测问题：这个苹果可以吃吗？②表征转换问题：在你们没摸前，你以为这是什么？（若被试无法立即做出回答，将问题进一步简化为：真苹果还是塑料苹果？）③错误信念问题：如果×××进来，让他（她）看这个苹果，不给他（她）摸，你猜猜他（她）会以为这是什么？（真苹果还是塑料苹果？）。检测问题不计分，表征转换问题和错误信念问题均为0或1计分，此任务的最终得分为0~2分。

2. 祖辈—父辈协同教养方式问卷

将邓诗颖（2013）编制的《父母教养方式问卷》改编为《祖辈—父辈协同教养方式问卷》。该问卷共28个项目，采用李克特（Likert）五级计分法，"1"表示非常不符合，"5"表示非常符合。问卷包括权威专制、溺爱放纵、信任民主和教养冲突共4个维度。由于该问卷的信效度较高，原问卷主体内容不变，改编时只是将每个题目的主语由原来只适合父辈作答改为适合祖辈和父辈均可作答，例如：根据调查对象的不同，将问卷18~28题区分为内容相同的版本1和版本2，只改变称谓以示区分，即"我和孩子的祖辈"和"我和孩子的父辈"，若是孩子的父辈则填写版本1，若是孩子的祖辈则填写版本2。本研究中其Cronbach's α系数分别为0.95（版本1）和0.81

(版本2)。

3. 幼儿亲子依恋问卷

采用洪佩佩（2008）根据依恋Q分类法编制的《幼儿亲子依恋问卷》，该问卷以条目为基础，要求学前儿童教养者根据儿童日常行为表现进行评定，在最符合儿童行为的条目上选择符合程度。采用李克特（Likert）三级计分法，"1"表示有点符合，"3"表示完全符合。因为是先分类，再定量的作答方式，所以计分范围在1~7分。本问卷由31道题目组成，包括3个因子，即依恋探索、交互顺畅性、社交活跃性。本研究中其Cronbach's α系数分别为0.68、0.74和0.70。

（三）调研程序

在征得幼儿园管理者、班主任和家长同意后，以班级为单位对学前儿童被试进行错误信念理解任务的测查，并对其家长发放《祖辈—父辈协同教养方式问卷》和《幼儿亲子依恋问卷》。

（四）数据统计与分析

使用Excel 2019进行数据录入，采用SPSS 25.0进行数据管理和基本分析（内部一致性检验、描述统计、皮尔逊相关分析），运用PROCESS 3.5进行中介效应和调节效应分析及Bootstrap分析。

三、结果

（一）共同方法偏差的控制和检验

由于有两份数据来源于自陈问卷，在此过程中可能存在共同方法偏差（周浩，龙立荣，2004）。为减少共同方法偏差的影响，将其做如下处理：问卷采用个体施测；两份问卷的计分方式不同，一份采用李克特（Likert）

五级计分法，另一份为先定性再定量的计分方式，最后采用李克特（Likert）七级计分法；两份问卷的反应语句不同：一份是符合程度，另一份是同意程度。最后，本研究运用 Harman 单因子检验法对问卷测量的所有题目做共同方法偏差效应检验。结果发现，9 个因子的特征值大于 1，其中第一个公因子的解释率为 13.40%，远小于 40% 的临界标准，说明本次问卷测量不存在严重的共同方法偏差。

（二）祖辈—父辈协同教养方式、学前儿童亲子依恋和错误信念理解的描述性统计结果

各变量平均数的相关矩阵如表 2-4 所示。结果发现，教养方式的 4 个维度、亲子依恋与学前儿童错误信念理解呈现不同显著程度的相关性，亲子依恋及其下属维度与学前儿童错误信念理解均呈现出显著的正相关。

表 2-4　各变量平均数的相关矩阵

变量	1	2	3	4	5	6	7	8	9	10	11	12
1. 性别[a]	—	—	—	—	—	—	—	—	—	—	—	—
2. 年龄	0.02	—	—	—	—	—	—	—	—	—	—	—
3. 祖辈是否同住	-0.09	-0.20**	—	—	—	—	—	—	—	—	—	—
4. 信任民主	-0.02	0.14**	-0.24**	—	—	—	—	—	—	—	—	—
5. 教养冲突	0.02	0.10	0.11**	-0.05	—	—	—	—	—	—	—	—
6. 溺爱放纵	0.02	-0.08	0.01	-0.02	0.25**	—	—	—	—	—	—	—
7. 专制权威	0.05	-0.10	0.10	-0.12*	0.18**	0.34**	—	—	—	—	—	—

续表

变量	1	2	3	4	5	6	7	8	9	10	11	12
8. 亲子依恋总分	-0.04	0.11	-0.55**	0.41**	-0.11*	-0.06	-0.08	—	—	—	—	—
9. 依恋探索	-0.06	-0.03	-0.36**	0.23**	-0.05	0.07	-0.00	-0.71**	—	—	—	—
10. 交互顺畅性	-0.04	0.13*	-0.37**	0.43**	-0.14*	-0.10	-0.09	0.68**	0.30**	—	—	—
11. 社交活跃性	-0.00	0.11*	-0.38**	0.17**	0.08	-0.12*	-0.10	0.65**	0.10	0.23**	—	—
12. 错误信念理解	0.03	0.22**	-0.90**	0.24**	-0.09	-0.01	-0.06	0.58**	0.35**	0.41**	0.42**	—

注：[a] 性别和祖辈是否同住为虚拟变量。

（三）祖辈—父辈协同教养方式与学前儿童错误信念理解的关系：亲子依恋的中介效应检验

《祖辈—父辈协同教养方式问卷》包含4个维度：信任民主、溺爱放纵、教养冲突和专制权威。以各维度作为自变量，使用 Mplus 8 进行中介模型分析：

第一，将"信任民主"教养方式维度作为预测变量，学前儿童错误信念理解作为结果变量，以亲子依恋为中介变量，数据拟合结果如表 2-5 所示：信任民主显著正向预测学前儿童错误信念理解（$\beta=0.84$，$p<0.001$）和亲子依恋（$\beta=0.50$，$p<0.001$）；当信任民主与亲子依恋同时预测学前儿童错误信念理解时，亲子依恋对学前儿童错误信念理解的正向预测作用显著（$\beta=1.59$，$p<0.001$），信任民主对学前儿童错误信念理解的预测作用不显著（$\beta=0.04$，$p>0.05$）。进行 Bootstrap 5000 次抽样的中介分析，中介效应的 95% 置信区间为 [0.57，1.03]，不包含 0，说明该模型中亲子依恋的中介效应显著。

表 2-5 信任民主对学前儿童错误信念理解的预测作用：亲子依恋的简单中介效应检验

回归方程		整体拟合指数			回归系数显著性				
结果变量	预测变量	R	R^2	F	B	β	Bootstrap下限	Bootstrap上限	t
学前儿童错误信念理解	信任民主	0.24	0.06	21.67***	0.24	0.84	0.48	1.19	4.66***
学前儿童亲子依恋	信任民主	0.40	0.16	67.18***	0.40	0.50	0.38	0.62	8.20***
学前儿童错误信念理解	信任民主	0.58	0.33	84.85***	0.01	0.04	-0.28	0.37	0.27
亲子依恋		—	—	—	0.57	1.59	1.32	1.84	11.80***

第二，将"教养冲突"教养方式维度作为预测变量，学前儿童错误信念理解作为结果变量，以亲子依恋为中介变量，数据拟合结果如表 2-6 所示：教养冲突对学前儿童错误信念理解的预测作用不显著（β=-0.22，$p > 0.05$）。将亲子依恋放入模型后，教养冲突对亲子依恋的预测作用显著（β=-0.10，$p < 0.05$），亲子依恋对学前儿童错误信念理解的预测作用也显著（β=1.59，$p < 0.001$），进行 Bootstrap5000 次抽样的中介分析，中介效应的 95% 置信区间为 [-0.32，-0.01]，不包含 0，说明该模型中，亲子依恋的间接效应显著。此外，该模型结果提示，在教养冲突对学前儿童错误信念理解的预测作用中，可能还存在除亲子依恋之外的其他中介路径，这些中介路径的间接效应大小相近但符号相反，使得总效应不显著（Zhao et al.，2010）。

表 2-6　教养冲突对学前儿童错误信念理解的预测作用：亲子依恋的简单中介效应检验

回归方程		整体拟合指数			回归系数显著性				
结果变量	预测变量	R	R^2	F	B	$β$	Bootstrap 下限	Bootstrap 上限	t
学前儿童错误信念理解	教养冲突	0.09	0.01	2.67	-0.09	-0.22	-0.48	0.04	-1.64
学前儿童亲子依恋	教养冲突	0.11	0.01	4.54*	-0.11	-0.10	-0.20	-0.01	-2.13*
学前儿童错误信念理解	教养冲突	0.58	0.33	84.98***	-0.02	-0.06	-0.27	0.16	-0.50
亲子依恋		—	—	—	0.57	1.59	1.35	1.84	12.88***

同时，将"溺爱放纵"和"权威专制"两个教养方式维度作为预测变量，学前儿童错误信念理解作为结果变量，以亲子依恋为中介变量，得到数据拟合结果，进行 Bootstrap 5000 次抽样的中介分析，中介效应的 95% 置信区间分别为 [-0.23，0.09] 和 [-0.15，0.03]，包含 0，说明亲子依恋没有中介"溺爱放纵"和"权威专制"教养方式对学前儿童错误信念理解的影响。

（四）不同类型祖辈—父辈协同教养对学前儿童错误信念理解和亲子依恋的影响

分别统计"有祖辈同住"和"无祖辈同住"的祖辈—父辈协同教养学前儿童的错误信念理解得分和亲子依恋得分，结果详见表 2-7。由于学前儿童的居住方式（是否有祖辈同住）没有显著的年龄差异或性别差异，故可将两组被试视为同质，并对两组学前儿童的错误信念理解得分和亲子依恋得分进行 t 检验，结果表明，当"有祖辈同住"时，祖辈—父辈协同教养对学前儿童的错误信念理解（$t=2.27$，$p < 0.005$）和亲子依恋总分（$t=2.44$，$p < 0.005$）均具有显著影响，即"有祖辈同住"的祖辈—父辈协同教养学

前儿童的错误信念理解能力和亲子依恋水平均明显低于"无祖辈同住"的祖辈—父辈协同教养学前儿童；同时，"有祖辈同住"的祖辈—父辈协同教养学前儿童亲子依恋的交互顺畅性和社交活跃性因子得分也明显低于"无祖辈同住"的祖辈—父辈协同教养学前儿童（$t=2.05$，$p<0.05$；$t=2.80$，$p<0.01$）。

表 2-7 不同类型祖辈—父辈协同教养学前儿童的错误信念理解和亲子依恋描述统计（$M \pm SD$）

祖辈—父辈协同教养类别	错误信念理解	亲子依恋			
		依恋探索	交互顺畅性	社交活跃性	依恋总分
无祖辈同住（$n=179$）	2.69 ± 1.53	5.11 ± 0.79	5.11 ± 0.67	4.86 ± 0.99	156.66 ± 16.76
有祖辈同住（$n=166$）	2.33 ± 1.43	5.06 ± 0.64	4.93 ± 0.80	4.55 ± 1.07	152.18 ± 17.30
t	2.270	0.667	2.05	2.80	2.44
p	0.024	0.505	0.025	0.005	0.015

（五）不同类型祖辈—父辈协同教养在教养冲突中介模型中的调节效应检验

使用 SPSS PROCESS macro3.5 中的 Model8 进行数据分析，通过 Bootstrap 5000 次样本抽样估计中介及调节效应 95% 置信区间的方法对理论假设模型进行检验。对祖辈—父辈协同教养类型的调节效应检验结果见表 2-8、表 2-9。

表 2-8 不同类型祖辈—父辈协同教养在教养冲突模型中的调节效应检验

回归方程（$N=345$）		拟合指标		系数显著性	
结果变量	预测变量	R^2	p	β	t
亲子依恋	—	0.04	0.056	—	—
	教养冲突	—	—	-0.02	-0.35

续表

结果变量	回归方程（N=345）预测变量	拟合指标 R^2	p	系数显著性 β	t
亲子依恋	祖辈—父辈协同教养类型	—	—	0.22	2.03[*]
	教养冲突 × 祖辈—父辈协同教养类型	—	—	-0.15	-2.30[*]
学前儿童错误信念理解	—	0.34	0.001	—	—
	亲子依恋	—	—	0.56	12.42[***]
	教养冲突	—	—	0.01	0.18
	祖辈—父辈协同教养类型	—	—	0.20	2.24[*]
	教养冲突 × 祖辈—父辈协同教养类型	—	—	-0.06	-1.11

表 2-9　祖辈—父辈协同教养两种亚型下亲子依恋的中介效应

中介变量	祖辈—父辈协同教养类型	间接效应值	Bootstrap S.E.	Bootstrap CI 下限	Bootstrap CI 上限
亲子依恋	无祖辈同住	-0.03	0.09	-0.21	0.15
	有祖辈同住	-0.38	0.14	-0.67	-0.13

将祖辈—父辈协同教养类型放入模型后，其与教养冲突的乘积项对亲子依恋的预测作用显著（β=-0.15，t=-2.30，$p < 0.05$），而此乘积项对学前儿童错误信念理解的预测作用不显著（β=-0.06，t=-1.11，$p > 0.05$）。因此，祖辈—父辈协同教养类型调节的是中介效应的前半路径。具体而言，在"有祖辈同住"的祖辈—父辈协同教养家庭中，随着父辈与祖辈间的教养冲突增加，亲子依恋下降；但在"无祖辈同住"的祖辈—父辈协同教养

家庭，则不存在这样的关系（见图2-2）。

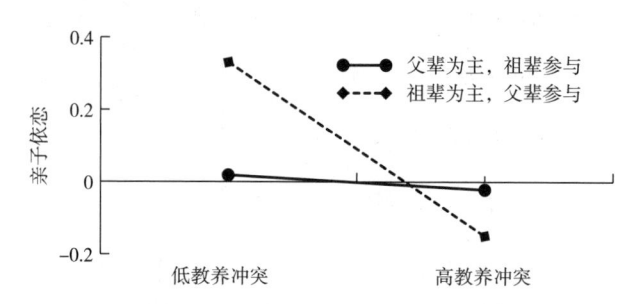

图2-2　祖辈—父辈协同教养类型在教养冲突与亲子依恋关系中的调节作用

四、讨论

（一）不同类型的祖辈—父辈协同教养与学前儿童亲子依恋和错误信念理解的关系

已有研究发现，祖辈—父辈协同教养影响学前儿童的亲子依恋和认知能力发展（葛国宏等，2021；汪萍等，2009；阚佳琦等，2018），家庭教养方式影响学前儿童的错误信念理解（Ruffman et al.，1999）。在不同类型的祖辈—父辈协同教养与家庭结构下，祖辈扮演的角色及其作用不一样，因而对学前儿童的影响也不一样（岳坤，2018）。本研究发现，当"有祖辈同住"时，祖辈—父辈协同教养可显著预测学前儿童的亲子依恋和错误信念理解，"有祖辈同住"的祖辈—父辈协同教养学前儿童的亲子依恋和错误信念理解水平明显低于"无祖辈同住"的祖辈—父辈协同教养学前儿童。结果支持了本研究假设一："有祖辈同住"的祖辈—父辈协同教养学前儿童的亲子依恋和错误信念理解水平低于"无祖辈同住"的祖辈—父辈协同教养学前儿童。这一结果比较符合我国祖辈教养现状。杨雨清等人（2021）认为，虽然祖辈教养具有双刃剑效应，但总的来看弊大于利，对学前儿童心理发展的消极影响大于积极影响。这种消极影响同样表现在对学前儿童亲子依恋和错误信念理解的影响上。可能由于成长时代不同，与父辈相比，祖辈的教养观念更为传统，可能更少关注和回应学前儿童的心理及情感需求，也不会鼓励和培养儿童主动表达自己的心理感受，儿童也就缺少关于心理状态的谈论与对心理状态词汇的使用（郭筱琳，2014），从而导致较低的亲子依恋水平和错误信念理解能力。

（二）学前儿童亲子依恋在祖辈—父辈协同教养对其错误信念理解影响中的中介作用

本研究通过中介模型检验发现，祖辈—父辈协同教养中的民主信任和教养冲突分别对学前儿童错误信念理解有显著预测作用，而且这两个预测路径均以亲子依恋为完全中介，这基本支持了本研究的假设二：祖辈—父辈协同教养对学前儿童错误信念理解的影响受亲子依恋的中介作用。这一结果支持了家庭系统理论。根据家庭系统理论，家庭系统除了可以作为整体对学前儿童发生影响外，其内部各成员之间的交互作用过程对学前儿童的心理发展也具有直接或间接的影响。家庭教养关系和谐的家庭中冲突情境少，成员之间较为融洽，往往能够给学前儿童提供高质量的教养体验（葛国宏等，2021），使其更有信心去感受不同个体间的信息流通和理解，有利于错误信念理解能力的提升；而家庭教养存在冲突的家庭，成员之间疏远、冷淡、矛盾较多，容易使学前儿童处于矛盾紧张之中，无暇顾及不同个体的差异，造成错误信念理解能力发展不足。

本研究结果也支持了教养方式理论（Coplan et al., 2008）。积极的教养方式通过安全的亲子依恋间接地提升学前儿童的错误信念理解能力，消极的教养方式通过不安全的亲子依恋间接地阻碍学前儿童的错误信念理解能力的发展。这可以用依恋的内部工作模式理论来解释（Main et al., 1985），在消极的教养方式下，家庭教养者容易忽视学前儿童的需求，学前儿童对教养者就形成了不安全的表征，并在长期相互作用下发展成消极的内部工作模式用于处理外界刺激。这种模式导致个体的情绪处理存在问题，并对他人心理和行为的理解存在困难，从而发展出较低的错误信念理解能力（Boeckler et al., 2017）。这一结果得到了其他研究的证实，如戴卡斯和卡西迪（Dykas & Cassidy, 2011）也强调了依恋安全与错误信念理解能力的个体差异有关的观点，认为具有不安全依恋工作模式的个体无法处理导致其心理痛苦的社会信息。

本研究还发现，在教养方式的溺爱放纵和权威专制这 2 个维度对学前儿童错误信念理解的影响中，亲子依恋无中介作用，其原因有待进一步探讨。

（三）不同类型祖辈—父辈协同教养在教养冲突影响学前儿童亲子依恋和错误信念理解中的调节效应

本研究结果也支持了假设三，即有无祖辈同住的不同祖辈—父辈协同教养类型在家庭教养方式、亲子依恋和学前儿童错误信念理解的关系中起着调节作用。亦即，在"有祖辈同住"的祖辈—父辈协同教养家庭中，孩子有更多机会或更高频率感知到父辈与祖辈之间的教养冲突，这就可能更容易引发孩子的不安全感，使孩子体会到情感联结的不安全，从而导致学前儿童的亲子依恋下降。但在"无祖辈同住"的祖辈—父辈协同教养家庭，则不存在这样的关系。在祖辈参与孙辈教养家庭，祖辈—父辈教养冲突较普遍（宋庆芳, 2018），其可能的原因是：在祖辈—父辈协同教养过程中，由于两代人的成长环境和育儿理念不同，加上沟通不畅和职责不清，奉行"科学育儿"观念的年轻父辈与笃信传统经验的祖辈之间，容易因为教养观念的不同而产生冲突（张杨波, 2018）。研究发现，在祖辈—父辈协同教养家庭，不少祖辈曾在儿童面前当面指责其母亲或表达不满，常在育儿问题上与其母亲争执不休（李晓巍等, 2016; 李东阳等, 2015），势必降低学前儿童的亲子依恋，进而影响其错误信念理解。葛国宏等人（2021）研究发现，祖辈—父辈教养一致性在亲子依恋影响心理状态术语使用的关系中起调节作用，即当祖辈和父辈教养方式一致时，亲子依恋对心理理论存在显著的正向预测作用，从另一个视角支持了本研究结果。

五、结论

本研究采用问卷和实验任务相结合的方法，考察了祖辈—父辈协同教养与学前儿童错误信念理解能力和亲子依恋的关系，得到以下结论：

第一，祖辈—父辈协同教养显著影响学前儿童的错误信念理解和亲子依恋水平，"有祖辈同住"祖辈—父辈协同教养学前儿童的错误信念理解和亲子依恋水平显著低于"无祖辈同住"的祖辈—父辈协同教养学前儿童。

第二，祖辈—父辈协同教养对学前儿童错误信念理解的影响受到学前儿童亲子依恋的中介作用，主要表现为：亲子依恋在"民主信任"和"教养冲突"对学前儿童错误信念理解的影响中有中介作用。

第三，在教养冲突预测学前儿童错误信念理解能力的中介模型中，有无祖辈同住对教养冲突预测学前儿童亲子依恋起调节作用。相比于"无祖辈同住"的形式，在"有祖辈同住"的祖辈—父辈协同教养家庭中，教养冲突显著降低学前儿童的亲子依恋水平，进而会降低其错误信念理解水平。这说明在祖辈—父辈协同教养中，"无祖辈同住"的协同教养具有一定的优势。

第三节　隔代教养对学前儿童依恋情绪的影响

一、前言

依恋（Attachment）是人际间的一种感情接近和互相依附。亲子依恋是依恋的主要形式，指儿童与其教养者（如母亲）之间一种强烈、持久的情感联结，是个体寻求亲近接触特定对象的倾向（Bowlby，1969）。鲍尔比（Bowlby，1969）认为，儿童心理健康的关键在于其早期是否与母亲或稳定的代理母亲建立一种温暖、亲密与稳定的关系。若早期依恋联结遭到破坏则会引起儿童情感上的危机，可能会以突然的焦虑或抑郁形式表现出来，影响个体的顺利发展（于海琴，2002）。玛丽·爱因斯沃斯（Ainsworth，1979）根据婴儿在陌生情境中的反应，将依恋分为安全型依恋、不安全依恋—回避型、不安全依恋—矛盾型三种类型。后来，Main 和 Solomon（Main & Solomon，1990）又提出了一种新的不安全依恋类型——混乱型。依恋的发展贯穿人的一生（柳倩妮，2017），不仅会影响到儿童的人格、智力、社会性（Rutter，1995）、自主性（Permuy et al.，2010；Van Petegem et al.，2013）、创造性（徐碧波等，2019）和心理健康（Lyons-Ruth，2003），同时还是青少年各种问题行为的重要根源。不良的依恋关系甚至可以通过代际传递影响几代人的健康。另外，儿童也可以从安全的依恋关系中获得信任、温暖以及安全感，为未来生活奠定良好的心理功能基础（李凤莲，2008）。

家庭是一个人最早接触的成长环境，是其亲密关系建立的最基本场所（Bronfenbrenner，1979）。儿童依恋的形成和发展与家庭因素密切相关。教养者提供给儿童的早期经验，对儿童形成不同依恋类型起主导作用，尤其是对儿童各种信号的敏感性反应，更是依恋关系形成的主要影响因素。儿童在良好的家庭环境中如得到关爱，可以形成安全型的依恋关系（李艺铭，2017）。张艳（2013）研究发现，家庭养育环境对儿童的依恋具有显著影响，在一个情感温暖而少忽视与惩罚的家庭环境中，儿童更易形成安全型依恋。另外，教养者的教养方式也会影响儿童的依恋关系。张雪（2018）的研究表明，权威教养与亲子依恋呈显著正相关，专制、纵容教养与亲子依恋呈显著负相关。吴海霞（2009）则发现，母亲教养方式与母子依恋有显著相关，母亲教养方式越民主，母子依恋越好，儿童依恋性越高；而遭到父母忽视、缺乏关爱的儿童其依恋多为不安全类型（Borelli et al.，2015），受到忽视的儿童甚至会形成紊乱型依恋（Vasileva & Petermann，2018）。

在隔代教养家庭，学前儿童不仅会建立与父母的亲子依恋，也会与祖辈形成稳定的祖孙依恋（Poehlmann，2003）。祖孙依恋是学前儿童重要的依恋关系，是除亲子依恋之外的主要依恋关系。研究发现，在祖辈—父辈共同教养家庭，大多数学前儿童可以形成安全型的母子依恋和祖孙依恋，但是母子依恋的安全性要高于祖孙依恋（邢淑芬等，2016）。且有研究指出，学前儿童的母子依恋表征具有优先性，是其他依恋表征的开端，可以直接预测和影响祖孙依恋水平（闻明晶等，2020）。但是，叶晓璐（2011）研究发现，隔代教养安全型依恋的儿童比例较低，而逃避混乱型依恋的儿童比例较高。学前儿童的依恋与祖辈教养方式紧密相关，且祖辈与父辈的教养方式不一致更会成为学前儿童亲子依恋以及祖孙依恋的破坏性因素（葛国宏等，2021）。

国外虽有不少研究涉及隔代教养学前儿童的依恋问题，但大多关于如父母监禁、抑郁、虐待或家庭暴力等特殊因素，而国内关于儿童依恋多集中在对父辈教养儿童的研究上，对隔代教养儿童的依恋研究较少，也不够深入。学前儿童的依恋具有较大的可塑性，学前期不仅是个体心理活动迅速发展的重要时期，也是良好依恋关系的建立和形成的重要时期（康秀珍，2012），在这个时期如若能形成良好的依恋关系将对其一生有益。因此，本研究选取学前儿童为研究对象，考察隔代教养背景下他们的依恋关系状况，以及祖辈教养方式对其依恋关系的影响。

二、方法

（一）调研对象

采用方便抽样法，从浙江省某市选取 3 所幼儿园的大、中、小各 2 个班级，由幼儿园带班老师向学前儿童家长（主要教养人）发放问卷共460份，回收问卷412份，回收率为89.57%。其中有效问卷345份，有效率为83.74%。被试分布详见表2-10。

表2-10 被试分布一览表

变量	类别	人数	百分比（%）
性别	男	182	52.75
	女	163	47.25
年级	小班	104	30.14
	中班	132	38.26
	大班	109	31.60
教养类型	隔代教养	140	40.58
	非隔代教养	205	59.42
居住情况	无祖辈同住	179	51.88
	有祖辈同住	166	48.12

（二）调研工具

1. 主要教养人教养方式调研问卷

采用《主要教养人教养方式问卷》考察学前儿童主要教养人的教养方式。该问卷是根据邓诗颖编制的《父母教养方式问卷》（2013）改编而成，未改动问卷内容，但将18~28题单列为模块一和模块二，两模块内容一样，只是将主要称谓分别改为"我和孩子的祖辈"和"我和孩子的父母"，孩子的父母填写问卷的模块一，孩子的祖辈则填写问卷的模块二。该问卷将主要教养人的教养方式分为4个维度，分别是权威专制、溺爱放纵、信任民主和教养一致性，共43题。采用李克特（Likert）五级计分法，"1"表示非常不符合，计1分；"5"表示非常符合，计5分。经验证，该问卷的Cronbach's α系数为0.904，分半信度为0.840。

2. 学前儿童依恋调研问卷

采用《学前儿童依恋问卷》考察学前儿童的依恋状况。该问卷是根据洪佩佩编制的《幼儿依恋问卷》(2008)改编而成，问卷内容没有改动，由学前儿童的主要教养人（祖辈或父辈）填写。该问卷包括3个维度，即依恋—探索、交互顺畅性、社交活跃性，并可进一步细分为8个因子，即安全基地、活跃性、顺从、互动情感基调、身体接触喜爱度、对陌生客人的反应、赞许回应性和要求，共31题，其中，安全基地、赞许回应性、身体接触喜爱度属于依恋—探索维度，顺从、要求、互动情感基调属于交互顺畅性维度，活跃性和对陌生客人的反应属于社交活跃性维度。问卷采用李克特（Likert）七级计分法，第一项行为"完全符合"计7分，"比较符合"计6分，"有点符合"计5分；第二项行为"完全符合"计1分，"比较符合"计2分，"有点符合"计3分；若题目情景从未发生在孩子身上或孩子的行为表现不在项目描述的范围内，则在该题目边打"×"，事后计4分。项目得分越高，问卷总分及各维度得分越高，学前儿童的依恋安全性越好。经验证，该问卷的 Cronbach's α 系数为 0.770。

（三）调研程序

所有被试均被告知研究目的，并在参与研究之前已签署知情同意书。测验由研究者负责，在取得幼儿园园长同意后，在带班老师的配合下发放《主要教养人教养方式问卷》和《学前儿童依恋问卷》，由学前儿童带回家让其主要教养人填写，完成后隔天收回。

（四）数据统计与分析

采用 SPSS 26.0 进行数据录入和基本分析，包括内部一致性检验、描述统计、差异检验、相关分析和回归分析等。

三、结果

(一)隔代教养学前儿童的依恋状况

1. 隔代教养学前儿童依恋的一般特点

分别统计不同教养类型下学前儿童的依恋总分及其各维度得分,并进行独立样本 t 检验,结果详见表 2-11。结果发现:在依恋总分及其依恋探索、交互顺畅性、社交活跃性三个维度上,隔代教养学前儿童的依恋得分均低于非隔代教养学前儿童。进一步独立样本 t 检验结果表明:不同教养类型下学前儿童的社交活跃性得分存在显著性差异($t=-2.048$,$p < 0.05$),具体而言,隔代教养学前儿童的社交活跃性得分显著低于非隔代教养学前儿童,亦即,是否隔代教养对学前儿童依恋的社交活跃性具有显著影响。

表 2-11 不同教养类型下学前儿童依恋的比较分析

维度	隔代教养($n=140$) M	隔代教养($n=140$) SD	非隔代教养($n=205$) M	非隔代教养($n=205$) SD	t
依恋探索	66.05	8.46	66.21	9.58	-0.164
交互顺畅性	54.96	7.96	55.68	7.50	-0.861
社交活跃性	32.00	7.00	33.63	7.42	-2.048*
依恋总分	153.01	16.22	155.53	17.71	-1.342

2. 隔代教养因素对学前儿童依恋的影响

(1)祖辈居住情况对学前儿童依恋的影响

分别统计祖辈不同居住情况下学前儿童的依恋总分及其各维度得分,并进行独立样本 t 检验,结果详见表 2-12。结果表明:祖辈不同居住情况下学前儿童的依恋总分、交互顺畅性和社交活跃性存在显著性差异

（t=1.991，$p<0.05$；t=2.803，$p<0.01$；t=2.442，$p<0.05$）。具体而言，有祖辈同住的学前儿童依恋、交互顺畅性和社交活跃性得分显著低于无祖辈同住的学前儿童，亦即，祖辈是否同住对学前儿童依恋、交互顺畅性和社交活跃性具有显著影响。

此外，在"对陌生客人的反应"因子上，同样是有祖辈同住学前儿童的得分（M=12.02，SD=4.35）显著低于无祖辈同住学前儿童（M=13.43，SD=3.75，t=3.234，$p<0.01$），进一步说明了祖辈居住情况对学前儿童社交活跃性的显著影响。

表2-12　祖辈居住情况对学前儿童依恋的影响

维度	无祖辈同住（n=179）		有祖辈同住（n=166）		t
	M	SD	M	SD	
依恋探索	66.46	9.79	65.81	8.38	0.667
交互顺畅性	56.18	7.06	54.54	8.26	1.991*
社交活跃性	34.02	6.95	31.84	7.49	2.803**
依恋总分	156.66	16.76	152.18	17.30	2.442*

（2）祖辈一周带养频率对学前儿童依恋的影响

分别统计祖辈一周不同带养频率下学前儿童的依恋总分及其各维度得分，并进行方差分析，结果详见表2-13。结果显示：祖辈一周不同带养频率下学前儿童的社交活跃性存在显著性差异（$F_{[4, 340]}$=3.706，$p<0.01$）。进一步事后多重比较结果表明：祖辈一周几乎不带养（少于1天）和仅带养1~2天学前儿童的社交活跃性得分较高，显著高于祖辈带养5~6天的学前儿童，亦即，祖辈一周带养频率低的学前儿童社交活跃性显著高于祖辈一周带养频率高的学前儿童。同时，祖辈每天带养（即一周带养7天）的学前儿童社交活跃性也较高。

此外，在"对陌生客人的反应"因子上，祖辈一周不同带养频率下学前儿童的依恋也具有显著性差异，$F_{[4, 340]}=3.815$，$p<0.01$。进一步事后多重比较结果表明：祖辈一周带养频率低（带养频率小于1天和只带养1~2天）的学前儿童社交活跃性得分显著高于一周带养频率高（带养频率为3~4天和5~6天）的学前儿童。同时，祖辈每天带养的学前儿童的社交活跃性得分也较高。

表2-13 祖辈一周带养频率对学前儿童依恋的影响

维度	依恋探索 M	依恋探索 SD	交互顺畅性 M	交互顺畅性 SD	社交活跃性 M	社交活跃性 SD	依恋总分 M	依恋总分 SD
少于1天	65.51	8.79	56.71	6.66	34.70	7.30	156.92	15.94
1~2天	64.30	11.16	56.07	7.63	33.58	6.71	153.95	17.97
3~4天	67.89	8.52	54.22	6.66	32.11	6.97	154.22	14.14
5~6天	66.84	8.73	55.00	8.05	30.92	7.80	152.76	17.93
7天	66.46	8.42	54.19	9.14	33.75	6.43	154.40	19.00
F	1.262		1.450		3.706**		0.712	

3. 隔代教养学前儿童依恋的年级差异和性别差异

（1）隔代教养学前儿童依恋的年级差异

分别统计不同年级的隔代教养学前儿童的依恋总分及其各维度得分，并进行方差分析，结果详见表2-14。结果显示：隔代教养学前儿童的交互顺畅性存在显著的年级差异（$F_{[2, 137]}=4.416$，$p<0.05$）。进一步事后多重比较结果表明：大班学前儿童的交互顺畅性（$M=58.1$，$SD=6.50$）得分显著高于中班（$M=54.20$，$SD=8.19$）和小班（$M=53.38$，$SD=8.20$），但后两者之间没有显著差异，亦即，隔代教养学前儿童的年级对其交互顺畅性具有显著影响。

表 2-14　隔代教养学前儿童依恋的年级差异

维度	年级	隔代教养 M	隔代教养 SD	F
依恋探索	大班	65.84	8.25	0.222
	中班	66.68	8.44	
	小班	65.60	8.76	
交互顺畅性	大班	58.11	6.50	4.416*
	中班	54.20	8.19	
	小班	53.38	8.20	
社交活跃性	大班	32.16	7.82	0.032
	中班	32.08	6.84	
	小班	31.81	6.65	
依恋总分	大班	156.11	14.46	1.182
	中班	152.96	16.09	
	小班	150.79	17.46	

（2）隔代教养学前儿童依恋的性别差异

分别统计不同性别的隔代教养学前儿童的依恋总分及其各维度得分，并进行独立样本 t 检验，结果显示：在依恋总分及其各维度上，均未见显著的性别差异。

（二）祖辈教养方式对学前儿童依恋的影响

1. 祖辈教养方式与学前儿童依恋的相关分析

对隔代教养类型下祖辈教养方式总分及其各维度和学前儿童依恋总分及其各维度进行相关分析，结果详见表 2-15。结果显示：祖辈教养方式的信任民主维度和学前儿童依恋中的依恋探索维度、交互顺畅性维度和依恋总分均呈显著正相关，相关系数分别为：$r=0.233$，$p < 0.05$；$r=0.463$，$p < 0.001$；$r=0.380$，$p < 0.001$。祖辈教养方式总分及其他维度与学前儿童依恋总分及其他维度均未见显著相关。

表 2-15　祖辈教养方式和学前儿童依恋的相关矩阵

维度	1	2	3	4	5	6	7	8	9
1. 信任民主	—	—	—	—	—	—	—	—	—
2. 教养一致性	-0.087	—	—	—	—	—	—	—	—
3. 溺爱放纵	0.062	0.338**	—	—	—	—	—	—	—
4. 专制权威	-0.081	0.317**	0.341**	—	—	—	—	—	—
5. 教养方式总分	0.412**	0.736**	0.733**	0.415**	—	—	—	—	—
6. 依恋探索	0.233**	-0.043	-0.032	0.035	0.067	—	—	—	—
7. 交互顺畅性	0.463**	-0.034	-0.017	-0.133	0.163	0.264**	—	—	—
8. 社交活跃性	0.072	-0.041	-0.067	-0.037	-0.028	0.069	0.319**	—	—
9. 依恋总分	0.380**	-0.057	-0.054	-0.064	0.103	0.680**	0.766**	0.624**	—
M	40.31	30.86	20.21	2.70	94.08	66.05	54.96	32.00	153.01
SD	4.13	5.42	4.43	0.99	9.35	8.46	7.96	7.00	16.22

2. 祖辈教养方式与学前儿童依恋的回归分析

（1）祖辈教养方式与学前儿童依恋总分的回归分析

以祖辈教养方式总分及其各维度为自变量，依恋总分为因变量，进行线性回归分析，结果详见表 2-16。祖辈信任民主的教养方式进入回归方程，对学前儿童的依恋总分预测效应显著。祖辈教养方式总分和其他维度没有进入回归方程。

表 2-16　祖辈信任民主教养方式与学前儿童依恋总分的回归分析

维度	R	R^2	调整后 R^2	F	B	t
常量	0.380	0.144	0.138	23.296***	92.869	7.415***
信任民主					1.492	4.827***

（2）祖辈教养方式与学前儿童依恋探索的回归分析

以祖辈教养方式总分及其各维度为自变量，依恋探索为因变量，进行线性回归分析，结果详见表 2-17。将祖辈信任民主的教养方式进入回归方程，对学前儿童的依恋探索预测效应显著。祖辈教养方式总分和其他维度没有进入回归方程。

表 2-17　祖辈信任民主教养方式与学前儿童依恋探索的回归分析

维度	R	R^2	调整后 R^2	F	B	t
常量	0.233	0.054	0.048	7.945**	46.797	6.816***
信任民主					0.478	2.819**

（3）祖辈教养方式与学前儿童交互顺畅性的回归分析

以祖辈教养方式总分及其各维度为自变量，交互顺畅性为因变量，进行线性回归分析，结果详见表 2-18。将祖辈信任民主的教养方式进入回归方程，对学前儿童的交互顺畅性预测效应显著。但祖辈教养方式总分和其他维度没有进入回归方程。

表 2-18　祖辈信任民主教养方式与学前儿童交互顺畅性的回归分析

维度	R	R^2	调整后 R^2	F	B	t
常量	0.463	0.214	0.209	37.647***	18.996	3.224**
信任民主					0.892	6.136***

此外，祖辈教养方式总分及其各维度对学前儿童依恋的社交活跃性维度的预测效应均不显著。

四、讨论

（一）隔代教养家庭学前儿童依恋的特点

1. 隔代教养学前儿童的社交活跃性显著低于非隔代教养学前儿童

本研究发现，是否隔代教养对学前儿童依恋的社交活跃性具有显著影响。隔代教养学前儿童社交活跃性较非隔代教养学前儿童的低，对陌生客人的反应少，更容易害羞躲避、难与陌生客人交谈，以致他们对新事物的接受性较低，并影响他们的好奇性、挑战性、冒险性和想象力的发挥（徐碧波等，2019）。已有的相关研究结果在本研究中得到了验证，即隔代教养更容易导致儿童社交退缩（彭瑾，2019）。已有研究还表明，隔代教养中只有9%的儿童会主动找同伴玩耍，而非隔代教养儿童的这一比例则可达到24%（孙宏艳，2002），可见，隔代教养不利于儿童交往主动性的发挥。首先，这可能是由于年轻父母更有活力，更愿意带孩子出门，或引导孩子与其他儿童交往，促进了他们的社交行为；而祖辈由于身体条件或精力问题，带孙辈出去玩的机会较少。其次，祖辈与孙辈可能少有共同语言，导致儿童交流的主动性较低；又或是由于祖辈教养的学前儿童缺乏心理安全保障，导致其寻求安全的需要增强，而在这种需要得到适当满足之前，他们对内部自我环境和对外界社会环境的探索就难以有效进行。

2. 学前儿童依恋存在显著的年级差异，但不存在显著的性别差异

由本研究结果可知，隔代教养学前儿童的交互顺畅性存在显著的年级差异，大班学前儿童的交互顺畅性得分显著高于中班和小班，即随着年级的提升，学前儿童依恋的交互顺畅性逐渐提高。在已有的研究中，虽尚未发现学前儿童依恋的年级差异，但依旧可以从其他学段的显著年级差异中窥知一二。随着年龄的不断增长，小学儿童大多在六年级逐渐进入青春期，自我意识与独立意识不断发展，使得他们的依恋对象开始向同伴倾斜，其

与父母或祖辈的依恋会逐渐下降（王玉龙等，2016）。中学儿童正处青春期，自主与独立的愿望更加强烈，更是想要打破自己对父母或其他教养人的依恋，甚至有意跳脱父母的束缚，疏远父母，依恋呈下降趋势（朱海东等，2010）。利伯曼等（Lieberman et al.，1999）指出，个体的依恋是终生建构的过程，只不过依恋的对象会有所变化，从最初的父母或祖辈逐渐向同伴、恋人、配偶等转移。学前时期正是儿童依恋建立和形成的重要时期，所以这一时期他们与祖辈的依恋关系呈现上升趋势。

学前儿童的依恋总分及其各维度不存在显著的性别差异，说明学前儿童的性别对其依恋没有显著影响，这在已有研究可以找到些许证据（叶晓璐，刘宣文，2021），可能的原因是这一时期不论男孩还是女孩均需要建立与其主要教养人（祖辈或父辈）之间的情感联结，以得到相应的安慰和保护，且祖辈需要做的是保护好孙辈，因此对男孩和女孩的教养模式相差不大；也可能由于这一时期学前儿童的性别概念尚处于发展中，性别差异行为并不明显，所以学前儿童依恋的性别差异不显著（陈璐等，2021）。

（二）隔代教养因素对学前儿童依恋的影响

本研究结果显示：隔代教养对学前儿童的依恋具有显著影响，尤其是祖辈是否同住对学前儿童的依恋、交互顺畅性和社交活跃性具有显著影响，有祖辈同住的学前儿童的依恋、交互顺畅性和社交活跃性明显低于无祖辈同住的学前儿童，且在"对陌生客人的反应"因子上，也具有相同的结果，说明祖辈居住情况对学前儿童的依恋具有显著的负面影响。已有研究发现，与祖辈居住的儿童学校适应性要低于与父辈同住，以及与祖辈—父辈同住的儿童（梁佳怡等，2022），可见祖辈居住情况对学前儿童的社会适应性具有显著影响。这可能是由于祖辈在与孙辈一起居住后，其普遍存在的"重养轻教"问题对学前儿童影响更大，对于双方依恋关系的建立具有阻碍作用。另外，祖辈一周带养频率高（5~6天）的学前儿童的社交活跃性显著低于一周带养频率低（小于1天和只带养1~2天）的学前儿童，从另一个角度进一步佐证了祖辈与孙辈的频繁接触对学前儿童依恋的显著影响。

此外，祖辈每天带养的学前儿童的社交活跃性也较高。原因可能是有些祖辈注重与他人的交往，学前儿童也能在潜移默化中受到熏陶，因此其社交活跃性比较高。

（三）祖辈教养方式与学前儿童依恋的关系

本研究结果还表明，祖辈教养方式的信任民主维度和学前儿童的依恋探索、交互顺畅性和依恋总分呈显著正相关。进一步回归分析结果显示，祖辈信任民主教养方式对学前儿童的依恋、依恋探索、交互顺畅性具有显著的正向预测作用，说明祖辈信任民主教养方式对于学前儿童的依恋发展具有良好的促进作用。这与已有的研究结果相一致（梁堂华等，2010；刘文等，2013）。教养方式是儿童发展最为重要的预测因素（Hoeve et al.，2011）。研究表明，民主型教养方式可以正向预测学前儿童的抑制控制（即个体追求目标时抑制不对无关刺激做出反应的能力）（梁九清等，2021）、社会性（陈晨，2012）、创造性人格（寇冬泉，2018）等。可见，民主型教养方式有利于学前儿童形成良好的品质，促进他们与教养者建立良好的依恋关系。因此，祖辈若采取信任民主的教养方式，孙辈在与其交往过程中能够得到尊重、肯定，孙辈就会对祖辈抱以信任的态度，能和祖辈形成良性的交往模式，进而形成安全型依恋关系。民主型教养方式是最理想的教育方式（侯莉敏等，2019），祖辈在教养孙辈过程中应多用信任民主的教养方式，给予孙辈温暖、宽容、信任、尊重，对他们的行为采取分析与引导、鼓励与帮助的方法，让孙辈在自己的教育和指导下形成良好的安全型依恋，从而健康快乐地成长。

Chapter Ⅲ | 第三章

隔代教养儿童的人际关系研究

第一节　隔代教养儿童的亲子关系研究

第二节　隔代教养儿童的祖孙关系思考

第三节　隔代教养儿童的同伴关系研究

第一节　隔代教养儿童的亲子关系研究

一、引言

如前所述，隔代教养模式在"教"和"养"方面凸显出来的一些问题引发了人们对隔代教养利弊的探讨（李晴霞，2001；陈璐等，2014；胡美婷，2016）。尤其是"隔代亲"伴随的祖辈对孙辈的溺爱与包办代替，导致的学前儿童心理问题、亲子关系问题、家庭关系不融洽等，深受学界重视（陈传锋等，2021；杨雨清等，2021）。

隔代教养对亲子关系具有重要影响。研究发现，从小由祖辈带养大的孩子，由于长期与父辈分离，可能会感到"父母不爱我"。随着孩子年龄的增长，亲子关系得不到发展；即便日后孩子再回到父辈身边，也会感到生疏与怨恨（宋良恒等，2010；旭东英，红西，2011）。关于隔代教养如何影响亲子关系发展，主要集中在以下两个方面：一是早期依恋的缺失导致亲子疏远。康秀珍（2012）认为，隔代抚养影响学前儿童安全依恋关系的建立，导致亲子关系生疏；二是学前儿童习惯了祖辈的袒护和迁就，难以接受父辈的批评。当父辈提出批评或更高要求时，学前儿童容易产生对立情绪与逆反行为。李亚妮（2012）综述相关研究后指出，隔代教养家庭比普通家庭的亲子亲密度低，子女对父辈的依赖性低，亲子冲突更频繁。

综上所述，以往有关隔代教养如何影响亲子关系问题的研究只涉及两种情况，一是依恋的缺失，二是孩子对父母管教的抵触，显然忽视了其他因素，如孩子的祖辈依赖等。祖辈依赖是指隔代教养下的学前儿童，由于接受祖辈的长期照料后对祖辈产生了依赖，主要包括孙辈对祖辈的认知、情感和行为上的依赖（王玲凤等，2021）。这是由于在祖辈参与教养的家庭里存在家庭角色缺位的情况,以及学前儿童自身的不安全依恋或紊乱依恋(宋卫芳,2014),导致形成多重依恋关系,祖辈依赖是多重依恋关系中的一种特殊的依恋关系。因此,应加强实证研究,进一步探讨在隔代教养家庭孩子的祖辈依赖特征及其对亲子关系的影响。同时,要进一步深化研究内容,克服研究内容的单向性,不能只探讨家长或家庭对孩子的影响,同时要探讨孩子自身的特征(如祖辈依赖)对其心理发展(包括亲子关系)的影响。

二、方法

(一)问卷法

1. 调研对象

采用方便抽样法,选取了宁波市某幼儿园的学前儿童作为被试,随机抽取小、中、大班隔代教养家庭的学前儿童发放问卷150份,收回问卷130份,回收率约为86.66%,其中有效问卷113份,有效率约为86.92%。调研样本学前儿童的年龄和性别分布详见表3-1。

表3-1 调研对象的人口统计学特征

维度	类别	人数	百分比(%)
性别	男	54	47.79
	女	59	52.21
年龄	3周岁	26	23.01
	4周岁	37	32.74
	5周岁	30	26.55
	6周岁	20	17.70

2. 调研工具

(1) 自编《隔代教养家庭学前儿童的祖辈依赖现状调查》问卷

在参考相关已有研究的基础上,通过开放式问卷法、半结构式访谈法搜集资料,采用归纳法对搜集的资料进行整理分析,将其结果与结构化访谈内容相结合确立祖辈依赖的核心成分,以此为基础编制初步问卷。然后对问卷进行试测分析,通过探索性因子分析和验证性因子分析,最后确定问卷定稿。该量表共有 20 个项目,采用李克特(Likert)五级计分法计分,包含生活上的依赖和情感上的依赖 2 个维度,由隔代教养家庭幼儿的祖辈主要教养人进行评价。

(2) 亲子关系量表

亲子关系指标采用应用十分广泛的皮恩特(Pianta)的《亲子关系量表缩减版(Child-Parent Relationship Scale Short-Form)》(邓小平,2013)。该量表包含亲密性和冲突性 2 个维度,共 15 个项目,采用李克特(Likert)五级计分法计分,由隔代教养家庭的学前儿童父母进行评价。该问卷信效度良好,亲密性维度的 Cronbach's α 系数 =0.72,冲突性维度的 Cronbach's α 系数为 0.83。

(二) 访谈法

1. 调研对象

采取目的性抽样,结合问卷调查结果,在小、中、大班各抽样 2 个具有代表性的隔代教养家庭的祖辈及学前儿童作为重点访谈对象。在祖辈每天早晚来幼儿园接送孩子时,经教师协助,进行访谈。

2. 调研工具

结合文献资料和调研问卷,从祖辈依赖、亲子关系及其成因着手,自编半开放型访谈提纲。

三、结果

（一）隔代教养家庭学前儿童的祖辈依赖状况

1. 隔代教养家庭学前儿童的祖辈依赖水平

对隔代教养家庭学前儿童的祖辈依赖得分进行描述统计，结果见表3-2。由于缺乏常模对比，只能从统计上进行分类：把高于平均数1个标准差的学前儿童归为祖辈依赖性高（$X > 84.288$），低于平均数1个标准差的学前儿童归为祖辈依赖性低（$X < 71.853$），在平均数上下1个标准差之内的学前儿童归为祖辈依赖性中等（71.853~84.288）。据此，将祖辈依赖性程度不同的学前儿童分为三组，详见表3-3。结果表明：绝大多数学前儿童的祖辈依赖都处于中等水平，祖辈依赖水平很高或很低的学前儿童都只占少数。相对而言，学前儿童对祖辈的行为依赖水平高于情感依赖。

表3-2 隔代教养家庭学前儿童的祖辈依赖水平

维度	n	M	SE
情感依赖	113	38.91	3.91
行为依赖	113	39.14	3.36
祖辈依赖总分	113	78.07	6.22

表3-3 学前儿童祖辈依赖水平分组

维度	n	%
高祖辈依赖	15	13.33
中等祖辈依赖	84	74.34
低祖辈依赖	14	12.38
合计	113	100

进一步统计隔代教养家庭学前儿童对不同祖辈对象的依赖水平，并进

行方差检验。结果发现：学前儿童对不同祖辈对象的依赖水平虽然没有显著差异，但相对而言，学前儿童对外婆的总体依赖性最强，对爷爷的总体依赖性最弱（图 3-1）。具体而言，在情感上，学前儿童对外婆的依赖性最大，其次是对奶奶的依赖性；在行为上，学前儿童对外公的依赖性最大。而且，无论在情感上还是在行为上，学前儿童对爷爷的依赖性都最弱。

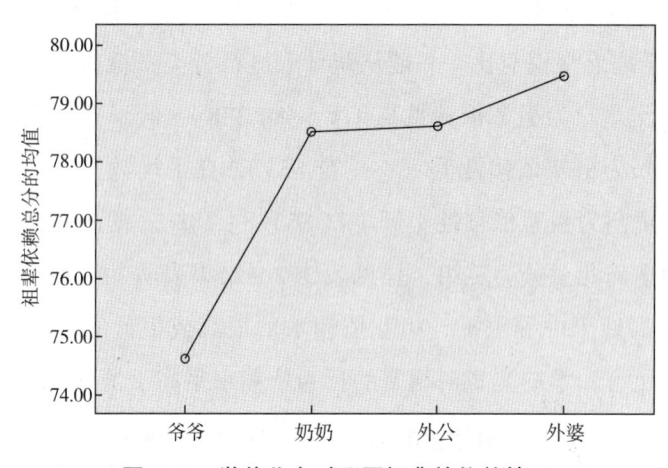

图 3-1 学前儿童对不同祖辈的依赖情况

2.隔代教养家庭祖辈特点对学前儿童祖辈依赖的影响

（1）隔代教养家庭祖辈的同住情况对学前儿童祖辈依赖的影响

分别统计在隔代教养家庭不同的代际同住情况下学前儿童的祖辈依赖水平，并进行方差检验分析。结果表明：$F_{[2, 110]}=20.475$，$p < 0.001$。即不同的代际同住情况对学前儿童的祖辈依赖水平具有显著的影响。在祖辈仅与孙辈同住的情况下，学前儿童的祖辈依赖水平（包括情感依赖和行为依赖）都明显高于在其他代际居住情况下的依赖水平。

（2）隔代教养家庭祖辈的教养责任对学前儿童祖辈依赖的影响

分别统计在隔代教养家庭祖辈担负不同教养责任情况下学前儿童的祖辈依赖水平，并进行方差检验分析。结果表明：$F_{[2, 110]}=5.870$，$p < 0.01$。即祖辈担负不同的教养责任对学前儿童的祖辈依赖水平具有显著的影响。

在祖辈对孙辈担负主要教养责任的情况下,学前儿童的祖辈依赖水平(包括情感依赖)都明显高于在其他责任情况下的依赖水平。但学前儿童的行为依赖水平受祖辈的教养责任影响不明显。

3. 隔代教养家庭学前儿童祖辈依赖的城乡差异

分别统计农村和城市学前儿童的祖辈依赖情况,并进行独立样本 t 检验,详见表3-4。结果表明:学前儿童对祖辈依赖的总体水平以及对祖辈的行为依赖水平都存在显著的城乡差异。即城市学前儿童的祖辈依赖水平明显高于农村学前儿童。但学前儿童对祖辈的情感依赖水平不存在明显的城乡差异。

表3-4 农村和城市学前儿童的祖辈依赖水平

维度	居住地	n	M	SE	t
情感依赖	农村	36	37.97	4.08	-1.798
	城市	77	39.38	3.77	
行为依赖	农村	36	37.97	3.60	-2.592*
	城市	77	39.69	3.12	
祖辈依赖总分	农村	36	75.94	6.56	-2.546*
	城市	77	79.06	5.83	

(二)隔代教养家庭学前儿童的亲子关系状况

1. 隔代教养家庭学前儿童的亲子关系水平

对隔代教养家庭学前儿童的亲子关系量表得分进行描述统计,结果见表3-5。由于缺乏常模对比,只能从统计上进行分类:把高于平均数1个标准差的学前儿童归为亲子冲突性(或亲子亲密性)高($X > 84.288$),低于平均数1个标准差的学前儿童归为亲子冲突性(或亲子亲密性)($X <$

71.853）低，在平均数1个标准差之内的学前儿童归为亲子冲突性（或亲子亲密性）中等（71.853~84.288）。据此，将亲子冲突性（或亲子亲密性）水平不同的学前儿童分为三组，详见表3-6。

表3-5 学前儿童的亲子关系量表得分

维度	n	M	SE
亲子冲突	113	28.48	6.85
亲子亲密	113	22.89	5.85

表3-6 学前儿童亲子关系水平分组

维度	n	%	维度	n	%
亲子冲突高	15	13.33	亲子亲密高	31	27.43
亲子冲突中等	68	60.18	亲子亲密中等	59	52.21
亲子冲突低	30	26.55	亲子亲密低	23	20.35

表中数据显示：绝大多数学前儿童的亲子冲突性（或亲子亲密性）都处于中等水平，亲子冲突性（或亲子亲密性）水平很高或很低的学前儿童都只占少数。相对而言，亲子冲突水平高的学前儿童少于亲子冲突水平低的学前儿童，亲子亲密水平高的学前儿童多于亲子亲密水平低的学前儿童。

2.祖辈特点对学前儿童亲子关系的影响

（1）祖辈身份对学前儿童亲子关系的影响

分别统计爷爷、奶奶、外公和外婆等不同祖辈所描述的学前儿童亲子关系，并进行方差检验分析。结果表明：祖辈身份对学前儿童亲子关系具有显著的影响，即相对于爷爷、奶奶而言，在外婆、外公教养下，学前儿童的亲子关系亲密性明显偏低（$F_{[3, 109]}=7.700$，$p<0.001$），而亲子关系的冲突性却明显偏高（$F_{[3, 109]}=8.717$，$p<0.001$）。

（2）祖辈的代际同住情况对学前儿童亲子关系的影响

分别统计隔代教养家庭祖辈的代际同住情况对亲子关系的影响，并进行方差分析。结果表明：在祖辈仅与孙辈同住的情况下，学前儿童的亲子关系亲密性最低、亲子冲突性最高，其次是与孙辈及其父辈一方同住。在祖辈与学前儿童及其父辈同住时，学前儿童的亲子关系亲密性最高、亲子冲突性最低，详见图 3-2 和图 3-3。

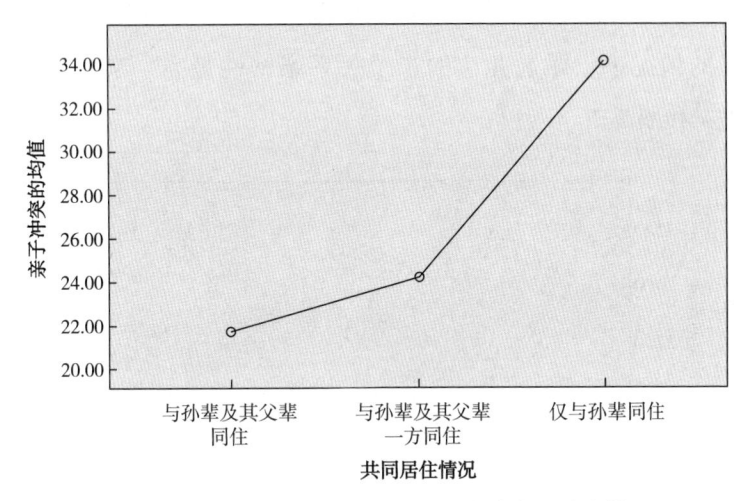

图 3-2 代际同住情况与学前儿童的亲子冲突性

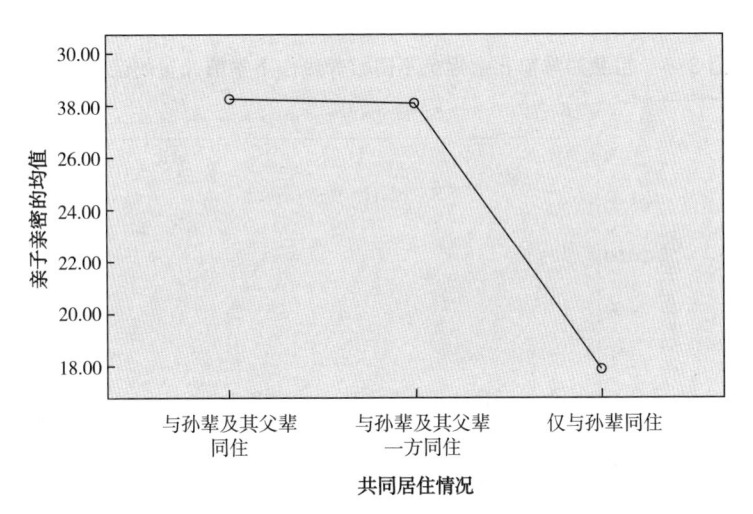

图 3-3 代际同住情况与学前儿童的亲子亲密性

3. 祖辈的教养责任对学前儿童亲子关系的影响

分别统计隔代教养家庭在祖辈担负不同教养责任情况下学前儿童亲子关系得分，并进行方差分析。结果表明：在祖辈对学前儿童担负主要教养责任情况下，学前儿童的亲子关系亲密性最低、亲子冲突性最高，其次是与学前儿童父母分担教养责任。在祖辈只是协助但不担负对学前儿童主要教养责任的情况下，学前儿童的亲子关系亲密性最高、亲子冲突性最低，详见图3-4和图3-5。

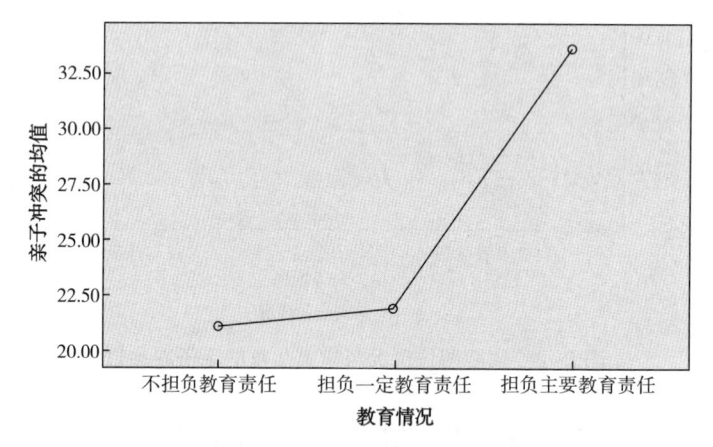

图 3-4 祖辈对学前儿童担负不同教养责任下学前儿童的亲子冲突性

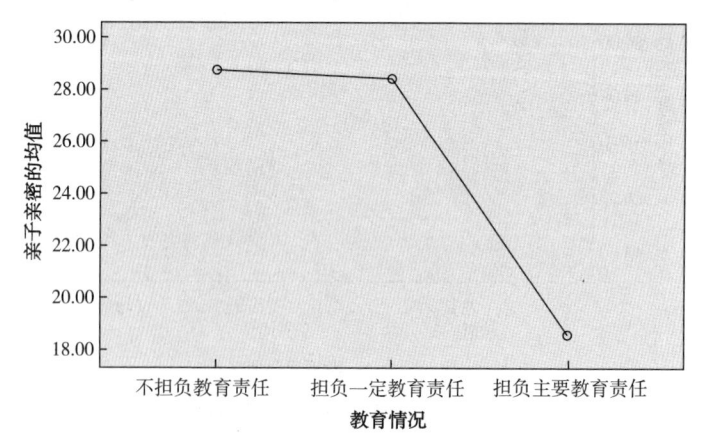

图 3-5 祖辈对学前儿童担负不同教养责任下学前儿童的亲子亲密性

4.学前儿童的年龄和性别对其亲子关系的影响

分别统计隔代教养家庭不同年龄学前儿童的亲子关系得分,并进行方差检验分析。结果发现:不同年龄的学前儿童亲子关系虽然没有显著差异,但5岁是一个转折点,即5岁后学前儿童的亲子亲密性下降、亲子冲突性上升,详见图3-6和图3-7。此外,经独立样本 t 检验分析,性别对学前儿童的亲子关系没有显著影响。

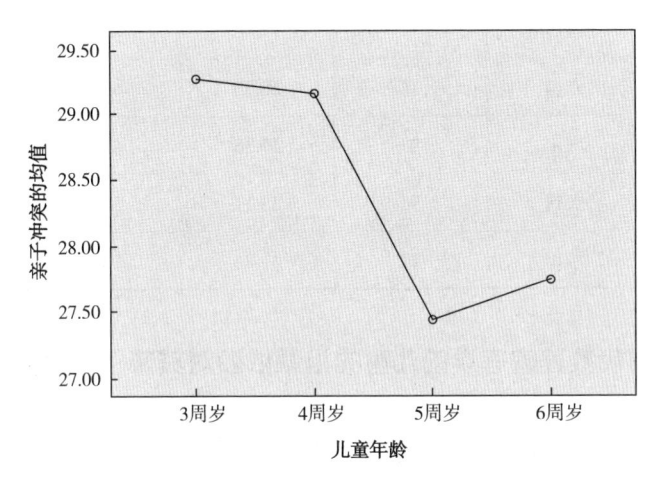

图 3-6 不同年龄阶段学前儿童的亲子冲突性

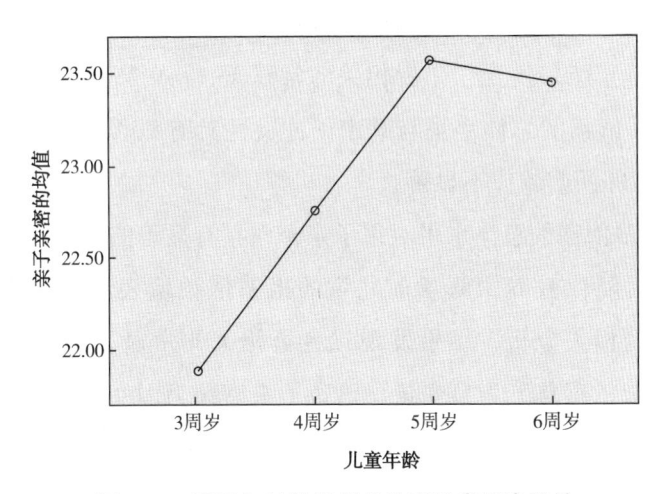

图 3-7 不同年龄阶段学前儿童的亲子亲密性

5.隔代教养家庭幼儿亲子关系的城乡差异

分别统计城市和乡村隔代教养家庭学前儿童的亲子关系得分，并进行独立样本 t 检验，详见表3-7。结果表明：无论是亲子亲密性还是亲子冲突性，城市和乡村的学前儿童都存在显著差异，即城市学前儿童的亲子亲密性明显低于农村学前儿童，而其亲子冲突性则明显高于农村学前儿童。

表3-7 城市和乡村隔代教养家庭学前儿童的亲子关系得分

维度	居住地	n	M	SE	t
亲子冲突	农村	36	26.56	6.54	-2.070*
	城市	77	29.38	6.84	
亲子亲密	农村	36	25.11	5.08	2.839**
	城市	77	21.86	5.93	

（三）隔代教养家庭学前儿童的祖辈依赖对其亲子关系的影响

1.祖辈依赖的总体水平对亲子关系的影响

（1）祖辈依赖的总体水平与亲子冲突具有显著相关

对隔代教养家庭学前儿童的祖辈依赖量表总分和亲子冲突性得分作皮尔逊相关分析。结果发现，二者相关非常显著，$r=0.250$，$p < 0.01$，说明学前儿童祖辈依赖的总体水平与其亲子冲突性具有显著相关。但回归分析结果显示二者的回归效应不显著。

（2）祖辈依赖的总体水平对亲子亲密性具有显著的负向预测作用

同时，对隔代教养家庭学前儿童的祖辈依赖量表总分和亲子亲密性得分作皮尔逊相关分析，结果发现二者负相关非常显著，$r=-0.495$，$p < 0.001$。以祖辈依赖总分为自变量，以亲子亲密性为因变量，进一步对二者作回归分析。结果表明：回归效应显著，调整后 $R^2=0.238$，$β=59.268$，$t=-6.001$，$p < 0.001$，说明学前儿童祖辈依赖的总体水平可显著负向预测其

亲子亲密性。

2. 情感依赖对学前儿童亲子关系的影响

对隔代教养家庭学前儿童对祖辈的情感依赖得分和亲子冲突性得分作皮尔逊相关分析。结果发现，二者相关非常显著，$r=0.269$，$p < 0.01$。以情感依赖得分为自变量，以亲子冲突性为因变量，进一步对二者作回归分析，结果表明回归效应显著。调整后 $R^2=0.064$，$\beta=10.104$，$t=2.946$，$p < 0.01$，说明学前儿童对祖辈的情感依赖水平对其亲子冲突性具有显著的正向预测作用。同时，对隔代教养家庭学前儿童对祖辈的情感依赖得分和学前儿童的亲子亲密性得分作皮尔逊相关分析。结果发现：二者负相关非常显著，$r=-0.448$，$p < 0.001$，说明学前儿童对祖辈的情感依赖水平与其亲子亲密性具有显著的相关。但回归分析结果显示二者的回归效应不显著。

3. 行为依赖对学前儿童亲子关系的影响

对隔代教养家庭学前儿童对祖辈的行为依赖得分和亲子亲密性得分作皮尔逊相关分析。结果发现：二者负相关非常显著，$r=-0.394$，$p < 0.001$。但回归分析结果显示二者的回归效应不显著。

同时，对隔代教养家庭学前儿童对祖辈的行为依赖得分和学前儿童的亲子冲突性得分作皮尔逊相关分析。结果发现：二者相关不显著，$r=0.150$，$p > 0.05$，说明学前儿童对祖辈的行为依赖水平对其亲子冲突性没有显著的影响。

四、讨论

（一）隔代教养家庭学前儿童的祖辈依赖性较强

本研究发现，隔代教养家庭的学前儿童对祖辈具有依赖性，且年龄越小，对祖辈的依赖程度越强；相对而言，对祖辈行为上的依赖程度高于情感上的依赖；从祖辈依赖对象上来看，学前儿童对外婆的依赖性最强，对爷爷的依赖性最弱；祖辈若仅与孙辈同住，并担负主要教养责任，则学前儿童的祖辈依赖水平更高；且城市学前儿童的祖辈依赖水平高于农村学前儿童。

学前儿童的祖辈依赖可能导致多种不良后果，例如，①对祖辈的不良影响：尽管学前儿童对祖辈依赖使祖辈产生成就感和价值感，但抚养孩子要花费大量的时间和精力，可能会加重老人的健康负担；②对父辈的不良影响：学前儿童过分依赖祖辈，会助长父辈的依赖心理，导致其责任感缺失；与此同时，造成父辈与孩子的隔阂，影响其亲子关系发展；③对学前儿童自身的不良影响：由于时代、环境和观念不同，祖辈的教养方式和方法可能存在一定的不合理之处，不少老人还会溺爱孩子、对孩子过度保护等，可能会影响孩子的个性发展和心理健康。

究其原因，在隔代教养下，学前儿童过分依赖祖辈主要有以下两个方面：第一，"隔代亲"的感情基础。老人与孩子间有一种天然的亲密感，祖辈对孩子倍加呵护，花大量时间和精力并无微不至地照顾孩子，使学前儿童逐渐建立起对祖辈生活与情感上的依赖。而在传统家庭中，女性祖辈往往承担更多的教养责任，所以学前儿童对女性祖辈的依赖强于男性祖辈。且学前儿童的年龄越小，独立性则越差，对祖辈的依赖自然越强。第二，祖辈过分溺爱和迁就学前儿童，经常包办代替，久而久之，导致学前儿童产生惰性，习惯性依赖祖辈来解决问题。

（二）隔代教养家庭学前儿童的亲子关系较差

本研究结果表明：隔代教养家庭学前儿童的亲子关系较差；祖辈仅与孙辈同住，并担负主要教育责任的家庭，学前儿童的亲子关系更差；5岁是学前儿童亲子关系的转折点，表现为亲子关系冲突性增强，亲密性减弱；且此结果存在城乡差异：城市隔代教养家庭学前儿童亲子关系的亲密度低于农村隔代教养家庭，而亲子冲突性高于农村隔代教养家庭。

亲子关系的质量对学前儿童心理发展具有重要影响。首先,亲子关系对学前儿童认知能力发展产生影响。良好的亲子关系有助于父母在了解孩子的基础上,有的放矢地对学前儿童的认知能力发展进行指导,学前儿童也能在父母鼓励和支持下,大胆探索世界,发展自己的认知能力。反之,不和谐的亲子关系则会阻碍学前儿童认知能力的发展。其次,亲子关系影响学前儿童情绪和情感的发展。如果亲子关系不和谐,父母对学前儿童过于冷淡或严厉,忽视学前儿童的亲情需求,与孩子之间缺乏亲密互动,会使学前儿童感到紧张、焦虑、沮丧与自卑,对周围世界充满恐惧与不安。相反,如果父母经常关注和赞扬学前儿童,学前儿童就会更加乐观自信。此外,亲子关系影响学前儿童社会性和人格的发展。处于不和谐的亲子关系中,学前儿童缺乏人际关系处理的经验,易出现社交困难、自我封闭等问题,不利于其社会功能的发展。

(三)隔代教养家庭学前儿童的祖辈依赖对其亲子关系具有重要影响

研究发现,学前儿童祖辈依赖的总体水平及其对祖辈的情感依赖水平都会对其亲子亲密性和亲子冲突性产生显著影响;学前儿童对祖辈的行为依赖水平对其亲密关系的影响非常显著,但对亲子冲突的影响不显著。亦即,学前儿童对祖辈的依赖水平越高,其亲子亲密性越差,亲子冲突性越强。造成这样的结果,主要原因有:第一,在隔代教养家庭,由于学前儿童与父母共处时间少,祖辈参与教养甚至代替父母教养学前儿童的力度大,使学前儿童对父母的需求逐渐淡薄,亲子关系得不到充分发展。第二,在行为上,祖辈依赖性强的孩子,总是习惯于凡事由祖辈包办代替,不愿自己动手;在认知上,由于祖辈总是采取顺从、迁就的态度满足孩子所有需要,以致孩子习惯唯我独尊。在这种情况下,当父母提出更高要求时,学前儿童容易产生逆反心理,和父母对着干,难免导致亲子关系紧张。第三,由于年龄、职业、文化水平和生活经验的不同,祖辈与父辈必然会持有不同的教养态度与教养方式，当父辈与祖辈的教育观念和教养方式产生分歧时，祖辈依赖性强的孩子更愿意听从祖辈的话，为此，父母很失落却也很无奈。

五、建议

（一）对祖辈的建议

第一，正确定位自己，做亲子关系的调和剂。祖辈应该在隔代教育中摆正自己的位置，积极创造机会让孩子和其父母多接触。也要教育子女多多照看孩子，提醒他们履行为人父母的责任。在教育过程中，要努力在学前儿童面前为父辈树立积极形象。

第二，更新教育理念，树立科学教养观。祖辈们应该摒弃溺爱心理，理性地教育学前儿童。首先，祖辈要提升自身文化素养，接受新思想，学习新知识，改变传统的教育观念，与孩子一起成长。其次，祖辈要积极学习先进的育儿经验，不仅要向年轻的父辈们学习，也要通过电视节目、讲座等多种渠道吸取经验。

（二）对父辈的建议

第一，正确理解"隔代亲"，尊重老人的情感需求。要尊重祖辈的劳动价值和心理需求，对他们无私的付出心存感激。"隔代亲"带来了天伦之乐，不应剥夺祖辈们享受这份最纯真的快乐的权利。

第二，明确并承担教育责任。隔代教育只能用来辅助亲子教育。父母应积极主动担负教养子女的责任。父母们应尽可能多地陪伴孩子，给予孩子关注与爱护，多跟孩子进行互动与交流。

第三，主动与祖辈沟通，取得教育上的协调一致。要尊重祖辈，虚心接受祖辈的教导，善于用恰当的方式与祖辈沟通，在教育态度与教育方式上达成共识。同时给祖辈提供学习的机会，开拓祖辈的视野。

(三)对幼儿园的建议

幼儿园是学前儿童的重要活动场所与受教育场所,它对学前儿童、家长都发挥着关键的教育作用,也是优化隔代教养的重要媒介。幼儿园可以提供的支持包括:

第一,关注隔代教育学前儿童及其家庭。教师应对隔代教养学前儿童提供更多关注;同时应多了解隔代教养孩子及其家庭的教育需求,并做好相关辅导工作。

第二,加强沟通联系,形成教育合力。加强与家长的沟通与联系,利用亲子开放日、家长会、家园联系栏、家长学校、讲座、上门指导、约谈、家访等途径,帮助教养人获取最新的教育动态,学习科学的育儿方法。例如通过开展亲子活动,训练家长的养育技能与沟通技巧;定期开展"隔代教育咨询站",帮助家长解决难题等。

第三,构建祖辈与父辈沟通的桥梁,使其保持教育一致。结合学前儿童在园表现,老师可向父辈建议多留出时间陪伴孩子,幼儿园也可通过多种形式创造亲子交流的机会;同时,教师要向祖辈传达正确的教养观念。根据不同的家庭特点,有的放矢地促进祖辈与父辈在教育认知上的一致性,增进家庭教育的功能。例如,可创设针对隔代教养不同议题的课程,以祖辈和父辈们的互动体验、心得交流,讨论分享等形式,解决实际的亲子关系问题。

(四)对社区的建议

社区教育是家庭教育和幼儿园教育的延伸与重要补充。社区为学校教育和家庭教育提供文化背景与价值基础,同时社区中也存在着丰富的教育资源,应有效利用起来。社区可以提供的支持有:

第一,推广建立"隔代教养指导中心",积极开展有关隔代教养的宣传与讲座,针对隔代教养家庭存在的普遍性问题进行有效干预。

第二，开展亲子活动，鼓励家长和孩子积极参与。通过拓展孩子生活和学习的空间，丰富亲子教育的内容、形式和手段，以达到促进亲子教育深度发展的目的。

第二节　隔代教养儿童的祖孙关系思考

一、祖辈照料孙辈：当前老年人生活方式的一种普遍选择

生活方式是指人们在某种价值观念指导下所形成的日常活动的典型方式和特征，包括人们的饮食习惯、起居习惯、休息娱乐、社会交往等。随着社会的发展，老年人的生活方式逐渐多元化，有的老人将照料孙辈作为晚年的生活方式；有的老人选择继续奋斗，把再就业作为晚年的生活方式；有的老人选择外出旅游来享受晚年生活……在众多的生活方式中，隔代教养既有着深厚的历史渊源，又有着不可回避的现实要求。长期以来，我国家庭都是多代同堂，老者尊为家长，孩子往往是在父母和祖辈甚至曾祖辈的共同教养下成长。即便子女长大后分家，祖辈仍然会与子女及孙辈在一起。即我国的隔代教养世代相传。虽然家庭隔代教养的形式和参与程序各不相同，但这种传统一直传承至今。

《中国青年报》2015年的一项调查显示：76.7%的受访者表示年轻父母工作压力大，没有精力和时间照顾孩子。以致老年人不得不担负起照料孙辈的重任。中国老龄科研中心对我国20 083位老人的调研结果表明，照料孙辈的老人占66.47%。在一线城市，北京隔代教养的孩子约占70%，广州隔代教养的孩子占总数的50%（王健，2011）。随着二胎政策的实施和人口预期寿命的增加，将有更多的祖辈参与照料孙辈。由此可见，隔代照料已经成为我国老年人生活方式的一种普遍选择。

二、祖孙隔代亲情：我国老年人参与照料孙辈的血缘动机

隔代亲是祖孙间的血缘亲情和密切关系，这种祖孙情带来的天伦之乐能缓解老年人的孤寂，是老年人情感生活中不可缺少的一部分。人类以血缘和家庭为纽带，代代延续着生命。血缘关系，即直系和旁系血缘构成的宗族关系，它是由婚姻或生育而产生的人际关系（王瑞平，王荔，2017）。隔代亲是人类对血缘伦理关系在感情上的肯定和维护。隔代亲的"隔代"并不完全意味着祖父母对自己子女感情的淡漠，而是以另一种形式表现出来，即以隔代亲的方式表现对子女的爱。

从人类遗传基因的传递来看，孙辈继承了祖辈的遗传基因。祖辈对孙辈的爱，首先是对自己生命的认同，其次是对子女生命的肯定（张芹，2003）。从传统文化观念的角度来看，中国家庭的维系根基依然是存在于家庭成员之间根深蒂固的血缘关系，以及由此产生的血浓于水的亲情和彼此无条件相互照顾和扶持的责任与义务（徐友龙等，2019）。所以，不少祖辈正是基于血缘延续和家庭关系，才选择照料孙辈。

三、祖辈矛盾心态：当前老年人在祖孙关系中的普遍感受

（一）隔代亲情与孙辈依赖的矛盾

由于家庭观念、血缘关系、年龄等因素，老年人特别喜欢孙辈，由此祖孙间便产生了浓重的隔代亲情。但是，当祖辈有过度的"隔代亲"心理后，他们事事都找孙辈述说，时时都黏着、亲着孙辈。长此以往，祖辈可能陷入严重的孙辈依赖。孙辈依赖是指在祖辈教养孙辈过程中所形成的老年人对孙子孙女的一种依恋。由于祖辈把所有的爱都倾注到孩子身上，在溺爱孩子的同时，自己也深陷其中。孙辈依赖虽然是祖辈对孙辈的依恋，可是在这种存在过度依恋的祖孙关系中，老年人自身也能感受到孙辈依赖产生

的负面影响：当孙辈不在身边时，老人会感到严重的失落。离开孙辈，他们便若有所失。在孙辈长大离家后，他们便会产生强烈的"空巢感"，对其心理健康十分不利（葛国宏等，2012）。而且，当祖辈过分依赖孙辈时，孙辈也会感到不自在。有些孙辈无意的言语不恭或者态度不敬很容易伤害到老年人，让老年人感到落寞和伤感。所以一方面，"隔代亲"能拉近祖孙关系，老年人会因为"隔代亲"而感到幸福；但另一方面，过分的"隔代亲"又会导致祖辈产生孙辈依赖，让老年人产生苦恼。这样的矛盾心态在祖辈中尤为常见。

（二）隔代亲情与祖辈依赖的矛盾

多数祖辈受教育程度较低，教育思想观念较为落后，出于隔代亲情，祖辈觉得对小孩好就是让他们吃饱穿暖、宠着护着他们。老年人容易重感情轻理智。反映到教育上就是溺爱。在"隔代亲"的心理作用下，祖辈对待孙辈容易过分保护，常常无微不至地照顾孙辈。而这不仅导致孙辈自理能力很差，以致相比父母，孩子更依赖祖辈。祖辈将孙辈捧在手心里的教养方式，自然容易受到孩子喜欢，所以也容易形成融洽的祖孙关系。这会让祖辈感到满足和喜悦。同时，这样的溺爱也会使孙辈对祖辈产生严重的依赖性，即所谓的"祖辈依赖"。这种祖辈依赖看似是亲密的祖孙关系，实际上却有着许多不良影响。在溺爱中成长，有严重祖辈依赖的孩子长大后会面临很多问题，例如，他们在与别人相处的过程中，很难保持融洽的人际关系（陈丽丽，2018）。

（三）隔代亲情与祖孙冲突的矛盾

老年人受传统观念影响，觉得儿孙满堂是好事情，他们喜欢和子女及孙辈住在一起，享受隔代亲情。在无聊时，他们能和孙辈聊天、看电视，一起娱乐。有些性格活泼的孙辈还会在老年人面前表演才艺或者主动找老年人聊天，这就更让老年人觉得家庭氛围非常美好。祖辈有了子孙的陪伴，从中得到乐趣，内心就会感到喜悦。但是祖辈和孙辈长期居住在一起、频繁接触，由于两代人的作息规律、生活方式、思想观念有着较大的差异，过于亲密的接触可能会导致摩擦、产生家庭矛盾。例如，祖孙住在一起，老年人习惯于早睡早起，早上起床后洗漱、做饭很容易吵到孙辈休息，两代人在作息时间上的差异影响彼此；老年人精力有限，喜欢安静的环境，小孩子则刚好相反，他们精力旺盛，喜欢热闹的环境，但与祖辈居住在一起限制了他们的选择，所以祖孙间不同的生活方式也会产生摩擦……类似这样的冲突无处不在。同样地，过高的交往频率也会引发冲突与分歧。随着年龄的增长，老年人会出现听力下降、记忆力减弱等问题，这些情况会影响老年人的言语交际能力，祖孙在相处过程中，孙辈可能会对其产生不满与厌烦的心理。另外，祖孙间还存在着代际差异，老年人对于网络用语可能较为陌生，但是孙辈却经常使用这些词汇。在某些事情上，孙辈和祖辈可能会因为对词句理解的不同，产生误会和分歧，影响祖孙关系。以上种种都会破坏家庭的良好氛围，反作用于祖孙关系，让原本熠熠发光的隔代亲蒙上阴影。

四、矛盾心态之由：老年人对各种选择存在的迷茫与困惑

（一）主观愿望和客观现实的纠结

祖辈家长出于隔代亲的心理，普遍都有"望孙成龙"的愿望，希望孙辈能够功成名就。所以祖辈会从培养孙辈中得到成就感和喜悦。学习上，老人们希望孙辈的成绩可以名列前茅，因而不仅会监督孙辈学习，还会对他们有额外的要求，如坚持背诗、做题；生活上，老人们希望孙辈能身强力壮，因而会要求孙辈吃得多、穿得暖、睡得早。当听到孙辈能背出自己要求的古诗，当看到孙辈按时完成作业，当看到孙辈茁壮成长、体格健壮

时……祖辈的心里是高兴和骄傲的，他们觉得自己对孙辈的期望有了回报，他们脑海中对孙辈的美好期望正在一步步得到实现。但当老年人看到在自己的教育和照料下孙辈的学习成绩依然平平，甚至越来越差；当孙辈的身体发育或健康状况没有达到祖辈的预期，甚至出现发育迟缓或者生病的情况时，他们就开始焦虑和担忧。他们最初"望孙成龙"的强烈愿望和现实孙辈发展的偏离形成了尖锐的矛盾，这让祖辈感到非常迷茫和烦恼。所以在这种隔代教养的生活方式下，老年人从孙辈身上既获得了培养孙辈时短期或间断的成就感，亦有着对孙辈未来长远发展的忧虑。

老年人出于隔代亲，会期盼自己与孙辈的关系是积极的、亲密的。当孙辈还没有出生时，他们便会幻想孙辈的可爱模样，还有自己与孙辈融洽相处的画面。当孙辈出生后，他们便希望能和孙辈形成良好的祖孙关系，所以愿意和孙辈住在一起，对他们悉心照料和温柔呵护。"含饴弄孙"成为了大多数祖辈追求的晚年理想生活。可是，当真正与孙辈接触后，老年人发现现实中的祖孙关系并没有想象中那么完美，思想的冲突、生活方式的不同都会导致各种问题产生。孙辈的不尊敬、顽皮捣蛋、对自己的嫌弃与厌烦等，都会让老年人备感烦恼。因此，老年人渴求亲密祖孙关系的美好愿望和现实中消极的祖孙关系便是很多隔代照料老年人矛盾心态背后的原因。

（二）传统文化与现代观念的撞击

从文化传统的角度来说，"隔代亲"是人类最原始、最古老的情结。"隔代亲"源于人的爱的本能（罗时燕，2016），它出自潜意识抽象的情结（刘庆明，姚本先，2005）。正是由于这种"隔代亲"的传统观念，导致了祖辈对孙辈的溺爱与纵容，所谓"没有规矩，不成方圆"在对孙辈的教养中成了空话，以致孙辈任性骄纵、独立性差、懒惰自私等问题。另外，随着社会的发展，学生的学业压力越来越重，竞争日益激烈。在这样的时代中，社会仿佛已经达成了一个共识：学习成绩优异、品格独立自主、能吃苦耐劳的人更容易有立足之地。不仅父母认识到独立生活能力和适应能力对孩子的重要性，祖辈也同样意识到了严格要求的重要性和溺爱的危害性。他们包办溺爱的教育方式会大大削弱孩子的自理能力和独立生活的能力，使孩子形成对他人的依赖性（李图仁等，2003）。而受到现代教育观念的影响，祖辈们又希望自己能够严格要求孙辈、对待孙辈时有原则和底线，让孙辈有一定的独立自主能力，为未来的生活做好准备。所以他们又会有意识地严格要求孙辈，给孙辈锻炼自己的机会。但祖辈往往会在这两种做法之间摇摆，难以找到平衡点。他们虽然知道要严格要求孩子，但是却不知道何时严格要求、怎么严格要求。正是这样的摇摆不定和选择上的迷茫，让他们陷入了纠结，祖孙矛盾随之出现。

五、重绽隔代光彩：老年人祖孙关系矛盾心态的破解对策

（一）对孙辈的要求适度，不要期望过高

祖辈对孩子有适度要求和期望是正常的，也是必要的。但过高的期望和要求会适得其反。弗鲁姆的期望理论告诉我们：适当的期待可以产生激励作用。但如果期望过高，那么这种期待就可能会产生负面影响。调查发现：过高的期望会使孩子累积负面情绪，使其自我评价降低，影响亲子关系等。过高期望不仅会对孩子造成不良影响，也会破坏已经建立的良好祖孙关系、加重老年人自身的负面情绪。所以，祖辈要做到要求适度、期望适中。期待不能从自己个人偏好出发，也不能不切实际地跟随社会潮流，而应当结合孩子的实际情况和个人意愿，使他们通过努力可以达到期待（赵芳，赵烨烨，2005）。

（二）祖辈拒绝溺爱包办，改变育儿方式

溺爱是一种不合理的教育方式。祖辈要明确溺爱对孙辈的不良影响。

祖辈的溺爱会阻碍儿童健全人格的发展，使儿童形成懒惰的性格，并影响儿童学习能力的发挥（马媛，2014）。另外，溺爱可能导致儿童情感需求的不足，增加其心理问题发生的可能性。祖辈家长应该改变自己教育孙辈的方式，划清爱和溺爱的界限，把孩子看作独立的个体，避免过度保护，鼓励他们去做一些力所能及的事情，给予孩子更多自主发展机会。祖辈要更新自己的教育观念，学习科学的育儿方法，做到理性教育。

（三）父辈尽可能多担责，减轻祖辈负担

父辈要切实担负起养育子女的责任，做到教育孩子与孝顺父母齐头并进，应该带给孩子一个健康快乐的儿童时代，更应给予祖辈一个平和的晚年（徐晓慧，2018）。父母的陪伴在孩子的成长中是必不可少的。即便再忙于工作，父辈也应该抽出时间来陪伴孩子。如果年轻父辈是双职工，有固定的工作时间，那么就应该尽可能在下班后早点回家陪伴孩子，帮孩子检查作业、与孩子聊聊天……尽量减少不必要的酒局和邀约，将更多的时间花在陪伴家庭上；周末在保证个人休息的基础上，应尽可能抽出时间陪伴孩子。这样便可减轻祖辈的负担和压力，减少祖辈照料孩子的时间。如果年轻父辈长期在外经商或者打工，无法回家陪伴孩子，可以采用书信、电话、视频等方式加强与孩子的交流和联系。父辈尽可能多承担教养责任，一方面能让祖辈在陪伴孩子上花的时间减少，祖辈就可以有更多自己的空间和时间；另一方面，父辈缓解祖辈作为照顾者的负担，使祖辈更有能力和精力关注孙辈的素质发展。再者，父辈尽可能多承担教养责任，可增进亲子关系，促进家庭氛围的和谐。

第三节　隔代教养儿童的同伴关系研究

一、引言

同伴关系是指年龄相同或相近的儿童之间的一种共同活动并相互协作的关系，亦指同龄人或心理发展水平相当的个体之间在交往过程中建立和发展起来的一种人际关系（张文新，1999）。同伴关系既是儿童社会性发展的重要背景，也是社会性发展的主要内容。同伴作为儿童日常生活中的重要他人，是推动其社会性发展的重要动力，对儿童的发展具有重要影响作用。良好的同伴关系有利于儿童认知、情感、人格、自我概念、社会技能、社会价值观等的发展，而不良的同伴关系则可能导致儿童学校适应困难，甚至可能对其成年后的社会适应带来消极影响（邹泓，1998；杨光艳，陈青萍，2006；孙红梅，王雷，2013）。杨光艳和陈青萍（2006）认为，儿童的不良同伴关系是影响其学习情绪消极、学业成绩下降的一个重要因素，长期的同伴排斥还会导致儿童以一种消极的态度看待自己和他人，进而对学校持负面态度，不愿意参加学校的各项活动；不受欢迎或者被同伴拒绝的儿童其学业成绩显著低于那些受欢迎或者被同伴接受的儿童（Berghout Austin & Draper，1984；DeRosier et al.，1994；周宗奎，李萌，2006）。

在影响儿童同伴关系问题的各种因素中，家庭的影响作用最为直接。良好的家庭教育有利于孩子在同伴交往中受到欢迎，而家庭教育的缺失则会带来负面影响（靳江涛，2013）。家庭教养方式也会影响儿童的同伴关系。权威型或民主型家庭的孩子往往拥有更良好的同伴关系（王浩月，2016），而专制型家庭的孩子性格比较自卑，在人际交往方面不积极（李玉杰，2019）。母亲的教养方式对儿童的影响通过其外显行为表现出来，积极的教养方式有助于儿童的同伴关系和同伴交往，消极的教养方式会阻碍儿童的同伴关系和同伴交往（万明钢等，2001）。若父辈将儿童同伴的交往失策归因为其内在特质的缺陷，可能在儿童的同伴关系出现问题时具有惩罚行为，从而增加儿童的愤怒和攻击行为，阻碍其正常交往行为的发展（申晓梅，2020）。此外，家庭功能与同伴接纳性相关，家庭功能越好，儿童的同伴接纳性越高（刘少英，2009）。若儿童生活在一个温馨且幸福的家庭中，性格会较为乐观，更加充满安全感，在与同伴交往时会更加自信，更加愿意付出和给予，因此也较容易得到同伴的认可。已有研究虽然关注家庭因素对儿童同伴的影响，但主要还是从亲代教养的视角探讨，很少有研究考察隔代教养对儿童同伴关系的影响。因此，在当前隔代教养日益普遍的背景下，有必要进一步调查隔代教养下儿童同伴关系的现状与特点，并探讨隔代教养情况及观念对儿童同伴关系的影响，为提出隔代教养儿童同伴关系发展的干预策略提供理论依据。

二、方法

（一）调研对象

本研究调研对象是隔代教养与非隔代教养家庭的小学儿童及其主要教养人。采用方便随机抽样法，在湖州市某小学发放350份问卷，回收315份，回收率为90.00%。经过仔细检查，删除未按照要求填答的问卷，最后获得有效问卷273份，问卷有效率为86.67%。其中隔代教养小学儿童有133人，占比48.72%，非隔代教养儿童有140人，占比51.28%；男生有137人，占比50.18%，女生有136人，占比49.82%；小学低段有85人，占比31.14%，中段有88人，占比32.23%，高段有100人，占比36.63%。

(二)调研工具

1. 自编《小学儿童同伴关系问卷》

采用自编的《小学儿童同伴关系问卷》考查小学儿童的同伴关系。参考李哲《同伴提名问卷》(2014)中的儿童同伴接纳与同伴拒绝维度,覃玉宇《友谊质量问卷》(2004)中的正向友谊维度,郭洪芹《小学生同伴交往现状的调查问卷》(2013)中交往对象、交往目的和交往行为维度,曹素芳《学生自身情况量表》(2019)中的交往意愿维度和交往对象维度,马宁宁《小学生同伴关系调查问卷》(2011)中的交往技巧维度,以及自编同伴交往内容维度的题目,最终确定了问卷的8个维度,即交往对象、交往目的、交往内容、交往行为、同伴接纳和同伴拒绝、交往主动性、交往技能、同伴友谊质量,共48题。问卷采用不同计分方法:其中,交往主动性维度、友谊质量维度、交往技能等3个维度采用五点计分法进行计分,经验证,这3个维度的分半系数为0.653,KMO系数为0.826,信度和效度良好;问卷的其他维度,即交往对象、交往目的、交往内容、交往行为、同伴接纳和同伴拒绝维度根据回答结果统计频次和百分比。该问卷由小学儿童自己报告。

2. 自编《小学儿童家庭教养情况调研问卷》

采用自编的《小学儿童家庭教养情况调研问卷》考查小学儿童家庭教养基本情况和主要教养人的教养观念情况。主要教养人的教养观念部分参考了胡菲菲(2008)的《小学生家长教养观念调查问卷》中的家长成才观、家长教子观、家长儿童观、家长亲子观4个维度的题目,任玲(2013)的《城市维吾尔族家庭教育观念调查问卷》中亲子观维度的题目,王利(2015)的《城乡3~6岁儿童父母教育观念调查问卷》中人才观、儿童观2个维度的题目,刘小先(2009)的《父母教养观念问卷》中父母观、儿童发展观、亲子观3个维度的题目,阮艳红(2004)的《城乡3~6岁儿童父母教育观念调查问卷》中父母期望观、儿童发展观、教育观维度的题目，王婧（2016）的《父母教育观念调查问卷》中期望观、教育观 2 个维度的题目，初步确定问卷第二部分小学儿童家庭教养观念的 4 个维度，即成才观、儿童观、教育观和亲子观，共 51 题。该问卷第二部分采用五点计分法进行计分。经验证，该问卷第二部分的分半系数为 0.677，KMO 系数为 0.801，问卷的信度和效度良好。该问卷由小学儿童的主要教养人报告。

（三）调研程序

所有参与者均被告知研究目的，并在参与研究之前签署了知情同意书。本研究问卷采用纸笔测验，测验由研究者负责，在取得小学相关领导同意后，运用《小学儿童同伴关系问卷》对学生本人进行施测，当场填写并收回；《小学儿童家庭教养情况调研问卷》则由学生带回家让其主要教养人进行填答，完成后隔天收回。

（四）数据统计与分析

采用 SPSS 26.0 录入数据并进行统计分析，包括描述性统计、差异检验、相关分析和回归分析等。

三、结果

（一）隔代教养小学儿童同伴关系状况

1. 隔代教养小学儿童同伴关系一般特点

分别统计不同教养类型（祖辈教养、父辈教养、祖辈—父辈共同教养）下小学儿童同伴关系的情况，并进行差异检验，结果发现，不同教养类型下小学儿童的交往目的、交往内容、交往行为、交往技能、友谊质量维度虽然不存在显著差异（$p > 0.05$），但其交往对象、同伴接纳和同伴拒绝、交往主动性维度存在显著差异（$p < 0.05$），具体结果如下：

（1）隔代教养小学儿童交往对象的特点

不同教养类型下小学儿童同伴交往对象的结果详见表3-8。数据显示，不同教养类型下小学儿童同伴交往对象的数量和性别不存在显著性差异（$p > 0.05$），但其交往对象的身份存在显著性差异，χ^2=18.930，$p < 0.05$。祖辈教养的小学儿童更多选择学习好的同学，功利性较强；而祖辈—父辈共同教养和父辈教养的小学儿童则多选择普通同学，功利性较低。

表3-8 不同教养类型下小学儿童交往对象的比较分析

维度	祖辈教养（n=73）	父辈教养（n=140）	祖辈—父辈共同教养（n=60）	df	χ^2
班干部	9（12.33）	21（15.00）	3（5.00）	10	18.930*
学习好的同学	25（34.25）	37（26.43）	23（38.33）		
有钱的同学	4（5.48）	7（5.00）	1（1.67）		
好看的同学	11（15.07）	9（6.43）	1（1.67）		
普通同学	20（27.40）	57（40.71）	27（45.00）		
其他	4（5.48）	9（6.43）	5（8.33）		

（2）隔代教养小学儿童同伴接纳与同伴拒绝的特点

根据同伴提名法关于儿童同伴接纳和同伴拒绝的调查结果，可将儿童的同伴关系分为五种类型：被拒绝儿童（即被拒绝频次最高）、受欢迎儿童（即被接纳频次最高）、矛盾儿童（即被拒绝和接纳的频次都很高）、被忽视儿童（即被拒绝和接纳的频次都很低）以及普通儿童（即被拒绝和接纳的频次均有）。分别统计不同教养类型下小学儿童同伴接纳和同伴拒绝五种类型的频次和百分比，并进行差异检验，结果详见表3-9。

表 3-9　不同教养类型下小学儿童同伴接纳与同伴拒绝的比较分析

维度	祖辈教养（n=73）	父辈教养（n=140）	祖辈—父辈共同教养（n=60）	df	χ^2
被拒绝儿童	8（10.96）	4（2.86）	12（20.00）	8	35.688**
矛盾儿童	1（1.37）	2（1.43）	3（5.00）		
被忽视儿童	18（24.66）	10（7.14）	7（11.67）		
普通儿童	40（54.79）	106（75.71）	35（58.33）		
受欢迎儿童	6（8.22）	18（12.86）	3（5.00）		

教养类型 [n（%）]

结果发现，不同教养类型下小学儿童的同伴接纳和同伴拒绝存在显著性差异，$\chi^2=35.688$，$p<0.001$。从三类教养家庭儿童的共同点来看，都是普通儿童占比最高，但父辈教养的普通儿童占比更高。不同点是祖辈教养和祖辈—父辈共同教养的被拒绝儿童和被忽视儿童的比例均显著高于父辈教养的比例，而受欢迎儿童和普通儿童的比例则明显低于父辈教养的比例。

（3）隔代教养小学儿童交往主动性的特点

不同教养类型下小学儿童同伴交往主动性的结果详见表 3-10。数据显示，不同教养类型下小学儿童的同伴交往主动性存在显著性差异，$F_{[2,270]}=9.179$，$p<0.001$。进一步事后多重检验结果表明，祖辈教养和祖辈—父辈共同教养小学儿童的交往主动性均显著低于父辈教养的小学儿童。

表 3-10　不同教养类型下小学儿童交往主动性的比较分析

维度	祖辈教养（n=73）	父辈教养（n=140）	祖辈—父辈共同教养（n=60）	F
交往主动性	9.92±2.69	11.42±3.11	9.82±3.04	9.179*

教养类型（M±SD）

2. 隔代教养因素对小学儿童同伴关系的影响

（1）祖辈居住情况对小学儿童同伴关系的影响

祖辈不同居住情况下小学儿童同伴关系的结果详见表 3-11。数据显示，祖辈不同居住情况下小学儿童的交往对象、交往目的、交往内容、交往行为、交往主动性、交往技能和友谊质量不存在显著性差异（$p > 0.05$），但其同伴接纳和同伴拒绝存在显著性差异，$\chi^2=13.450$，$p < 0.01$，即无祖辈同住的普通儿童和受欢迎儿童的比例高于有祖辈同住的儿童比例，而有祖辈同住的被拒绝儿童和被忽略儿童的比例高于无祖辈同住的儿童比例。即有祖辈同住对小学儿童的同伴接纳具有负面影响。

表 3-11　祖辈不同居住情况下小学儿童同伴接纳与同伴拒绝的差异检验

维度	居住情况 [n（%）] 无祖辈同住（n=119）	居住情况 [n（%）] 有祖辈同住（n=151）	df	χ^2
被拒绝儿童	7（5.88）	17（11.26）	4	13.450**
矛盾儿童	3（2.52）	2（1.32）		
被忽视儿童	7（5.88）	28（18.54）		
普通儿童	88（73.95）	91（60.26）		
受欢迎儿童	14（11.76）	13（8.61）		

（2）主要教养人带养时间对小学儿童同伴关系的影响

分别统计不同主要教养人不同带养时间下小学儿童同伴关系的情况，并进行差异检验。结果发现，不同主要教养人不同带养时间下小学儿童的交往对象、交往行为、交往目的、交往技能、交往内容、友谊质量不存在显著性差异（$p > 0.05$），但同伴接纳和同伴拒绝、交往主动性存在显著性差异（$p < 0.05$），具体结果如下：

①主要教养人带养时间对小学儿童同伴接纳与同伴拒绝的影响

不同主要教养人不同带养时间下小学儿童同伴接纳与同伴拒绝的结果

详见表 3-12。数据显示，不同主要教养人不同带养时间下同伴接纳与同伴拒绝存在显著性差异，χ^2=45.392，$p < 0.001$，即祖辈带养时间多的被忽略儿童比例最高。在被拒绝儿童中，有祖辈参与教养的被拒绝儿童比例高于无祖辈参与教养的比例，可见祖辈带养时间多对小学儿童的同伴接纳具有负面影响。

表 3-12　不同主要教养人不同带养时间下小学儿童同伴接纳与同伴拒绝的比较分析

维度	带养时间 [n（%）]			df	χ^2
	祖辈带养时间多（n=77）	父辈带养时间多（n=184）	祖辈—父辈带养时间相当（n=12）		
被拒绝儿童	8（10.39）	10（5.43）	6（50.00）	8	45.392**
矛盾儿童	1（1.30）	5（2.72）	0（0.00）		
被忽视儿童	19（24.68）	14（7.61）	2（16.67）		
普通儿童	43（55.84）	134（72.83）	4（33.33）		
受欢迎儿童	6（7.79）	21（11.41）	0（0.00）		

②主要教养人带养时间对小学儿童交往主动性的影响

不同主要教养人不同带养时间下小学儿童同伴交往主动性的结果详见表 3-13。数据显示，不同主要教养人不同带养时间下小学儿童的交往主动性存在显著性差异，$F_{[2,270]}$=3.543，$p < 0.05$。进一步事后多重检验结果表明，父辈带养时间多的小学儿童交往主动性显著高于祖辈带养时间多的小学儿童，说明祖辈带养不利于儿童同伴交往主动性的发挥。

表 3-13　不同主要教养人不同带养时间下小学儿童交往主动性的差异检验

维度	带养时间 [n（%）]			F
	祖辈带养时间多（n=77）	父辈带养时间多（n=184）	祖辈—父辈带养时间相当（n=12）	
交往主动性	9.92 ± 2.78	11.01 ± 3.17	10.25 ± 2.86	3.543*

（3）祖辈一周照看时间对小学儿童同伴关系的影响

分别统计祖辈一周不同照看时间下小学儿童同伴关系的情况，并进行差异检验，详见表3-14，结果发现，祖辈一周不同照看时间下小学儿童的交往对象、交往行为、交往内容、交往主动性、交往技能、友谊质量不存在显著性差异（$p > 0.05$），但交往目的、同伴接纳和同伴拒绝存在显著性差异，$\chi^2=13.151$，$p < 0.05$；$\chi^2=15.592$，$p < 0.05$。在交往目的方面，随着祖辈一周照看时间的增加，小学儿童交往目的为学习上相互帮助的比例逐渐减少；在同伴接纳和同伴拒绝方面，随着祖辈一周照看时间的增多，被忽视儿童的比例逐渐增大，说明祖辈一周内照看时间多不利于小学儿童的同伴接纳。

表3-14 祖辈一周不同照看时间下小学儿童交往目的、同伴接纳与同伴拒绝的差异检验

维度		祖辈一周照看时间 [n（%）]			df	χ^2
		1~4天（n=103）	5~6（n=53）	7天（n=66）		
交往目的	分享快乐和烦恼	21（20.39）	19（35.85）	17（25.76）	6	13.151*
	学习上相互帮助	38（36.89）	18（33.96）	18（27.27）		
	一起玩耍寻求开心	42（40.78）	12（22.64）	30（45.45）		
	朋友多有面子	2（1.94）	4（7.55）	1（1.52）		
同伴接纳与同伴拒绝	被拒绝儿童	11（10.68）	6（11.32）	7（10.61）	8	15.592*
	矛盾儿童	3（2.91）	1（1.89）	2（3.03）		
	被忽视儿童	6（5.83）	10（18.87）	16（24.24）		
	普通儿童	75（72.82）	29（54.72）	36（54.55）		
	受欢迎儿童	8（7.77）	7（13.21）	5（7.58）		

（4）上学前祖辈带养时间对小学儿童同伴关系的影响

分别统计上学前祖辈不同带养时间下小学儿童同伴关系的情况，并进

行差异检验，结果发现，上学前祖辈不同带养时间下小学儿童的交往对象、交往目的、交往内容、交往技能、友谊质量不存在显著性差异（$p > 0.05$），但其交往行为、同伴接纳与同伴拒绝、交往主动性存在显著性差异（$p < 0.05$）。具体情况如下：

①上学前祖辈带养时间对小学儿童交往行为、同伴接纳与同伴拒绝的影响

分别统计上学前祖辈不同带养时间下小学儿童交往行为、同伴接纳与同伴拒绝五种类型的频次和百分比，并进行差异检验，详见表3-15。结果发现，上学前祖辈不同带养时间下小学儿童的部分交往行为（面对新同学和有同学误解自己）不存在显著性差异（$p > 0.05$），但有的交往行为（面对对不起自己的同学）、同伴接纳与同伴拒绝存在显著性差异，χ^2=21.558，$p < 0.05$；χ^2=27.314，$p < 0.01$。在面对对不起自己的同学时，随着上学前祖辈带养时间的延长，小学儿童报复对方的比例逐渐升高，说明祖辈带养时间越长，儿童消极的同伴交往行为的比例越高；在同伴接纳与同伴拒绝方面，随着上学前祖辈带养时间的延长，被拒绝儿童和被忽视儿童总体来说比例升高，而受欢迎的比例逐渐降低，表明上学前祖辈带养时间长不利于儿童的同伴接纳。

表3-15 上学前祖辈不同带养时间下小学儿童交往行为、同伴接纳与同伴拒绝的差异检验

维度		上学前祖辈带养时间 [n（%）]				df	χ^2
		0~2年（n=103）	3~4年（n=65）	5~6年（n=62）	7年（n=43）		
面对对不起自己的同学	忘记过去，继续做朋友	65（63.11）	44（67.69）	43（69.35）	18（41.86）	12	21.558*
	不再交往	8（7.77）	4（6.15）	5（8.06）	4（9.30）		
	做普通同学	19（18.45）	13（20.00）	9（14.52）	11（25.58）		
	视为仇人，报复对方	2（1.94）	4（6.15）	4（6.45）	4（9.30）	12	21.558*
	其他	9（8.74）	0（0.00）	1（1.61）	6（13.95）		

续表

维度		上学前祖辈带养时间 [n（%）]				df	χ^2
		0~2年 (n=103)	3~4年 (n=65)	5~6年 (n=62)	7年 (n=43)		
同伴接纳与同伴拒绝	被拒绝儿童	5（4.85）	7（10.77）	5（8.06）	7（16.28）	12	27.314**
	矛盾儿童	2（1.94）	2（3.08）	0（0.00）	2（4.65）		
	被忽视儿童	8（7.77）	3（4.62）	13（20.97）	11（25.58）		
	普通儿童	76（73.79）	48（73.85）	38（61.29）	19（44.19）		
	受欢迎儿童	12（11.65）	5（7.69）	6（9.68）	4（9.30）		

②上学前祖辈带养时间对小学儿童交往主动性的影响

分别统计上学前祖辈不同带养时间下小学儿童交往主动性的得分，并进行差异检验，详见表3-16。

表3-16 上学前祖辈不同带养时间下小学儿童交往主动性的差异检验

维度	上学前祖辈带养时间 [n（%）]				F
	0~2年 (n=103)	3~4年 (n=65)	5~6年 (n=62)	7年 (n=43)	
交往主动性	11.23 ± 3.12	10.31 ± 3.00	11.00 ± 2.81	9.37 ± 3.09	4.394**

结果发现，上学前祖辈不同带养时间下小学儿童的交往主动性存在显著性差异，$F_{[3, 269]}$=4.394，$p < 0.01$。进一步事后多重检验结果表明，上学前祖辈带养时间为0~2年和5~6年的小学儿童交往主动性显著高于教养7年的小学儿童，说明上学前祖辈带养时间较长不利于小学儿童的交往主动性的发挥。

（二）主要教养人教养观念状况

1. 主要教养人教养观念的一般特点

分别统计不同教养类型（隔代教养与非隔代教养）下主要教养人的教养观念情况，并进行差异检验，结果详见表3-17。结果发现，不同教养类型下主要教养人教养观念的儿童观不存在显著差异性（$p > 0.05$），但其成才观、教育观、亲子观和教养观念总分存在显著性差异，即隔代教养主要教养人（即祖辈）的成才观、教育观、亲子观和教养观念总分上均显著低于非隔代教养主要教养人（即父辈），说明祖辈教养观念不如父辈科学、合理。

表 3-17 不同主要教养人教养观念的差异检验

维度	教养类型（$M \pm SD$）		df	t
	隔代教养（n=133）	非隔代教养（n=140）		
成才观	27.35 ± 2.57	28.06 ± 2.71	271	−2.196*
儿童观	35.63 ± 3.01	36.03 ± 2.75	271	−1.139
教育观	37.26 ± 3.68	38.17 ± 3.58	271	−2.083*
亲子观	25.71 ± 3.37	26.75 ± 2.75	271	−2.789**
总教养观念	125.95 ± 9.12	129.01 ± 8.72	271	−2.826**

2. 不同性别主要教养人教养观念的特点

分别统计不同性别主要教养人的教养观念情况，并进行差异检验，详见表 3-18，结果发现，不同性别主要教养人教养观念的成才观、儿童观、亲子观和总教养观念上不存在显著性差异（$p > 0.05$），但其教育观存在显著性差异，$t=-2.248$，$p < 0.05$，即男性主要教养人的教育观显著高于女性主要教养人，说明男性主要教养人的教育观较女性主要教养人更为合理。

表 3-18 不同性别主要教养人教养观念的差异检验

维度	主要教养人性别（$M \pm SD$）		df	t
	男（n=85）	女（n=188）		
成才观	28.00 ± 2.60	27.59 ± 2.69	271	1.192
儿童观	35.73 ± 3.01	35.88 ± 2.83	271	−0.407
教育观	38.46 ± 3.80	37.39 ± 3.54	271	2.248*
亲子观	26.46 ± 3.29	26.15 ± 3.02	271	0.763
总教养观念	128.65 ± 9.71	127.01 ± 8.69	271	1.388

(三）祖辈教养观念对小学儿童同伴关系的影响

为考察祖辈教养观念对小学儿童同伴关系的影响，经相关分析和回归分析，结果发现祖辈教养观念对小学儿童同伴关系中的交往对象、交往目的、交往内容、交往行为、交往主动性、友谊质量维度没有显著性影响（$p > 0.05$），但对同伴接纳、同伴拒绝、交往技能具有显著性影响（$p < 0.05$）。具体结果如下：

1. 祖辈教养观念对小学儿童同伴接纳和同伴拒绝的影响

以祖辈教养观念各维度为自变量、小学儿童同伴接纳和同伴拒绝为因变量，进行逻辑回归分析，详见表3-19。从回归结果可知，祖辈教育观对小学儿童的同伴接纳和同伴拒绝具有显著影响（$p < 0.05$），回归系数均为负数，表明祖辈教育观对小学儿童的同伴接纳和同伴拒绝具有消极影响。所以，与受欢迎儿童相比，在其他因素不变的情况下，祖辈的教育观越高，被拒绝儿童、矛盾儿童、被忽略儿童和普通儿童越少。祖辈的成才观、儿童观、亲子观对小学儿童的同伴接纳和同伴拒绝的影响不显著。

表 3-19 祖辈教养观念与小学儿童同伴接纳与同伴拒绝的逻辑回归分析

	维度	B	SE	Wald	Exp（B）	CI
被拒绝儿童	截距	39.585	9.211	18.469	—	—
	成才观	-0.129	0.203	0.404	0.879	（0.590，1.308）
	儿童观	-0.316	0.189	2.805	0.729	（0.503，1.055）
	教育观	-0.605	0.191	9.970**	0.546	（0.375，0.795）
	亲子观	-0.022	0.167	0.017	0.979	（0.706，1.357）
矛盾儿童	截距	40.300	12.425	0.001	—	—
	成才观	0.057	0.294	0.038	1.059	（0.596，1.883）
	儿童观	-0.279	0.250	1.248	0.756	（0.464，1.234）
	教育观	-0.824	0.239	11.943**	0.439	（0.275，0.700）
	亲子观	-0.068	0.226	0.090	0.934	（0.600，1.456）

续表

维度		B	SE	Wald	Exp（B）	CI
被忽略儿童	截距	30.576	8.734	12.254	—	—
	成才观	0.039	0.187	0.043	1.039	（0.720，1.501）
	儿童观	-0.271	0.181	2.243	0.763	（0.535，1.087）
	教育观	-0.546	0.184	8.764**	0.579	（0.403，0.831）
	亲子观	0.024	0.157	0.023	1.024	（0.753，1.393）
普通儿童	截距	23.010	8.007	8.258	—	—
	成才观	0.006	0.166	0.001	1.006	（0.727，1.392）
	儿童观	-0.173	0.164	1.107	0.842	（0.610，1.161）
	教育观	-0.467	0.171	7.442**	0.627	（0.448，0.877）
	亲子观	0.145	0.141	1.055	1.156	（0.876，1.526）

2.祖辈教养观念对小学儿童交往技能的影响

（1）祖辈教养观念与小学儿童交往技能的相关分析结果

对祖辈教养观念总分及其各维度与小学儿童同伴交往技能进行相关分析，详见表3-20。结果显示，祖辈儿童观与儿童同伴交往技能呈现出显著正相关。

表3-20 祖辈教养观念与小学儿童同伴关系的相关分析结果

维度	1	2	3	4	5	6
1.成才观	—	—	—	—	—	—
2.儿童观	0.293**	—	—	—	—	—
3.教育观	0.409**	0.336**	—	—	—	—
4.亲子观	0.189*	0.411**	0.457**	—	—	—
5.总教养观念	0.614**	0.700**	0.798**	0.742**	—	—
6.交往技能	0.058	0.180*	0.074	0.094	0.140	—
M	27.35	35.63	37.26	25.71	125.95	34.30
SD	2.57	3.01	3.68	3.37	9.12	5.03

(2) 祖辈儿童观与小学儿童交往技能的回归分析结果

以祖辈儿童观为自变量，小学儿童交往技能为因变量，进一步作回归分析，详见表 3-21。结果表明，祖辈儿童观与小学儿童交往技能存在显著的线性关系，建立回归方程 $y=0.301x+23.574$，其中 y 代表因变量交往技能，x 代表自变量儿童观，可见，祖辈儿童观显著正向预测小学儿童交往技能，能够预测交往技能 2.5% 的差异量。

表 3-21 祖辈儿童观与小学儿童交往技能的回归分析

维度	R	R^2	调整后 R^2	F	B	t
常量	0.180	0.032	0.025	4.393	23.574	4.590**
儿童观					0.301	2.096*

四、讨论

（一）隔代教养小学儿童同伴关系的特点

1. 隔代教养小学儿童更容易被同伴拒绝

根据调查结果，从教养类型、祖辈居住情况、主要教养人带养时间、祖辈一周照看时间、上学前祖辈带养时间等因素来看，隔代教养的小学儿童在同伴交往过程中容易处于不利地位，被拒绝程度高、被接纳程度低，往往不受欢迎。这与已有研究的结果一致（李晓红，2017）。已有研究表明，祖辈的养育水平越高，儿童越少被同伴拒绝；祖辈的心理控制水平越高，儿童越可能被同伴拒绝（孔屏等，2012）。家长的控制或保护过度增加儿童出现同伴交往问题的概率，而情感温暖则降低发生该问题的风险。另外，祖辈的拒绝是导致儿童出现同伴交往问题的风险因素（韩阿珠等，2018）。究其原因，首先，很多祖辈以照料孙辈作为主要生活内容，对孙辈的控制水平较高，导致孙辈在与同伴交往过程中同样倾向于控制或支配他人，合作水平较低，因而更容易被同伴拒绝；其次，祖辈以孙辈为中心，以至于形成溺爱,事事包办代替,极易导致孙辈形成一切以自我为中心的倾向,难以考虑到他人的情绪与需求,因此在同伴交往中不太受欢迎。另外,本研究认为,祖辈的拒绝也是孙辈被同伴拒绝的一个重要影响因素,根据班杜拉的模仿学习理论,小学儿童在与祖辈密切的接触中极易以祖辈对待自己的方式对待同伴,导致同伴关系出现问题。

2. 隔代教养小学儿童交往主动性较低

调查结果显示,父辈教养小学儿童的交往主动性显著高于祖辈教养和祖辈—父辈共同教养的小学儿童,且小学儿童的交往主动性在祖辈带养时间多和上学前祖辈带养时间多的情况下较低,说明隔代教养对小学儿童的交往主动性具有消极影响。已有研究也表明,隔代教养对儿童的同伴交往能力发展产生消极影响(嵩钰佳等,2016),且会影响儿童自主性与主动性的发展(聂丽萍,2012)。原因可能有:首先,祖辈对孩子交往重要性及交往需求了解不足,较为注重学习成绩等,对孩子的同伴关系(如交往意愿、交往主动性等)不够了解;其次,祖辈可能由于身体原因、出于对孙辈的疼爱与保护或是认为与同伴交往及玩耍浪费时间,会限制儿童的同伴交往,导致儿童缺乏成长过程中必要的交往条件与机会,从而影响了儿童交往主动性的发挥;最后,被忽视儿童的交往主动性其交往水平较低(张宁,2009),祖辈虽然较为疼爱、关注孙辈,但也容易忽视孙辈的情感需求,平时较少能够以一种积极的、引导性的方式与孙辈沟通,加上祖辈的沟通方式传统,与儿童难以产生共鸣,有些儿童会通过网络世界寻找情感寄托(Ren et al.,2017)。长此以往,孙辈交往意愿必然受到影响,以致在实际的同伴交往中缺乏主动性。

(二)隔代教养主要教养人教养观念的特点及其对同伴关系的影响

1. 祖辈主要教养人教养观念落后

本研究结果显示,隔代教养与非隔代教养类型下主要教养人的教养观念存在显著性差异，祖辈的成才观、教育观、亲子观和教养观念总分显著低于父辈，即祖辈的教养观念落后于父辈。这与已有研究的结果相一致（蔡岳建，2014；彭鲜，崔淑婧，2019）。观念是行为的先导，祖辈教养观念的落后会造成其教养内容的片面和教养方式的单一（张春草，马璐娜，2022），很多儿童的问题行为与其祖辈或父辈的教养观念有关。究其原因，可能由于祖辈年龄较大、受教育程度低，不了解儿童的身心发展规律，往往按照自己固有的经验教养孩子。为此，祖辈需要有意识地更新自己的教养观念，父辈也需积极帮助祖辈，以期促进祖辈教养儿童的同伴关系发展。

2. 祖辈教养观念影响小学儿童的同伴关系

本研究发现，祖辈教养观念与小学儿童同伴关系存在一定的相关性，祖辈教育观对小学儿童的同伴接纳与同伴拒绝具有显著影响，祖辈的教育观越高，儿童被拒绝的比例越低。祖辈儿童观与小学儿童的交往技能呈现显著的正相关，进一步回归结果表明，祖辈的儿童观可以正向预测小学儿童的交往技能，即祖辈儿童观越高，小学儿童的交往技能越好。由此可见，落后的教育观和儿童观培养出来的孩子在同伴交往中更容易处于不利地位，不利于他们同伴关系的发展。教养观念中的教育观在代际变迁中的趋势主要是从传统向现代、从落后向先进、从表面向深层发展（张卓然，2018），祖辈的教育观相对传统、落后。有研究发现，祖辈的儿童观具有片面性，更为关注儿童知识、技能等的发展，而容易忽视对其情感、态度、能力等方面的培养（曲闯，2009），因而影响儿童交往技能的发展，这在本研究中也得到了验证，即祖辈儿童观对儿童的交往技能具有正向预测作用。究其原因，祖辈教养儿童的安全感和归属感较低，阻碍了他们社会交往技能的发展（肖富群，2009；龚扬，姜露，2021）。因此，祖辈需不断学习和成长，与时俱进，形成正确的儿童观，与父辈教养观念保持一致，合力营造良性的家庭氛围，从而促进小学儿童良好同伴关系的形成和发展。

Chapter Ⅳ | 第四章

隔代教养儿童的学业发展研究

第一节　隔代教养小学儿童的学校适应研究

第二节　隔代教养小学儿童的学习依赖研究

第三节　隔代教养少年儿童的学习困难研究

第一节　隔代教养小学儿童的学校适应研究

一、引言

"学校适应"是指儿童在学校不断地在学习方法、行为习惯、社会交往等方面做出种种调适，从而适应自身所处学校环境的过程（许传新，2010）。小学阶段，儿童能不能真正进入"学生"这一角色、适应学校，在一定程度上影响着他们的学习生涯。因此，国内外众多学者都对学校适应进行了广泛的研究。有研究表明，适应不良在国内中小学生中具有一定的普遍性，有20%~42%的小学生都存在轻度的适应不良问题，7%~12%的小学生甚至存在严重的适应不良问题（王丽芳，1994）。儿童学校适应不良的表现多种多样、因人而异，有些学校适应不良的学生表现为学习成绩较差，有些则表现为人际交往问题、心理或行为问题（方怀胜，2003）。对特殊家庭儿童的学校适应研究发现，单亲家庭儿童的学校适应不良主要表现在人际交往能力较弱（黎任水，2016）；留守儿童在学业适应和人际适应方面均不理想，表现为迟到、旷课、欺负同学、说谎打架等行为较多（杨琴，2006）。

影响儿童学校适应的因素包括儿童个体因素、家庭因素、学校因素和社会因素（谢德光，宋雪芹，2011；梁卉卉，2018）。具体而言，儿童的自我适应力、社会支持水平和情绪调节能力与其学校适应呈正相关（Mcintyre et al.，2006）。在不同班级环境下的儿童学校适应存在显著差异：团结向上型班级的学生的生活适应、人际适应、学习适应都显著好于问题型班级的学生（刘文雯，2014）；具有亲密型师生关系的学生的学校适应能力显著好于具有矛盾型和疏远型师生关系的学生（刘万伦，沃建中，2005）。

在影响儿童学校适应的各类因素中，家庭因素更受关注。研究发现，母亲权威型和父亲权威型的组合型教养方式对学校适应的学校态度维度有积极影响（石雅绮，2017）；放任型的父母教养方式与小学生的学校喜欢、同伴关系之间存在显著的交叉滞后效应（卢富荣等，2018）。研究还发现，亲子关系极大程度地影响着儿童的学校适应性（Sturge-Apple et al.，2008）；亲子关系不仅直接作用于学校适应，还通过自立行为间接地正向作用于学校适应（凌辉等，2019）。还有研究进一步探讨了家庭教养方式影响学生学校适应的机制（覃露，2019）。

纵观已有文献，有关家庭因素对儿童学校适应的影响的研究多集中于父母教养方式和亲子关系方面，但日益普遍的祖辈隔代教养家庭因素对儿童学校适应的影响却鲜有研究涉及。因此，本研究探讨隔代教养对小学中高年级儿童学校适应性的影响，具有非常重要的现实意义。

二、方法

（一）调研对象

采用方便随机抽样法，从某市两所小学随机抽取小学中高年级（三至六年级）的学生为调研对象。共发放问卷440份，收回有效问卷410份，有效回收率为94.4%。调研对象分布详见表4-1。

表4-1 调研对象分布及其主要教养人和居住类型

维度	类别	人数	百分比（%）
性别	男	208	50.73
	女	202	49.27
年级	三年级	85	20.73
	四年级	133	32.44

续表

维度	类别	人数	百分比（%）
年级	五年级	99	24.15
	六年级	93	22.68
主要教养人	祖辈	67	16.34
	父辈	252	61.46
	祖辈—父辈共同教养	91	22.20
居住类型	与父辈（或其中一方）同住	253	61.71
	与祖辈（或其中一方）同住	41	10.00
	与祖辈—父辈共同居住	116	28.29

（二）调研工具

采用芮雪萍（2018）编制的《学校适应问卷》，对三至六年级小学生进行测评。该量表由学业适应、学校态度、同伴适应、师生适应、行为适应5个维度组成，每个维度题数不等。采用李克特（Likert）五级计分法，每题从"非常不符合""比较不符合""不确定""比较符合""非常符合"的五等尺度衡量，分别由数字"1~5"简化表示，并进行相应的数值赋分。其中反向题在填写时不做具体区分和特殊说明，在最终问卷处理时采用反向记分。最终，分数越高，表示该儿童的学校适应情况越好；反之，分数越低即表示儿童的学校适应情况越差。该问卷的 Cronbach's α 系数为 0.924，其信效度良好。

（三）数据统计与分析

使用统计软件 SPSS 22.0 进行数据的整理及分析。

三、结果

（一）隔代教养家庭儿童的学校适应状况

依据隔代教养家庭儿童的主要教养人将被试分为三类，对其分别在学校适应总分以及各维度上进行单因素方差分析，具体结果见表4-2。数据显示，不同教养类型家庭的儿童在问卷总分、学业适应、学校态度、同伴适应和师生适应上存在显著性差异。具体而言，完全隔代教养的儿童在任一维度上的得分都是最低的，其次是祖辈与父辈协同教养的儿童，得分最高的是父辈教养的儿童。即学校适应水平最差的是完全隔代教养的儿童，最好的是父辈教养的儿童。进行事后多重比较后发现，在学校态度、行为适应、学业适应这3个维度上，父辈教养的儿童的适应性略高于协同教养的儿童，而在同伴适应、师生适应这2个维度上，协同教养的儿童的适应性略高于父辈教养的儿童。

表4-2 隔代教养与非隔代教养儿童学校适应比较（$M \pm SD$）

维度	完全隔代教养（$n=67$）	协同教养（$n=91$）	父辈教养（$n=252$）	F
学业适应	30.49 ± 9.37	36.18 ± 6.89	36.19 ± 6.95	16.671***
学校态度	21.87 ± 5.62	25.44 ± 4.71	26.87 ± 4.26	31.834***
同伴适应	22.31 ± 4.64	25.97 ± 4.10	25.71 ± 4.30	18.117***
师生适应	17.09 ± 4.16	20.36 ± 3.57	20.30 ± 3.66	21.370***
行为适应	15.15 ± 3.48	17.02 ± 3.07	17.08 ± 2.91	11.096***
问卷总分	106.91 ± 21.11	125.79 ± 17.60	126.15 ± 18.40	29.378***

(二)隔代教养因素对小学中高年级儿童学校适应的影响

1. 家庭居住类型对小学中高年级儿童学校适应的影响

依据隔代教养家庭儿童的居住类型将被试分为三类,对其分别在学校适应总分以及各维度上进行单因素方差分析,具体结果见表4-3。

表4-3 隔代教养儿童的学校适应在家庭居住类型上的差异($M \pm SD$)

维度	与父辈居住(n=253)	与祖辈居住(n=39)	与祖辈和父辈共同居住(n=116)	F
问卷总分	124.52 ± 18.67	106.82 ± 24.54	124.95 ± 18.76	15.040***
学业适应	35.77 ± 7.11	29.54 ± 10.19	36.11 ± 7.13	12.827***
学校态度	26.47 ± 4.62	21.56 ± 5.94	26.33 ± 4.62	18.421**
同伴适应	25.43 ± 4.51	22.62 ± 4.77	25.63 ± 4.11	7.556***
师生适应	20.09 ± 3.73	17.41 ± 4.29	20.01 ± 3.95	8.383***
行为适应	16.87 ± 3.01	15.69 ± 3.87	16.87 ± 3.00	2.537

结果显示,不同家庭居住类型的儿童在问卷总分、学业适应、学校态度、同伴适应和师生适应上存在显著性差异。进行事后多重比较后发现,与祖辈居住的儿童在各个维度上的得分最低,与其他家庭居住情况的儿童在问卷总分、学业适应、学校态度、同伴适应和师生适应上存在显著性差异,但在行为适应上无显著性差异。

2. 隔代教养频率对小学中高年级儿童学校适应的影响

依据隔代教养人一周内对孩子的教养天数将被试分为两大类:一周内祖辈教养1~5天的属于低频率教养,一周内教养6天及以上的属于高频率教养。以祖辈参与教养的频率为自变量,以小学中高年级儿童学校适应总得分及各个维度得分为因变量,进行独立样本t检验,具体结果见表4-4。

表 4-4 隔代教养频率对儿童学校适应的影响（$M \pm SD$）

维度	低频率教养（n=45）	高频率教养（n=66）	t
问卷总分	118.82 ± 22.77	109.38 ± 21.09	2.244*
学业适应	34.89 ± 7.78	30.73 ± 9.23	2.482*
学校态度	24.47 ± 6.16	22.35 ± 5.71	1.858
同伴适应	23.69 ± 5.58	23.71 ± 4.24	−0.025
师生适应	19.36 ± 3.90	17.05 ± 4.11	2.968**
行为适应	16.67 ± 3.21	15.55 ± 3.50	1.714

结果显示，在祖辈不同的教养频率下，儿童在问卷总分、学业适应、学校态度、同伴适应和师生适应上存在显著性差异。祖辈高频率教养的儿童的学校适应总分和任一维度的得分都比祖辈低频率教养的儿童低。这表明，祖辈高频率教养的儿童相较于祖辈低频率教养的儿童学校适应能力更差。

3. 隔代教养时间对小学中高年级儿童学校适应的影响

依据隔代教养人的教养时间将被试分为大多数时间是祖辈教养和大多数时间是父辈教养两大类，对其分别在儿童的学校适应总分以及各维度上进行单因素方差分析，具体结果见表 4-5。

表 4-5 隔代教养儿童的学校适应在祖父辈教养时间上的差异（$M \pm SD$）

维度	父辈教养时间多（n=315）	祖辈教养时间多（n=93）	t
问卷总分	125.86 ± 18.25	112.56 ± 22.22	−5.864***
学业适应	36.13 ± 6.99	32.13 ± 9.04	−4.516***
学校态度	26.77 ± 4.34	23.15 ± 5.86	−6.484***
同伴适应	25.75 ± 4.26	23.33 ± 4.80	−4.662***
师生适应	20.31 ± 3.70	18.06 ± 4.18	−5.004***
行为适应	16.99 ± 2.96	15.88 ± 3.48	−3.045***

结果显示，不同祖辈—父辈教养时间下的儿童在学校适应问卷总分及各个维度上存在显著性差异。祖辈教养时间多的儿童在学校适应总分及各个

维度上的得分都低于父辈教养时间多的儿童。

（三）隔代教养家庭儿童学校适应在人口统计变量上的差异

1.隔代教养家庭儿童学校适应的性别差异

为考查隔代教养家庭儿童学校适应的性别差异，以儿童的性别为自变量，以学校适应总得分及各个维度得分为因变量，进行独立样本 t 检验，具体结果见表 4-6。

表 4-6　隔代教养儿童学校适应的性别差异（$M \pm SD$）

维度	男（n=78）	女（n=80）	t
问卷总分	113.50 ± 21.56	121.51 ± 20.47	-2.396*
学业适应	32.50 ± 8.85	34.84 ± 8.06	-1.736
学校态度	23.81 ± 5.55	25.05 ± 5.64	-1.396
同伴适应	24.03 ± 4.65	24.76 ± 4.70	-0.990
师生适应	18.28 ± 4.19	19.46 ± 4.10	-1.790
行为适应	15.03 ± 3.69	17.40 ± 2.52	-4.713***

结果显示，祖辈教养的男孩与女孩在问卷总分、师生适应上存在显著性差异（$p < 0.05$）。具体而言，祖辈教养的女孩在各个维度上的得分都比祖辈教养的男孩高。这表明，祖辈教养的女孩较祖辈教养的男孩具有更好的学校适应能力。

2.隔代教养家庭儿童学习成绩对学校适应的影响

依据隔代教养儿童对自己学习成绩的评价将被试分为五类，对其在学校适应总分以及各维度上进行单因素方差分析，具体结果见表 4-7。数据显示，不同学习成绩的隔代教养儿童在学校适应总分、学业适应、学校态度、同伴适应、师生适应和行为适应这 5 个维度上均存在显著的差异。进一步比较发现，成绩优秀和良好的学生无论是在学校适应的总分还是在各个维度上均要显著高于成绩中等、一般和较差的学生，处于成绩中等和一般的学生在学校适应的总分和各个维度上也要高于成绩较差的学生。

表 4-7 隔代教养儿童学习成绩对学校适应的影响

维度		优秀 (n=29)	良好 (n=47)	中等 (n=35)	一般 (n=34)	较差 (n=13)	F
问卷总分	M	131.93	125.26	119.54	103.15	90.00	21.69***
	SD	5.58	16.38	18.11	17.81	20.03	
学业适应	M	40.48	36.23	33.89	27.97	23.69	21.16***
	SD	4.04	6.48	7.67	7.82	8.79	
学校态度	M	26.52	26.26	25.57	21.24	18.54	11.31***
	SD	5.65	4.22	4.35	6.20	3.91	
同伴适应	M	26.38	25.91	25.06	21.85	19.38	11.31***
	SD	3.67	4.37	3.83	4.38	4.68	
师生适应	M	20.90	20.13	18.97	16.88	14.85	9.38***
	SD	3.84	3.59	4.36	3.12	4.32	
行为适应	M	17.66	16.96	16.06	15.21	13.54	5.27**
	SD	2.78	3.17	3.76	2.64	3.76	

3. 隔代教养家庭儿童学校适应的城乡差异

依据隔代教养家庭儿童的学校所在地将被试分为城镇和乡村两类，以学校所在地为自变量，以学校适应总得分及各个维度得分为因变量，进行独立样本 t 检验，具体结果见表 4-8。

表 4-8 隔代教养儿童的学校适应在学校所在地上的差异（$M \pm SD$）

维度	城镇（n=92）	乡村（n=66）	t
问卷总分	121.75 ± 21.58	111.71 ± 19.68	2.990**
学业适应	35.72 ± 8.45	30.85 ± 7.83	3.683***
学校态度	24.38 ± 5.78	24.52 ± 5.40	-0.148
同伴适应	25.21 ± 4.46	23.27 ± 4.77	2.610*

续表

维度	城镇（n=92）	乡村（n=66）	t
师生适应	19.55 ± 4.18	17.94 ± 4.00	2.436*
行为适应	17.01 ± 3.34	15.14 ± 3.09	3.588***

结果显示，城乡隔代教养儿童在问卷总分、学业适应、同伴适应、师生适应上均存在显著的差异。具体而言，城镇学校儿童的学校适应总得分和学业适应、同伴适应、师生适应、行为适应这4个维度上的得分都比乡村学校的儿童高，但在学校态度维度上得分比乡村学校的儿童低。这表明，城镇学校的隔代教养儿童较乡村学校的隔代教养儿童具有更好的学校适应能力。

4. 祖辈教养人学历对儿童学校适应的影响

依据祖辈教养人文化程度将被试分为三类，对其分别在儿童的学校适应总分以及各维度上进行单因素方差分析，具体结果见表4-9。数据显示，祖辈教养人的学历对儿童的学校适应问卷总分及其同伴适应维度具有显著影响（$p < 0.05$）。进行事后多重比较后发现，学历在初中以上的祖辈教养人教养的儿童在各个维度上的得分最高。不同学历的祖辈教养人教养的儿童在问卷总分和同伴适应上有显著性差异，在学业适应、学校态度、师生适应和行为适应上无显著性差异。

表4-9 隔代教养儿童的学校适应在祖辈教养人学历上的差异（$M±SD$）

维度	未上过学（n=20）	初中及以下（n=55）	初中以上（n=20）	F
问卷总分	109.90 ± 20.89	106.87 ± 21.53	121.75 ± 19.28	3.713*
学业适应	31.80 ± 9.36	30.05 ± 9.36	35.75 ± 6.73	3.020
学校态度	21.95 ± 6.01	21.89 ± 5.80	25.35 ± 4.71	2.947
同伴适应	23.05 ± 3.35	22.38 ± 4.93	26.00 ± 4.69	4.581*
师生适应	17.35 ± 4.02	17.20 ± 4.31	18.85 ± 3.68	1.214
行为适应	15.75 ± 3.39	15.35 ± 3.07	16.35 ± 4.59	0.616

四、讨论

隔代教养儿童的学校适应总体水平较低,这种现象主要由两方面因素导致:隔代教养因素和个体因素。

(一)隔代教养因素的影响

1. 主要教养人是祖辈的儿童学校适应状况差

本研究发现,教养人是影响儿童学校适应性的最主要的因素,祖辈教养的儿童在学校适应总得分和学校适应各个维度上的得分都显著低于父辈教养的儿童。原因有以下三点:第一,祖辈教养人学历较低,不能给儿童提供学业上的帮助,影响了孩子的学业适应与学校态度,可能会使儿童对学习产生惧怕和厌烦的心理。这与姚植夫等人(2019)的研究发现隔代教养会对儿童的学业成绩产生负面影响是一致的。本研究在此基础上进一步发现祖辈教养人学历低还会通过祖辈的生活理念、人际交往方式态度间接地作用于孩子的同伴适应、师生适应、行为适应。第二,祖辈教养人年龄大、思想观念落后,这极大地限制了儿童学习能力的发展,对儿童的学校适应性造成了负面影响。第三,祖辈容易对孙辈过度关怀与保护,限制了儿童的独立自主能力的发展,进而影响儿童的同伴适应和行为适应性。这与托伯特与和品夸特(Teubert & Pinquart,2010)研究发现祖辈年龄大容易对儿童产生溺爱,进而对儿童的行为适应产生消极影响这一结论是一致的,本研究进一步发现祖辈年龄大除了会影响儿童的行为适应外,还会直接影响儿童的学业适应、学校态度、同伴交往等方面。

2. 儿童和祖辈居住对儿童学校适应具有负面影响

调查显示,与祖辈居住的儿童,其学校适应总体水平和各个维度都比与父辈或与祖辈—父辈共同居住的儿童低。从整体学校适应性来看,这主要是由两方面原因引起的:一方面,祖辈一些不良的言行举止和教养行为更容易因一起居住对儿童的学校适应产生消极影响。高原（2015）指出受其成长环境的影响，这些祖辈一般性格比较豪放、粗犷，言谈不加拘束，教育观念更是相对落后，因为和孙辈长时间地居住在一起，这些不良的习惯和行为很容易潜移默化地影响孙辈，阻碍儿童个人素养的提升；方永双（2018）研究发现，和祖辈单独居住的儿童的精神需求得不到满足，会表现出更多的性格、情绪、人际交往等方面的问题，且社会适应性更差。另一方面，由于祖辈和孙辈的行为习惯、生活作息不同，祖孙间也常会产生冲突及矛盾。如果是祖辈和父辈共同居住的儿童，价值冲突会更激烈，杜红（2015）的研究发现家庭中的冲突容易让儿童滋生不良性格，让他们对选择产生困惑，从而引发畏惧、纠结等不良情绪，这严重影响了儿童的心理健康。因为和祖辈居住会对儿童心理、行为、性格产生种种持续的、深刻的不良影响，所以这些负面影响不仅会影响儿童在家中的表现，还会影响其学校适应性。

具体来说，一方面，老年人和孩子的共同语言较少，老人在聊天时又容易重复同一个话题，这些行为会让孙辈对和祖辈交流产生厌烦心理，进而减少儿童的交流频率。另一方面，老年人的社交方式及态度都和现代社会较为脱节，这样的社交方式显然不适合儿童学习和模仿，但孩子和老年人居住在一起，祖辈很容易影响孙辈的交往能力。这些原因都会导致与祖辈居住的孩子同伴适应较差。反观祖辈与父辈协同教养的孩子，他们能够更积极热情地与他人互动、交流，建立和谐的同伴关系。这和家族成员的丰富性有一定的关系，家庭中既有祖辈又有父辈，能让儿童能接触不同年龄层的人，也为儿童提供了丰富的人际交往的机会。在对学校的态度上，因为仅和祖辈居住的隔代儿童基本都是被祖辈捧在手心里，所以当离开学校回到家中，这些孩子就会感到更加轻松自由，所以就会排斥学校。

3. 祖辈教养频率高、时间多的家庭，儿童的学校适应状况差

因为祖辈长时间教养的孩子受祖辈影响非常大，而祖辈教养频率不高

的孩子，受祖辈的影响较小，更多时间还是由父辈教养。以往的研究表明父辈教养的儿童在智力指数、认知等多方面（汪萍等，2009；程杨，2011）优于祖辈教养的儿童，所以祖辈教养越频繁，儿童的学业适应就越差。本研究结果显示，一周内祖辈教养 1~2 天的儿童在各方面都优于其他教养频率的儿童。因为祖辈在 1~2 天内很难对儿童起到实质性的影响，儿童的生活学习基本还是由父辈负责。相反地，若一周内有 5~6 天甚至每天都是由祖辈来照看，祖辈的一些陈旧思想和不当的教育方式就很容易影响儿童，父辈的低频率、短时间抚养很难对儿童的习惯、态度进行纠正。

（二）个体因素的影响

1. 儿童性别对学校适应的影响

女生的学校适应状况好于男生。出现这种现象的原因可能是到了小学高段，女生的心理发展、成熟程度普遍高于男生，更早意识到学习的重要性，所以在学校态度和行为适应上比男生更好。这种性格也更容易获得老师的赞赏，所以师生关系上也优于男生。因此，隔代教养儿童中女生的学校适应总体状况比男生更好，这与以往的研究结论一致。

2. 儿童户籍地对学校适应的影响

户籍地对儿童学校适应的影响，主要表现在教育理念、教育方式、教学设施的差异上。一方面，先进的教学设施与良好的学校环境使上课的方式更有趣多样，而农村的教学设施较差，教师只能以传统的讲授法为主，很难使用教材以外的现代课程资源，这会减弱学生对学习的热情，进而影响学生的学校态度和学业适应。另一方面，城市学校的教育方式、教育理念更先进，学校会组织与开展很多课外活动，这些活动吸引着学生，也拉近了同学关系。但农村学校的教育理念会比较落后，对开展课外活动的关注较少，所以城市学生的学校态度和同伴关系优于农村的隔代教养儿童。

3.儿童学习成绩对学校适应的影响

隔代教养的儿童中，学校适应性得分较高的儿童的学习成绩自评为良好或优秀，学校适应性得分较低的是学习成绩自评为较差的儿童。这可能是因为目前的教育更注重学习成绩，尤其是到了小学高段，学校教师经常以成绩高低评价学生。这样的评价方式对儿童的自尊心、自信心以及心理健康程度均具有重要影响。儿童的学习成绩好，更容易获得教师的表扬，也更能受到同伴的尊重，儿童就能产生学业成就感和自我价值感，这些正性体验有助于加速其学校适应（杨芷英，郭鹏举，2018）。

第二节　隔代教养小学儿童的学习依赖研究

一、引言

当前，学界尚未有关于学习依赖的概念界定及实证文献报道，但通过日常对儿童学习的观察和访谈，可从依赖行为的分类、定义及其相关研究中发现学习依赖的一些表现形式。席家焕（1992）认为，依赖行为是指学前儿童在本应该能够独立完成某些活动的年龄阶段，却仍然需要依赖他人才能完成的一种行为。具体来看，一是指儿童能够自己做事情，却不自己去做或害怕去做，只好依赖他人帮助自己完成；二是指儿童已经形成了依赖习惯，凡事没有他人的帮忙就不做；三是指儿童的从众心理明显，没有主动性，别的儿童做了自己才会去做，别人不做，自己也不做。李群（1987）认为，依赖性是指自己有能力或有潜力，但在心理上却有一种寻求别人帮助的意识。刘智胜（2012）认为，依赖行为是指儿童需要父母过多的帮助、关爱和关注，在行为、情感或活动上缺乏独立性，过度依赖父母或老师的行为，且这种行为与其年龄不符。综上，儿童的依赖行为主要表现为以下几方面：一是从依赖的对象来看，包括父母、教师或其他教养者。二是从依赖的特点来看，指儿童本应该能够进行某些独立活动，却需要依赖他人才能完成，其身心发展规律和年龄阶段不相符合。三是从依赖的表现来看，包括在生活方面缺乏自理能力和适应能力，在学习方面不愿意自己克服难题、独立完成学习任务，缺乏自信心等。例如不能独立整理学习用品、依靠他人完成小报手工、做作业经常求助他人等。在交往方面不能独立交友、无法独立解决同伴矛盾、不能独立向老师表达想法等。四是从依赖的结果来看，儿童既在行为上获得他人代替完成又在心理上获得满足。可见，学习依赖是"依赖行为"中的一种情况，即儿童在学习过程中本可以自己处理学业问题，但经常或持续依赖祖辈、父母、老师、同伴或其他人，在学习行为、学习认知以及学习情感等方面无法独立自主、自我负责，习惯依赖别人完成以得到心理满足的一类与年龄不相符的行为。

日常观察发现，当下不少儿童不能独立完成作业，不能独立思考，对作业责任意识不明确，这些现象正是学习依赖的表现。具体而言，学习依赖包括：学习行为依赖，如拖延学习、作业磨蹭；学习认知依赖，如缺乏思考、遇到问题就直接问老师或家长；学习情感依赖，如需要家长陪伴才能学习等不良习惯。学习依赖会导致儿童在学业上的失败，因而深受学界广泛关注。例如，邢莉莉（2010）认为，儿童学习行为依赖主要表现为因缺乏自信心不愿独自克服困难完成学习任务，每次学习都要依靠老师的帮助，过度依赖他人等。康清容（2002）发现，儿童的学习行为依赖还表现在学习习惯的依赖上，如需要父母帮忙收书、削铅笔等。在过度依赖心理的驱动下，学生缺乏自己的想法，如在小组讨论问题时，为了避免表达自己的观点和想法，他们会直接选择同意他人的观点；在做练习时，即便已经完成，但由于他们对自己缺乏自信，还是会选择参考别人的答案。龙祖清（2011）认为，儿童学习认知依赖的表现主要有：不愿预习、自学，只想听教师讲解；作业不愿动脑思考，只想照抄答案等。康清容（2002）通过个案分析发现，儿童的学习情感依赖主要表现为：儿童在放学后自己一个人回家时，总会在小卖部徘徊，而不是立马回家写作业；在家常常要求父母陪读才能学习，若没有家长陪伴，就把家庭作业拖到晚上才做。陈丽（2011）认为学习情感依赖的表现有：每天做作业时，哪怕是没有任何问题，儿童也需要父母守在身边，否则无法完成任何作业。沃佳丽等人（2019）的调查则发现，儿童的学习依赖还表现在对教辅机构老师的依赖：有71.2%的学生对学习缺乏主动性，依靠教辅机构教师检查作业和讲解问题；且有63.3%的教辅机构教师表示会直接对学生不懂的问题进行详细讲解，很少给予其独立思考的机会，这就更加强化了儿童的学习依赖性。

　　由于学习依赖具有严重的危害性，因而小学儿童的学习依赖现象及其产生原因深受关注。研究发现，家庭教育因素会对儿童的学习依赖产生直接影响。桂玉婷和万鹏（2003）指出，溺爱型教养方式的父母容易让孩子形成父母应该为他们拎书包、催他们做作业、陪他们写作业的心理定式，另外也助长了孩子学习依赖心理的形成，使孩子习惯于在父母或其他长辈的帮助下学习。云燕（2013）认为，强烈的好奇心和探索欲望是儿童的共同特征，也是他们学习和成长的动力。当孩子问父母问题时，如果家长立即告知答案，孩子就无法体验到自己探索的乐趣，这将导致形成依赖心理，削弱孩子学习的内在动机。此外，父母过多的帮助也会剥夺孩子运用学习策略的机会。例如，当学生要求家长帮助收集或组织学习材料时，家长会尽最大努力帮他们完成。这些父母似乎很负责，但实际上他们是好心办了坏事。孩子不仅养成了依赖父母学习的习惯，而且不能通过实践、沟通以及整理学习内容等方式掌握相应的技能，其多元智能无法获得发展。此外，陈丽君（2001）指出，父母对表扬的误用也会导致孩子养成学习依赖。例如，当父母发现孩子做令他们满意的行为时，他们会表扬孩子，孩子之后就会很乐意这么去做。因此，在他们的思想里就形成了如果需要孩子做某事时，就采取表扬的方式。比如，当父母想让在玩游戏的孩子赶快去写作业时，他们就会说："我们的孩子最听爸爸妈妈话了，最喜欢学习了，肯定我们一说去写作业就会去做。"长此以往，孩子逐渐形成了对表扬的依赖。如果没有得到父母的表扬，孩子就不喜欢做作业，甚至不做作业。

祖辈参与隔代教养无疑也会和父辈教养一样对儿童产生重要影响。纵观已有研究文献，虽然关于隔代教养对儿童心理的影响和干预的研究不少，但有关隔代教养对儿童学习依赖的影响研究却非常有限，已有的研究仅限于日常观察，并未对其进行深入的实证研究。因此，在当前隔代教养日益普遍的背景下，需要展开对隔代教养家庭小学儿童学习依赖的实证研究。

二、方法

（一）调研对象

小学儿童：采用方便抽样法，以在校小学儿童为问卷一《小学儿童学习依赖问卷》的施测对象。在湖州市吴兴区3所小学，每所小学选取三至六年级儿童（因需要调查英语成绩以及研究学习依赖对英语成绩的影响，且考虑到一、二年级小学儿童对于纸质问卷理解难度较大，故只选取了三至六年级的小学儿童），按自然班整群抽样，每个年级各一个班级，每个班45人，共计540名小学儿童。包括父辈教养家庭、完全隔代教养家庭和不完全隔代教养（即祖辈—父辈协同教养）家庭的小学儿童。

主要教养人：以儿童的主要教养人为问卷二《主要教养人教养现状问卷》的施测对象，选取上述小学儿童的主要教养人进行施测。

最终，本次研究共计发放问卷540份，收回问卷500份，其中有效问卷为453份，有效回收率为90.6%。被试基本情况见表4-10。

表 4-10　小学儿童基本情况

维度	类别	人数	百分比（%）
性别	男	225	49.67
	女	228	50.33
年级	三年级	105	23.18
	四年级	117	25.83
	五年级	107	23.62
	六年级	124	27.37

（二）调研工具

1. 自编《小学儿童学习依赖问卷》

在中国知网、万方数据知识服务平台、科学引文索引（SCIE）数据库、SpringerLink 以及谷歌学术等网站上检索了与学习依赖有关的文献，发现目前尚未有关于小学儿童学习依赖的问卷，但关于自主学习、拖延学习的问卷比较多，所以笔者参考相关自主学习、拖延学习、学业求助等文献自编本研究问卷。

（1）学习依赖结构的理论依据

学习态度作为学习者一种内部反应的准备状态，儿童在学业方面的依赖必然会受其影响，故学习依赖的结构划分可参考学习态度的结构。①态度的结构。迈尔斯（Myers，1993）指出，态度的结构涉及 3 个维度：情感（affect），行为意向（behavior intention）和认知（cognition）。此后的研究者们，如俞国良（2012）等，对态度的结构也有着一致的理解，都认为态度由认知成分、情感成分和行为成分三部分要素组成。②学习态度的结构。学习态度包括 3 个维度：认知倾向、情感体验和行为倾向。具体来看，认知水平指学生在学习活动中对学习所涉及的对象的一种知觉理解、观念和评价。对学习态度的认知是情感体验和行为倾向产生的基础，一旦学习者通过认知形成特定态度，就会影响个体的情感体验和学习行为。情感体验指的是学习者在学习过程中对特定对象所持的一种内心体验，包括积极情感和消极情感。情感体验是构成学习态度三要素的核心，学习者会根据自己的情感体验来深化其认知水平，并强化其行为表现。在一定程度上，儿童的学习依赖行为，如懒惰等，都是因为没有正确学习态度的支撑。据此，可从学习态度的三个要素，即情感体验、行为倾向和认知水平来考察学习依赖的结构。通过观察与访谈，结合对小学儿童学习的一些研究，可将学习依赖的结构划分为学习行为依赖、学习认知依赖和学习情感依赖3个维度。

（2）学习依赖维度划分的参考依据

第一，王玲凤等（2021）的《幼儿祖辈依赖量表的编制及信效度检验》中将幼儿祖辈依赖的维度划分为行为依赖、认知依赖和情感依赖，且该量表具有良好的实证效度。

第二，阳子光（2015）自编的《青少年学生学业自立开放式调查问卷——学生》将学业自立分为行为倾向、人际环境、学习认知、学习品德、情绪调试五大维度。

第三，学习态度的结构划分：学习态度的三个要素为情感体验，行为倾向和认知水平方面。

因此，通过观察与访谈，结合对小学儿童学习的一些研究，可将学习依赖的结构划分为学习行为依赖、学习认知依赖和学习情感依赖3个维度。其中，学习行为依赖指个体在学习活动中，需要依赖祖辈、父辈或其他人（如老师、家教、同学等）才能完成课堂作业和各项课外学习任务，无法积极主动地参与到学习活动中，如拖延学习、直到老师或家长催促、无法制订学习计划或无法执行计划等；学习认知依赖指个体对学习活动本身、学习方法、学习内容等不具备独立的认知能力，如缺乏思考、遇到问题就直接问老师或家长或家教、直接乱猜答案、直接背诵老师给的答案而不会转换成自己的语言,需要祖辈、父辈、其他人等给予学习方法等;学习情感依赖指个体在学习过程中无法脱离祖辈、父辈或其他人(如老师、家教、同学等)的帮助,无法靠自己写作业,只有祖辈、父辈或其他人(如老师、家教、同学等)陪在身边才能学习,需要其他人的帮助才能调整好情绪等。此外,根据学习依赖的学科性划分,可分为语文、数学、英语学习依赖;根据学习依赖的对象划分,可分为依赖祖辈、父辈或其他人(老师、家教、同学等)。

(3)学习依赖问卷题目来源

参考陶德清(2001)的《中小学生学习态度自陈量表》,以行为倾向维度、认知水平维度和情感体验维度的相关题目为主干,并主要结合阳子光(2015)的《青少年学生学业自立开放式调查问卷——学生篇》中的行为倾向、学习认知和情绪调适维度题目,确定学习行为依赖、学习认知依赖和学习情感依赖题目方向。同时结合其他一些相关问卷,如李晓东和张柄松(2000)的《中小学生学业求助问卷》等,编制《小学儿童学习依赖问卷》的相关题目。此外,根据观察和访谈,依据小学生学习行为的具体表现,自编问卷相关题目。同时,结合小学生身心特点,充分考虑学习依赖的学科性,在参考上述问卷编制题目的同时,在题干中融入学科性(语文、数学、英语)。合并这些问卷中同类性质的题目和表述相近的题目,去掉这些问卷中不符合小学生身心特点和不适合学习依赖的题目,以及不适合学习依赖学科性的题目。将有关题目表述尽可能通俗化,最后形成本研究问卷的初稿,共计39个主干题目,117个题目。

(4)问卷计分说明

所有题目均采用李克特(Likert)五级计分法,"1"表示完全不符合,计1分;"5"表示完全符合,计5分。问卷设反向计分题,需要反向记分的题为6、13、20、24、33,已上标"*"。需要统计该问卷学习行为、学习认知、学习情感维度及每份问卷的平均分和标准差,平均分得分越高说明学习依赖情况越严重；需要统计该问卷学习依赖的学科性及每份问卷的平均分和标准差，平均得分越高就说明该门课程（语文、数学、英语）的学习依赖情况越严重。

（5）问卷预测与分析

①问卷预测被试

在杭州市一所小学三至六年级分别抽取一个班级发放问卷180份，剔除无效问卷，有效问卷为159份。问卷由小学儿童填写，其中三年级儿童占22.64%（n=36），四年级儿童占25.79%（n=41），五年级儿童占25.16%（n=40），六年级儿童占26.42%（n=42）。男孩占50.94%（n=81），女孩占49.69%（n=79）。

②项目分析

根据问卷中各个被试的总分，由高到低进行排序，从最高分开始向下取27%的被试为高分组，再从最低分开始向上取27%的被试为低分组，接着对高分组和低分组两组被试在每个题目上平均数进行独立样本t检验，删除"临界比"（CR值）未达显著标准（$p > 0.01$）的项目，即表明这个题目不能鉴别不同被试的反应程度。独立样本t检验结果表明，该问卷项目中所有题目在高低组之间的对比分析的显著性均小于0.05，故无须删除题目。经探索性因素分析和主成分分析，最终确定了3个因子，共39个题目。其中学习行为依赖维度15题，学习认知依赖12题，学习情感依赖12题。

再经验证性因子分析，运用卡方检验，通过对卡方值与自由度的比，即χ^2/df进行拟合度的比较，结果显示：χ^2/df的值为1.876，小于2，说明模型适配理想，具有理想的拟合度；同时，RMSEA（渐近残差平方和的平方根）指数为0.051，小于0.06，故拟合良好；AGFI（调整后拟合度指数）为0.812，接近0.9，结果适配良好。总之，学习行为依赖、学习认知依赖和学习情感依赖的结构效度良好。

采用内部一致性系数来检验问卷的信度。很多研究者认为一般的态度或心理知觉量表，总量表的信度系数大于 0.7 即可以接受，大于 0.8 属于优良。该问卷的 Cronbach's α 信度系数为 0.919，说明问卷具有较好的信度。

2. 小学儿童家庭教养状况调研问卷

本问卷主要是调查儿童家庭教养状况的基本信息，如祖辈教养人的教养意愿、教养责任、居住方式，以及教养人的人口统计变量信息等。

（三）问卷预测与数据收集

问卷分两次发放和收集。第一次在 2021 年 5 月，在征得学生父母和学校及老师的同意后，向浙江省某市三所小学二至五年级（因下学期升学，调研对象会自动改为三至六年级，方便收集英语学习依赖数据）各一个班的学生发放《小学儿童家庭教养情况调研问卷》，由其带放学回家交给主要教养人当晚作答，第二天早上由学生带来学校，委托学校教师收集问卷。第二次在 2021 年 10 月，在征得学生父母和学校及老师同意后，对上述三所小学的三至六年级（即原二至五年级）各一个班的学生发放《小学儿童学习依赖问卷》共 540 份。研究者作为主试，为儿童讲解预测原因及要求，由学校老师配合开展预测工作。学生问卷由小学生当堂作答，当场收回。剔除无效问卷后获得有效问卷 453 份。

使用 SPSS 24.0 录入原始数据，并运用描述统计、独立样本 t 检验、方差分析等方法进行统计分析。

三、结果

（一）隔代教养家庭小学儿童的学习依赖研究

1. 小学儿童学习依赖的一般特点

统计学习依赖问卷各维度的得分均值并转换为标准分（各维度均值除以各维度题数），结果如表 4-11 所示。结果表明，小学儿童的学习依赖较多的是学习认知上的依赖，其次为学习行为上的依赖，而学习情感上的依赖较低。

表 4-11 小学儿童学习依赖的一般特点

维度	学习行为依赖	学习认知依赖	学习情感依赖	总分
M	1.93	1.96	1.86	1.92
SD	0.47	0.58	0.55	0.49

从问卷整体来看，小学儿童学习依赖的总分均值的标准分为 1.92。由于缺乏常模对比，故从统计上对小学儿童的学习依赖水平进行分类：高于平均数（1.92）1个标准差（0.49）的小学儿童学习依赖水平被归类为高学习依赖水平（$X > 2.41$）；低于平均数1个标准差的小学儿童学习依赖水平被归类为低学习依赖水平（$X < 1.43$）；在平均数上下1个标准差之内的小学儿童学习依赖水平被归类为中等学习依赖水平（1.43~2.41）。从表 4-12 可以看出，当前家庭中的绝大多数小学儿童，其学习依赖的总体水平均处于中等水平，而学习依赖水平很高或很低的小学儿童都只占少数。

表 4-12 小学儿童学习依赖水平

维度	n	%
高学习依赖水平	33	7.28
中学习依赖水平	379	83.66
低学习依赖水平	41	9.05

2. 小学儿童学习依赖的学科性特点

小学儿童学习依赖学科性的数据分析结果如表 4-13 所示，从中可以看出，小学儿童在不同学科中的学习依赖均分由高到低分别为：对英语的学习依赖、对数学的学习依赖和对语文的学习依赖。

表 4-13 小学儿童学习依赖的学科性特点

维度	语文学习依赖	数学学习依赖	英语学习依赖
M	1.90	1.92	1.95
SD	0.61	0.59	0.38

（二）隔代教养因素对小学儿童学习依赖的影响

1. 家庭教养类型对小学儿童学习依赖的影响

（1）家庭教养类型对小学儿童学习依赖总分及其心理维度的影响

分别统计不同教养类型家庭小学儿童学习依赖总分及其心理维度的情况，并进行描述性统计和 F 检验，结果如表 4-14 所示。

表 4-14 不同教养类型家庭小学儿童学习依赖总分及其心理维度的差异比较

维度		学习行为依赖	学习认知依赖	学习情感依赖	总分
隔代教养家庭（$n=87$）	M	1.97	2.04	1.92	1.98
	SD	0.43	0.62	0.59	0.50
不完全隔代教养家庭（$n=118$）	M	1.95	2.04	1.91	1.97
	SD	0.43	0.60	0.55	0.48
父辈教养家庭（$n=248$）	M	1.91	1.89	1.82	1.88
	SD	0.50	0.56	0.54	0.49
F		0.613	3.623*	1.746	2.193

由表 4-15 可知，小学儿童的家庭教养类型显著影响其学习依赖的心理维度，其在学习认知依赖（$F_{[2, 450]}=3.623$，$p<0.05$）上存在显著差异。隔代教养家庭小学儿童学习依赖的水平和不完全隔代教养家庭小学儿童学习依赖的水平均显著高于父辈教养家庭小学儿童学习依赖的水平。

进一步进行事后比较，结果表明，在学习依赖心理维度上，隔代教养家庭小学儿童的学习认知依赖水平显著高于父辈教养小学儿童学习认知依赖的水平，不完全隔代教养小学儿童的学习认知依赖水平显著高于父辈教养小学儿童的学习认知依赖水平。说明隔代教养家庭中的小学儿童存在更明显的学习认知依赖，而父辈教养家庭的儿童更加注重自身独立性的培养。

（2）不同教养类型家庭对小学儿童学习依赖学科性的影响

分别统计不同教养类型家庭小学儿童学习依赖学科性的情况，并进行描述性统计和 F 检验，结果如表4-15所示。

表4-15　不同教养类型家庭小学儿童学习依赖学科性的差异比较

维度		语文学习依赖	数学学习依赖	英语学习依赖
隔代教养家庭（$n=87$）	M	1.96	1.98	2.00
	SD	0.62	0.60	0.39
不完全隔代教养家庭（$n=118$）	M	1.97	1.98	1.96
	SD	0.62	0.60	0.34
父辈教养家庭（$n=248$）	M	1.84	1.87	1.92
	SD	0.59	0.57	0.39
F		2.434	2.071	1.456

可见，隔代教养家庭、不完全隔代教养家庭和父辈教养家庭的小学儿童在语文学习依赖、数学学习依赖和英语学习依赖上虽然有一些差异，但差异均不显著（$p>0.05$）。

2. 不同居住类型对小学儿童学习依赖的影响

（1）不同居住类型对小学儿童学习依赖总分及其心理维度的影响

分别统计仅与祖辈同住（隔代教养）、祖辈—父辈合住（不完全隔代教养）和仅与父辈同住（父辈教养）小学儿童学习依赖的总分及其心理维度表现，并进行描述统计和 F 检验，结果如表4-16所示。

表 4-16　不同家庭居住类型的小学儿童学习依赖总分及其心理维度差异比较

维度		学习行为依赖	学习认知依赖	学习情感依赖	总分
仅与祖辈同住（n=24）	M	2.14	2.29	2.14	2.19
	SD	0.48	0.55	0.64	0.51
祖辈—父辈合住（n=154）	M	1.93	1.93	1.85	1.91
	SD	0.47	0.59	0.54	0.49
仅与父辈同住（n=275）	M	1.91	1.94	1.85	1.90
	SD	0.46	0.58	0.54	0.49
F		2.731	4.218*	3.127*	3.894*

如表4-16所示，小学儿童的家庭居住方式显著影响其学习依赖及其心理维度。仅与祖辈同住家庭、祖辈—父辈合住家庭和仅与父辈同住家庭的小学儿童在学习认知依赖（$F_{[2, 450]}=4.218$，$p<0.05$）、学习情感依赖（$F_{[2, 450]}=3.127$，$p<0.05$）以及总分（$F_{[2, 450]}=3.894$，$p<0.05$）上都存在显著差异。进一步进行事后比较，结果表明，在学习行为依赖方面，仅与祖辈同住家庭小学儿童的学习依赖水平显著高于祖辈—父辈合住家庭小学儿童的学习依赖水平，仅与祖辈同住家庭小学儿童的学习依赖水平显著高于仅与父辈同住家庭小学儿童的学习依赖水平；在学习认知依赖方面，仅与祖辈同住家庭小学儿童的学习依赖水平显著高于祖辈—父辈合住家庭小学儿童的学习依赖水平，仅与祖辈同住家庭小学儿童的学习依赖水平显著高于仅与父辈同住家庭小学儿童的学习依赖水平；在学习情感依赖方面，仅与祖辈同住家庭小学儿童的学习依赖水平显著高于祖辈—父辈合住家庭小学儿童的学习依赖水平，仅与祖辈同住家庭小学儿童的学习依赖水平显著高于仅与父辈同住家庭小学儿童的学习依赖水平；在学习依赖的总分上，仅与祖辈同住家庭小学儿童的学习依赖水平显著高于祖辈—父辈合住家庭小学儿童的学习依赖水平，仅与祖辈同住家庭小学儿童的学习依赖水平显著高于仅与父辈同住家庭小学儿童的学习依赖水平。

（2）不同家庭居住状况对小学儿童学习依赖学科性的影响

分别统计仅与祖辈同住（隔代教养）、祖辈—父辈合住（不完全隔代教养）和仅与父辈同住（父辈教养）小学儿童学习依赖学科性的表现，并进行描述统计和 F 检验，结果如表 4-17 所示。

表 4-17 不同家庭居住类型的小学儿童学习依赖学科性的差异比较

维度		语文学习依赖	数学学习依赖	英语学习依赖
仅与祖辈同住（n=24）	M	2.21	2.21	2.15
	SD	0.62	0.63	0.39
祖辈—父辈合住（n=154）	M	1.89	1.91	1.93
	SD	0.61	0.59	0.37
仅与父辈同住（n=275）	M	1.87	1.90	1.94
	SD	0.59	0.58	0.38
F		3.564*	3.147*	3.719*

由表 4-17 数据所示，小学儿童的家庭居住方式显著影响其学习依赖的学科性。仅与祖辈同住家庭、祖辈—父辈合住家庭和仅与父辈同住家庭的小学儿童在语文学习依赖（$F_{[2, 450]}$=3.564，$p<0.05$）、数学学习依赖（$F_{[2, 450]}$=3.147，$p<0.05$）以及英语学习依赖（$F_{[2, 450]}$=3.719，$p<0.05$）上都存在显著差异。事后比较结果表明，在对语文的学习依赖上，仅与祖辈同住家庭小学儿童的学习依赖水平显著高于祖辈—父辈合住家庭小学儿童的学习依赖水平，仅与祖辈同住家庭小学儿童的学习依赖水平显著高于仅与父辈同住家庭小学儿童的学习依赖水平；在对数学的学习依赖上，仅与祖辈同住家庭小学儿童的学习依赖水平显著高于祖辈—父辈合住家庭小学儿童的学习依赖水平，仅与祖辈同住家庭小学儿童的学习依赖水平显著高于仅与父辈同住家庭小学儿童的学习依赖水平；在对英语的学习依赖上，仅与祖辈同住家庭小学儿童的学习依赖水平显著高于祖辈—父辈合住家庭小学儿童的学习依赖水平，仅与祖辈同住家庭小学儿童的学习依赖水平显

著高于仅与父辈同住家庭小学儿童的学习依赖水平，祖辈—父辈合住家庭小学儿童学习依赖的水平显著高于仅与父辈同住家庭小学儿童学习依赖的水平。

3. 祖辈承担不同教养责任对小学儿童学习依赖的影响

（1）祖辈承担不同教养责任对小学儿童学习依赖总分及其心理维度的影响

分别统计仅祖辈承担教养责任家庭（隔代教养）、祖辈—父辈共同承担教养责任家庭（不完全隔代教养）和仅父辈承担教养责任家庭（父辈教养）小学儿童学习依赖总分及其心理维度情况，并进行描述性统计和 F 检验，结果如表 4-18 所示。

表 4-18　祖辈承担不同教养责任家庭小学儿童学习依赖总分及心理维度差异比较

维度		学习行为依赖	学习认知依赖	学习情感依赖	总分
仅祖辈承担（n=11）	M	2.16	2.22	2.06	2.15
	SD	0.51	0.65	0.61	0.56
祖辈—父辈共同承担（n=298）	M	1.97	2.01	1.91	1.97
	SD	0.49	0.62	0.58	0.52
仅父辈承担（n=144）	M	1.82	1.82	1.76	1.80
	SD	0.40	0.46	0.47	0.40
F		6.477**	6.558**	4.329*	7.178**

由表 4-18 可知，小学儿童的主要教养人承担不同教养责任显著影响其学习依赖的总分及其心理维度。仅祖辈承担教养责任家庭、祖辈—父辈共同承担教养责任家庭和仅父辈承担教养责任家庭的小学儿童在学习行为依赖（$F_{[2, 450]}$=6.477，$p < 0.05$）、学习认知依赖（$F_{[2, 450]}$=6.558，$p < 0.05$）、学习情感依赖（$F_{[2, 450]}$=4.329，$p < 0.05$）以及总分（$F_{[2, 450]}$=7.178，$p < 0.05$）上都存在显著差异。事后比较结果表明，在学习行为依赖上，仅祖辈

承担教养家庭小学儿童的学习依赖水平显著高于仅父辈承担教养责任家庭小学儿童的学习依赖水平，祖辈—父辈共同承担教养责任家庭小学儿童的学习依赖水平显著高于仅父辈承担教养责任家庭小学儿童的学习依赖水平；在学习认知依赖上，仅祖辈承担教养责任家庭小学儿童的学习依赖水平显著高于仅父辈承担教养责任家庭小学儿童的学习依赖水平，祖辈—父辈共同承担教养责任家庭小学儿童的学习依赖水平显著高于仅父辈承担教养责任家庭小学儿童的学习依赖水平；在学习情感依赖方面，祖辈—父辈共同承担教养责任家庭小学儿童的学习依赖水平显著高于仅父辈承担教养责任家庭小学儿童的学习依赖水平；在学习依赖总分上，仅祖辈承担教养责任家庭小学儿童的学习依赖水平显著高于仅父辈承担教养责任家庭小学儿童的学习依赖水平，祖辈—父辈共同承担教养责任家庭小学儿童的学习依赖水平显著高于仅父辈承担教养责任家庭小学儿童学习依赖的水平。

（2）祖辈教养人承担不同教养责任对小学儿童学习依赖学科性的影响

分别统计仅祖辈承担教养责任家庭（隔代教养）、祖辈—父辈共同承担教养责任家庭（不完全隔代教养）和仅父辈承担教养责任家庭（父辈教养）小学儿童学习依赖学科性情况，并进行描述性统计和 F 检验，结果如表 4-19 所示。

表 4-19　祖辈承担不同教养责任家庭小学儿童学习依赖学科性的差异比较

维度		语文学习依赖	数学学习依赖	英语学习依赖
仅祖辈承担 （n=11）	M	2.17	2.15	2.13
	SD	0.62	0.58	0.49
祖辈—父辈共同承担 （n=298）	M	1.96	1.98	1.98
	SD	0.65	0.63	0.38
仅父辈承担 （n=144）	M	1.75	1.77	1.88
	SD	0.48	0.46	0.35
F		6.842**	6.951**	4.606*

由表 4-19 可知，小学儿童的主要教养人承担不同教养责任显著影响其学习依赖的学科性。仅祖辈承担教养责任家庭、祖辈—父辈共同承担教养责任家庭和仅父辈承担教养责任家庭的小学儿童在语文学习依赖（$F_{[2, 450]}=6.842$，$p<0.05$）、数学学习依赖（$F_{[2, 450]}=6.951$，$p<0.05$）以及英语学习依赖（$F_{[2, 450]}=4.606$，$p<0.05$）上都存在显著差异。事后比较结果表明，在对语文的学习依赖上，仅祖辈承担教养责任家庭小学儿童的学习依赖水平显著高于仅父辈承担教养责任家庭小学儿童的学习依赖水平，祖辈—父辈共同承担教养责任家庭小学儿童的学习依赖水平显著高于仅父辈承担教养责任家庭小学儿童的学习依赖水平；在对数学的学习依赖上，仅祖辈承担教养责任家庭小学儿童的学习依赖水平显著高于仅父辈承担教养责任家庭小学儿童的学习依赖水平，祖辈—父辈共同承担教养责任家庭小学儿童的学习依赖水平显著高于仅父辈承担教养责任家庭小学儿童的学习依赖水平；在对英语的学习依赖上，仅祖辈承担教养责任家庭小学儿童的学习依赖水平显著高于仅父辈承担教养责任家庭小学儿童的学习依赖水平，祖辈—父辈共同承担教养责任家庭小学儿童的学习依赖水平显著高于仅父辈承担教养责任家庭小学儿童的学习依赖水平。

4.隔代教养小学儿童学习依赖的性别和年级差异

（1）隔代教养小学儿童学习依赖的性别差异

第一，隔代教养小学儿童学习依赖总分及其心理维度的性别差异。分别统计隔代教养小学儿童不同性别的学习依赖总分及其心理维度情况，并进行描述性统计和独立样本 t 检验，结果如表 4-20 所示。

表 4-20　隔代教养小学儿童学习依赖总分及其心理维度的性别差异

维度		学习行为依赖	学习认知依赖	学习情感依赖	总分
男（$n=44$）	M	2.00	2.17	2.01	2.06
	SD	0.47	0.62	0.62	0.53

续表

维度		学习行为依赖	学习认知依赖	学习情感依赖	总分
女 (n=43)	M	1.93	1.91	1.83	1.89
	SD	0.38	0.59	0.54	0.46
	t	0.781	1.998*	1.513	1.602

由表 4-20 可知，隔代教养小学儿童的性别显著影响学习依赖总分及其心理维度。隔代教养小学儿童学习依赖在学习认知依赖维度存在显著的性别差异（t=1.998，p < 0.05）；在学习行为依赖、学习认知依赖、学习情感依赖以及总分上，隔代教养男生的学习依赖水平显著高于隔代教养女生的学习依赖水平。

第二，隔代教养小学儿童学习依赖对象的性别差异。分别统计隔代教养小学儿童不同性别的学习依赖对象情况，并进行描述性统计和独立样本 t 检验，结果如表 4-21 所示：隔代教养小学儿童学习依赖在对象上均不存在显著的性别差异（p > 0.05）。

表 4-21 隔代教养小学儿童学习依赖对象性的性别差异

维度		对祖辈的学习依赖	对父辈的学习依赖	对其他人的学习依赖
男 (n=44)	M	2.16	1.93	2.09
	SD	0.61	0.53	0.57
女 (n=43)	M	1.95	1.86	1.87
	SD	0.53	0.48	0.50
	t	1.778	0.621	1.927

第三，隔代教养小学儿童学习依赖学科性的性别差异。分别统计隔代教养小学儿童不同性别的学习依赖学科性情况，并进行描述性统计和独立样本 t 检验，结果如表 4-22 所示：隔代教养小学儿童学习依赖在学科性上

均不存在显著的性别差异（$p > 0.05$）。

表 4-22　隔代教养小学儿童学习依赖学科性的性别差异

维度		语文学习依赖	数学学习依赖	英语学习依赖
男（n=44）	M	2.06	2.09	2.05
	SD	0.65	0.63	0.41
女（n=43）	M	1.86	1.87	1.96
	SD	0.57	0.55	0.37
t		1.518	1.695	1.126

（2）隔代教养小学儿童学习依赖的年级差异

第一，隔代教养小学儿童学习依赖总分及其心理维度的年级差异。分别统计隔代教养小学儿童不同年级的学习依赖心理维度情况，并进行描述性统计和 F 检验，结果如表 4-23 所示：隔代教养小学儿童学习依赖的总分及心理维度在年级方面均不存在显著差异（$p > 0.05$）。

表 4-23　隔代教养小学儿童学习依赖总分及其心理维度的年级差异

维度		学习行为依赖	学习认知依赖	学习情感依赖	总分
三年级（n=21）	M	2.02	2.00	1.92	1.98
	SD	0.55	0.58	0.55	0.55
四年级（n=25）	M	1.86	1.97	1.80	1.88
	SD	0.29	0.54	0.47	0.38
五年级（n=18）	M	1.99	2.29	2.07	2.11
	SD	0.50	0.68	0.72	0.60
六年级（n=23）	M	2.02	1.96	1.95	1.98
	SD	0.35	0.66	0.63	0.49
F		0.784	1.259	0.736	0.753

第二，隔代教养小学儿童学习依赖对象的年级差异。分别统计隔代教养小学儿童不同年级的学习依赖对象性情况，并进行描述性统计和 F 检验，结果如表 4-24 所示：隔代教养小学儿童学习依赖的对象性在年级方面均不存在显著差异（$p > 0.05$）。

表 4-24　隔代教养小学儿童学习依赖对象性的年级差异

维度		对祖辈的学习依赖	对父辈的学习依赖	对其他人的学习依赖
三年级（n=21）	M	1.98	1.92	2.04
	SD	0.67	0.51	0.59
四年级（n=25）	M	1.95	1.88	1.80
	SD	0.44	0.41	0.41
五年级（n=18）	M	2.19	2.07	2.08
	SD	0.66	0.59	0.66
六年级（n=23）	M	2.14	1.76	2.05
	SD	0.55	0.52	0.53
F		0.866	1.261	1.290

第三，隔代教养小学儿童学习依赖学科性的年级差异。分别统计隔代教养小学儿童不同年级的学习依赖学科性情况，并进行描述性统计和 F 检验，结果如表 4-25 所示：隔代教养小学儿童学习依赖的学科性在年级方面均不存在显著差异（$p > 0.05$）。

表 4-25　隔代教养小学儿童学习依赖学科性的年级差异

维度		语文学习依赖	数学学习依赖	英语学习依赖
三年级（n=21）	M	1.92	2.00	2.04
	SD	0.84	0.81	0.12
四年级（n=25）	M	1.86	1.83	1.94
	SD	0.45	0.45	0.29

续表

维度		语文学习依赖	数学学习依赖	英语学习依赖
五年级（$n=18$）	M	2.10	2.17	2.08
	SD	0.68	0.60	0.57
六年级（$n=23$）	M	1.99	1.98	1.98
	SD	0.49	0.50	0.49
F		0.537	1.095	0.471

四、讨论

（一）隔代教养小学儿童的学习依赖程度显著高于父辈教养小学儿童

通过对三种划分标准下的隔代教养小学儿童、不完全隔代教养小学儿童和父辈教养小学儿童的学习依赖问卷统计发现，大多数小学儿童都存在学习依赖问题。从学习依赖总分来看，以"不同家庭教养类型""不同家庭居住类型"和"祖辈承担不同教养责任"为划分标准的不同类型家庭小学儿童的学习依赖总分得分由高到低都为：隔代教养小学儿童的得分＞不完全隔代教养小学儿童＞父辈教养小学儿童。可见，隔代教养小学儿童的学习依赖程度相比于父辈教养小学儿童更严重，不完全隔代教养小学儿童次之。从学习依赖的各维度得分情况来看，在学习心理维度上，隔代教养小学儿童在学习认知依赖最为严重；仅与祖辈同住家庭（即隔代教养）小学儿童更容易形成学习依赖，且存在较严重的学习认知依赖和学习情感依赖问题；仅祖辈承担教养责任（即隔代教养）家庭小学儿童学习依赖较其他两种类型家庭更为严重，且在行为、认知和情感上均存在依赖性。

通过进一步访谈也发现，隔代教养小学儿童平时在家的学习依赖程度也较高。这很大原因可能是由祖辈对孙辈的溺爱造成的，由于心疼孙辈，他们习惯于帮助孙辈安排甚至完成一切有关学习的事务，比如安排好学习任务和学习计划，根据家校联系本核对孙辈的作业完成情况，文化程度高的祖辈还会帮助孙辈检查作业、整理书包等，使儿童逐渐养成了在学习上依赖祖辈的不良习惯。

在学习依赖的学科性层面上，以"不同居住状况"来划分，仅与祖辈同住（即隔代教养）家庭小学儿童学习在语文、数学和英语学科方面都存在较强的学习依赖性；以"祖辈承担教养责任"来划分，仅祖辈承担教养责任（即隔代教养）家庭小学儿童在语文、数学和英语学科上的学习依赖程度均较强。不难看出，隔代教养家庭的小学儿童在语文、数学、英语方面均存在学习依赖性。

（二）隔代教养小学儿童的学习依赖存在显著的性别差异

隔代教养小学儿童的学习依赖存在显著的性别差异，男生的学习认知依赖依赖程度显著高于女生。从总分上来看，男生的学习依赖总分均高于女生，这说明男生的学习依赖普遍比女生严重。这与男女生的身心发展差异有一定的关系。男生在神经系统发育方面比女生慢，比如就有调查发现，因为阅读写作涉及情感处理、文字背诵、遣词造句等方面，女生在阅读和写作上会平均比男孩超前 1~1.5 年。并且与男孩相比，女孩大脑中有更多范围的区域专门负责语言功能、感知记忆、静坐倾听、语调和神经交叉串话，因而复杂的阅读和写作对她们而言相对比较容易，对男孩而言就比较困难。

五、结论

第一，自编《小学儿童学习依赖问卷》，通过探索性因素分析，得到小学儿童学习依赖的核心维度由学习行为依赖、学习认知依赖和学习情感依赖 3 个维度构成。该问卷具有良好的效度和信度，可以作为评定和了解小学儿童学习依赖水平的依据。

第二，隔代教养小学儿童的学习依赖总分及其学习行为依赖维度、学习认知依赖维度和学习情感依赖维度等得分均显著高于父辈教养小学儿童。在学科表现上，隔代教养小学儿童在语文、数学、英语不同学科的学习依赖上存在显著差异。此外，隔代教养小学儿童的学习依赖存在显著的性别差异，男生的学习认知依赖依赖程度显著高于女生。

第三，隔代教养因素显著影响小学儿童的学习依赖。主要表现为：从学习依赖总分来看，以"不同家庭教养类型""不同家庭居住类型"和"祖辈承担不同教养责任"为划分标准的不同类型家庭小学儿童的学习依赖均为隔代教养小学儿童的学习依赖程度相比于父辈教养小学儿童更严重，不完全隔代教养小学儿童次之。从学习依赖的各维度得分情况来看，在学习心理维度上，隔代教养小学儿童在学习认知依赖最为严重；仅与祖辈同住家庭（即隔代教养）小学儿童更容易形成学习依赖，且存在较强的学习认知依赖和学习情感依赖问题；仅祖辈承担教养责任（即隔代教养）家庭小学儿童学习依赖较其他两种类型家庭更为严重，且在行为、认知和情感上均存在依赖性。在学习依赖的学科性层面上，以"不同居住状况"来划分，仅与祖辈同住（即隔代教养）家庭小学儿童学习在语文、数学和英语学科方面都存在较强的学习依赖性；以"祖辈承担教养责任"来划分，仅祖辈承担教养责任（即隔代教养）家庭小学儿童在语文、数学和英语学科上的学习依赖程度均较强。

第三节　隔代教养少年儿童的学习困难研究

一、引言

学习困难是指有适当学习机会的学生虽然智力正常，但由于环境、心理和素质等方面的问题,致使学习技能的获得或发展出现障碍,表现为经常性的学业成绩不良或因此而留级。俞国良(2003)认为,学习困难学生的基本心理过程和社会信息加工过程存在缺陷和障碍,因而学习困难学生的心理行为问题可以分为两个方面,即学习性的心理行为问题和社会性的心理行为问题。学习困难学生在学校环境中会体验到更多的消极感受(周路平,孔令明,2010),遇到挫折容易产生自卑、抑郁、焦虑、恐惧等情绪(Prangnell & Green, 2008),面对情绪困扰不能很好地进行情绪调节,易冲动、好攻击、孤僻不合群、易情绪失控、顶撞老师、违反校规,其情绪困扰水平显著高于学优生(张明,刘岩,2002)。学习困难学生还在社会适应能力上与一般学生有着显著的差异。由于学业上的失败而遭到同伴的排斥、拒绝,致使他们的同伴关系不良,同伴接受性低,更可能被同伴拒绝、存在人际关系问题(俞国良等,2000;杜向阳,2004),在社会接纳能力、与新环境协调的能力、组织能力上不如一般学生(Durrant, 1994)。此外,学习困难学生还表现出更多的行为问题,如多动、攻击、违纪、社会退缩等问题,以及药物滥用、抽烟,喝酒等,并有更高的犯罪率(张迪,白玉春,2011;Cosden, 2001)。相反,学业成绩优异的学生更能为同伴所接纳,且具有更强的社会能力(王美芳,陈会昌,2000)。

虽然针对学困生的研究很多,且从不同角度探讨了学困生的产生原因和预防对策,但目前的研究多集中于学生的智力发育和认知加工方面,忽视了学习困难学生的心理行为问题对学习的影响。另外,在学业困难的原因中前人研究虽关注家庭因素,但忽略了一个极其重要的方面,即隔代教养,对于隔代教养儿童的学习困难和心理行为问题,以及二者的关系,鲜有文献报道。

二、方法

本研究以初中生为对象,采用方便随机整群抽样方式,在5所初中学校的每个年级随机抽取 1~3 个班级，通过问卷调查法，共调查了 27 个班级，共 1077 名初中生，探讨了隔代教养家庭初中生存在的心理行为问题及其对学习困难的影响，从而为干预隔代教养家庭的学习困难问题提供科学依据和对策参考。在本次调查样本中，有 783 人来自隔代教养家庭，即 72.7% 的初中生曾经或者依然由祖辈抚养。来自亲代教养家庭的有 294 人，即有 27.3% 的初中生从未由爷爷奶奶或外公外婆抚养过，由爸爸妈妈抚养。统计隔代教养家庭学生在各类隔代教养家庭类型中的分布，数据显示，祖孙两代同住的情况较多，有 468 人，占隔代教养总人数的 59.9%。其中因为特殊原因双亲无法履行照顾义务、祖辈不得不担起照顾孙辈责任的被迫隔代教养类型占 33.3%，原因包括双亲或单亲在异地工作、父母离婚、父母身体不好或残疾、父母双亡等。其次是祖辈、父辈、孙辈三代构成的隔代教养家庭，这类学生有 315 人，占 40.1%。而在这三代构成的家庭中，共同隔代教养的最多（48.6%），其次是工作日隔代教养（33.0%），最后是常住隔代教养（18.4%）。

进一步分析发现，无论在学前阶段、小学阶段还是初中阶段，都存在隔代教养现象。随着孩子年龄的增长，从学前、小学到初中，隔代教养的比重逐渐降低，在学前阶段有过隔代教养经历的学生最多（602 人），占隔代教养学生总人数的 76.9%，占所有调查对象的 55.9%。这一结果与全国范围内调查"隔代教养"的结果基本一致：上海 0~6 岁的孩子中有 50%~60% 属于隔代教养，广州接受隔代教养的孩子占 50%，在北京，接受隔代教养的孩子多达 70%（吴航，2010）。

三、结果

以全校学生的考试成绩作为衡量学生学习成绩的指标，由于调研的各学校及各年级的考试分数设置不同，因此对其成绩进行标准分转换。结果发现：

（一）近一半的隔代教养家庭学生学习成绩低于全班平均分

隔代教养学生的学习成绩相对较落后，中等靠下者居多。在班级平均分以下的学生中，来自隔代教养家庭的学生有351人，占隔代教养家庭学生的44.8%。而在亲代教养家庭学生中，只有112人（37.9%）在班级平均分以下。这一结果与姚植夫和刘奥龙（2019）基于中国家庭追踪调查（CFPS）2014年和2016年的数据所得结果是一致的，即隔代教养对儿童的学习存在明显的消极影响。

（二）超过1/5的隔代教养家庭学生语数英三门成绩排名在班级后10%

依据学困生的筛选标准，选出连续两次语、数、英平均成绩在班级排后10%，且在最近一次测验中语、数、英三个科目中有一门成绩不及格的学生，经班主任老师确认，对其施测《瑞文标准推理测验》（张厚粲等人于1985年修订，具有良好的信度和效度），剔除得分在70分以下的学生，共筛选出学困生201人。其中，在隔代教养家庭学生中共筛出学困生166人，占隔代教养家庭学生总数的21.2%，占学困生总数的82.6%；而在亲代教养家庭中只筛出学困生35人，占亲代教养家庭学生总数的11.9%，占学困生总数的21.1%。进一步对来自隔代教养家庭与来自亲代教养家庭学困生的比例进行卡方检验，结果发现，隔代教养家庭学困生比例远远高于亲代教养家庭，差异显著，χ^2=12.167，$p < 0.001$。

（三）隔代教养家庭学生心理行为问题较突出

使用刘贤臣等（1997）修订的《青少年自评量表》评定学生的心理行为问题。该量表由能力和问题两部分构成，本次研究仅使用问题部分，包括退缩、躯体主诉、焦虑/抑郁、社交问题、思维问题、注意问题、违纪行为、攻击行为等维度，共由112个条目构成，其中第56条目又含有8个小条目，总条目数为119个。每个问题条目采用三级评分（0表示题目提到的情况没有发生过，1表示有轻度或者有时有此项表现，2表示明显或者经常有此表现）。该量表的内部一致性Cronbach's α系数为0.92，各因子Cronbach's α系数为0.75~0.86。回收完整且有效的问卷945份，其中隔代教养家庭学生有650人，占总体的68.8%；亲代教养家庭学生有295人，占总体的31.2%。

1. 隔代教养家庭学生的心理行为问题检出率显著高于亲代教养家庭

数据显示：在被试总体945人中，有心理行为问题的人数为112人，检出率为11.9%。其中隔代教养家庭学生的心理行为问题检出率为15.1%，显著高于亲代教养家庭学生的检出率4.7%。卡方检验值为20.730，$p<0.001$。

2. 隔代教养家庭学生各类心理行为问题比亲代教养家庭学生更严重

对隔代教养与亲代教养学生的心理行为问题得分进行比较分析，结果表明，隔代教养学生的心理行为问题得分显著高于亲代教养学生，无论在问题行为总分还是各因子得分上，二者都存在着显著差异。亦即，隔代教养家庭学生在心理行为问题总体上及各类心理行为问题上的严重程度均显著高于亲代教养的学生，详见表4-26。

表4-26　隔代教养家庭学生和亲代教养家庭学生心理行为问题的比较分析

维度	隔代教养 M	隔代教养 SD	亲代教养 M	亲代教养 SD	t
量表总分	51.20	22.80	39.01	19.11	8.540[***]
退缩行为	4.63	2.42	3.92	2.24	4.401[***]
躯体主诉	4.17	3.23	3.13	2.29	5.688[***]
焦虑抑郁	8.71	4.86	6.54	4.00	7.226[***]
社交问题	3.90	2.41	2.93	2.00	6.462[***]

续表

维度	隔代教养 M	隔代教养 SD	亲代教养 M	亲代教养 SD	t
思维问题	2.71	2.54	2.04	2.45	3.795***
注意缺陷	6.11	3.22	4.83	2.82	6.159***
违纪行为	3.94	2.47	3.22	2.38	4.226***
攻击行为	10.07	5.24	7.96	4.24	6.571***

3. 不同阶段隔代教养经历影响学生的心理行为问题

按照隔代教养的起始时间及受隔代教养的时间长短，将学生在不同阶段开始接受隔代教养的经历划分为以下7个阶段：学前阶段，小学阶段，初中阶段，学前和小学阶段，学前和初中阶段，小学和初中阶段，学前、小学和初中阶段。本次无调查对象选择小学和初中组合的时间段，另有10人缺失时间信息，共640人纳入统计。结果发现，从初中阶段开始隔代教养的学生问题行为最严重，其心理行为问题总分和问卷各维度得分均高于其他5个不同阶段接受隔代教养的学生。进一步比较分析结果表明：在隔代教养的不同组合阶段上，学生在心理行为问题总分上存在显著差异，在退缩行为、躯体主诉、思维问题、注意缺陷、违纪行为和攻击行为这6个因子上也有差异。事后检验结果如下：

在行为问题总分上，初中阶段隔代教养的学生行为问题水平最高，并显著高于在学前阶段和学前到初中阶段隔代教养的学生。而学前到初中阶段隔代教养学生的行为问题水平最低，且显著低于小学阶段、初中阶段以及小学和初中阶段隔代教养的学生。

在退缩行为维度上，小学阶段、初中阶段、学前和小学阶段隔代教养学生的退缩行为水平显著高于学前到初中阶段隔代教养学生，表现出更多的退缩行为。

在躯体主诉维度上，学前和小学阶段、初中阶段隔代教养学生得分较高，有更多的躯体问题。尤其是初中阶段开始由祖辈教养的学生躯体化疾病要高于单独在学前阶段、单独在小学阶段以及从学前到初中阶段隔代教养的学生。

违纪行为和思维问题集中出现在初中阶段隔代教养学生身上，尤其多于学前阶段、小学阶段、学前和小学阶段隔代教养家庭学生。

注意缺陷水平较高的是学前阶段、学前和小学阶段隔代教养家庭学生，攻击行为水平较高的则是学前阶段、小学阶段、初中阶段、学前和小学阶段隔代教养家庭学生。这几个阶段的隔代教养家庭学生的注意缺陷水平高于一直是隔代教养学生的水平。

综上，接受隔代教养的年龄段对学生的心理行为问题有一定影响，尤其是间断性隔代教养（中间有中断的）对学生的心理行为问题影响更大，而连续性的隔代教养的影响较小。

4. 祖辈参与隔代教养的不同类型影响学生的心理行为问题

祖辈被迫和非被迫参与隔代教养家庭中的学生心理行为问题差异显著，被迫型隔代教养家庭的学生行为问题总分显著高于非被迫型隔代教养家庭学生。在心理行为问题8个因子中，除社交问题和思维问题2个因子两类家庭学生差异不显著外，在退缩行为、躯体主诉、焦虑抑郁、注意缺陷、违纪行为及攻击行为上，被迫型隔代教养家庭学生的得分都显著高于非被迫型隔代教养家庭学生，详见表4-27。

表4-27 被迫型和非被迫型隔代教养家庭学生心理行为问题的比较分析

维度	被迫型 M	被迫型 SD	非被迫型 M	非被迫型 SD	t
量表总分	46.18	12.28	42.10	10.38	2.405*
退缩行为	4.68	2.13	4.06	1.912	2.400*
躯体主诉	4.09	2.47	3.09	1.33	3.121**
焦虑抑郁	7.66	3.44	7.16	3.06	2.043*
社交问题	3.33	1.56	3.13	1.76	1.710

续表

维度	被迫型 M	被迫型 SD	非被迫型 M	非被迫型 SD	t
思维问题	2.33	1.27	1.99	0.88	1.793
注意缺陷	5.60	2.24	5.00	2.01	2.151*
违纪行为	3.84	1.58	3.18	1.41	3.256**
攻击行为	9.03	3.19	8.49	2.85	2.147*

（四）隔代教养家庭学生心理行为问题成因及其对学习困难的影响

1. 隔代教养家庭对学生心理行为问题的影响

隔代教养家庭学生比亲代教养家庭学生有更多的心理行为问题，与以往相关研究的结果基本一致（黄洋洋，2006；Kelley et al.，2011；Smith & Palmieri，2007）。

（1）间断性隔代教养影响学生的心理行为问题

相对接受连续隔代教养的学生，那些间断过一段时期后又接受隔代教养的学生，或者从中间开始接受隔代教养的学生的心理行为问题水平比较高。从小到大即从学前到初中一直接受隔代教养的学生的心理行为问题水平最低。可见，不能笼统地谈论隔代教养对学生心理行为问题的影响，而是间断型的隔代教养对学生心理行为问题的影响更大，而连续性的隔代教养对学生心理行为问题的影响最小。

儿童发展心理学强调亲情心理依恋和亲情心理联结对孩子成长的影响，儿童（尤其是学前儿童）对父母或养育者的心理依恋和心理上的联结关系，关乎着孩子的心理安全感、对他人的信任或恐惧、性格的开放或封闭和心理健康状态。隔代教养或亲代教养的变换使孩子与父辈或者祖辈建立的信任依恋关系被破坏，在学前由祖辈教养，而上小学后回到父母身边由父辈教养，重新与"教养人"（父辈）建立起新的依恋关系对孩子来说是个挑战。

而刚刚与父辈熟悉了之后又被交给祖辈带养,第二次教养人更换,这必然为孩子带来适应困难,可能会导致一系列的心理行为问题,如不信任、攻击行为,或者形成内向、孤僻的性格(与其和别人相处,不如我自己独处)以及产生焦虑、抑郁情绪。

(2)被迫型隔代教养影响学生的心理行为问题

在不同原因导致祖辈参与的隔代教养上,学生的心理行为问题也有差异。被迫去教养孙辈的老人常常感到压力很大,容易焦虑抑郁、脾气暴戾。而教养人心理健康状况不良是儿童抑郁症状高水平的危险因素(Cole & Eamon, 2007)。这种家庭中祖辈的不良情绪和心理状态会影响孩子(Silverstein & Ruiz, 2006),这类隔代教养家庭孩子的心理行为问题较严重。尤其是在焦虑抑郁因子和攻击行为上,被迫型隔代教养家庭学生的水平显著高于非被迫型隔代教养家庭学生。被迫照顾孙辈的祖辈在不良的心理状态之下照顾孩子,可能会对孩子的情绪健康产生负面影响,加上缺乏对孩子的正确引导和心理辅导,使孩子很容易产生一系列心理行为问题。

2.隔代教养学生的心理行为问题进一步加剧其学习困难

根据前述调查结果,对隔代教养学生的心理行为问题与学习成绩进行相关分析,结果发现,二者呈显著负相关,$r=-0.396$,$p<0.01$,即心理行为问题水平高的学生,其学习成绩差。而且,心理行为问题各因子与学生学习成绩也呈显著负相关,详见表4-28。

表4-28 隔代教育学生问题行为与学业成绩的相关分析

维度	问题行为总分	退缩行为	躯体主诉	焦虑抑郁	社交问题	思维问题	注意缺陷	违纪行为	攻击行为
学习成绩	-0.396**	-0.200**	-0.203**	-0.298**	-0.263**	-0.260**	-0.334**	-0.309**	-0.282**

这一结果与已有研究结果基本一致。例如,黄丽等(1999)对11~12岁儿童的问题行为与人格特征及学习成绩进行相关分析,发现不良学习习惯、情绪冲动、焦虑状态、多动、注意力不集中等心理行为问题严重影响

学习成绩。温清等（2012）也发现，中学生的情绪障碍与学业成绩呈显著负相关，抑郁情绪、特质焦虑与语文、数学、英语成绩均呈显著负相关。在本研究中，隔代教养家庭学生的这种相关更加显著。隔代教养家庭学生的心理行为问题较多，或是向内表现为退缩、焦虑、抑郁，或是向外表现为攻击、违纪行为，在这些不良心理状态下，学生的学习必然受到负面影响。封闭、退缩行为使得这些学生将自己封闭起来，不愿与人交流。焦虑、抑郁情绪使得他们在学习上不能专注。同样，社交问题使得他们不会寻求社会支持，有问题不能及时求助，因而影响其学习成绩。

可见，学生的心理行为问题会进一步影响其学习成绩，甚至加剧学习困难。预防隔代教养学生的心理行为问题，可以防止此类问题对其学习成绩的负面影响，从而防止学习困难。

四、对策

（一）提高隔代教养家庭祖辈的教养素质

隔代教养家庭祖辈的教养素质对学生的学习和发展具有重要影响。受传统文化、社会经济地位、学历水平、个性特征、年龄等因素影响，隔代教养家庭祖辈的教养观念相对传统，教养态度相对保守，较为依赖经验，教养知识不系统，教育方法偏实用性，了解孙辈的能力和代际沟通的能力有待提升。并且，祖辈常常忽视儿童的心理发展，直接影响孙辈的学习和发展。因此，亟须提升隔代教养家庭祖辈的教养素质。具体对策如下：

第一，兴办老年大学。开设隔代教养家庭祖辈教育课程（包括远程课程），向祖辈家长传授家庭教育知识、教育观念和教育方法，以及初中生心理发展知识，提高祖辈家长的教育水平和教育能力，帮助他们了解孙辈的心理特点和学习特点，从而促进孙辈的学习和发展，预防和克服孙辈的学习困难。

第二，加强家校合作。设立隔代教养家庭祖辈家长学校，定期或不定期召开祖辈家长会，向祖辈家长介绍学生在学校的学习情况以及相应的家庭教育方法，帮助祖辈家长与学生沟通，了解学生的学习困难，并掌握帮助学生克服学习困难的教育方法。

第三，利用社区资源。设立"隔代教养家庭祖辈社区辅导中心"，邀请对隔代教养有研究的专家和高校教师到中心对隔代教养家庭祖辈进行辅导，解答祖辈在隔代教养中所遇到的问题，提高祖辈的家庭教育技能和辅导技能，从而有效地帮助有学习困难的孩子。

第四，祖辈自身要提高学习意识，主动适应新时代家庭教育要求。祖辈应该意识到，时代在发展，人的生活方式和价值观念都在变化，自己需要加强学习，不断丰富自己的教养知识、转变自己的教养观念。同时要加强与孩子父辈的沟通，增进理解，建立信任，在对孙辈的学习要求和发展期望上要尽可能与父辈达成一致。营造孙辈学习的最佳氛围，尽量减少自身对孙辈的消极影响，从而促进孙辈的学习。

（二）父辈要更多担当父母角色的教养责任

面对家庭教育中的代际差异和矛盾，面对亲子教养和隔代教养的实际情况，父辈应该主动担当父母角色应有的教养责任，密切关注初中阶段孩子的学习特点，充分发挥身为父母的积极作用。

第一，主动和祖辈沟通，增强祖辈和父辈共同教养的合力。父辈要尊重祖辈，主动与祖辈沟通，打造"亲子"与"隔代"联合家庭教养对孙辈学习影响的合力。父辈应与祖辈扬长避短，探索联合教养的优势，从而促进孩子的学习和发展。

第二，主动关心孩子学习，承担更多的辅导孩子学习的责任。父辈在理论学习上相对祖辈有优势，接受新事物、新知识、新技术比祖辈快，更有能力辅导孩子的学习。父辈要主动承担更多的关心和辅导孩子学习的责任，不能做"甩手掌柜"。

（三）学校要加强对隔代教养初中生心理行为问题的干预

隔代教养家庭初中生存在更多的心理行为问题，更加需要学校和教师的支持和帮助。因此，学校加强对隔代教养初中生心理问题的干预显得尤为重要。

第一，改变教师和隔代教养学生彼此的消极定势。教师和学生的影响是相互的。教师在教导他们认为有破坏性或社会挑战性的学生时会感到困扰，这种困扰则会影响教师对学生的反应方式，并导致其产生对学生的消极看法。由于许多有学习困难和心理行为问题的学生来自隔代教养家庭，以致教师往往认为隔代教养家庭学生更可能存在学习困难和心理行为问题，这种消极的刻板印象会严重影响教师对待学生的方式，从而导致学生消极的学校表现和学习表现；反之，隔代教养家庭学生也会明显感受到学校和教师对他们的消极看法和刻板印象（Edwards，2018）。因此，教师要改变对隔代教养学生的刻板印象，克服对隔代教养学生存在学习困难和心理行为问题的消极定势，提高对隔代教养学生的期望水平，从而提高隔代教养学生的学习信心，促进隔代教养学生的学习进步。

第二，加强对隔代教养初中生的学校心理健康服务。学校要帮助隔代教养初中生预防和克服与学习有关的心理问题，如学习信心问题、学习动机问题、学习情绪问题、学习策略问题等，从而提高他们的学习信心和学习成绩。此外，学校心理健康服务要针对初中生的特殊心理问题，（韩含等，2019），促进隔代教养初中生的心理健康，提高他们对成绩的自我预测能力（张裕平，2017），以及对学业问题和心理问题的调适能力（曹丽娟，2014），从而使他们更好地应对学习中的各种问题。

Chapter Ⅴ I 第五章

隔代教养儿童的品行问题研究

第一节　隔代教养少年儿童的道德社会化研究

第二节　隔代教养学前儿童的说谎行为研究

第三节　隔代教养学前儿童的行为问题研究

第一节　隔代教养少年儿童的道德社会化研究

一、引言

　　道德社会化是个体在社会中学习掌握道德规范，形成正确的道德意识与道德判断，不断获得道德判断能力，并进一步内化，形成道德品格的过程（周运清，2004；张娟妮，李赐平，2015）。道德社会化的基本内容包括认同道德规范、明晰道德关系、形成道德人格（龚长宇，2009）。实现道德社会化的基本途径包括个体道德社会化和社会道德个体化，个体道德社会化的结果一般表现为适应某种社会生活的相对稳定的人格特征、心理特征、行为模式（龚长宇，2009；鲁洁，1998）。综上，道德社会化即个体在与社会互动过程中，将社会的准则和规范内化成自我的道德认知，伴有一致的道德情感，并在生活中产生符合社会认可的道德行为。道德社会化的内容包括道德认知、道德情感和道德行为，道德社会化的结果可以通过道德人格与道德品质体现。

　　社会化功能是家庭最重要的教育功能，儿童道德社会化功能是其核心（吴铎，张人杰，1991；徐莉炜，2007）。近30年来，我国的家庭类型呈多样化发展，如复合家庭（联合家庭）、直系家庭（主干家庭）、核心家庭、不完全家庭（如单亲家庭）、单身家庭和其他家庭（如空巢家庭和隔代家庭）等（刘中一，2012；沈建文，2012；孙丽燕，2004）。因此，家庭教养不再局限于父母教养。有的父母外出打拼事业，无法照顾子女，或者忙于事业上无暇顾及孩子，或者因为离婚无法照顾孩子，便选择把对孩子的抚养责任全部或部分交给了祖辈。因此，家庭中的主要教养人发生改变，祖辈代替父辈成为儿童的主要抚养人，或者与父辈共同成为儿童的主要抚养人。亦即，祖辈参与教养孙辈，甚至完全教养孙辈的现象日益普遍。

吴孟琦（2016）认为，在父母教养家庭，家长的思想品德、言行举止无论是正确还是错误，学前儿童往往都会把父母的一切都加以肯定并且模仿学习，最终形成自身的思想品德。父母（特别是母亲）给予孩子情感温暖、支持和期望，并且能够对儿童讲道理而少惩罚，有利于孩子在社会交往中形成良好的人际关系和正确的道德情感。所以，双亲家庭父母的道德人格会被孩子无条件认可，并影响孩子的发展；同时，父母的道德行为会被孩子无条件模仿，无论对错的道德行为都会在孩子身上体现。在离异单亲家庭，父母中某一方的缺位会使子女在不同程度上形成一种扭曲的道德认识，导致道德缺失、道德情感冷漠，并出现道德行为偏差，以至于单亲家庭青少年的犯罪率越来越高，犯罪率的升高也突出表现为道德人格的不健康（孙会迎，2009）。在留守儿童家庭，由于儿童的父母常年不在身边，儿童在道德社会化过程中缺少引导，可能出现道德认知模糊、道德准则匮乏、道德情感淡漠，个性偏离正常、个人主义至上、道德行为失控等问题（汤圆圆，2007；李华玲，赵斌，2013）。即留守儿童家庭父母教育的缺失，可能导致儿童道德社会化的一系列问题。

然而，对当前日益普遍的隔代教养家庭儿童道德社会化水平发展的状况鲜有文献报道。因此，本研究旨在探讨隔代教养家庭主要教养人的教养方式对儿童道德社会化发展的影响，致力于促进隔代教养儿童道德社会化的健康发展，为提升隔代教养儿童的道德品质提供建议。

二、方法

（一）自编《儿童道德社会化现状调查问卷》

参照现有的道德社会化相关问卷，如《未成年人道德社会化调查问卷》（邱尹，2011）、《"90后"大学生道德社会化及其与人际信任的相关研究》（黄晓凤，2012）、《当代大学生道德社会化调查分析——来自广东省部分高职院校的问卷调查》（戴春平，2012）等，对此类问卷的相关项目进行整理和归类，将内容相似和意义相近的题目进行合并、扩充和完善，并请同行专家对每个题目的可靠性及题目内容的理解性、严谨性等进行判断。经修改，确立儿童道德社会化现状调查的60个题目，形成问卷初稿。

在某市一所小学二至六年级的学生中进行试测，共发放280份问卷，收回有效问卷241份。问卷采用自评式五点量表计分，从"非常不符合"到"非常符合"分别计1~5分，得分越高表明道德社会化水平越高。采用SPSS、AMOS统计软件对数据进行分析和处理。经探索性因素分析和验证性因素分析，问卷保留39个题目，分为9个维度，分别为"道德认知""热情友善""团结邻里""诚实守信""坚守意志""家庭和睦""爱惜事物""诚恳宽容"和"关注道德新闻"。39个题目在各自的公共因子上都具有较高的负荷值，而且抽取的公共因子的累积贡献率超过50%，说明这39个题目是其对应维度的有效指标。采用内部一致性系数对问卷的信度进行检验，结果表明，该问卷的Cronbach'α信度系数为0.907，说明该问卷具有较好的信度。

采用方便抽样法，在两所小学和一所初中进行正试施测，被试为小学二年级至初中一年级的学生。利用学校午休时间，从每个年级抽取两个班进行施测，由学生独立完成问卷（小学二年级学生在老师帮助下完成）。施测时间约为20分钟，问卷当场统一收回。共发放1000份问卷，收回998份，收回百分比为99.80%，其中有效问卷为761份，有效百分比为76.25%。被试分布情况见表5-1。

表5-1　问卷正式施测被试构成表

维度	类别	人数	百分比（%）
性别	男	390	51.25
	女	371	48.75

续表

维度	类别	人数	百分比（%）
年级	二年级	107	14.06
	三年级	144	18.92
	四年级	137	18.00
	五年级	123	16.16
	六年级	99	13.01
	七年级	151	19.84

（二）改编《主要抚养人教养方式问卷》

根据龚艺华（2005）编制的《父母教养方式问卷》，改编《主要抚养人教养方式问卷》。将问卷内题目表述中的"父母"都改成"主要抚养人"，例如，将"我的父母从来不要求我进行家务劳动"改为"我的主要抚养人从来不要求我进行家务劳动"。该问卷的内部一致性系数为 0.8743，$p < 0.01$；分半信度为 0.7735，$p < 0.01$。证明其作为测量工具稳定可信。该问卷也具有良好的效度，故在本研究中参考引用，并且沿用其维度，将主要抚养人教养方式分为以下五种：专制型教养方式共 7 题；信任鼓励型教养方式共 4 题；情感温暖型教养方式共 3 题；溺爱型教养方式共 3 题；忽视型教养方式共 4 题。问卷采用李克特（Likert）五级计分法，"1"表示非常不符合，计 1 分；"5"表示非常符合，计 5 分。分别计算各维度的得分，在哪个维度上得分最高，说明主要抚养人的教养方式就倾向于该维度类型。

三、结果

（一）儿童主要抚养人的分布状况

根据"你的主要抚养人是谁"的调查结果，在本研究的 761 份有效数据中，一半以上的儿童来自隔代教养家庭，其中：有 366 位儿童是由祖辈与父母共同教养（即不完全隔代教养），占比 48.09%；有 37 位儿童则是由祖辈单独教养的（即完全隔代教养），占比 4.86%；有 353 位儿童是由父母教养，占比 46.39%；另有 0.66% 的儿童回答是"其他"教养人。

（二）隔代教养儿童的道德社会化研究

1. 隔代教养儿童道德社会化现状：总体水平较高

根据"儿童道德社会化现状问卷"的调查结果，统计隔代教养儿童的道德社会化问卷总均分和各维度得分情况，结果如下：道德社会化总均分为 4.17，远高于中间值 2.5；因此，隔代教养儿童道德社会化的总体水平较高。同时，对隔代教养儿童道德社会化各维度均分从高到低排序，分别为：道德认知情感（M=4.59）、爱惜事物（M=4.49）、坚守意志（M=4.31）、家庭和睦（M=4.25）、热情友善（M=4.11）、诚恳宽容（M=4.10）、诚实守信（M=4.00）、团结邻里（M=3.85）、关注道德新闻（M=2.76）。唯有"关注道德新闻"这一因子水平接近中间值，说明儿童对于道德新闻的关注程度不太高，可能因为课业较忙，没有时间通过阅读报纸和观看电视来获取道德新闻；也可能家长不允许他们在平时阅读报纸和观看电视，或者是学生对于道德新闻不感兴趣。由于暂未建立全国常模，只能先做内部比较分析。

2. 不同家庭类型儿童道德社会化水平的比较分析：隔代教养儿童在部分因子上得分较低

分别统计隔代教养家庭（包括不完全隔代教养家庭和完全隔代教养家庭）的儿童道德社会化与父母教养家庭儿童道德社会化的调查结果，并采用 F 检验进行比较分析，结果如表 5-2 所示。数据显示：不同家庭类型的儿童道德社会化总分没有显著差异；隔代教养儿童道德社会化总体水平低于父母教养家庭儿童，尤其在团结邻里、诚实守信、坚守意志、家庭和睦、关注道德新闻等方面；而且在"坚守意志"（$F_{[2,757]}$=2.647，$p<0.05$）和"家庭和睦"（$F_{[2,757]}$=3.446，$p<0.05$）上存在显著差异。进一步事后多重比较分析结果表明，在"家庭和睦"这一维度，不完全隔代教养儿童显著低于父母教养儿童；在"坚守意志"这一维度，不完全隔代教养儿童显著低于完全隔代教养儿童；详见表5-3。

表5-2 不同家庭类型儿童道德社会化各维度的差异比较

维度	父母教养 M	父母教养 SD	不完全隔代 M	不完全隔代 SD	完全隔代 M	完全隔代 SD	F
道德认知	4.59	0.55	4.58	0.56	4.62	0.44	0.732
热情友善	4.10	0.72	4.11	0.69	4.19	0.63	1.303
团结邻里	3.88	0.96	3.80	0.92	3.99	0.90	2.023
诚实守信	4.01	0.78	3.96	0.75	4.26	0.68	2.530
坚守意志	4.34	0.65	4.26	0.67	4.45	0.49	2.647*
家庭和睦	4.34	0.81	4.16	0.92	4.23	0.95	3.446*
爱惜事物	4.50	0.61	4.47	0.58	4.46	0.53	0.656
诚恳宽容	4.12	0.88	4.10	0.85	3.88	1.00	1.036
关注道德新闻	2.76	1.20	2.74	1.20	2.86	1.30	0.765
道德社会化	4.19	0.49	4.15	0.47	4.17	0.48	2.577

表5-3 不同家庭类型的儿童道德社会化"家庭和睦"和"坚守意志"的多重比较（$M±SD$）

维度	类别	家庭和睦	坚守意志
父母教养	不完全隔代教养	4.25 ± 0.87	4.30 ± 0.66
	完全隔代教养	4.33 ± 0.83	4.34 ± 0.64

续表

维度	类别	家庭和睦	坚守意志
不完全隔代教养	父母教养	4.25 ± 0.87*	4.30 ± 0.66
	完全隔代教养	4.17 ± 0.92	4.28 ± 0.66*
完全隔代教养	父母教养	4.33 ± 0.83	4.34 ± 0.64
	不完全隔代教养	4.17 ± 0.92	4.28 ± 0.66

3. 隔代教养家庭儿童道德社会化各维度的性别差异：男生的道德社会化水平低于女生

分别统计隔代教养和父母教养家庭男性和女性儿童的道德社会化水平，并采用独立样本 t 检验考察性别差异，结果如下：

在父母教养下，不同性别的儿童道德社会化总分存在显著差异（$t=-3.12, p<0.05$）；男生的道德社会化水平（$M=4.12$）不如女生（$M=4.28$）。在热情友善（$t=-3.41, p<0.05$）、诚实守信（$t=-4.05, p<0.01$）、爱惜事物（$t=-3.04, p<0.05$）、诚恳宽容（$t=-2.26, p<0.05$）等因子上，女生的得分都显著高于男生。

在不完全隔代教养下，不同性别的儿童道德社会化总分也存在显著差异（$t=-2.01, p<0.05$），女生的道德社会化总分（$M=4.19$）高于男生（$M=4.09$）。在道德认知（$t=-2.07, p<0.05$）、诚实守信（$t=-2.45, p<0.05$）、爱惜事物（$t=-2.76, p<0.05$）、诚恳宽容（$t=-2.60, p<0.05$）等因子上的得分上，女生得分都显著高于男生。

在完全隔代教养下，不同性别的儿童道德社会化总分不存在显著差异，但在诚实守信（$t=2.66, p<0.05$）因子上的得分存在显著差异，表现为男生的道德社会化得分（$M=4.53$）高于女生（$M=4.03$）。

(三)隔代教养家庭教养方式对儿童道德社会化的影响

1. 隔代教养家庭教养方式状况

分别统计隔代教养家庭(包括不完全隔代教养家庭和完全隔代教养家庭)主要教养人的教养方式与父母教养家庭的教养方式的调查结果,如表 5-4 所示。

表 5-4 不同家庭类型主要抚养人教养方式

维度	父母教养 M	父母教养 SD	不完全隔代教养 M	不完全隔代教养 SD	完全隔代教养 M	完全隔代教养 SD
专制	2.49	0.04	2.57	0.04	2.61	0.12
信任鼓励	4.13	0.04	4.09	0.04	3.98	0.14
情感温暖	4.31	0.04	4.21	0.04	4.14	0.16
溺爱	2.33	0.04	2.36	0.04	2.32	0.17
忽视	2.09	0.04	2.25	0.05	2.30	0.15

表 5-4 结果显示:父母教养家庭、不完全隔代教养家庭和完全隔代教养家庭主要抚养人的教养方式均在情感温暖这一维度得分最高,即不同教养类型家庭的主要抚养人教养方式都偏向于情感温暖型。相对而言,父母教养家庭主要教养人的"情感温暖"和"信任鼓励"教养方式得分高于其他家庭,但没有显著差异。方差检验结果表明:不同家庭类型主要抚养人在"忽视"教养方式因子上存在显著差异,$F=2.501$,$df=2$,$p<0.05$;进一步事后多重比较分析发现,父母教养家庭的忽视型教养方式得分显著低于隔代教养家庭($p<0.05$)。

2. 隔代教养家庭教养方式与儿童道德社会化的相关分析及回归分析

采用积差相关法,对隔代教养家庭教养方式各维度与儿童道德社会化各维度进行相关分析,结果发现:①从总分上看,道德社会化总分与隔代教养家庭教养方式各维度呈显著相关,与教养方式中专制型($R=-0.15$)、溺爱型（R=-0.07）、忽视型（R=-0.22）呈显著负相关；与教养方式中信任鼓励型（R=0.29）、情感温暖型（R=0.40）呈显著正相关。②从道德社会化的各个维度上看，认知情感与教养方式各维度呈显著相关；热情友善与教养方式除溺爱型外其他维度呈显著相关；团结邻里与教养方式除专制型、溺爱型外其他维度呈显著相关；坚守意志与教养方式除溺爱型外其他维度呈显著相关；家庭和睦与教养方式各维度呈显著相关；爱惜事物与教养方式各维度呈显著相关；诚恳宽容与教养方式除溺爱型外其他维度呈显著相关；关注道德新闻与教养方式信任鼓励型和忽视型2个维度呈显著相关。

为了进一步明确儿童道德社会化与隔代教养家庭教养方式之间的因果关系，用逐步回归法对二者进行回归分析，以隔代教养家庭教养方式维度为自变量，道德社会化总分为因变量，结果详见表5-5。由表5-5可看出：进入回归方回程的显著变量有情感温暖、忽视和信任鼓励，这3个维度联合预测道德社会化18.70%的变异量，情感温暖和信任鼓励有显著的正向预测作用，忽视型有显著的负向预测作用，且F值达到显著水平。道德社会化的标准归方程为：

$$道德社会化 = 0.194x（情感温暖）- 0.067x（忽视）+ 0.080x（信任鼓励）+ 3.166$$

表5-5　隔代教养家庭教养方式各因子对道德社会化总分的回归分析

自变量	因变量	R	R^2	调整后R^2	F	B	t
情感温暖型		0.40	0.16	0.16	147.296**	0.19	8.24**
忽视型	道德社会化	0.42	0.18	0.18	81.472**	-0.07	-3.58**
信任鼓励型		0.43	0.19	0.19	59.046**	0.08	3.44**

此外，分别筛选出不完全隔代教养家庭和完全隔代教养家庭儿童，采用积差相关法，对不完全隔代和完全隔代教养主要教养人及其家庭教养方式各维度和儿童道德社会化各维度进行相关分析，在此基础上运用逐步回归法对二者进行回归分析，结果发现：情感温暖和信任鼓励对不完全隔代教养儿童的道德社会化具有显著的正向预测作用，忽视型则有显著的负向预测作用，且 F 值达到显著水平；溺爱型对完全隔代教养儿童的道德社会化具有显著的负向预测作用，且 F 值达到显著水平。

四、结论

第一，自编的《儿童道德社会化现状问卷》具有较好的信度和效度。采用探索性因素分析得到道德社会化由道德认知、热情友善、团结邻里、诚实守信、坚守意志、家庭和睦、爱惜事物、诚恳宽容、关注道德新闻 9 个维度构成。

第二，虽然隔代教养儿童道德社会化水平总体较高，但隔代教养家庭儿童道德社会化水平低于父母教养家庭儿童，尤其在团结邻里、诚实守信、坚守意志、家庭和睦、关注道德新闻等方面；且在家庭和睦维度上存在显著差异。故祖辈参与教养会对儿童道德社会化发展产生一定的负面影响。

第三，在隔代教养和父母教养下，儿童的道德社会化都存在显著的性别差异，即男生的道德社会化总分均显著低于女生。

第四，隔代教养显著影响儿童的道德社会化：祖辈主要教养人教养方式和父母教养方式各维度与儿童道德社会化总分之间均呈显著相关，祖辈主要教养人教养方式中的情感温暖和信任鼓励能显著正向预测儿童的道德社会化；而忽视型教养方式能显著负向预测儿童的道德社会化。

第二节　隔代教养学前儿童的说谎行为研究

一、引言

　　说谎是个体通过隐瞒事实并有意识地给他人传递与事实相悖的错误信念、从而诱使他人接受这种错误信念的行为（Evans & Lee，2013）。研究发现，学前儿童产生说谎行为的时间非常早，2~3 岁的学前儿童已经产生了说谎行为。4 岁学前儿童能够采取一定的计策和方法进行说谎，且比 3 岁学前儿童有更多的说谎行为（徐芬等，2013）。不同的家庭功能在不同程度上影响学前儿童的说谎行为。家庭功能的良好发挥能有效减少学前儿童的说谎行为（董会芹等，2014）。近年来，家庭教养方式对学前儿童说谎行为的影响受到关注。父母的不良教养方式，如体罚，会导致学前儿童产生说谎行为（Stouthamer-Loeber，1986）。对学前儿童限制越多，越可能使其产生说谎行为（王珍珍，2017）。教养方式对学前儿童说谎行为还有独特的预测作用，父母对学前儿童的惩罚、拒绝、控制和溺爱越多，温暖、指导性和鼓励独立越少，学前儿童说谎行为越多（吕勤等，2003）。虽然家庭因素对学前儿童说谎行为的影响受到关注，但鲜有研究考查隔代教养这一家庭因素对学前儿童说谎行为的影响。因此，探讨隔代教养对学前儿童说谎行为的影响十分必要。

二、方法

（一）"猜谜游戏"实验

1. 实验对象

　　采用方便整群抽样法，从某幼儿园小班、中班和大班分别选取 2 个班级、共 180 名学前儿童为研究对象。部分学前儿童因生病等特殊情况一直未出勤，所以最终实验对象为 162 名。

2. 实验材料

采用王珍珍（2017）改编的"抵制诱惑研究范式"，运用"猜谜游戏"任务考察学前儿童的说谎行为。实验材料是猜谜卡片，卡片正面是由图片构成的谜题，卡片背面是由图片构成的谜底。所有谜题与谜底之间不存在任何逻辑关系，所以答案本身不存在对错之分。卡片一共有三套，内容是关于动物饮食习性类，如图 5-1~图 5-3 所示。

3. 实验设计与过程

实验安排在学前儿童午餐结束至午睡前的自由活动时间，每个学前儿童施测时间约为 5 分钟。"猜谜游戏"包括熟悉模拟阶段（一次练习）和正式施测阶段（二次施测），实验设计与流程如下：

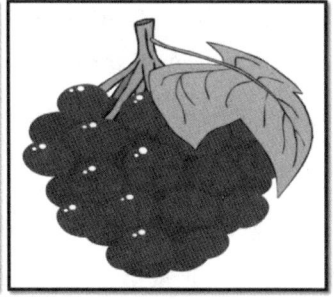

图 5-1 猜谜游戏中熟悉模拟阶段的卡片示例

图 5-2 猜谜游戏中正式施测阶段卡片示例一

图 5-3　猜谜游戏中正式施测阶段卡片示例二

（1）熟悉模拟阶段（练习阶段）

实验前，主试通过与学前儿童接触，互相熟悉，建立信任，并收集他们的相关信息。告知学前儿童和主试一起玩"猜谜游戏"，如果能够猜出谜底（答案），就能得到一份奖品。然后主试呈现第一套卡片正面（见图 5-1），询问学前儿童谜题上的小动物是什么，确保学前儿童不认识这些动物后，根据图案内容向学前儿童询问谜题（如胖丁是爱吃葡萄呢还是爱吃鸡腿呢？）。学前儿童回答后，主试邀请他们一同翻看卡片背后的答案，主试针对他们的回答给予反馈。通过第一次与主试共同进行"猜谜游戏"，学前儿童熟悉整个猜谜过程，对于游戏规则有一定的了解。

（2）正式施测阶段（分两次）

第一次：向学前儿童呈现第二套卡片（见图 5-2），整个过程同熟悉模拟阶段一样，根据图片内容向被试提出相应问题要求被试回答：卡卡爱吃鱼还是爱吃香蕉呢？但这次由被试自己翻看卡片背后的谜底，学前儿童知道谜底后，主试再次给予回应。这样不仅仅是为了进一步掌握游戏规则，同时也是为接下来的测试作准备。

第二次：向学前儿童呈现第三套张卡片（见图 5-3），主试告诉他们："下一个谜底你要是能够猜出来，老师会给你一个奖励。但是你若没有猜出来的话，这个奖励就归我了。"然后主试根据图片内容向被试提出相应问题：雷丘爱吃胡萝卜还是爱吃青菜呢？提问后告诉学前儿童："老师现在有事要去打一个电话，你先自己动动脑筋想一想，我一会就回来。但是在我打电话的时候，你不能离开座位，也不能把卡片翻过来看哦！我打完电话我们就继续猜谜。猜对的话，奖品就送给你了，要是没有猜对的话，这个奖品就要给老师咯。"主试离开前将卡片正面朝上，告知学前儿童不能翻看卡片。离开大约1分钟后（其间有"隐藏摄像机"悄悄录像，以便了解他们是否翻看卡片谜底），主试回来继续进行实验，向被试询问以下问题：

问题一：我刚才去打电话的时候，你有没有把卡片翻到后面去看谜底呢？（说谎问题：如果回答"有"，则说明没有说谎，是诚实表现，然后停止游戏；如果回答"没有"，则继续问问题二）

问题二：那你认为雷丘是爱吃胡萝卜呢还是爱吃青菜呢？（卡片谜底问题：如果回答"胡萝卜"，则说明没有翻看或者是诚实表现；如果回答"青菜"，则继续问问题三）

问题三：你是怎么猜到的啊？（说谎策略问题）

在征得幼儿园老师同意后，利用隐藏摄像机对被试的整个实验过程进行记录，事后结合录像以及学前儿童的回答，对其说谎行为（问题的答案）进行整理和编码。学前儿童的说谎行为按照0~2计分，0分表示未说谎，例如学前儿童翻看背面的谜底后说："老师，我看到答案了，就是青菜！"这样的回答直接表明他们的翻看行为，没有说谎；1分表示说谎但并未采取有效策略，例如学前儿童偷看答案后回答"青菜"，但是出于如"我自己想到的""龙珠告诉我的"等一些无关的、没有逻辑关联的原因，说明是无效的说谎策略；2分表示说谎并采取了有效策略，例如"老师说吃青菜对身体好""因为它长得和鸭子很像，所以它爱吃青菜"等，这类回答符合逻辑常理，可以合理地维持他们的谎言，因而是有效的说谎策略。

（二）问卷法

1. 调研对象

调研对象为上述162名参加了实验的学前儿童的家长（主要教养人），对其发放《主要教养人教养方式问卷》。

2. 调研工具

《主要教养人教养方式问卷》是根据邓诗颖（2013）编制的《家庭教养方式问卷》改编而成，问卷内容没有改动，主要是将其题目中关于教养一致性的表述进行了修改，例如将"我和爱人在对孩子的教育上有不同的分工任务"改为"我和孩子的祖辈在对孩子的教育上有不同的分工任务"（父辈问卷）或"我和孩子的父母在对孩子的教育上有不同的分工任务"（祖辈问卷）。原问卷对于教养方式的调查对象主要是父母，因此在关于教养一致性题目上的表述都是"我和爱人之间"。本研究旨在探讨父辈与祖辈之间教养一致性的问题，因此将关于教养一致性的题目分为两个模块，由父辈填写的模块题目表述为"我和孩子的祖辈"，由祖辈填写的模块题目表述为"我和孩子的父母"。该问卷的内部一致性系数为0.904，$p<0.01$；分半信度为0.840，$p<0.01$，作为测量工具是稳定可信的。该问卷也具有良好的效度，问卷结果与实际情况的符合度较高，故可作为本研究的测量工具使用。沿用其教养方式维度，将主要抚养人教养方式分为以下四种：信任民主型，教养一致型，溺爱放纵型，专制权威型。问卷采用李克特（Likert）五级计分法，"1"表示非常不符合，计1分；"5"表示非常符合，计5分。分别计算各维度的得分，在哪个维度上得分最高，说明主要抚养人的教养方式就倾向于该维度类型。

3. 问卷施测

利用学前儿童放学家长接送孩子的时间发放问卷，家长将问卷带回家独立完成，填写完毕后，隔天带回幼儿园，交由带班老师统一回收。问卷的施测时间约为 6 分钟。根据本次实验 162 名研究对象，发放问卷 162 份，回收 140 份，回收率为 86.42%，其中有效问卷为 126 份，有效率为 90.00%。由于学前儿童的实验研究和家长问卷调查是相对应关系，所以最终确定研究对象为 126 名。亦即，整个研究由 126 名主要教养人教养方式问卷和学前儿童说谎行为实验组成。

三、结果

（一）学前儿童祖辈隔代教养状况

1. 学前儿童主要抚养人的分布状况

根据"孩子的主要抚养人是谁？"这一问题的调查数据，统计学前儿童的主要教养人，结果表明，在 126 份有效数据中，其中有 66 位学前儿童是由父母和祖辈共同教养，占比 52.38%；另有 5 位学前儿童是完全由祖辈抚养，占比 3.97%；即祖辈隔代教养学前儿童共占 56.35%。

2. 隔代教养家庭主要教养人的教养方式状况

分别统计完全隔代教养家庭、不完全隔代教养家庭与父母教养家庭主要教养人的教养方式情况，进行单因素方差分析，结果如表 5-6 所示。

表 5-6　不同家庭类型主要抚养人教养方式比较分析

维度	父母教养 M	父母教养 SD	不完全隔代教养 M	不完全隔代教养 SD	完全隔代教养 M	完全隔代教养 SD	F
权威专制	2.95	0.95	2.61	1.01	3.00	1.00	1.935
信任民主	39.36	4.06	40.03	4.67	40.20	5.07	0.368
溺爱放纵	20.15	4.23	19.53	4.23	22.80	2.68	1.547
教养人间一致性	30.49	4.96	30.85	5.02	32.20	10.09	0.271

表 5-6 结果显示：无论是父母教养家庭，还是不完全隔代教养家庭或完全隔代教养家庭主要抚养人的教养方式，均在信任民主这一维度得分最高，即各类家庭的主要抚养人教养方式都是偏向于信任民主型。同时，完全隔代教养家庭在教养方式所有维度上得分最高，而不完全隔代教养家庭在溺爱放纵这一维度得分最低，其权威专制维度得分更低。但方差分析结果显示：不同家庭类型主要教养人的教养方式没有显著差异。

3. 隔代教养家庭对学前儿童教养方式的性别差异和年龄差异

分别统计隔代教养家庭和父母教养家庭对男孩和女孩的教养方式，并采用独立样本 t 检验考察性别差异，结果显示：对于男孩和女孩，不同家庭类型在溺爱放纵这一教养方式存在显著差异，各类家庭男孩的均值都普遍高于女孩的均值；尤其在完全隔代教养家庭中，男孩的"溺爱放纵"得分显著高于女孩（$p < 0.05$），说明祖辈教养（即老年人）对于男孩更偏向于溺爱放纵。另外，各类家庭对于男孩还是女孩教养方式的共同特点都是倾向于采用"信任民主"，而最少采用"权威专制"教养方式；尤其是在完全隔代教养家庭，男孩的信任民主得分更高（$p < 0.05$）。

分别统计隔代教养家庭和父母教养家庭对不同年龄学前儿童的教养方式，结果显示：隔代教养家庭和父母教养家庭主要教养人对小班学前儿童的溺爱放纵维度得分均值都最高，对大班学前儿童的溺爱放纵维度得分都最低。进一步进行事后多重比较，结果显示：无论在隔代教养家庭还是父母教养家庭中，对小班学前儿童和大班学前儿童的溺爱放纵得分存在显著的年龄差异，方差检验结果为别为：$F_{[2, 68]}=1.631$，$p < 0.05$；$F_{[2, 52]}=3.926$，$p < 0.05$。此外，在父母教养家庭，信任民主这一教养方式维度也存在显著的年龄差异（$F_{[2, 52]}=3.029$，$p < 0.05$）。但在教养方式总分和其他维度上，各个年龄段之间的得分不存在显著差异。

（二）隔代教养家庭学前儿童的说谎行为状况

1. 学前儿童的说谎行为状况

根据"猜谜游戏"实验结果，在本研究126名样本中学前儿童说谎行为的发生率如表5-7所示。结果显示：从小班到大班，学前儿童的说谎行为随着年龄的增长逐渐增多，且说谎策略也在不断发展；学前儿童的年龄越大，越会采取一定策略说谎，从中班到大班说谎策略发展较快。

表5-7 学前儿童说谎行为的发生率

维度	未说谎（0分）	说谎 无效策略说谎（1分）	说谎 有效策略说谎（2分）	x^2
小班	75.0%	22.7%	2.3%	—
中班	48.1%	33.4%	18.5%	10.37***
大班	38.2%	10.9%	50.9%	—
总体	53.2%	19.8%	27.0%	—

对本研究126名样本中学前儿童说谎行为的得分进行统计，结果显示，从小班到大班，学前儿童的说谎行为水平随着年龄的增长而逐渐提高，详见表5-8。方差分析结果表明，不同年龄段学前儿童说谎行为差异显著（$F_{[2,123]}=14.37, p<0.05$）；进一步比较分析结果表明：大班、中班和小班的说谎行为得分两两之间差异也显著。

表5-8 学前儿童说谎行为得分的平均值和标准差

维度	小班 M	小班 SD	中班 M	中班 SD	大班 M	大班 SD	F
说谎行为得分	0.28	0.504	0.68	0.772	1.13	0.944	14.367***

2. 不同类型家庭学前儿童的说谎行为状况

分别统计父母教养家庭、不完全隔代教养家庭和完全隔代教养家庭学前儿童的说谎行为和说谎策略得分，进行单因素方差分析结果分别见表 5-9 和表 5-10。

表 5-9　不同类型家庭学前儿童说谎行为的得分差异

维度	父母教养家庭 M	父母教养家庭 SD	不完全隔代教养家庭 M	不完全隔代教养家庭 SD	完全隔代教养家庭 M	完全隔代教养家庭 SD	F
说谎行为得分	0.85	0.89	0.64	0.835	0.80	0.84	0.980

表 5-10　不同类型家庭学前儿童策略性说谎行为的差异

维度	父母教养家庭 M	父母教养家庭 SD	不完全隔代教养家庭 M	不完全隔代教养家庭 SD	完全隔代教养家庭 M	完全隔代教养家庭 SD	F
说谎策略得分	1.62	0.49	1.56	0.51	1.33	0.58	0.486

表中结果表明，不完全隔代教养家庭学前儿童的说谎行为得分均值最低，而父母教养家庭学前儿童的说谎行为得分均值最高。不过，根据单因素方差分析结果，不同家庭类型之间学前儿童的说谎行为不存在显著差异。在说谎策略上，则是完全隔代教养家庭学前儿童得分最低，其次为不完全隔代教养家庭学前儿童，而父母教养家庭学前儿童说谎策略得分最高。同样，根据单因素方差分析结果，不同家庭类型之间学前儿童的说谎策略也不存在显著差异。

3. 隔代教养家庭学前儿童说谎行为的年龄差异

由于完全隔代教养家庭样本较少，将不完全隔代教养家庭与完全隔代教养家庭合并为隔代教养家庭进行分析。分别统计隔代教养家庭和父母教养家庭中学前儿童的说谎行为的发生率，结果如表 5-11 所示。结果显示：无论是父母教养家庭还是隔代教养家庭，从小班到大班，随着年龄的增长，有说谎行为的学前儿童比例都是增加的；尤其是父母教养家庭，增加比例更多。χ^2 检验结果表明，学前儿童说谎行为存在显著的年级差异。

表 5-11 不同类型家庭学前儿童说谎行为的发生率

维度	年级	父母教养 未说谎（0分）	父母教养 无策略说谎（1分）	父母教养 有策略说谎（2分）	隔代教养 未说谎（0分）	隔代教养 无策略说谎（1分）	隔代教养 有策略说谎（2分）
说谎行为发生率	小班	78.6%	21.4%	0%	72.4%	24.1%	3.4%
	中班	53.3%	26.7%	20.0%	46.2%	38.5%	15.4%
	大班	26.9%	15.4%	57.7%	48.3%	6.9%	44.8%

进一步统计不同家庭类型学前儿童说谎行为的得分，详见表 5-12。结果显示：无论是父母教养家庭还是隔代教养家庭，从小班到大班，随着年龄的增长，学前儿童的说谎行为得分都是提高的。方差分析结果表明，学前儿童说谎行为的年级差异显著，$F_{[2, 52]}=9.664$，$p<0.05$；$F_{[2, 68]}=5.07$，$p<0.05$）。而且，随着年龄增长，学前儿童逐渐由原来的不说谎发展为采取一定的策略说谎。

表 5-12 不同类型家庭学前儿童说谎行为的得分

维度	年级	父母教养 M	父母教养 SD	父母教养 F	隔代教养 M	隔代教养 SD	隔代教养 F
说谎行为得分	小班	0.21	0.43	9.664***	0.31	0.54	5.071**
	中班	0.67	0.82		0.69	0.75	
	大班	1.31	0.89		0.97	0.98	
	总体	0.85	0.89		0.65	0.83	

此外，按照性别分别统计隔代教养家庭和父母教养家庭中学前儿童的说谎行为，结果发现，不同家庭类型的学前儿童说谎行为都不存在显著的性别差异。

（三）隔代教养家庭教养方式与学前儿童说谎行为的关系

1. 隔代教养家庭教养方式与学前儿童说谎行为的相关分析

采用皮尔逊相关法，对不同类型家庭主要教养人的教养方式与学前儿童的说谎行为进行相关分析，结果如表 5-13 所示。结果显示：完全隔代家庭主要教养人的溺爱放纵这一教养方式与学前儿童的说谎行为存在显著相关；但父母教养与不完全隔代教养家庭的教养方式各维度与学前儿童的说谎行为都没有显著相关。

表 5-13 不同家庭类型家庭教养方式与学前儿童说谎行为的相关性

维度	父母教养家庭	不完全隔代家庭	完全隔代家庭
信任民主	0.23	0.22	0.72
溺爱放纵	-0.23	-0.21	0.98**
权威专制	0.03	0.06	0.6
教养一致性	0.04	0.06	0.66

2. 隔代教养家庭教养方式与学前儿童说谎行为的回归分析

在相关分析的基础上，为了明确学前儿童说谎行为与完全隔代主要抚养人教养方式二者之间的因果关系，用一元线性回归对二者进行回归分析，以主要抚养人的溺爱放纵维度为自变量，以学前儿童说谎行为总分为因变量，进行回归分析，结果见表 5-14。数据显示，复相关系数为 0.980，说明学前儿童说谎行为与完全隔代教养家庭的溺爱放纵教养方式存在较好的线性关系，解释率为 96.0%。F 检验结果为：$F=72.600$，$p<0.01$，说明自变量和因变量的线性关系是显著的，可以建立线性回归方程如下：

$$y=0.306x（溺爱放纵）-6.167$$

其中，y 代表因变量即说谎行为，x 代表自变量即溺爱放纵，回归系数为 0.306。

表 5-14　完全隔代主要抚养人教养方式溺爱放纵维度对说谎行为的回归分析

自变量	因变量	R	R^2	调整后 R^2	F	B	t
溺爱放纵	说谎行为	0.98	0.96	0.95	72.600**	-6.17	-7.50

四、讨论

（一）不同家庭类型主要教养人教养方式的一般特点：偏向信任民主型

父母教养、不完全隔代教养和完全隔代教养的主要抚养人教养方式均都偏向信任民主型；完全隔代教养家庭主要抚养人的教养方式在各个维度上的得分都高于父母教养和不完全隔代教养家庭；不完全隔代教养家庭在溺爱放纵维度和权威专制维度的得分最低。可能是随着社会的发展，家长的文化水平和文明程度都有所提高，教养观念也在逐渐改变，所以不同家庭类型的主要教养人对孩子都偏向信任民主型教养方式。在不完全隔代教养家庭，由于父母和祖辈共同教养孩子，两代教养人可能共同商讨、互相尊重，同时也相互影响、相互制约，因而较少使用权威专制和溺爱放纵的教养方式，故在溺爱放纵和权威专制维度的得分最低。

（二）隔代教养家庭的教养方式特点：对男孩更加溺爱，且存在年龄差异

父母教养、不完全隔代教养和完全隔代教养的主要抚养人对于不同性别学前儿童的教养方式在总分上没有显著差异。但在溺爱放纵这一维度，父母教养与隔代教养家庭主要教养人对男孩的得分都高于女孩，这表明这两类家庭主要教养人对男孩更加偏爱。

同时，父母教养家庭和隔代教养家庭在溺爱放纵这一维度上还表现出年龄差异：对小班学前儿童比对中班和大班学前儿童更加溺爱。因为小班

学前儿童自理能力差，刚刚离开家长来到幼儿园，所以，无论是父母教养人还是祖辈教养人，都会认为学前儿童年龄尚小，自然更加宠爱和照顾；而中班和大班学前儿童已具备一定的生活自理能力，且已经习惯了幼儿园的生活，所以家长认为孩子不需要太多的宠爱，因而更多采用信任民主的方式来教育他们。

（三）隔代教养家庭学前儿童的说谎水平：随着年龄增长不断发展

本研究发现，随着年龄的增长，学前儿童不仅说谎行为逐渐增加，而且开始运用一定的说谎策略来维持自己的谎言。这可能是因为随着学前儿童年龄的增长，其言语能力、思维能力和社会化程度都在提高，所以，年龄大的学前儿童在实验情境下不仅产生了更多的说谎行为，而且会思考如何说谎，还能更好地表达说谎，并尽可能在主试面前掩盖其说谎行为。

（四）隔代教养家庭教养方式与学前儿童说谎行为的关系：完全隔代教养家庭的溺爱放纵与学前儿童说谎行为呈显著相关

虽然不同家庭类型的学前儿童在说谎行为上并没有显著的差异，但是完全隔代教养家庭学前儿童的说谎行为与教养方式中的溺爱放纵这一维度显著相关，即完全隔代教养家庭的学前儿童受到祖辈更多的宠爱，所以产生更多的说谎行为。这可能是由于祖辈更多关注学前儿童的生活问题，但对学前儿童的发展教育问题关注较少；他们往往尽可能满足学前儿童的各种要求，养成了学前儿童骄纵任性的特点，对于学前儿童说谎等错误行为，祖辈可能不会加以制止和批评，而是采取放任的态度以致完全隔代教养家庭学前儿童的说谎行为更多。

第三节 隔代教养学前儿童的行为问题研究

一、引言

研究儿童在幼年时期表现出来的行为问题，对有效预防和干预其不良行为，提高儿童的社会适应能力具有十分重要的意义。虽然国内外已有较多有关学前儿童行为问题的研究，但有关隔代教养与学前儿童行为问题关系的研究较少，且研究成果存在不一致。如有研究表明，隔代教养学前儿童表现出更多的身心健康问题和行为障碍（彭春燕，2015）。也有研究认为，隔代教养对3~6岁学前儿童的行为问题影响不大（曹勇，丁为秀，2015）。已有研究表明，父母的教养方式与儿童的行为问题有关（白春玉等，2014）。那么作为主要教养人的祖辈，影响学前儿童行为问题的原因可能不仅是其作为祖辈身份的隔代教养类型，而且是受其祖辈身份影响的教养方式，抑或是两者的共同作用。因此，本研究拟探讨隔代教养方式在隔代教养类型和学前儿童行为问题之间的中介作用。

二、方法

（一）调研对象

按幼儿园的规模大小在湖州市选取5所具有代表性的幼儿园，在每个幼儿园随机抽取小、中、大班男孩、女孩各10名进行调查，共调查学前儿童300人，其中有效样本300人。小班男孩年龄为（4.55±0.23）岁，女孩年龄为（4.53±0.22）岁；中班男孩年龄为（5.56±0.27）岁，女孩年龄为（5.54±0.28）岁；大班男孩年龄为（6.58±0.23）岁，女孩年龄为（6.53±0.26）岁。根据隔代教养程度不同将学前儿童的教养情况分成三种：

祖辈教养（n=116）、祖辈—父辈共同教养（n=98）和父母教养（n=86）。祖辈教养指学前儿童大部分时间由（外）祖父母带养，（外）祖父母在教养孩子中起主要作用。父母教养指学前儿童大部分时间由父母自己带养，父母在教养孩子中起主要作用，祖父母只是偶尔帮忙带养。祖辈—父辈共同教养指父母上班时由祖父母带养，下班后由父母自己带养，祖父母和父母在教养孩子中所花时间和精力相差不大。

（二）调研工具

主要采用以下两种问卷对学前儿童带班教师和学前儿童的主要教养人进行了调研：

1.《学前儿童行为问题问卷》

采用 Conners 儿童行为问卷（教师用）测查学前儿童的行为问题（汪向东等，1999）。问卷共包括 28 个题目，可归纳为品行问题、多动和不注意被动三个因子。问卷采用李克特（Likert）四级计分法，由带班教师根据学前儿童平时的行为表现按照"无、稍有、相当多、很多"四等评分，分别记为 1、2、3、4 分，分数越高表明学前儿童的行为问题越严重。问卷各分量表的内部一致性 Cronbach'α 系数为 0.84~0.87；各项目与因子分的相关系数为 0.74~0.89。此问卷已被广泛使用于儿童行为问题的调查，信效度较高。

2.《学前儿童教养人教养方式问卷》

自编学前儿童教养人教养方式问卷。首先，查阅国内外有关学前儿童教养人教养方式的文献，并通过访谈法了解学前儿童教养人的教养方式。其次，参照邓诗颖（2013）编制的学前儿童教养方式问卷的维度和条目，通过多次修订和预测形成正式问卷。问卷为五点量表，让学前儿童的主要教养人对各个条目描述的内容与自己的教养态度和行为的符合程度进行评价，从非常不符合到非常符合，分别记为 1~5 分。采用主成分分析法对评定结果进行因素分析，碎石图表明抽取 4 个因素最合理，能解释 58.16% 的变异。正式问卷共包含 35 个题目，分为信任民主、溺爱放纵、不一致性和专制权威 4 个维度。该问卷由学前儿童主要教养人填写，其中父母教养组由父母填写，祖辈教养组由祖辈教养人填写，共同教养组由父母和祖辈共同商量填写。对于不识字的祖辈教养人（共 21 例），由调研员读题，教养人口述完成。各分量表的内部一致性 Cronbach' α 系数为 0.72~0.84；项目与因子分的相关系数为 0.75~0.87。选取 30 位学前儿童的主要教养人，过一个月后重测，各分量表的重测信度为 0.72~0.86。

（三）数据统计与分析

采用 SPSS 18.0 进行数据整理和分析，主要统计分析方法有：多元方差分析、相关分析、回归分析等。

三、结果

（一）不同教养类型下学前儿童行为问题的性别差异

分别统计祖辈教养家庭、祖辈—父辈共同教养家庭和父母教养家庭不同性别学前儿童的行为问题得分，结果表明，在男孩品行问题和多动行为上，祖辈教养组显著高于父母教养和祖辈—父辈共同教养组（$p < 0.01$）；在女孩多动行为上，父母教养和祖辈教养组显著高于祖辈—父辈共同教养组（$p < 0.01$）。男孩的不注意被动得分显著高于女孩（$p < 0.001$）。其余得分，差异均无统计学意义（$p > 0.05$），见表 5-15。

表 5-15 不同教养类型下学前儿童行为问题的性别差异（$M \pm SD$）

维度	调查人数	品行问题	多动	不注意被动
父辈教养	男（$n=38$）	1.40 ± 0.13	1.65 ± 0.25	1.96 ± 0.36
	女（$n=48$）	1.59 ± 0.29	1.70 ± 0.42	1.72 ± 0.32
	合计（86）	1.50 ± 0.25	1.68 ± 0.35	1.83 ± 0.36

续表

维度	调查人数	品行问题	多动	不注意被动
祖辈—父辈共同教养	男（n=52）	1.49 ± 0.25	1.68 ± 0.22	1.88 ± 0.30
	女（n=46）	1.57 ± 0.47	1.47 ± 0.19	1.60 ± 0.25
	合计（98）	1.53 ± 0.37	1.58 ± 0.23	1.75 ± 0.31
祖辈教养	男（n=60）	1.69 ± 0.47	2.05 ± 0.40	1.92 ± 0.35
	女（n=56）	1.58 ± 0.30	1.76 ± 0.51	1.75 ± 0.39
	合计（116）	1.64 ± 0.40	1.91 ± 0.48	1.84 ± 0.38
性别主效应 F 值		1.62	11.96**	35.22***
教养主效应 F 值		4.59*	23.43***	2.67
教养类别*性别交互作用 F 值		4.67*	5.59**	0.76

（二）不同教养类型下不同性别学前儿童主要教养人教养方式的差异比较

分别统计不同教养类型下不同性别学前儿童主要教养人的教养方式得分，结果表明，在信任民主教养方式上，男孩祖辈教养组最低（$p <$ 0.001），女孩未见类似差异。不一致教养方式，女孩共同教养组显著高于祖辈教养组（$p < 0.01$），男孩未见类似差异。在溺爱放纵维度上，无论是男孩还是女孩，均表现为祖辈教养组最高，且男孩组得分高于女孩组（$p <$ 0.001）。专制权威教养方式的性别主效应、教养类型主效应及两者的交互作用均无统计学意义（$p > 0.05$），见表5-16。

表5-16　不同教养类型下不同性别学前儿童主要教养人教养方式的差异比较（$M \pm SD$）

维度	调查人数	信任民主	不一致性	溺爱放纵	专制权威
父辈教养	男（n=38）	3.68 ± 0.44	3.42 ± 0.39	3.44 ± 0.44	3.48 ± 0.49
	女（n=48）	3.51 ± 0.48	3.45 ± 0.29	3.40 ± 0.56	3.45 ± 0.49
	合计（86）	3.59 ± 0.46	3.44 ± 0.33	3.42 ± 0.51	3.46 ± 0.49

续表

维度	调查人数	信任民主	不一致性	溺爱放纵	专制权威
祖辈—父辈共同教养	男（n=52）	3.56 ± 0.48	3.50 ± 0.38	3.55 ± 0.46	3.39 ± 0.44
	女（n=46）	3.66 ± 0.44	3.55 ± 0.32	3.33 ± 0.55	3.20 ± 0.65
	合计（98）	3.61 ± 0.46	3.52 ± 0.36	3.44 ± 0.51	3.30 ± 0.55
祖辈教养	男（n=60）	3.13 ± 0.52	3.57 ± 0.34	3.92 ± 0.44	3.47 ± 0.58
	女（n=56）	3.43 ± 0.50	3.37 ± 0.31	3.58 ± 0.55	3.35 ± 0.61
	合计（116）	3.28 ± 0.53	3.47 ± 0.34	3.76 ± 0.52	3.41 ± 0.60
性别主效应 F 值		1.98	1.13	11.88**	2.81
教养主效应 F 值		16.02***	1.60	14.52***	2.39
教养类别*性别交互作用 F 值		5.76**	4.53*	2.27	0.49

（三）主要教养人教养方式与学前儿童行为问题的相关分析

主要教养人教养方式与学前儿童行为问题的相关分析结果详见表 8-5。结果显示，除不一致、溺爱放纵教养方式与学前儿童的不注意被动的相关无统计学意义外，其余两两相关均有统计学意义（$p < 0.05$），其中信任民主与学前儿童的行为问题负相关，其余为正相关，见表 5-17。

表 5-17 主要教养人教养方式与学前儿童行为问题的相关分析

维度	信任民主	不一致	溺爱放纵	专制权威
品行问题	-0.40***	0.24***	0.51***	0.33***
多动	-0.30***	0.15**	0.49***	0.12*
不注意被动	-0.22***	0.07	-0.09	0.30***

(四)主要教养人教养方式在隔代教养和学前儿童行为问题间的中介作用

根据以上分析,隔代教养类型与学前儿童的品行问题、多动行为有关,学前儿童的品行问题、多动行为与主要教养人的教养方式有关,而隔代教养类型与教养方式又存在关系,因此有必要对主要教养人教养方式在隔代教养类型和学前儿童的品行问题、多动行为之间的中介作用进行检验,检验方法参照温忠麟和叶宝娟(2014)提出的中介效应检验程序,结果见表 5-18 和表 5-19。

表 5-18 隔代教养类型对学前儿童品行问题、多动行为的影响

维度	品行问题				多动			
	B	SE	β	t	B	SE	β	t
性别	-0.04	0.04	-0.05	-0.89	0.16	0.04	0.20	3.84***
共同教养	0.03	0.05	0.03	0.49	-0.11	0.05	-0.13	-2.04*
祖辈教养	0.14	0.05	0.18	2.68**	0.22	0.05	0.27	4.20***
R^2	0.03				0.17			
F	3.08*				20.05***			

表 5-19 控制隔代教养类型后主要教养人教养方式对学前儿童品行问题、多动行为的影响

维度	品行问题				多动			
	B	SE	β	t	B	SE	β	t
性别	-0.15	0.03	-0.21	-4.74***	0.08	0.04	0.11	2.13*
共同教养	0.06	0.04	0.07	1.39	-0.11	0.05	-0.12	-2.13*
祖辈教养	0.01	0.04	0.01	0.19	0.12	0.05	0.15	2.45*
信任民主	-0.11	0.04	-0.16	-3.25***	-0.02	0.04	-0.03	-0.55

续表

维度	品行问题				多动			
	B	SE	β	t	B	SE	β	t
不一致	0.14	0.05	0.14	3.14**	0.10	0.06	0.08	1.69
溺爱放纵	0.32	0.03	0.48	9.37***	0.29	0.04	0.39	6.77**
专制权威	0.22	0.03	0.35	7.80***	0.07	0.04	0.10	2.05*
R^2	0.46				0.33			
F	35.73***				20.63***			

在控制性别后，祖辈—父辈共同教养与学前儿童品行问题无关（$p >0.05$）。学前儿童的品行问题与祖辈教养呈显著正相关（β=0.18，t=2.68，$p < 0.01$）（见表 5-18），与信任民主教养方式呈显著负相关（β=-0.28，t=-4.35，$p < 0.001$），与溺爱放纵教养方式呈显著正相关（β=0.29，t=4.46，$p < 0.001$）；在控制了性别、祖辈—父辈共同教养、祖辈教养后，信任民主与学前儿童品行问题呈显著负相关，溺爱放纵教养方式与学前儿童品行问题呈显著正相关（β=-0.16，t=-3.25，$p < 0.001$；β=0.48，t=9.37，$p < 0.001$），此时祖辈教养与学前儿童品行问题的相关无统计学意义（β=0.01，t=0.19，$p > 0.05$）（见表 5-19），因此，信任民主、溺爱放纵在隔代教养与学前儿童品行问题的关系之间起到完全中介作用。

在控制性别后，学前儿童多动行为与隔代教养呈显著正相关（β=0.27，t=4.20，$p < 0.001$）（见表 5-18），与溺爱放纵呈显著正相关（β=0.29，t=4.46，$p < 0.001$）。在控制了性别、祖辈—父辈共同教养、祖辈教养变量后，溺爱放纵与多动呈显著正相关（β=0.39，t=6.77，$p < 0.01$），祖辈教养与多动的相关仍然有统计学意义（β=0.15，t=2.45，$p < 0.05$）（见表 5-19），因此，溺爱放纵在隔代教养与学前儿童多动行为之间起部分中介作用。

四、讨论

本研究结果显示，祖辈教养组相对于父母教养、祖辈—父辈共同教养组，主要教养人对男孩更少采取信任民主的教养方式，女孩未见类似差异。祖辈教养组对学前儿童更多采用溺爱放纵的教养方式，且相对于女孩，男孩被更多地溺爱放纵。这一结果与国内大多数研究结果一致（柏泽慧，2015；刘云，赵振国，2013）。本研究结果还表明，祖辈信任民主、溺爱放纵的教养方式影响学前儿童的品行问题和多动行为。学前儿童的品行问题与祖辈的隔代身份无关，而与祖辈信任民主、溺爱放纵的教养方式有关，祖辈只要采用信任民主的教养方式，摒弃溺爱放纵的教养方式，隔代教养就不会使学前儿童的品行问题增多，同时能减少学前儿童的多动行为。前人研究已经证明父母教养方式与儿童的行为问题的关系（白春玉等，2014），本研究证明，祖辈教养对于学前儿童品行问题、多动行为等行为问题的影响，同样在于教养方式。本研究启示我们，更新祖辈的教养方式尤为重要，相关政府部门要将其列为重点工作来落实，社区要加大宣传力度、营造氛围，强调信任民主的教养方式对孩子良好行为形成的重要意义，使祖辈形成采取信任民主良好教养方式的意识，摒弃溺爱放纵等不良教养方式。同时开设隔代育儿培训班，教给祖辈正确教养孙辈的方法，优化祖辈的教养行为。

在控制了学前儿童性别变量后，祖辈—父辈共同教养对学前儿童多动行为有负向预测作用，共同教养会使学前儿童的多动行为减少，教养方式在共同教养与学前儿童多动行为间的中介作用无统计学意义。已有研究表明，祖辈教养除了存在诸多弊端外，也具有一定的优势，而父辈教养具有鼓励独立、对孩子较少过度保护、适度严格要求等优点（陈璐，2014；王亚鹏，2014）。共同教养有利于发挥祖、父辈两代人的教养优势，两代人的密切配合可能会减少学前儿童的多动行为。

Chapter Ⅵ 第六章
隔代教养学前儿童的心理依赖研究

第一节　隔代教养学前儿童的认知依赖研究

第二节　隔代教养学前儿童的依赖人格研究

第三节　隔代教养学前儿童的行为依赖研究

第一节　隔代教养学前儿童的认知依赖研究

一、引言

依赖一直是心理学家关心的问题，研究者从人格心理学、发展心理学和临床心理学等角度对其进行了探讨（Bomstein，1992）。依赖的中心需要是与他人保持亲近、成为人际关系中的跟随者。依赖的核心动机是想获得援助和维护抚养关系的愿望。每个人都有依赖的潜质，但由于后天的教养方式和社会文化环境的不同，个体的依赖表现不尽相同。随着年龄的增长，依赖对象、依赖动机、依赖程度和依赖成分都会发生变化。从依赖对象看，有祖辈依赖、父母依赖或其他抚养人依赖，取决于个体的主要抚养人及其相互关系；有老师依赖、同伴依赖，取决于个体的交往对象及其学习活动；从依赖成分看，有认知依赖、情感依赖、性格依赖和行为依赖，表现为不同的心理成分。其中，祖辈依赖是指学前儿童在祖辈照料下所形成的对祖辈的依赖，而对祖辈的认知依赖则是指学前儿童在认知过程中成为祖辈的附属，缺乏独立思考和见解，倾向于依赖祖辈对事情进行判断，或照搬祖辈的想法；在问题解决过程中倾向于向祖辈求助、依赖于祖辈的帮助。

受身心发育规律所限，学前儿童表现出一定的认知依赖是正常现象，但过度的认知依赖属于认知发展异常，对其心理发展可能产生以下不良影响：①认知依赖影响学前儿童的创造力。具有认知依赖的学前儿童往往被动且无原则地接受他人的观点，易受外界权威的束缚，难以形成自己的独立见解；出于害怕或者对未知的不确定，不敢轻易尝试新事物，因而束缚了其创造力的发展（夏威，2006；黑丽君，2008）。②认知依赖影响学前儿童的自信心。具有认知依赖倾向的学前儿童对自身的认识不清，不了解自身解决问题的能力，过低地评价自己。因此转而依赖他人，试图让别人帮助自己。长此以往，学前儿童容易在问题解决的过程中产生习惯性无助感，易产生紧张焦虑的情绪；缺乏自信，做事畏首畏尾。③认知依赖影响学前儿童的独立性。具有认知依赖倾向的学前儿童在日常生活中总是衣来伸手、饭来张口，缺乏独立分析和解决问题的能力；过度的依赖导致学前儿童生活自理能力差，穿衣服、穿鞋子需要他人帮助，吃饭需要他人喂；难以适应环境变化，不愿与人交往（邹晓燕，2004）。④认知依赖影响学前儿童的学习能力。有认知依赖性的学前儿童受周围环境感知场的结构影响，缺乏清晰的概念框架，欠缺分析和逻辑推理能力，倾向于求助和依赖他人，从而对其学习能力产生消极的影响（叶琪，2004）。因此，在隔代教养家庭，学前儿童对祖辈存在一定程度的认知依赖，是学前儿童认知发展的正常表现。但过度地对祖辈的认知依赖则会导致学前儿童丧失自我判断能力，对祖辈产生依赖心理，影响学前儿童的创造性、独立性，以及自我学习和判断是非能力的发展。

影响学前儿童认知依赖的因素是多方面的，如家庭教养因素、幼儿园教育因素和社会文化因素，其中，主要教养人与学前儿童的认知依赖关系最为密切。教养人文化水平的高低决定其是否关注学前儿童独立性的提高，教养人所提供的家庭教养环境以及其所采取的教养方式会影响学前儿童的认知取向。家庭教育容易走两个极端，一种是溺爱型，另一种是专制型。采取溺爱型教养方式的家长凡事都喜欢全权代劳，缺乏对学前儿童思维的引导，导致学前儿童过分地依赖家长，一旦离开家长的照顾，就会束手无策。而专制型教养方式下的学前儿童的需求经常被无视，家长的绝对权威使学前儿童渐渐丧失自主性。在"听话的孩子才是好孩子"不可违的情况下，等于是对孩子说"你不需要考虑什么，只要按照我说的去做就行了"。以致学前儿童习惯于请示家长，时时、事事、处处都要家长替自己做出判断和分析，一旦离开了家长，即使是很小的事情也无法独自解决。在这种绝对权威下成长的学前儿童容易丧失自己分析问题和解决问题的能力，久而久之,就放弃独立思考。转向绝对的依赖,从而形成认知依赖。

基于学前儿童认知依赖研究缺乏有效的测量量表,且已有的研究大多忽视了隔代教养因素对学前儿童认知依赖的重要影响,故本研究编制信效度良好的《学前儿童认知依赖问卷》,探讨祖辈隔代教养家庭学前儿童的认知依赖及干预策略。

二、方法

(一)《学前儿童认知依赖问卷》

1. 问卷初稿编制

目前国内外关于认知依赖的文献较少,更缺乏测量学前儿童认知依赖的问卷,但测量独立性的问卷相对较多。本研究参考了邹晓燕(2004)、黑丽君(2008)、陈会昌(1994)等关于儿童独立性调研内容,并结合学前儿童认知依赖的概念,通过归纳和总结,确定认知依赖问卷的基本维度如下:"他人主张"(在认知方面无自我主见、缺乏自我主张、易受他人意见和主张影响)、"他人归因"(无法对自己的行为做出自信、积极的归因;总是指望他人帮助自己进行归因,且容易接受他人的归因)和"顺从权威"(没有自己的想法、只是盲从权威的观念)。根据问卷各维度的基本内涵,通过与学前儿童家长及教师访谈,以及在日常实践过程中对学前儿童行为的观察,收集学前儿童认知依赖的典型特征,形成初始题目。然后与学前儿童家长、幼儿园教师及学前心理学教授进行研讨,对问卷初始题目的语言表达进行调整。最终确定他人主张维度10个题目、他人归因维度6个题目、顺从权威维度7个题目,共计23个题目。

2. 问卷施测与分析

(1) 问卷施测被试

采用随机整群抽样,在湖州选取3所幼儿园,由研究者协同幼儿园教师发放问卷，共发放 220 份，剔除无效问卷，回收有效问卷为 200 份。其中小班学前儿童占 29%（n=58），中班学前儿童占 42%（n=84），大班学前儿童占 29%（n=58）。男孩占 52.5%（n=105），女孩占 47.5%（n=95）。问卷由学前儿童的主要教养人填写，其中父母填写占 86.5%（n=173），祖辈填写占 13.5%（n=37）。

（2）项目分析

采用临界比率法进行项目分析，根据试测问卷总分进行排序分组，将总分排序最高的 27% 被试命名为高分组，最低的 27% 被试命名为低分组。对各个问卷题目得分在高低分组上进行独立样本 t 检验，删除未达显著标准（p > 0.05）的项目。随后，计算各题目与总分的相关系数，剔除系数较小（r < 0.3）及相关不显著的题目。最后，共有 5 个题目被删除，保留其余 18 个题目。

（3）探索性因素分析

将 18 个题目的问卷进行探索性因素分析，通过因子降维处理，Bartlett 球形检验结果表明，《学前儿童认知依赖问卷》Bartlett 球形检验值为 770.44，显著性为 0.00，说明变量内部有共享因素的可能；KMO 系数为 0.77，说明此问卷适合进行因素分析。

进一步对数据进行主成分分析，提取出共同因素，计算出初始负荷矩阵，最后使用正交旋转法计算出最终的因素负荷矩阵。根据 Kaiser 准则，共提取 4 个公共因子，累计解释总方差的 49.45%，比最初问卷的预想维度多出 1 个维度，即"寻求帮助"（在解决问题方面不能自己想办法、总是寻求他人帮助）。因此，将问卷确定为 4 个维度、共 18 个题目，即他人主张因子 6 个题目，他人归因因子 5 个题目，顺从权威因子 4 个题目，寻求帮助因子 3 个题目。

（4）验证性因素分析

采用 Amos 24.0 对问卷的结构模型进行验证性因素分析，结果表明：χ^2/df（卡方自由度之比）的值为 1.398，小于 2 且接近 1，说明模型适配理想，具有理想的拟合度。问卷具有较好的内部一致性和聚敛效度，结构效度良好。

（5）信度检验

采用内部一致性系数对问卷的信度进行检验，结果表明：该问卷的 Cronbach's α 信度系数为 0.774，接近 0.8，说明问卷具有较好的信度，可以用作研究工具。

3. 问卷正式施测

在湖州市 5 所幼儿园进行随机整群抽样。施测的方法是利用晨间家长送孩子入园和下午家长接孩子离园的时间，将问卷发放给学前儿童家长，请家长自行带回家填写，填好后次日带回幼儿园转交研究者。共计发放问卷 400 份，收回问卷 374 份，其中有效问卷 354 份。问卷回收率 93.5%，有效率 94.7%。被试基本情况见表 6-1。

表 6-1 被试基本信息

维度	年龄（岁）					班级				性别	
	3	4	5	6	缺失	大	中	小	缺失	男	女
人数	72	75	155	51	1	123	123	107	1	178	176
百分比（%）	20.3	21.2	43.8	14.4	0.3	34.7	34.7	30.2	0.3	50.3	49.7

（二）《主要教养人教养观念问卷》

1. 问卷来源与修改

《主要抚养人教养观念问卷》改编自刘小先（2009）编制的《父母教养观念量表》。该量表分为 7 个维度：主张民主、教育有效感、主张体罚、主张奖励、成就期望、主张遗传和教育无效感，共 39 题。该问卷针对父母教养观念状况，题目较多。通过仔细阅读文献以及与同行专家讨论，保留原问卷的维度划分，根据本研究目的对其表述作适当修改，主要是将其问卷题目表述中的"父母"改为"长辈"（包括祖辈和父辈）。例如，将"我认为父母和孩子是平等的"改为"我认为长辈和孩子是平等"，将"我认为应允许孩子给父母提意见"改为"我认为应允许孩子给长辈提意见"。同时对原问卷中的题目进行适当删除。比如，在"主张民主"维度有"孩子自有孩子的道理，父母应该学会倾听孩子的心声"和"当父母和孩子之间有冲突时，应该耐心与孩子进行沟通"这两道题，考虑到二者反应的教养观念比较一致，经比较，保留并修改为"当长辈和孩子之间发生冲突时，长辈应该耐心与孩子沟通"，删除"孩子自有孩子的道理，长辈应该学会倾听孩子的心声"。

2. 问卷构成与计分

经删减后，问卷共保留了 29 个题目，仍为 7 个维度，分别为：主张民主（5 个题目）、教育有效感（5 个题目）、主张体罚（3 个题目）、主张奖励（4 个题目）、成就期望（4 个题目）、主张遗传（4 个题目）和教育无效感（4 个题目）。采用五点计分法，1（非常不赞成）~5（非常赞成）正向计分，得分越高，表示父母的教养观念水平越高。

3. 问卷施测对象

施测对象与《学前儿童认知依赖问卷》的正式施测对象相同。

4. 问卷的信度

采用内部一致性系数对问卷的信度进行检验。结果表明：该问卷的 Cronbach's α 信度系数为 0.807，说明该问卷具有较好的信度。

三、结果

（一）学前儿童对祖辈的认知依赖状况

1. 学前儿童对祖辈的认知依赖程度显著高于对父辈的依赖

分别统计祖辈为主要教养人和父辈为主要教养人家庭的学前儿童的认

知依赖得分，结果如表 6-2 所示。由表 6-2 可知，祖辈为主要教养人家庭的学前儿童认知依赖得分及他人主张、寻求帮助、他人归因、顺从权威等各维度得分，均高于父辈为主要教养人家庭的学前儿童得分，说明学前儿童对祖辈的认知依赖性高于对父辈的依赖性。独立样本 t 检验结果表明，学前儿童对祖辈和父辈的认知依赖在他人归因得分（t=4.659，df=43.647，$p < 0.05$）和认知依赖问卷总分（t=4.659，df=43.647，$p < 0.05$）都存在显著差异，学前儿童在他人归因取向和认知依赖总体倾向上对祖辈的依赖更明显。

表 6-2　学前儿童对祖辈和父辈认知依赖得分比较

维度	祖辈依赖（n=40） M	祖辈依赖（n=40） SD	父辈依赖（n=314） M	父辈依赖（n=314） SD	t
他人主张	18.58	4.13	17.67	3.05	1.70
寻求帮助	9.23	2.79	8.40	2.53	1.93
他人归因	12.88	4.08	10.58	2.75	4.66*
顺从权威	9.08	2.09	8.88	2.61	0.46
总分	49.75	9.50	45.52	7.40	3.29*

2. 学前儿童对祖辈和父辈认知依赖的年龄特征和性别差异

分别统计不同年龄段学前儿童对祖辈和父辈的认知依赖问卷得分，并采用 F 检验考察学前儿童认知依赖的年龄差异，结果发现：学前儿童对祖辈的认知依赖总分及他人主张、寻求帮助、他人归因、顺从权威等维度得分在年龄上虽然略有差异，且 3 岁儿童依赖性得分最高，但均未出现显著的年龄差异（$p > 0.05$）。学前儿童对父辈的认知依赖在"他人主张"维度上的年龄差异显著，$F_{[3,309]}$=4.009，$p < 0.05$，且 5 岁儿童的依赖性得分最高，

但对父辈的认知依赖总分及寻求帮助、他人归因、顺从权威等维度得分也均未出现显著的年龄差异（$p > 0.05$）。事后检验结果表明：5岁与4岁儿童的父辈依赖存在显著差异（$p < 0.05$），但与6岁儿童无显著差异。即5岁是学前儿童对父辈依赖中"他人主张"依赖的高峰期。这意味着，父辈在孩子5周岁时应特别关注儿童独立性的培养，祖辈也应抓住这一关键期培养孩子的独立性。

分别统计男孩和女孩对祖辈和父辈的认知依赖得分，并采用独立样本 t 检验考察性别差异，结果表明：虽然男孩对祖辈的依赖在认知依赖总分及各个维度得分均高于女孩，男孩对父辈的依赖在认知依赖总分及其在寻求帮助、他人归因、顺从权威维度得分也均高于女孩，但上述差异均不显著（$p > 0.05$）。

3. 与祖辈同居住对学前儿童幼儿祖辈依赖的影响

分别统计在与祖辈同居住（即祖辈教养）、与祖辈及父辈合住（即祖辈—父辈协同教养）和与父辈同住（即父辈教养）等不同家庭居住情况下学前儿童对祖辈的认知依赖，并进行描述统计和 F 检验，结果如表6-3所示。通过 F 检验可知，与祖辈同住家庭（即祖辈教养）、祖辈及父辈合住家庭（即祖辈—父辈协同教养）和父辈同住家庭（即父辈教养）的学前儿童在"顺从权威"维度上呈现出显著差异，$F_{[2, 344]}=3.210$，$p < 0.05$。进一步事后比较分析结果表明：与祖辈同住家庭（即祖辈教养）的学前儿童对祖辈依赖在顺从权威上表现出更强的认知依赖性（$p < 0.05$）。在认知依赖的总分及他人主张、他人归因、顺从权威上，与祖辈同住（即祖辈教养）学前儿童的得分高于与父辈同住（即父辈教养）儿童和与祖辈—父辈合住（即祖辈—父辈协同教养）儿童。在寻求帮助上，与祖辈同住（即祖辈教养）学前儿童的得分高于祖辈—父辈同住（即祖辈—父辈协同教养）、大于父辈同住（即父辈教养）儿童。但上述差异均不显著。

表 6-3　不同家庭居住类型的学前儿童认知依赖及各维度的差异比较

维度	祖辈同住（n=19） M	祖辈同住（n=19） SD	祖、父辈合住（n=153） M	祖、父辈合住（n=153） SD	父辈同住（n=175） M	父辈同住（n=175） SD	F
他人主张	19.11	3.37	17.56	3.32	17.85	3.08	2.042
寻求帮助	9.00	2.79	8.48	2.68	8.40	2.46	0.467
他人归因	12.11	3.81	10.73	2.93	10.77	2.98	1.837
顺从权威	9.53	2.07	8.50	2.07	9.14	2.09	3.210*
依赖总分	49.74	9.52	45.27	7.89	46.15	7.47	2.901

分别统计不同居住情况不同年龄学前儿童的认知依赖得分，并采用 F 检验考查年龄差异，结果表明：在与祖辈同住的家庭，不同年龄段学前儿童对祖辈依赖在认知依赖总分及各维度得分上均未出现显著的差异（$p > 0.05$）；在与父辈同住家庭，不同年龄段学前儿童对父辈依赖在"他人主张"上差异显著，$F_{[3, 171]}=4.430$，$p < 0.05$，但在寻求帮助、他人归因、顺从权威等维度以及认知依赖总分上也均未出现显著的年龄差异（$p > 0.05$）。根据方差检验，对父辈同住家庭不同年龄学前儿童的"他人主张"维度得分进行事后检验，结果表明：5 岁学前儿童在"他人主张"上的得分＞3 岁＞6 岁＞4 岁，而且 5 岁儿童与 4 岁儿童存在显著差异（$p < 0.05$）；4 岁儿童与 3 岁儿童存在显著差异（$p < 0.05$）。结果再次表明：5 岁学前儿童认知依赖的"他人主张"达到最高峰，说明父辈家长在孩子 5 岁时应特别关注其独立性的培养，祖辈家长也应抓住学前儿童摆脱他人主张的这一关键期。

（二）祖辈和父辈教养观念与学前儿童认知依赖的关系

1. 祖辈教养观念与学前儿童认知依赖的相关分析与回归分析

先筛选出祖辈为主要教养人的问卷，采用积差相关法，对祖辈教养观念各维度及总分与学前儿童认知依赖得分进行相关分析，结果发现，祖辈教养观念的部分维度与学前儿童对祖辈认知依赖的部分维度存在显著相关，详见表6-4。以教养观念各维度为自变量，认知依赖性总分为因变量，采用逐步回归法进一步作回归分析，结果如表6-5所示。结果显示：主张民主、教育有效感、主张体罚、成就期望、主张遗传、教育无效感等教养观念维度没有通过F检验，故不适合进入模型。主张奖励与认知依赖总分存在显著的多重线性关系，进入回归模型。主张奖励对学前儿童的认知依赖有反向预测作用，调整后R^2为0.091，说明能够预测学前儿童认知依赖9.1%的差异量。

表6-4 祖辈教养观念与幼儿认知依赖得分的相关分析

维度	他人主张	寻求帮助	他人归因	顺从权威	认知依赖总分
主张民主	-0.107	-0.142	-0.111	-0.103	-0.158
教育有效感	0.336*	0.075	0.336*	-0.195	0.225
主张体罚	-0.354*	-0.167	-0.218	0.173	-0.258
主张奖励	-0.192	-0.241	-0.386*	-0.082	-0.338*
成就期望	0.364*	0.174	0.121	-0.043	0.244
主张遗传	0.299	0.218	0.079	-0.232	0.177
教育无效感	0.168	-0.393*	-0.187	-0.092	-0.143
教养观念总分	0.232	-0.165	-0.033	-0.195	-0.005

表6-5 祖辈教养观念与幼儿认知依赖的回归分析

维度	R	R^2	调整后R^2	F	β	t
常量	0.34	0.11	0.09	4.91	78.28	6.04**
主张奖励					-1.64	-2.22*

2. 父辈教养观念与学前儿童认知依赖得分的相关分析与回归分析

先筛选出父辈为主要教养人的问卷,采用积差相关法,对父辈教养观念各维度及总分与学前儿童认知依赖各维度得分及总分进行相关分析,结果发现,父辈教养观念的部分维度与学前儿童认知依赖的部分维度存在显著相关,详见表 6-6。以教养观念各维度为自变量,认知依赖总分为因变量,采用逐步回归法进一步对其进行回归分析,结果如表 6-7 所示。结果显示:主张民主、教育有效感、主张遗传、主张奖励和主张体罚等维度没有通过 F 检验,故不适合进入模型。成就期望、教育无效感与认知依赖总分存在显著的多重线性关系,进入回归模型。父辈教养观念中的教育无效感对学前儿童的认知依赖具有反向预测作用,成就期望对学前儿童的认知依赖则有正向预测作用,调整后 R^2 为 0.084,说明可预测幼儿认知依赖 8.4% 的差异量。

表 6-6 父辈教养观念与幼儿认知依赖的相关分析

维度	他人主张	寻求帮助	他人归因	顺从权威	认知依赖总分
主张民主	-0.026	-0.009	-0.145*	-0.098	-0.102
教育有效感	0.132*	0.134*	0.041	-0.202**	0.047
主张体罚	-0.068	-0.084	-0.124*	0.009	-0.100
主张奖励	-0.038	-0.071	-0.173**	-0.090	-0.136*
成就期望	0.114*	0.015	0.126*	-0.005	0.100
主张遗传	0.055	0.091	0.163**	-0.017	0.123*
教育无效感	-0.151**	-0.218**	-0.239**	-0.151**	-0.279**
教养观念总分	0.013	-0.123*	-0.096	-0.159**	-0.128*

表 6-7 父辈教养观念与幼儿认知依赖的回归分析

维度	R	R^2	调整后 R^2	F	β	t
常量					53.55	15.76**
教育无效感	0.30	0.09	0.08	150.32	-0.81	-5.22**
成就期望					0.31	2.03*

四、讨论

对祖辈为主要教养人和父辈为主要教养人家庭的学前儿童的认知依赖差异检验表明，祖辈教养学前儿童与父辈教养学前儿童在认知依赖的总体水平及他人归因维度上都存在显著差异。相对父辈教养学前儿童，祖辈教养学前儿童存在更明显的认知依赖，尤其表现在他人归因维度上。究其原因，学前儿童的认知发展受祖辈的影响很大。程杨（2011）在3~4岁学前儿童认知发展及家庭环境的城乡比较研究中指出，在父母照料的两代同住家庭，学前儿童的认知发展要好于由祖辈—父辈在一起协同照料的三代同住家庭。汪萍等（2009）的研究结果也表明，从智力指数的结果看，隔代抚养组明显低于父母抚养组。

第一，祖辈由于"隔代亲"而对学前儿童的溺爱、包办与学前儿童的认知依赖有关。由于祖辈事事替学前儿童想得周全，自认为给予学前儿童最好的照顾，但在无形之中阻碍了学前儿童的认知发展。学前儿童沉溺在祖辈的"周全"中，无须进行信息加工就能直接得到结果，遇事期望直接从大人那里得到答案，久而久之导致学前儿童的认知出现惰性，形成对祖辈的认知依赖。本研究的个案调研结果充分佐证了这一点：西西，中班的一个小男孩，平时大部分时间都是和爷爷奶奶在一起。早晚的接送一般是爷爷奶奶负责，而且经常由爷爷奶奶抱着。每天来幼儿园还会带着很多玩具。在幼儿园的一日活动中，西西不会自己小便，需要阿姨帮忙；中午吃饭经常需要喂，大块一点、有骨头的肉也不能自己吃，需要阿姨帮忙捣碎；在平时的手工活动中，遇到问题也经常求助老师，如果老师不帮忙他就无法独立完成；轮到他做值日生的时候，虽然他努力做好部分事情，但总是感到很吃力。有时候西西会因为吃饭慢、不能及时完成任务而不开心。这个案例说明祖辈过分宠溺、包办代替，会导致学前儿童行为上无法自主、认知上无法独立思考、实践上无法独立解决问题，只能依赖他人。

第二,祖辈总以长者自居而导致的言行专制与学前儿童认知依赖有关。祖辈总以为孩子什么都不懂,习惯于将自身的想法灌输甚至强加给他们,祖辈经常认为孩子这样做不妥、那样做也不合适,凡事都要听大人的。久而久之,学前儿童的自尊心受挫,遇事缺乏独立思考,遇到问题不主动解决,希望他人直接告知解决的办法或者帮忙解决,过分地依赖祖辈,以致养成对祖辈的认知依赖。另外,有些祖辈的文化水平不高,更倾向于按照自认为正确的方式教养学前儿童,以经验代替科学,因而忽视对学前儿童独立性的培养,导致其形成认知依赖。

第三,祖辈的教养观念对学前儿童的认知依赖具有显著影响。相关分析结果表明祖辈的教养观念与学前儿童的认知依赖具有显著相关。回归分析结果发现,祖辈教养观念中的"主张遗传"和"主张奖励"等维度对学前儿童认知依赖具有显著预测作用,其中"主张遗传"对学前儿童认知依赖具有正向预测作用,而"主张奖励"对学前儿童认知依赖具有负向预测作用。究其原因,可能是因为祖辈越是认为奖励重要并奖励学前儿童的进步,越是认为自己教养能力有限,就越会尊重学前儿童的决定,给予学前儿童独立思考的空间,学前儿童越能通过自身的努力来解决问题,从而减少认知依赖性、增强认知独立性。相反,祖辈越是主张遗传,认为遗传在学前儿童发展中作用越大,就越会强调祖辈的作用,以致学前儿童对祖辈的依赖性更大,认知依赖水平越高。

五、结论

第一,自编《学前儿童认知依赖问卷》具有较好的信度和效度。认知依赖由"他人主张""寻求帮助""他人归因"和"顺从权威"4个维度构成,基本符合研究构想。

第二,祖辈隔代教养学前儿童的认知依赖水平高于父辈教养学前儿童(也高于祖辈—父辈协同教养学前儿童),学前儿童对祖辈的认知依赖尤其在"他人归因"和"顺从权威"上表现得更加明显。

第三，家长教养观念与学前儿童认知依赖呈显著相关，尤其是"主张遗传"能正向预测学前儿童的认知依赖，"主张奖励"能负向预测学前儿童的认知依赖。

第四，学前儿童对祖辈的认知依赖具有一定的年龄和性别差异。"他人主张"在5岁呈现高峰值。男孩对祖辈的认知依赖水平普遍比女孩高。

第二节 隔代教养学前儿童的依赖人格研究

一、引言

依赖人格的主要特征是个体自主精神比较弱，比较缺乏独立意识；表现为依恋他人，顺从他人，缺乏自我决策的能力；易受刺激，未得到赞许或遭到批评易受到伤害（俞婷，陈传锋，2022；李遵清，2006）。众所周知，儿童早期的人格对个体当前乃至今后发展都有显著的预测作用，而依赖人格则多表现为对个体的负面影响。姜兰（2017）认为，儿童依赖性过强会影响其认知灵活性和创造性人格的发展。石萍（2004）也认为，依赖性强的儿童存在一定的退缩行为，主要表现为胆小、害怕、担心、不敢或不愿到陌生环境中去，交往被动，缺乏好奇心，不敢独立解决问题。当今社会，"啃老"事件层出不穷，年轻人啃老屡见不鲜，甚至心安理得。究其根源，可追溯到个体童年早期的依赖人格。Kagan和Moss（1960）的研究表明：儿童早期对成人的依赖性在形成其未来的个性方面是极其重要的，早期依赖性强的儿童到了成人期依赖性也很强。

家庭对儿童的依赖人格具有重要影响。从生活史的视角来看，家庭作为个体诞生与成长的摇篮、人格形成的关键场域，对其终身成长起着无可替代的作用。杨全宪（2013）认为，父母过度宠溺容易导致孩子形成依赖人格，并且会对孩子的思考能力、动手能力和社会适应能力产生负面影响。伯恩斯坦（Bornstein，1992）分析了过度保护和专制的父母教养方式对儿童依赖人格的影响，他指出，当孩子因为过分顺从而得到强化时，很可能在以后的人际关系中表现出依赖或无助的一面，因为父母这种教养方式阻碍了孩子的掌控能力和自我效能感。邹萍和杨丽珠（2005）研究发现，不同类型的家庭养育模式对学前儿童的依赖人格发展具有显著不同的影响。其中，父母合作型教养家庭对儿童正向人格的发展最有利，儿童较少会出现依赖人格；父母低参与型和父母对立型的家庭则会加剧儿童依赖人格的产生。此外，受传统的儒家文化影响，我国家庭尊崇长幼有序，容易造成家长权威和子女服从的教育模式，从而使儿童形成依赖人格（赖雪芬等，2014）。

在当前隔代教养家庭，祖辈参与教养无疑是学前儿童形成不良个性和依赖人格的高风险因素。一方面，祖辈家长一般溺爱和包办严重，对学前儿童事事有求必应、包办代替，不利于培养学前儿童独立自主的人格特质，导致学前儿童的依赖程度随年龄增长不减反增。另一方面，一些祖辈由于文化水平不高，以经验代替科学，倾向于按照自己认为正确的方式抚养学前儿童，忽视了对学前儿童独立性的培养。例如，宋卫芳（2014）研究发现，祖辈的溺爱与包办不但会使学前儿童形成"自我中心"，养成自私、任性的不良性格，还会扼制孩子独立能力和自信心的发展；祖辈"重养轻教"的教养方式则不利于学前儿童良好生活习惯和个性的培养。黄祥祥（2006）则指出，当孙辈稍有探索、冒险性质的行为倾向时，祖辈就会预先示警，降低了孙辈的好奇心与探索能力，也剥夺了儿童产生自我效能感的成长空间，增强了其对成人的依赖性。而且，有研究发现，隔代教养家庭学前儿童存在祖辈依赖，并影响学前儿童的亲子关系（陈璐，陈传锋，2017）；还有研究发现隔代教养学前儿童存在较严重的认知依赖（陈传锋等，2021）。因此，本研究假设隔代教养学前儿童亦存在人格依赖（即依赖人格）。

在祖辈和父辈两代协同教养的家庭中，由于教育背景、教养观念、教养方式等方面的差异，祖辈和父辈在教育孩子过程中容易存在共同教养困境，引发代际冲突与家庭矛盾（宋雅婷，李晓巍，2020）。调查表明，在城市家庭，约16%的儿童祖辈和23.6%的儿童父辈都提到祖辈参与教养增加了双方的代际冲突（朱莉等，2020）。另有研究发现，83.74%的祖辈在儿童面前指责其母亲，30.54%的祖辈与儿童母亲争论育儿问题（李东阳等，2015）。而代际冲突的产生不仅会影响祖辈、父辈两代人之间的和睦相处，使和谐的家庭关系岌岌可危，而且会让孙辈对充满矛盾的家庭环境无所适从，以至影响其价值观、自信心与自主性的发展，甚至导致学前儿童产生不良个性和依赖人格。龚玲（2017）调查还发现，三代同堂的家庭结构在城市占比较高，在这种家庭结构中祖辈参与教养的孩子独立性受到削弱，尤其是祖辈和父辈的教养冲突不利于孩子的发展。可见，当祖辈与学前儿童及其父母共同居住时，祖辈—父辈更易产生教养冲突，对学前儿童人格发展可能产生更大的消极影响。因此，本研究进一步假设：家庭居住方式对祖辈参与教养学前儿童的依赖人格具有重要影响。

二、方法

（一）调研对象

在绍兴和湖州两地四所幼儿园进行整群随机抽样。施测的方法是利用周四晨间家长送孩子入园和下午家长接孩子离园的时间，将问卷发放给学前儿童家长，请学前儿童家长自行带回家填写，并在下周二之前上交。共计发放问卷450份，收回问卷387份，回收率为86%，其中有效问卷为377份，有效百分比为97.4%。被试分布情况见表6-8。

表 6-8　被试基本信息表

维度	类别	人数	百分比（%）
孩子年龄	3 周岁	85	22.55
	4 周岁	100	26.53
	5 周岁	133	35.28
	6 周岁	59	15.65
孩子性别	男	201	53.32
	女	176	46.68
主要教养人	祖辈	77	20.42
	父辈	177	46.95
	祖辈—父辈共为教养人	123	32.63
家庭居住情况	仅与父辈居住	177	46.95
	仅与祖辈居住	18	4.77
	与祖辈—父辈合住	181	48.01
	缺失	1	0.27

（二）调研工具

1.《主要抚养人教养行为调查问卷》

《主要教养人教养行为问卷》改编自余舒（2011）编制的《2~6 岁幼儿父亲教养行为自我报告问卷》，原问卷共分为互动交流、情感表达、社交鼓励、关注帮助、间接支持、管教约束 6 个因素，各因素与问卷总分的相关分别为 0.885、0.722、0.774、0.817、0.711 和 0.456，问卷总体的 Cronbach's α 系数为 0.928，具有良好的信效度。由于本问卷的研究目的是主要教养人的教养行为，因此在问卷填写前，首先对主要教养人的概念进行了说明，即参与照顾学前儿童时间最多的人，以方便家长填写问卷。通过研读相关文献以及与同行讨论，对原问卷中重复表述的题目和不适当的题目进行删除。例如，原问卷中第16题与第22题同属于互动交流维度，意思相近，故删除第16题。删除相关问题后，该问卷共保留27个题目，分为5个因素，分别为：互动交流（7个题目）、情感表达（4个题目）、社交鼓励（5个题目）、关注帮助（7个题目）、管教约束（4个题目）。其中，互动交流是指家长在参与养育孩子过程中，在日常生活中与学前儿童之间的互动交流；情感表达是指家长通过面部表情、语言或肢体语言等方式向学前儿童传递表达自己的情感特征与情绪的变化；社交鼓励是指家长通过鼓励促进学前儿童社会交往能力及自信心的增长；关注帮助是指家长在日常生活中关注学前儿童的动向并及时帮助学前儿童完成部分任务；管教约束是指家长按照一定的条件限制约束学前儿童的行为。采用李克特（Likert）五级计分法。问卷信度检验结果为：总问卷 Cronbach's α 系数0.859，大于0.8；互动交流0.878；情感表达0.809；社交鼓励0.788；关注帮助0.725；管教约束0.773；说明该问卷信度良好。

2.《学前儿童依赖人格问卷》

（1）自编《学前儿童依赖人格问卷》

由于缺乏《学前儿童依赖性人格问卷》，参照有关"依赖性人格障碍"的研究文献（Tyrer et al.，2004；Pincus & Wilson，2001），结合国内外通用的人格问卷（如《卡特尔16种人格因素测验》）中的依赖性维度和题目，自编《学前儿童依赖人格问卷》，初步确定《学前儿童依赖人格问卷》的5个维度，共27个题目。

（2）问卷试测和标准化分析

在某市2所幼儿园发放问卷270份，剔除无效问卷，得到有效问卷257份，包括小班学前儿童75人，中班学前儿童87人，大班学前儿童95人。首先进行项目分析，删除初始问卷题目中第16、17、23、27题，保留其他23个题目。其次进行因子分析，删除第18题，保留其他22个题目。最后进行主成分分析，删除第8题，保留其他21个题目。确定每个因子的名称及其包含的题目如下：第 1 个因子为"决策与执行困难"：即学前儿童难以依靠自己的力量制定决策，需要依靠家长的协助才可以，同时学前儿童也不能独立自主地执行和完成某一任务，包括 6 个题目；第 2 个因子为"害怕孤独"：即学前儿童害怕孤独，缺乏安全感的表现，包括 5 个题目；第 3 个因子为"对象固定"：即学前儿童对于依赖对象的态度与表现，包括 4 个题目；第 4 个因子为"情绪敏感"：即学前儿童对于某些不好的事情发生后的情绪反映，包括 3 个题目；第 5 个因子为"顺从他人"：即学前儿童对于他人的指令或者观点的服从和执行，包括 3 个题目。然后进行验证性因素分析：采用 Amos24.0 对问卷的结构模型进行验证性因素分析，结果表明：χ^2/df（卡方自由度之比）的值为 2.794，小于 3，适配理想，说明假设模型的拟合度可以接受。对问卷各维度作相关分析，结果显示：决策困难、害怕孤独、顺从他人、对象固定、情绪敏感等各个变量之间均具显著相关（$p < 0.05$），且相关系数绝对值均小于 0.5，并小于所对应的 AVE 的平方根，说明各潜变量之间具有一定的相关性，且彼此之间又具有一定的区分度，即该问卷的区分效度良好。同时，采用 Cronbach's α 系数来估计问卷的一致性信度，结果表明：该问卷的 Cronbach's α 信度系数为 0.75，接近 0.8，说明该问卷具有较好的信度。

（3）数据处理与共同方法偏差检验

采用 SPSS 25.0 进行数据录入和统计分析，包括描述统计、差异检验、相关分析和回归分析等。

本研究数据均来自问卷调查，可能存在共同方法偏差，故采用 Harman 单因素检验方法对所有问卷项目进行未旋转的主成分因子分析。结果表明，特征值大于 1 的因子共有 16 个，第一个因子解释变异量的 19.94%，小于临界值 40%，说明在本研究中各个变量不存在严重的同源偏差。

三、结果

（一）主要教养人对学前儿童依赖人格的影响

按照学前儿童的主要教养人是祖辈、父辈、还是祖辈与父辈共同教养人进行分类，并做统计检验，结果见表6-9。方差检验结果表明：不同教养人对学前儿童依赖人格的影响具有显著差异，祖辈教养学前儿童在决策执行依赖上显著高于父辈教养学前儿童和祖辈—父辈共同教养学前儿童。而在顺从他人依赖上，祖辈教养学前儿童和祖辈—父辈共同教养学前儿童都显著高于父辈教养学前儿童。

表6-9 不同教养人对学前儿童依赖人格总分及各维度的影响

维度	祖辈教养人 ($n=77$) M	SD	祖辈—父辈共同教养人 ($n=123$) M	SD	父辈教养人 ($n=177$) M	SD	总计 ($n=377$) M	SD	F
顺从他人依赖	7.83	2.10	7.85	1.86	8.29	1.92	8.05	1.95	2.58*
情绪敏感依赖	7.45	2.35	7.46	2.30	7.62	2.30	7.53	2.31	0.23
对象固定依赖	13.09	2.87	13.17	2.63	13.15	2.51	13.14	2.62	0.02
害怕孤独依赖	15.64	4.02	14.76	4.13	14.94	4.37	15.03	4.22	1.08
决策执行依赖	17.51	3.73	16.39	3.44	16.47	3.10	16.66	3.37	3.13*
依赖人格总分	61.52	9.76	59.63	9.82	60.47	9.59	60.41	9.70	0.91

（二）祖辈—父辈不同教养时间对学前儿童依赖人格的影响

按祖辈和父辈教养时间多少分别统计这两种教养类型对学前儿童依赖人格的影响，结果如表6-10所示。数据显示：祖辈和父辈教养时间不同，在学前儿童依赖人格总分和学前儿童害怕孤独依赖及决策执行依赖维度上的影响具有显著差异，祖辈教养时间多的学前儿童，其依赖人格比父辈教养时间多的学前儿童表现更明显。

表 6-10　教养人教养时间不同对学前儿童依赖人格总分及各维度的影响

维度	祖辈教养时间多（n=142） M	祖辈教养时间多（n=142） SD	父辈教养时间多（n=233） M	父辈教养时间多（n=233） SD	t
顺从他人依赖	8.18	1.89	7.98	1.95	0.962
情绪敏感依赖	7.61	2.25	7.44	2.31	0.70
对象固定依赖	13.01	2.62	13.21	2.60	−0.72
害怕孤独依赖	15.71	4.14	14.60	4.23	2.49*
决策执行依赖	17.17	3.51	16.33	3.24	2.36*
依赖人格总分	61.68	9.50	59.57	9.77	2.06*

（三）家庭居住方式对学前儿童依赖人格的影响

按照学前儿童与祖辈和父辈的居住方式进行分类，分别统计学前儿童的依赖人格总分及其各维度得分，并做统计检验，结果如表 6-11 所示。数据显示：与祖辈同住，或与祖辈—父辈一起居住，学前儿童的依赖人格总分、决策与执行依赖和害怕孤独依赖得分都显著高于与父辈同住的学前儿童。

表 6-11　不同居住方式对学前儿童依赖人格总分及各维度的影响

维度	与祖辈居住（n=18） M	与祖辈居住（n=18） SD	与祖辈—父辈同住（n=181） M	与祖辈—父辈同住（n=181） SD	与父辈居住（n=177） M	与父辈居住（n=177） SD	总计（n=376） M	总计（n=376） SD	F
顺从他人依赖	8.61	2.33	8.03	1.93	8.02	1.93	8.05	1.95	0.46
顺从他人依赖	8.61	2.33	8.03	1.93	8.02	1.93	8.05	1.95	0.78

续表

维度	与祖辈居住 (n=18) M	SD	与祖辈—父辈同住 (n=181) M	SD	与父辈居住 (n=177) M	SD	总计 (n=376) M	SD	F
情绪敏感依赖	7.56	2.18	7.64	2.29	7.41	2.35	7.53	2.31	0.44
对象固定依赖	13.33	2.52	13.21	2.71	13.05	2.55	13.14	2.62	0.22
害怕孤独依赖	15.33	4.65	15.64	4.18	14.37	4.16	15.03	4.23	4.18*
决策执行依赖	18.94	3.33	16.90	3.48	16.19	3.16	16.66	3.37	6.51**
依赖人格总分	63.78	10.97	61.41	9.74	59.04	9.40	60.41	9.71	3.87*

考虑到仅与祖辈居住样本太少（只有18人），将与祖辈居住和与祖辈—父辈共同居住合并为"有祖辈同住"组，并与"无祖辈同住"组（即"仅与父辈同住"）相比较，分别统计这两类家庭居住学前儿童依赖人格总分及其各维度得分，并进行描述统计和方差分析，结果如表6-12所示。数据显示：有祖辈共同居住的学前儿童依赖人格总分及其害怕孤独依赖和决策执行依赖得分显著高于无祖辈共同居住（仅与父辈居住）学前儿童的得分。

表6-12 不同居住类型下学前儿童依赖人格现状

维度	有祖辈共同居住 (n=199) M	SD	无祖辈共同居住（仅与父辈同住） (n=177) M	SD	t
顺从他人依赖	8.08	1.97	8.02	1.93	0.29
情绪敏感依赖	7.63	2.27	7.41	2.35	0.93
对象固定依赖	13.22	2.69	13.05	2.55	0.63
害怕孤独依赖	15.61	4.21	14.37	4.16	2.88**
决策执行依赖	16.67	3.82	16.19	3.16	2.85**
依赖人格总分	61.22	9.95	59.04	9.40	2.78**

（四）家庭教养行为对依赖人格的预测作用

1. 家庭教养行为对依赖人格总分的预测作用

为了明确家庭教养行为与学前儿童依赖人格总分之间的因果关系，以教养行为总分及其各维度为自变量，分别以依赖人格总分及其各维度为因变量，采用逐步回归法对其进行回归分析，数据显示：

（1）教养行为中的互动交流与依赖人格总分存在显著的多重线性关系，建立回归方程为 $y=-0.266x_1+68.344$。其中 y 代表依赖人格水平，x_1 代表互动交流得分。可见，互动交流能负向预测学前儿童的依赖人格总分。结果如表 6-13 所示。

表 6-13　家庭教养行为与学前儿童依赖人格总分的回归分析

维度	R	R^2	调整后 R^2	F	B	t
常量	0.106	0.011	0.009	4.259*	68.344	17.632***
互动交流					-0.266	-2.064*

（2）教养行为中的互动交流与依赖人格中的决策及执行维度存在显著的多重线性关系，建立回归方程为 $y=-0.169x_1+21.694$。其中 y 代表决策及执行依赖，x_1 代表互动交流得分。可见，互动交流能负向预测学前儿童的决策及执行依赖。结果如表 6-14 所示。

表 6-14　家庭教养行为中的互动交流与学前儿童决策及执行依赖的回归分析

维度	R	R^2	调整后 R^2	F	B	t
常量	0.194	0.038	0.035	14.652***	21.694	16.351***
互动交流					-0.169	-3.828***

（3）教养行为中的互动交流与依赖人格中的情绪敏感维度存在显著的多重线性关系，建立回归方程为 $y=-076x_1+9.808$。其中 y 代表情绪敏感依赖，x_1 代表互动交流得分。可见，互动交流能负向预测学前儿童的情绪敏

感依赖。结果如表 6-15 所示。

表 6-15　家庭教养行为中的互动交流与学前儿童情绪敏感依赖的回归分析

维度	R	R^2	调整后 R^2	F	B	t
常量	0.128	0.016	0.014	6.239[*]	9.808	10.666[***]
互动交流					-0.076	-2.498[*]

（4）教养行为中的社交鼓励与依赖人格中的对象固定维度存在显著的多重线性关系，建立回归方程为 $y=0.127x_1+10.400$。其中 y 代表对象固定依赖，x_1 代表社交鼓励得分。可见，社交鼓励能正向预测学前儿童的对象固定依赖。结果如表 6-16 所示。

表 6-16　家庭教养行为中的社交鼓励与学前儿童对象固定依赖的回归分析

维度	R	R^2	调整后 R^2	F	B	t
常量	0.123	0.015	0.013	5.805[*]	10.400	9.073[***]
社交鼓励					0.127	2.409[*]

（5）教养时间在教养行为对依赖人格影响中的调节作用

采用 Hayes 编制的 SPSS 宏中的模型 1 进行数据处理，依据温忠麟和叶宝娟（2014）推荐的方法，依次对教养时间在互动交流、情感表达、社交鼓励、关注帮助、管教约束等教养行为影响依赖人格维度中的调节效应进行检验。结果发现：教养行为总分与教养时间的交互作用显著，说明祖辈—父辈教养时间在教养行为总分对决策与执行依赖影响中具有显著的调节作用。结果如表 6-17 所示。进一步简单效应分析结果表明：祖辈教养时间多的 Boot95% 置信区间为 [-0.07，0.05]，区间包含零，说明教养行为总分对决策与执行依赖的影响不显著；父辈教养时间多的组 Boot95% 置信区间为 [-0.18，-0.05]，区间不包含 0，说明教养行为总分对决策与执行依赖的有显著的负性影响。结果如表 6-18 所示。

表 6-17　教养时间在教养行为对依赖人格影响中的调节效应分析

维度	β	t
教养行为总分	−0.05	−2.23*
教养时间	−0.57	−1.08
教养行为总分 × 教养时间	−0.10	−2.33*
R		0.26
R^2		0.07
F		5.05***

表 6-18　简单效应分析

维度	教养时间	效应值	Boot 标准误	BootCI 下限	BootCI 上限
教养行为总分	祖辈教养时间多	−0.01	0.03	−0.07	0.05
	父辈教养时间多	−0.11	0.03	−0.18	−0.05

2. 不同教养人家庭教养行为对学前儿童依赖人格的预测作用

根据学前儿童主要教养人不同，进一步分析有祖辈教养人（含祖辈—父辈共同为教养人）家庭和以父辈为主要教养人家庭教养行为对学前儿童依赖人格的预测作用，结果分述如下：

（1）有祖辈教养人（含祖辈—父辈为共同教养人）家庭教养行为对学前儿童依赖人格的预测作用

对有祖辈教养人（含祖辈—父辈为共同教养人）家庭的样本数据，以教养行为总分及其各维度为自变量，分别以依赖人格总分及其各维度为因变量，采用逐步回归法对其进行回归分析，结果如表 6-19~表 6-22 所示。数据显示：

①教养行为总分与依赖人格中的决策及执行维度存在显著的多重线性关系，建立回归方程为 $y=-0.53x+22.785$。其中 y 代表决策及执行依赖，x 代表教养行为总分。可见，教养行为总分能负向预测学前儿童的决策及执

行依赖。

表6-19 有祖辈教养人家庭教养行为总分与学前儿童决策及执行依赖的回归分析

维度	R	R^2	调整后R^2	F	B	t
常量	0.172	0.029	0.025	6.015*	22.785	9.319***
教养行为总分					-0.053	-2.453*

②教养行为中的社交鼓励与依赖人格中的对象固定维度存在显著的多重线性关系，建立回归方程为$y=0.201x+8.865$。其中y代表对象固定依赖，x代表社交鼓励得分。可见，社交鼓励能正向预测学前儿童的对象固定依赖。

表6-20 有祖辈教养人家庭社交鼓励与学前儿童对象固定依赖的回归分析

维度	R	R^2	调整后R^2	F	B	t
常量	0.195	0.038	0.033	7.824**	8.865	5.757***
社交鼓励					0.201	2.797**

③教养行为中的互动交流与依赖人格中的情绪敏感维度存在显著的多重线性关系，建立回归方程为$y=-0.081x+8.851$。其中y代表情绪敏感依赖，x代表互动交流得分。可见，互动交流能负向预测学前儿童的情绪敏感依赖。

表6-21 有祖辈教养人家庭互动交流与学前儿童情绪敏感依赖的回归分析

维度	R	R^2	调整后R^2	F	B	t
常量	0.144	0.021	0.016	4.191*	9.851	8.338***
互动交流					-0.081	-2.047*

④教养行为中的关注帮助与依赖人格中的顺从他人维度存在显著的多重线性关系，建立回归方程为$y=-0.082x+10.248$。其中y代表顺从他人依赖，x代表关注帮助得分。可见，关注帮助能负向预测学前儿童的顺从他人依赖。

表 6-22　有祖辈教养人家庭关注帮助与学前儿童顺从他人依赖的回归分析

维度	R	R^2	调整后 R^2	F	B	t
常量	0.142	0.020	0.015	4.083*	10.248	8.544***
关注帮助					-0.082	-2.021*

（2）父辈为主要教养人家庭教养行为对学前儿童依赖人格的预测作用

进一步分析父辈为主要教养人家庭的样本数据，以教养行为总分及其各维度为自变量，分别以依赖人格总分及其各维度为因变量，采用逐步回归法进行回归分析，结果如表 6-23 和表 6-24 所示，数据显示：

①教养行为中的互动交流与依赖人格中的决策及执行维度存在显著的多重线性关系，建立回归方程为 $y=-0.200x+22.574$。其中 y 代表决策及执行依赖，x 代表互动交流。可见，互动交流能负向预测学前儿童的决策及执行依赖。

表 6-23　父辈为主要教养人家庭教养行为与学前儿童决策及执行依赖的回归分析

维度	R	R^2	调整后 R^2	F	B	t
常量	0.229	0.053	0.047	9.724**	22.547	11.501***
互动交流					-0.200	-3.118**

②教养行为中的社交鼓励与依赖人格中的情绪敏感维度存在显著的多重线性关系，建立回归方程为 $y=-0.154x+11.031$。其中 y 代表情绪敏感依赖，x 代表社交鼓励。可见，社交鼓励能负向预测学前儿童的情绪敏感依赖。

表 6-24　父辈为主要教养人家庭教养行为与学前儿童情绪敏感依赖的回归分析

维度	R	R^2	调整后 R^2	F	B	t
常量	0.160	0.026	0.020	4.587*	11.031	6.879***
社交鼓励					-0.154	-2.142*

四、讨论

（一）隔代教养对学前儿童依赖人格的影响

本研究发现，有祖辈教养人家庭或祖辈教养时间多于父辈家庭的学前儿童的《学前儿童依赖人格问卷》得分及其部分维度得分显著高于父辈为主要教养人家庭或父辈教养时间多于祖辈家庭的学前儿童，进一步表明隔代教养对学前儿童人格发展具有负面影响。究其原因，可能是因为在现实生活中，很多祖辈对自己的孙辈都非常疼爱，把孙辈的开心放在第一位。为了孩子开心，祖辈会最大程度地满足孙辈的任何要求，甚至当孙辈犯错误时，他们也会表现出最大限度的容忍。祖辈对孙辈毫无保留地付出，不断巩固祖辈在孙辈心中的"万能"形象，从而造成了学前儿童对祖辈越来越深的依赖。由于学前儿童习惯了祖辈的帮助，以致一遇到什么问题或者想做什么事情，他们第一时间就会想到去求助他人（而祖辈是其首选对象），把精力放在他人（尤其是祖辈）是否会帮忙而非自己要如何解决问题上。

下面的案例能很好地说明这一点。婷婷就读于幼儿园大班，父母平时工作特别忙，经常出差，所以婷婷大部分时间都和外婆住在一起。外婆在家非常宠爱婷婷，婷婷每天早上起床都是外婆给她穿衣服。有时候婷婷不肯好好吃饭，也是外婆去喂她。每次婷婷提出一些要求，如天气很凉快的时候突然想吃一根雪糕或者写字写到一半时不想写了，外婆都会尽量满足她，不然婷婷就会大发脾气。外婆说婷婷是一个很聪明的小朋友，但脾气不好，所以她在家以表扬鼓励为主，就算婷婷做得不好也会表扬。在与婷婷外婆交谈的过程中，笔者发现，外婆对目前的这种状态感到很幸福，她说："婷婷是外婆的小宝贝呀，外婆当然要把所有的爱都给她。"通过自然观察和对外婆的访谈，发现婷婷的决策与执行困难特别明显，而且她的依赖对象很固定，外婆就是她的保护伞。其实婷婷妈妈平时对她要求很严格，如果婷婷犯错，妈妈就会批评她。而每当这个时刻，外婆总会"出手相救"，久而久之，外婆就变成了婷婷最依赖的人。正是因为外婆对婷婷不加约束的宠爱，才导致婷婷对外婆的依赖性特别强，其依赖人格也更加明显。

（二）家庭居住方式对学前儿童依赖人格的影响

本研究进一步发现：家庭居住方式对学前儿童依赖人格具有显著影响。当祖辈与学前儿童一同居住（或与学前儿童及其父母一起居住）时，会使学前儿童的依赖人格得分高于与父母居住的学前儿童；尤其在决策与执行困难、害怕孤独和依赖人格总分上，有祖辈共同居住家庭和无祖辈共同居住家庭的学前儿童存在显著的差异（$p < 0.05$），均为有祖辈共同居住家庭的学前儿童得分显著高于无祖辈共同居住家庭的学前儿童。这一研究结果与以往关于家庭居住安排与儿童发展的研究结果基本一致，例如，杨善堂（1988）研究发现，三代人居住家庭学前儿童的独立性显著不如与父母居住二代家庭的学前儿童；Masfety 等人（2019）研究则发现，当祖辈和孩子及其父母居住在一起时，会增加孩子出现心理健康问题的风险；杨丽等（2008）则发现，多代同堂家庭的儿童的行为问题检出率显著高于与双亲居住家庭的儿童。究其原因，可能与当学前儿童与父辈和祖辈住在一起时，祖辈与父辈更易起冲突，且祖辈更易"护短"有关。研究发现，由于祖辈和父辈二代人的成长环境和育儿理念不同，加上沟通不畅和职责不清，多数祖辈和父辈存在共同教养困境，在教养观念和教养行为上存在冲突（宋雅婷，李晓巍，2020；张杨波，2018）。大约16%的祖辈和23.6%父辈都有这种感受（岳坤，2018）。一方面，在这种冲突的家庭教养环境下，学前儿童会产生无所适从的局促感，甚至学会钻空子，他们会利用祖辈、父辈教养者在教养过程中的矛盾或冲突，取悦其中一方，使其更迁就自己、包容自己、包办代替；祖辈由于"隔代亲"，常常"唱红脸"，更愿意取悦孩

子，期盼孩子与自己更亲，因而很容易迁就、包容孩子，甚至包办代替；久而久之，便使孩子产生了对自己的依赖，甚至养成依赖人格。以往的研究支持了本研究这一结果。例如，田锐（2021）指出：祖辈的过分关注或包办会使孩子缺乏独立性、自信心和果断力，导致孩子养成依赖心理；王燕等人（2018）研究发现：祖辈、父辈间的"红脸白脸"教养行为同儿童多种问题行为存在显著正相关。另一方面，家庭内部以长者为尊，祖辈教养人会不自觉地认为自己是家庭的权威，当与孩子父辈发生教养冲突或认为父辈对孩子要求太严格时，会出面责怪孩子父辈，干涉父辈对孩子的管教（Breheny et al., 2013）；而父辈出于对老人的尊重一般只得忍让。这样，孩子有了祖辈这把"保护伞"，就会更加依赖祖辈，加重其依赖人格。

五、结论

第一，祖辈隔代教养（或祖辈教养时间多）家庭学前儿童的依赖人格总分显著高于父辈教养（或父辈教养时间多）家庭学前儿童，尤其是在决策执行依赖和害怕孤独依赖2个维度上，都达到了显著水平。

第二，家庭教养行为对学前儿童依赖人格具有预测作用，这种预测作用在有祖辈为主要教养人家庭和父辈为主要教养人家庭间存在一定差异：在有祖辈为主要教养人家庭，教养行为总分能负向预测学前儿童的决策及执行依赖，社交鼓励能正向预测学前儿童的对象固定依赖，互动交流能负向预测学前儿童的情绪敏感依赖，关注帮助能负向预测学前儿童的顺从他人依赖；而在父辈为主要教养人家庭，互动交流能负向预测学前儿童的决策及执行依赖，社交鼓励能负向预测学前儿童的情绪敏感依赖。

第三，与祖辈同住，或与祖辈—父辈一起居住，学前儿童的依赖人格总分、决策执行依赖和害怕孤独依赖得分都显著高于与父辈同住的学前儿童。

第四，为防止学前儿童形成依赖人格，祖辈需改善隔代教养行为，并尽可能避免与学前儿童同住。

第三节　隔代教养学前儿童的行为依赖研究

一、引言

行为依赖是指学前儿童能够独立进行某些活动，却仍依赖他人去完成的一种行为。主要表现为不能独处，在生活、学习、交往等方面的心理和行为缺乏独立性，过分依靠其教养人、看护人或其他人，表现出与其年龄不符合的不良行为（左彩云，汪淼，2014；余琼宇，2011；Beller，1955）。综合已有研究，作者认为行为依赖是指学前儿童在日常生活、学习、交往等方面习惯依靠他人完成或寻求他人帮助而解决问题，从而获得注意、认可、亲密感等心理满足的一种与年龄阶段不相符合的行为表现。已有研究发现，在日常生活方面，学前儿童的行为依赖主要表现为在进餐、睡眠、着装、盥洗、如厕等多方面过分依赖其教养人或其他人；在日常学习方面，学前儿童的行为依赖主要表现为在整理玩具、整理书包、收拾学习用品、完成老师布置的作业等方面过分依赖成人；在日常交往方面，学前儿童的行为依赖主要表现为在与同伴玩耍时遇到困难或产生矛盾时经常依赖成人的帮助，或是与其他同伴一同玩耍时需要成人的陪伴、缺乏交往主动性等（叶天惠等，2016；林桢，陈奕荣等，2016；吴仙女，2005）。具有行为依赖的学前儿童，缺乏安全感，自尊水平低，创造性思维缺乏，生活自理能力差，内化行为问题多，社会适应能力弱，人际交往困难，进而影响学前儿童的健全人格和社会性发展；甚至导致长大乃至成年后仍然具有依赖性（Spilt et al., 2017；凌辉，黄希庭，2009）。Kagan 和 Moss（1960）指出，儿童早期对成人的依赖性对其未来的个性发展会产生不良影响，并通过实验发现了儿童早期的依赖性对其成年期行为的影响是持久稳定的，儿童早期的依赖性程度能够预测其成年期的依赖性程度。学前儿童阶段是克服依赖性、培养独立性的关键阶段。因此，迫切需要探究学前儿童行为依赖的影响因素和产生原因，为预防和克服学前儿童的行为依赖提供理论依据。

根据布朗芬布伦纳（Bronfenbrenner）提出的生态系统理论（刘杰，孟会敏，2009），家庭是生态系统中直接作用于儿童的微系统，对儿童的心理和行为具有重要影响。作为家庭生态系统中的重要因素，家庭教养行为对儿童心理和行为的影响广受关注（李燕芳等，2015；Nelson et al.，2006；黄悦，2020；李嘉乐，2021；李垚，2018）。而关于家庭教养行为与学前儿童行为依赖的关系，已有研究多是从父母教养方式视角，探讨了教养方式与儿童独立性和依赖性的关系，认为过度保护的、包办的教养方式往往导致学前儿童行为依赖，进而助长学前儿童的依赖性，阻碍学前儿童的独立性发展（万禹慧，邹晓燕，2010）；而民主型的教养方式则把孩子看作独立的个体，注重培养他们的主动性和基本的生活能力，有助于学前儿童的自理能力和独立能力发展（周萍，2018）；还有研究发现，来自父亲的过分干涉、过度保护会使孩子的依赖性变强；来自母亲的关爱、情感渗透，会使孩子更多地感受到温暖和理解，但也会助长孩子的依赖性；总之，不论是父亲还是母亲，只要对孩子偏爱，就可能加重孩子的依赖性（彭桂芳，2012）。但以往研究仅仅在一定程度上考察了父母教养行为对学前儿童依赖性的影响，对于父母教养行为对学前儿童行为依赖的影响过程，即父母教养行为与学前儿童行为依赖之间的调节机制有待进一步探讨。而且，以往很多研究把教养行为和教养方式混同使用，对二者并未作区分。例如，谢庆斌等（2021）虽然研究的是母亲教养行为的影响，但采用的测量问卷是《教养方式问卷》；刘利敏和张大均（2021）研究的也是父母教养行为的影响，采用的测量问卷却也是《父母教养方式问卷》。实际上，教养行为是指父母在特定的情境中与孩子互动时所表现的特定类型的行为，如父母接纳、父母支持、父母控制、父母温暖等（Wood et al.，2003），后来的研究进一步把教养行为区分为互动交流、情感表达、社交鼓励、关注帮助、间接支持和管教约束等六种具体的行为（余舒，2011）。教养行为虽与教养方式密切相关，是教养方式的具体化；但二者又有区别，教养行为包括（但不限于）教养方式，教养方式只是教养行为的一个方面。因此，关于家庭教养行为对学前儿童行为依赖的影响及其调节机制需要进一步研究。

家庭居住方式是家庭微系统中影响儿童心理和行为的另一个重要因素。随着祖辈参与孙辈教养（包括祖辈完全隔代教养和祖辈—父辈协同教养）日益普遍（何庆红等，2021；Li et al.，2020），儿童与父辈、祖辈的家庭居住方式也日益多元化，包括家中仅与父母居住、仅与祖辈居住以及与父辈—祖辈共同居住（Amorim et al.，2017；Ellis & Simmons，2012；龚玲，2017）；并对儿童的心理和行为产生不同的影响（Monserud & Elder，2011；Kreidl & Hubatkova，2014；李向梅等，2021）。研究认为，当学前儿童与祖辈和父辈一起居住时（即三代同堂），祖辈—父辈往往产生教养冲突（朱莉等，2020；杜红，2015），更易导致儿童的心理和行为问题（Masfety et al.，2019；李维，2019；郭筱琳，2014）。而且，家庭居住方式在隔代教养及其教养方式对儿童的影响中具有调节作用。陈传锋等（2021）研究发现，当儿童与母系祖辈及父母一起居住时，隔代教养对儿童的学习压力影响更大，主要表现为与母系祖辈一起居住的儿童学习压力明显高于与父系祖辈及父母居住的儿童、也高于仅与父母居住的儿童。有无祖辈同住在家庭教养冲突、亲子依恋和学前儿童错误信念理解的关系中起着调节作用：相比于"无祖辈同住"的居住方式，在"有祖辈同住"的祖辈—父辈协同教养家庭中，家庭教养冲突显著降低亲子依恋水平，进而会降低学前儿童的错误信念理解水平；但在"无祖辈同住"的祖辈—父辈协同教养家庭，则不存在这样的关系（陈传锋等，2022）。一项研究也表明：家有祖辈同住可以调节父母教养权威性与儿童社会能力之间的关系（Akhtar et al.，2017）。因此，本研究进一步假设：家庭居住方式在家庭教养行为对学前儿童行为依赖影响中起着调节作用。

二、方法

（一）调研对象

采用方便整群抽样法，在 4 所幼儿园的小班、中班和大班幼儿主要教养人中进行施测。共发放问卷 450 份，收回问卷 387 份，收回百分比为 86.0%；其中有效问卷为 379 份，有效百分比为 97.9%。被试分布情况见表 6-25。由于判断幼儿主要教养人带有一定的主观性，不像居住方式那样客观，所以，表 6-25 中有关祖辈教养人、父辈教养人、祖辈—父辈共同教养人信息不一定很准确。

表 6-25 被试基本情况

维度	类别	人数	百分比（%）	缺失 [n（%）]
孩子性别	男	203	53.56	0
	女	176	46.44	
孩子年级	小班	123	32.45	0
	中班	127	33.50	
	大班	129	34.04	
居住方式	仅与祖辈居住	19	5.01	1（0.3）
	仅与父辈居住	178	46.97	
	与祖辈、父辈共同居住	181	47.76	
主要教养人	祖辈教养人	80	21.11	0
	父辈教养人	184	48.55	
	祖辈—父辈共同教养人	115	30.34	

（二）调研工具

1. 自编《学前儿童行为依赖问卷》

参考有关学前儿童依赖行为或独立行为研究的相关文献（熊易群等，1995；王文凤，2010；孙雁，2012），将学前儿童行为依赖的维度划分为生活依赖、学习依赖、社交依赖，共确定32个题目，形成学前儿童行为依赖的初始问卷。在某市2所幼儿园发放问卷270份，剔除无效问卷，有效问卷为257份，包括小班学前儿童75人，中班学前儿童87人，大班学前儿童95人。

根据测试结果，经项目分析，有2个题目与总分的相关性系数低于0.3，需删除，初始问卷保留30个题目。经探索性因子分析，采用KMO检验、Bartlett球形检验和多次主成分因子分析，问卷提取4个因子、保留21个项目，各因子名称和题目情况如下：①生活起居依赖：共10个题目，主要内容是孩子在生活起居方面对教养人的依赖；②言语交流依赖：共4个题目，主要内容是孩子在与他人交流中言语方面缺乏主动性，对教养者有依赖；③问题解决依赖：共4个题目，主要内容是孩子遇到困难时总是不愿意自己想办法动手解决，依赖教养者的帮助；④同伴交往依赖：共3个题目，主要内容是孩子和同伴交往中对教养者的依赖。

运用Amos 24.0统计软件包对问卷的结构模型进行验证性因素分析，结果表明问卷的结构模型合理，问卷各维度（因子）间的相关系数为0.312~0.548，均小于潜在变量的平均方差抽取量（AVE）平方根值（0.596、0.700、0.663、0.776），说明本问卷模型具有良好的区分效度。进一步进行信度检验，结果显示问卷具有良好的信度：生活起居依赖、言语交流依赖、问题解决依赖、同伴交往依赖各维度Cronbach's α系数分别为0.848、0.826、0.746、0.800，问卷总体的Cronbach's α系数为0.890。问卷采用李克特（Likert）五级计分法评分，得分越高，表示学前儿童依赖行为越多、越严重。

2. 改编《学前儿童主要教养人教养行为问卷》

对"教养行为"的测量，始于霍金斯（Hawkins）等于 2002 年编制的《父亲参与教养问卷》（简称 IFI），用以测量从学前儿童到青少年父亲的参与教养状况（Hawkins et al., 2002）。为了适应中国的社会文化背景，使题目表述更加符合中国人的语言习惯，余舒于 2011 年对该问卷 35 个问题进行了修订，删除了 2 个题目后，通过因素分析得到了 6 个因子，即互动交流（9 个题目）、情感表达（5 个题目）、社交鼓励（5 个题目）、关注帮助（6 个题目）、间接支持（5 个题目）和管教约束（3 个题目），构成《2~6 岁父亲教养行为自我报告问卷》（余舒，2011）。该问卷以 2~6 岁学前儿童的父亲为测量对象，考察了该年龄段父亲参与教养的现状与特点。各维度与量表总分的相关分别为 0.885、0.722、0.774、0.817、0.711 和 0.456，问卷总体的 α 系数为 0.928，具有良好的信效度。

本研究对该问卷进行改编，主要在以下方面：①问卷的题目表述：原问卷是适用于父亲的，问卷题目的提问方式为"在抚养孩子过程中，您会……"，改编问卷后将其表述改为"我会……"使其既适合学前儿童的父辈教养人填写，也适合学前儿童的祖辈教养人填写；②问卷的维度划分：根据原问卷的维度划分，保留其中 5 个维度，只对原问卷不适合的"间接支持"维度进行删除，这一维度的题目指向父亲为学前儿童的成长提供经济支持，同时支持妻子，这与本研究想要探究主要教养人的教养行为不太相关；③问卷的题目数量：基本保留原问卷维度的相关题目，只对其中个别不恰当或重复的题目进行删除，如"我会鼓励孩子长大以后考大学"被归属在"社交鼓励"维度不恰当，因为"长大后考大学"不属于"社交"范畴，故因删除。另外，因调研问卷主要是了解父辈与祖辈教养人在现实生活中的教养行为情况，需要删除个别不符合本研究主题的题目，如"我会规划孩子的未来"离学前儿童的现实生活较遥远，故删除。删除个别维度和相关问题后，该问卷共留下 27 个题目，分为 5 个维度，分别为：互动交流（7 个题目）、情感表达（4 个题目）、社交鼓励（5 个题目）、关注帮助（7 个题目）、管教约束（4 个题目）。

问卷采用李克特（Likert）五级计分法，得分越高，意味着主要教养人教养行为水平越高。对改编后的问卷进行信效度的检验，各维度与教养行为量表总分的相关分别为 0.882、0.807、0.797、0.730 和 0.431，问卷总体的 α 系数为 0.923，具有良好的信效度。

（三）施测过程

在下午家长接孩子离园的时间，将问卷发放给学前儿童家长，由学前儿童家长自行带回家填写，同时向学前儿童家长说明问卷的填写要求与注意事项，尤其强调请幼儿的主要教养人填写，如主要教养人是祖辈，请祖辈填写（必要时可请其他教养人协助）；如主要教养人是父辈，则请父辈填写；如主要教养人是祖辈和父辈共同为教养人，则请祖辈和父辈其中一方填写。问卷填好后，由家长在第二天送孩子入园时上交给带班老师，由带班老师统一转交给研究者。

（四）数据统计与分析

采用 SPSS 25.0 进行数据录入和统计分析（如共同偏差检验、描述统计、方差分析、相关分析、回归分析等），并采用海斯（Hayes）编制的 SPSS 中的 PROCESS 3.5 模型 1 进行调节效应分析。

由于本研究数据均来自问卷调查，可能存在共同方法偏差。为减少可能的偏差，采用哈曼（Harman）单因素检验方法对所有问卷项目进行未旋转的主成分因子分析。结果表明，特征值大于 1 的因子共有 14 个，第一个因子解释变异量的 21.04%，小于临界值 40%，说明在本研究中各个变量不存在严重的同源偏差。

三、结果

（一）学前儿童行为依赖的总体得分和不同居住方式下学前儿童行为依赖的得分比较

对所有《学前儿童的行为依赖问卷》进行描述性统计，结果如表 6-26 所示。结果显示：从《学前儿童的行为依赖问卷》的总分均值除以总题数的均值来看，得分为 2.59 分，略高于中间值 2.5，说明学前儿童样本总体存在一定程度的行为依赖，但并不严重。进一步将学前儿童行为依赖各维度的得分均值除以各维度题数，由高到低为：生活起居依赖（2.85）、问题解决依赖（2.48）、言语交流依赖（2.41）、同伴交往依赖（2.12）。可见，学前儿童的生活起居依赖最为严重，其次为问题解决依赖。

表 6-26 学前儿童行为依赖总分和各维度得分情况

维度	M	SD
生活起居依赖	28.48	7.730
言语交流依赖	9.62	3.656
问题解决依赖	9.92	3.176
同伴交往依赖	6.36	2.613
行为依赖总分	54.38	13.308

分别统计学前儿童与祖辈同住家庭、与祖辈—父辈共同居住家庭、与父辈同住家庭三种居住方式学前儿童行为依赖的情况，采用方差检验，结果详见表 6-27。结果显示，三种不同的居住方式对学前儿童的行为依赖具有显著影响，方差检验都达到显著水平，具体表现为：与祖辈同住学前儿童的行为依赖水平最高，其次是与祖辈—父辈共同居住学前儿童，与父辈同住的学前儿童行为依赖水平最低。

表 6-27　家庭居住方式对学前儿童行为依赖的影响

维度	与祖辈同住 M	与祖辈同住 SD	与祖辈—父辈同住 M	与祖辈—父辈同住 SD	与父辈同住 M	与父辈同住 SD	F
生活起居依赖	32.47	6.013	29.86	7.316	26.59	7.870	11.271***
言语交流依赖	11.79	3.765	9.60	3.648	9.42	3.586	3.666
问题解决依赖	11.00	3.333	10.17	3.204	9.51	3.097	3.137*
同伴交往依赖	8.47	3.389	6.30	2.615	6.20	2.446	6.749**
行为依赖总分	63.74	11.770	55.89	12.662	51.72	13.444	9.834***

同时，分别统计不同居住方式下男女孩的行为依赖情况和不同年龄段学前儿童的行为依赖情况，采用独立样本 t 检验考察性别差异，结果表明：无论哪种居住方式下，男孩的行为依赖程度都显著高于女孩；采用单因素方差分析考查年龄差异，结果表明：在行为依赖总分及其各个维度上，随着学前儿童年龄增长，其行为依赖程度逐渐降低，且年龄差异显著。

（二）家庭教养行为的总体得分和不同居住方式下家庭教养行为的得分比较

对所有《学前儿童的家庭教养行为问卷》进行描述性统计，结果如表 6-28 所示。结果显示：从家庭教养行为问卷的总分均值除以总题数的均值来看，得分为 4.25，远高于中间值 2.5，说明学前儿童的家庭教养行为总体水平较高。进一步将学前儿童家庭教养行为各维度的得分均值除以各维度题数，由高到低依次为，关注帮助（4.90）、情感表达（4.57）、社交鼓励（4.34）、管教约束（3.70）、互动交流（3.65）。可见，家庭教养行为的各维度水平也较高。

表 6-28　学前儿童家庭教养行为总分和各维度得分情况

维度	M	SD
互动交流	25.53	3.38
情感表达	18.29	1.99
社交鼓励	21.69	2.56
关注帮助	34.32	3.90
管教约束	14.81	1.88
家庭教养行为总分	114.64	11.50

分别统计学前儿童与祖辈同住家庭、与祖辈—父辈共同居住家庭、与父辈同住家庭三种居住方式学前儿童家庭教养行为的情况，采用方差检验，结果详见表 6-29。结果显示，三种居住方式对学前儿童的家庭教养行为具有显著影响，方差检验达到显著水平，进一步两两比较结果显示：在家庭教养行为总分上，与祖辈同住家庭的教养行为水平最低，显著低于祖辈—父辈共同居住家庭和父辈居住家庭。在家庭教养行为的维度上，不同居住方式下的互动交流、社会鼓励和关注帮助等 3 个维度的教养行为存在显著差异，进一步两两比较结果显示：与祖辈同住家庭在 3 个维度上的教养行为水平最低，显著低于祖辈—父辈共同居住家庭和父辈居住家庭。

表 6-29　学前儿童与祖辈、父辈居住方式对家庭教养行为的影响

维度	与祖辈同住 M	与祖辈同住 SD	与祖辈—父辈同住 M	与祖辈—父辈同住 SD	与父辈同住 M	与父辈同住 SD	F
互动交流	23.58	4.43	25.45	3.39	25.81	3.19	3.907*
情感表达	17.26	2.75	18.30	1.98	18.39	1.88	2.753
社交鼓励	20.05	3.12	21.66	2.53	21.90	2.47	4.578*
关注帮助	32.11	4.83	34.11	3.74	34.78	3.88	4.636*
管教约束	14.63	2.14	14.72	1.79	14.92	1.95	.580
教养行为总分	107.631	14.90	114.23	11.36	115.79	11.034	4.603*

（三）家庭教养行为和学前儿童行为依赖等各变量的相关分析

家庭教养行为和学前儿童行为依赖总分及各维度的平均数、标准差和相关系数见表6-30。可见，《学前儿童的行为依赖问卷》总分与家庭教养行为的各维度都呈显著负相关；学前儿童行为依赖的大多数维度与家庭教养行为的大多数维度也都呈显著负相关；而祖辈是否同住与行为依赖总分和生活起居依赖则呈显著正相关。

（四）家庭居住方式在家庭教养行为对学前儿童行为依赖影响中的调节作用

采用海斯（Hayes）编制的 SPSS 中 PROCESS 3.5 中的模型1进行数据处理，依据温忠麟和叶宝娟（2014）推荐的方法，依次对居住方式在互动交流、情感表达、社交鼓励、关注帮助、管教约束等家庭教养行为的5个维度影响行为依赖中的调节作用进行检验。

1. 居住方式在互动交流对行为依赖影响中的调节作用

将"互动交流"教养行为作为预测变量，学前儿童行为依赖作为结果变量，以居住方式为调节变量，调节效应结果如表6-31所示。交互作用项显著，说明居住方式对互动交流影响行为依赖具有调节作用。进一步作简单效应分析，结果如表6-32所示。父辈单独居住组的 Boot 95% 置信区间 [-0.50，-0.21] 和祖辈单独居住组 Boot95% 置信区间 [-0.33，-0.13] 都不包含0，说明互动交流对行为依赖的影响显著；但祖辈—父辈共同居住组 Boot95% 置信区间 [-0.24，0.04] 包含0，说明互动交流对行为依赖影响不显著。即教养行为的互动交流维度显著负向影响学前儿童行为依赖，即互动交流越好，学前儿童行为依赖本应越少；但在加入家庭居住方式后，这种显著负向影响在祖辈—父辈共住的居住方式下不存在，即在祖辈—父辈共住的家庭，互动交流越好，学前儿童行为依赖没有像在其他两种居住

第六章 隔代教养学前儿童的心理依赖研究 | 255

表 6-30 各主要变量的相关分析

维度	1	2	3	4	5	6	7	8	9	10	11	12	13
1. 性别	—												
2. 年龄	−0.05	—											
3. 祖辈是否同住	0.11*	−0.03	—										
4. 生活起居依赖	0.20***	−0.43***	0.21***	—									
5. 言语交流依赖	0.11*	−0.28***	0.04	0.41***	—								
6. 问题解决依赖	0.14**	−0.26***	0.09	0.42***	0.47***	—							
7. 同伴交往依赖	0.03	−0.26***	0.02	0.32***	0.58***	0.48***	—						
8. 行为依赖总分	0.19***	−0.44***	0.16**	0.86***	0.74***	0.71***	0.66***	—					
9. 互相交流	0.02	−0.04	−0.03	−0.10	−0.24***	−0.18***	−0.30***	−0.23***	—				
10. 情感表达	0.04	−0.07	0.00	−0.06	−0.18***	−0.14**	−0.24***	−0.17**	0.65***	—			
11. 社交鼓励	−0.04	0.02	−0.03	−0.24***	−0.29***	−0.19***	−0.30***	−0.32***	0.71***	0.51***	—		
12. 关注帮助	0.00	−0.02	−0.06	−0.15**	−0.23***	−0.18***	−0.22***	−0.23***	0.79***	0.61***	0.70***	—	
13. 管教约束	0.09	0.01	−0.05	−0.09	−0.09	0.00	−0.13*	−0.11*	0.49***	0.38***	0.55***	0.48***	—
M	—	4.45	—	2.85	2.41	2.48	2.12	2.59	4.26	4.57	5.42	5.72	3.70
SD	—	1.02	—	0.77	0.91	0.79	0.87	0.63	0.56	0.50	0.64	0.65	0.47

方式下那样相应地越少，可见家庭居住方式调节了教养行为的互动交流维度影响学前儿童行为依赖的方向。

表 6-31　居住方式对互动交流影响行为依赖的调节作用

维度	β	t
互动交流	-0.23	-4.57***
居住方式	0.13	2.78**
居住方式 × 互动交流	0.12	-2.13*
R	\multicolumn{2}{c}{0.30}
R^2	\multicolumn{2}{c}{0.08}
F	\multicolumn{2}{c}{11.85***}

表 6-32　简单效应分析

维度		效应值	Boot 标准误	95%CI 下限	95%CI 上限
居住方式	仅与父辈住	-0.36	0.07	-0.50	-0.21
	仅与祖辈住	-0.23	0.02	-0.33	-0.13
	与祖辈—父辈共住	-0.10	0.07	-0.24	0.04

2. 居住方式在社交鼓励对行为依赖总分影响中的调节作用

将"社交鼓励"教养行为作为预测变量，学前儿童行为依赖总分作为结果变量，以居住方式为调节变量，调节效应结果如表 6-33 所示。交互作用项显著，说明居住方式对社交鼓励影响行为依赖总分具有调节作用。进一步作简单效应分析，结果见表 6-34。父辈单独居住组的 Boot95% 置信区间 [-0.57，-0.29]、祖辈单独居住组 Boot95% 置信区间 [-0.41，-0.23] 和祖辈—父辈共同居住组 Boot95% 置信区间 [-0.35，-0.08] 都不包含 0，说明教养行为中的社交鼓励维度对行为依赖总分的负向影响显著；但祖辈—父辈共同居住组社交鼓励对行为依赖的这种负向影响效应远低于其他两组。即在祖辈—父辈共住的家庭，教养行为中社交鼓励维度越好，虽然学前儿童依赖行也越少，但减少的程度比在其他两种居住方式下低；可见，社交鼓励对学前儿童行为依赖的显著负向影响没有像在其他两种居住方式下那样大，即家庭居住方式调节了教养行为的社交鼓励维度影响学前儿童行为依赖的强度。

表 6-33　居住情况对社交鼓励影响行为依赖的调节效应

维度	β	t
社交鼓励	-0.32	-6.61***
居住方式	0.14	2.81**
居住方式 × 社交鼓励	0.11	2.16*
R	\multicolumn{2}{c}{0.37}
R^2	\multicolumn{2}{c}{0.14}
F	\multicolumn{2}{c}{19.40***}

表 6-34　简单效应分析

维度		效应值	Boot 标准误	BootCI 下限	BootCI 上限
居住方式	仅与父辈住	-0.43	0.07	-0.57	-0.29
	仅与祖辈住	-0.32	0.05	-0.41	-0.23
	与祖辈—父辈共住	-0.21	0.07	-0.35	-0.08

此外，结果显示：居住方式在家庭教养行为中的情感表达、关注帮助和管教约束维度影响行为依赖总分中的调节作用不显著，其交互作用项都不显著，居住方式 × 情感表达、居住方式 × 关注帮助和居住方式 × 管教约束的 β 值分别为 0.04，0.06，0.01；t 值分别为 1.23，1.80，0.42；p 值均大于 0.05，分别为 0.22，0.07，0.68。

四、讨论

（一）家庭教养行为对学前儿童行为依赖具有显著影响

已有研究表明，家庭教养行为对儿童的心理和行为发展具有重要影响

（李燕芳等，2015）。本研究从另一个侧面支持了家庭教养行为对儿童心理和行为的重要影响，即家庭教养行为与学前儿童行为依赖之间存在显著相关，且教养行为中的社交鼓励能负向预测学前儿童的行为依赖，管教约束能正向预测学前儿童的行为依赖。究其原因，主要是由于家庭教养人在日常生活与家庭教育中对孩子提供鼓励和支持，如表扬、夸奖、亲近、抚摸等，可以使孩子感到生活在一个充满爱的环境中，获得更多安全感和信任感，从而获得自信和勇气，因而能有效促进学前儿童的自主性和独立性发展，所以能预防依赖性。例如，对孩子寄予希望，鼓励孩子做他们力所能及的家务活，鼓励孩子在学前儿童园取得进步和成功等，有助于孩子摆脱对家庭教养人的依赖，培养自立行为等。相反，家庭教养人的管教约束教养行为会使孩子感到生活在一个不自由的环境中，影响学前儿童的行为自信心，使得学前儿童在自主做一些事情时，内心认为自己做不到，从而阻碍了其自主性和独立性的发展，表现出更多的退缩行为和行为依赖。例如，家庭教养人当孩子犯错时体罚孩子，总是告诉孩子什么可以做、什么不可以做等行为，大大限制了孩子的自我尝试和自主行为，以致养成顺从行为和依赖行为。

（二）在祖辈—父辈共同居住家庭学前儿童的行为依赖最严重

本研究发现，相对于仅与祖辈同住和仅与父辈同住，与祖辈—父辈共同居住的学前儿童行为依赖最为严重。其原因可能是：在学前儿童与祖辈—父辈共同居住家庭，由于祖辈和父辈更可能发生教养冲突，以致家庭教养人的互动交流和社交鼓励的教养行为对学前儿童的发展起不到积极作用。虽然祖辈在参与孙辈教养中与父辈既有冲突也有合作（Hong et al.，2020），但多数祖辈和父辈存在共同教养困境，调查发现，83.74%的祖辈在儿童面前指责其母亲，30.54%的祖辈与儿童的母亲争论育儿问题（李东阳等，2015）。奉行"科学育儿"观念的年轻父母与笃信传统经验的祖辈之间容易因为教养观念的不同而导致教养冲突（张杨波，2018）。这种家庭教养冲突会让学前儿童无所适从，他们会利用这种冲突，使祖辈更迁就和包容自己，产生对祖辈的依赖。

（三）居住方式在家庭教养行为对学前儿童行为依赖的影响中具有显著的调节效应

已有研究发现，家庭教养行为对儿童心理和行为的影响不一定是直接的，还有其他因素（如感觉加工敏感性、母子关系、亲子关系等）在其间起着调节作用或中介作用（李嘉乐，2021；杨晓静，2019）。本研究从另一个角度支持了这些研究结果，亦即，居住方式在家庭教养行为对学前儿童行为依赖的影响中具有调节作用，主要表现为：居住方式在家庭教养行为的互动交流和社交鼓励维度对学前儿童行为依赖影响中具有调节作用，但只是当学前儿童仅与祖辈或仅与父辈居住时，家庭教养行为才显著负向影响学前儿童的行为依赖；只有在这二种居住方式下，当学前儿童主要教养人注重对学前儿童的互动交流和社交鼓励时，才可显著减少学前儿童的行为依赖。但当学前儿童与祖辈和父辈共同居住时，这种调节作用就不显著，即在祖辈和父辈共同与学前儿童居住方式下，即使家庭教养人注重对学前儿童的互动交流，也不会明显减少学前儿童的行为依赖。即使家庭教养人注重对学前儿童的社交鼓励，对学前儿童行为依赖的显著负向影响也没有像在其他两种居住方式下那样大。其可能的原因是：在祖辈—父辈与学前儿童共同居住家庭环境下，虽然主要教养人重视互动交流（如愿意陪同孩子一起活动、愿意倾听孩子的心声、愿意和孩子讨论问题等）和社交鼓励（如鼓励孩子和其他小朋友玩、鼓励孩子帮助他人、鼓励孩子完成学前儿童园老师布置的任务等），这些教养行为原本可以促进孩子的创造性、提升孩子的自主性、预防孩子的依赖性，但如上所述，在共同居住家庭祖辈与父辈容易产生教养冲突，有的祖辈教养人不自觉地认为自己是家庭的权威，当与孩子父辈发生教养冲突时，会责怪孩子的父辈，干涉父辈对孩子的管教（Breheny et al.，2013），使自己成了孩子的"保护伞"；在这种情形下，学前儿童对祖辈和父辈的不同教养要求，甚至相互矛盾的教养行为不知所措、无所适从，以致家庭教养人互动交流和社交鼓励的积极作用被淹没，不仅影响学前儿童的价值观、自信心与自主性发展，甚至导致学前儿童产生不良个性和依赖人格（俞婷，陈传锋，2022）。而且对学前儿童而言，最简单的应对办法便是"投大人所好"，顺从、依赖"强势"一方，久而久之就会更加依赖祖辈，养成行为依赖。另外，在与祖辈—父辈共同居住家庭，学前儿童更容易形成多重依恋关系（邢淑芬等，2016），如祖辈依恋、父辈依恋等，但依恋强度不同，依恋的作用也不一样。由于"隔代亲"，祖辈对学前儿童容易溺爱、包办、护短和迁就，学前儿童对祖辈的依恋更强，甚至产生祖辈依赖，影响亲子关系（陈璐，陈传锋，2017），导致认知依赖（陈传锋等，2021），使得家庭教养人互动交流和社交鼓励教养行为的积极作用更加难以发挥，以致学前儿童时时黏着祖辈、事事依靠祖辈，从而缺乏自主性和独立性，使心理依赖和行为依赖更加强烈，对其成长造成负面影响。

Chapter Ⅶ | 第七章

隔代教养学前儿童的祖辈依赖研究

第一节　学前儿童祖辈依赖量表的编制及信效度检验

第二节　隔代教养学前儿童祖辈依赖的现状调查

第三节　隔代教养对学前儿童祖辈依赖的影响

第四节　祖辈依赖对学前儿童心理发展的影响

第一节　学前儿童祖辈依赖量表的编制及信效度检验

一、引言

当今祖辈依然重视血脉传承和家族延续，仍然向往含饴弄孙和天伦之乐，渴望和期盼参与带养孙辈。且出于"隔代亲"，难免溺爱和娇惯（李洪曾，2002；马建欣，2020），以致对学前儿童产生许多不利影响，如影响孩子身心健康发展，可能使孩子其难以与他人相处、依赖性强、自私任性等（陈璐，陈传锋，2017；唐玉春，王正平，2018；杨雨清等，2021）。其中，祖辈依赖就是学前儿童在祖辈教养下常见的问题之一，它使学前儿童渴望被宠惯，并期盼这种亲情，久而久之便习惯了祖辈的带养，喜欢黏着祖辈，享受祖辈的溺爱和包办，从而产生了对祖辈的依赖（姜和平，2017）。研究发现，在祖辈参与教养家庭，学前儿童会形成多重依恋关系，并对学前儿童的社会—情绪发展产生重要影响（邢淑芬等，2016）。在这些多重依恋关系中，有一种特殊的依恋关系，即祖辈依赖，指学前儿童在祖辈照料下所形成的对祖辈的依赖，包括对祖辈的认知依赖、情感依赖和行为依赖（陈传锋等，2021）。即学前儿童在行为、认知、情感等方面独立性不足，寻求祖辈过多的帮助、认同、安抚、关注，并与其年龄特征不相符的一种不良心理状态。与亲代教养家庭相比，隔代教养家庭最突出的现象之一就是由于祖辈教养而产生的"隔代亲"以及由此而导致的学前儿童的祖辈依赖。已往研究虽然关注了隔代教养对学前儿童心理发展的不良影响（王玲凤，陈传锋，2018），但对隔代教养导致学前儿童心理问题的原因和机制缺乏探讨。虽然已有个别研究试图探讨隔代教养影响学前儿童心理行为问题的机制，如有研究表明隔代教养对学前儿童品行问题、多动行为的影响，并不在于祖辈的隔代身份，而是在于祖辈的教养方式（周秋帆，2016），但总体而言，对隔代教养影响学前儿童心理行为问题的原因尚缺乏全面深入探讨。且现有研究较多地从外部探讨影响隔代教养学前儿童心理发展的因素，极少考虑隔代教养影响学前儿童心理发展的内因。因此，考查学前儿童祖辈依赖状况及其产生原因和机制，以及祖辈依赖对学前儿童心理发展的影响，对克服学前儿童祖辈依赖、促进学前儿童心理健康发展具有重要的现实意义。但目前有关隔代教养如何导致学前儿童祖辈依赖，以及祖辈依赖如何影响学前儿童的心理发展却鲜有文献报道。仅有的关于隔代教养学前儿童的祖辈依赖研究较多基于观察和经验，一般局限于描述性研究，而实证研究匮乏。因此，本研究拟编制出本土化、结构明确、具有良好信效度的学前儿童祖辈依赖量表，为今后这一领域的进一步研究提供科学有效的测量工具。

二、方法

（一）调研对象

本研究共包含四个独立样本。调查时均告知学前儿童教养人本调查的真实目的，并要求如实填写问卷。学前儿童教养人在同意参与调查的情况下填写问卷。

样本一：项目分析被试。采用方便取样，于2019年3月在湖州市选取3所幼儿园，由幼儿园老师帮助发放预测问卷200份，剔除无效问卷，有效问卷为188份。预测问卷由学前儿童教养人填写，其中父母填写占87.2%（$n=164$），祖辈填写占11.2%（$n=21$），其他占1.6%（$n=3$）。小班学前儿童占21.8%（$n=41$），中班学前儿童占38.3%（$n=72$），大班学前儿童占39.9%（$n=75$）。男孩占47.9%（$n=90$），女孩占52.1%（$n=98$）。对该样本进行项目分析，对不符合心理测量学标准的项目进行修改或删除，从而形成修订后的学前儿童祖辈依赖量表。

样本二：探索性因素分析被试。采用方便取样，于2019年4~5月在湖州市、嘉兴市选取3所幼儿园，由幼儿园老师帮助发放问卷330份，剔除无效问卷，有效问卷为310份。问卷由学前儿童教养人填写，其中父母填写占88.7%（n=275），祖辈填写占10.0%（n=31），其他占1.0%（n=3）。小班学前儿童占26.1%（n=81），中班学前儿童占35.2%（n=109），大班学前儿童占38.7%（n=120）。男孩占51.0%（n=158），女孩占49.0%（n=152）。通过项目分析、探索性因素分析再次确认项目，从而形成修订后的学前儿童祖辈依赖正式量表。

样本三：正式施测被试。采用方便取样，于2019年9~10月在湖州市、嘉兴市、宁波市选取5所幼儿园，由幼儿园老师帮助发放问卷380份，剔除无效问卷，有效问卷为349份。问卷由学前儿童的教养人填写，其中父母填写占89.9%（n=312），祖辈填写占9.5%（n=33），其他占0.60%（n=2），2份问卷未报告填写人。小班学前儿童占27.8%（n=97），中班学前儿童占33.0%（n=115），大班学前儿童占39.3%（n=137）。男孩占51.6%（n=179），女孩占48.4%（n=168），2份问卷未报告性别。学前儿童主要教养人为祖辈的占46.0%（n=160），主要教养人为父母的占54.0%（n=188），1份问卷未报告主要教养人。祖辈参与教养时间为2天及以下的占45.0%（n=154），3~4天的占32.4%（n=46），5天及以上的占41.5%（n=142），7份问卷未报告祖辈参与教养时间。

样本四：重测被试。正式施测1个月后，于2019年11月在正式施测的被试中选择30个样本进行重测，重测时要求问卷填写人与样本三测试时一致。本次调查父母填写占83.3%（n=25），祖辈填写的占16.7%（n=5）。小班学前儿童占36.7%（n=11），中班学前儿童占33.3%（n=10），大班学前儿童占30%（n=9）。男孩占56.7%（n=17），女孩占43.3%（n=13）。利用该样本进行重测信度检验。

（二）量表的编制

心理学家早已认识到，认知、情绪、行为是人类的核心心理过程，以至于被称为"心理学的 ABC"，ABC 分别代表 affect，behavior 和 cognition（Hartman et al.，2017）。因此，本研究假设学前儿童的祖辈依赖主要是学前儿童与祖辈朝夕相处过程中形成的对祖辈认知、情感和行为方面的依赖，主要体现在日常生活过程中对所遇到的问题的思考、选择和决策中。

为了验证这一设想，我们选取若干祖辈教养人，采取半结构访谈收集资料进行分析。访谈对象为湖州某一社区中全职带养学前儿童的祖辈，共访谈 10 人，其中男性 2 人，女性 8 人，时间在 45 分钟左右。访谈主题为：您在带养孙女（孙子）的过程中有没有体会到孙女（孙子）在思考问题、选择决策、情感、行为或其他方面对您的依赖？具体表现在哪些方面？访谈完毕后，对访谈资料进行分析，同时通过阅读国内外隔代教养文献及修改前人测验中的有关测题，共编制 27 个题目，涵盖认知依赖、情感依赖和行为依赖三个方面。问卷采用李克特（Likert）五级计分法，要求被试就项目描述与自身情况的符合程度作出判断，从"完全不符合"到"完全符合"分别对应 1~5 分。

（三）数据统计与分析

首先对被试数据进行有效性检查，把按规律作答或数据缺失在 30% 以上的被试数据删除。然后采用 SPSS 19.0 进行项目分析及探索性因素分析，使用 AMOS 17.0 进行验证性因素分析，采用 SPSS 19.0 和 AMOS 17.0 对量表进行信效度检验。

三、结果

（一）项目分析

采用两种方法考察项目的区分度。第一，临界比率法。按量表总分排序，从高到低取出 27% 的高分组被试和从低到高取出 27% 的低分组被试，对每个题目进行高分组和低分组得分的独立样本 t 检验，结果表明，样本一、样本二（已根据样本一删除题目 6）均达到 0.000 的显著性水平；第二，题总相关法。求每个题目得分与总分的相关，样本一除题目 6（孩子从幼儿园回来，喜欢和祖辈讲述幼儿园的事）与总分的相关系数为 0.36 外，其余题目与总分的相关系数为 0.48~0.78（$p < 0.000$）；样本二题目与总分的相关系数为 0.51~0.78（$p < 0.000$）。综合两种结果，删除题目 6，保留其余题目。

（二）探索性因素分析

采用样本二（$n=310$）进行探索性因素分析，分析时采用系统均值对缺失值进行了填补。KMO 和 Bartlett 检验结果是 KMO=0.93，Bartlett 球形检验 $p < 0.000$，说明数据适合进行探索性因素分析。采用主成分分析法对评定结果进行因素分析，因为考虑到公因子之间可能存在一定程度的相关，采用最优斜交法（Promax）进行旋转，有 4 个因子的特征值大于 1，分别为 9.97、2.47、1.74、1.19，能解释 59.2% 的变异。接着对在两个因子上的载荷量相差小于 0.1 的题目进行删除，并且采用删除一题就重新进行探索性因素分析的方式，逐步删除了题目 25、15、5、20、10、26、2、24 共 8 个题目，得到了比较稳定合理的量表因子结构，此时只有 3 个因子的特征值大于 1，分别为 7.41、2.31、1.59，能解释 62.8% 的变异，项目载荷在 0.68~0.87，见表 7-1。根据本研究的理论构想和主题意义，分别将三个因素命名为认知依赖、情感依赖和行为依赖。因此，形成的正式量表共包含

18个题目，认知依赖、情感依赖和行为依赖三个分量表分别包括5、7、6个题目。三个分量表及全量表的内部一致性Cronbach's α系数分别为0.87、0.90、0.84、0.91。经斯皮尔曼—布朗公式矫正后的分半信度分别为0.83、0.88、0.76、0.79。认知依赖题目与因子分的相关系数为0.77~0.85，情感依赖题目与因子分的相关系数为0.74~0.88，行为依赖题目与因子分的相关系数为0.71~0.80，全量表所有题目与总分的相关系数为0.51~0.86。

表7-1 学前儿童祖辈依赖分量表的因子结构和载荷

因子1（认知依赖）		因子2（情感依赖）		因子3（行为依赖）	
题目	载荷	题目	载荷	题目	载荷
Q8	0.84	Q13	0.87	Q4	0.81
Q14	0.83	Q12	0.85	Q9	0.78
Q11	0.83	Q19	0.80	Q3	0.77
Q23	0.77	Q7	0.78	Q21	0.71
Q17	0.75	Q18	0.76	Q22	0.69
—	—	Q1	0.75	Q16	0.68
—	—	Q27	0.73	—	—

（三）验证性因素分析

为了考察构想模型与实际模型的拟合度，使用样本三（$n=349$）对模型进行验证性因素分析，分析时采用系统均值对缺失值进行了填补。各个潜变量之间设为两两相关，观测变量中题目3与4、4与9、3与9以及11与17之间的残差设为两两相关，其余题目的残差之间设定为相互独立。拟合模型见图7-1，模型的各项拟合指数见表7-2，表明量表的结构效度良好。

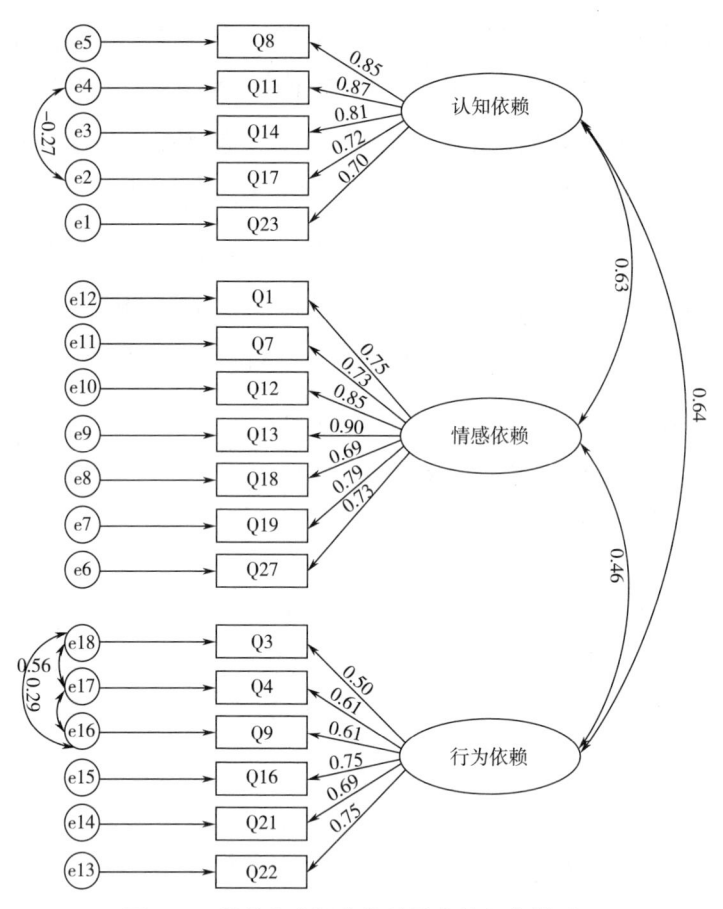

图 7-1　学前儿童祖辈依赖量表的拟合模型图

表 7-2　学前儿童祖辈依赖量表验证性因素分析

拟合指数	χ^2/df	RMSEA	GFI	AGFI	NFI	IFI	TLI	CFI
数值	1.57	0.04	0.94	0.92	0.95	0.98	0.98	0.98

（四）信效度检验

1. 信度分析

采用样本三得到，认知依赖、情感依赖、行为依赖三个分量表和总量表的内部一致性 Cronbach's α 系数分别为 0.89、0.91、0.85、0.92；经斯皮尔曼—布朗公式矫正后的分半信度分别为 0.85、0.90、0.74、0.78。1 个月后，随机选取正式施测样本中 30 个样本进行重测，重测信度分别为 0.96~0.99。认知依赖题目与因子分的相关系数为 0.77~0.88，情感依赖题目与因子分的相关系数为 0.76~0.89，行为依赖题目与因子分的相关系数为 0.72~0.81，全量表所有题目与总分的相关系数为 0.54~0.77。各分量表之间的相关系数为 0.41~0.59，各分量表与总分的相关系数为 0.78~0.85。说明量表具有较好的内部一致性和重测信度。

2. 效度分析

学前儿童祖辈依赖量表的各因素负荷量、组合信度（CR 值）、平均方差抽取量（AVE 值）见表 7-3。从表中结果可知，本测验量表具有较好的聚敛效度。

表 7-3 量表各因素负荷量、CR 值、AVE 值

潜在变量（分量表）	观察变量（题目）	标准化因素负荷量	组合信度（CR）	平均方差抽取量（AVE）
（分量表）	Q17	0.72***	0.89	0.63
	Q14	0.81***	—	—
	Q11	0.87***	—	—
	Q8	0.85***	—	—
	Q23	0.71***	—	—
情感依赖	Q27	0.73***	0.92	0.61
	Q19	0.79***	—	—
	Q18	0.69***	—	—
	Q13	0.90***	—	—
	Q12	0.85***	—	—
	Q7	0.73***	—	—
	Q1	0.75***	—	—

续表

潜在变量 （分量表）	观察变量 （题目）	标准化因素 负荷量	组合信度 （CR）	平均方差抽取量 （AVE）
行为依赖	Q22	0.75***	0.82	0.44
	Q21	0.69***	—	—
	Q16	0.75***	—	—
	Q9	0.61***	—	—
	Q4	0.61***	—	—
	Q3	0.50***	—	—

各分量表（潜在变量）间的相关系数分别为0.41、0.53、0.59，均小于潜在变量的平均方差抽取量（AVE）平方根值（分别为0.79、0.78、0.66），说明本测量模型具有良好的区别效度。

通过比较学前儿童祖辈依赖得分的主要教养人类别、祖辈参与教养时间的差异来考察量表的实证效度，结果见表7-4。结果表明：祖辈依赖各维度均分及量表总均分，祖辈为主要教养人的学前儿童得分均显著高于父辈为主要教养人的学前儿童得分。祖辈参与学前儿童教养的时间不同，学前儿童的情感依赖、行为依赖维度均分及祖辈依赖总均分差异显著，后继检验表明，祖辈教养时间为每周2天及以下的学前儿童祖辈依赖得分均显著低于祖辈教养时间为每周3~4天或每周5天及以上的学前儿童得分。

表7-4 学前儿童的祖辈依赖得分的主要教养人类别、祖辈参与教养时间差异比较

维度	认知依赖	情感依赖	行为依赖	量表总均分
祖辈教养（n=160）	2.18 ± 0.85	2.53 ± 0.96	2.71 ± 0.92	2.49 ± 0.75
父母教养（n=188）	1.84 ± 0.82	2.12 ± 0.88	2.37 ± 0.89	2.13 ± 0.70
t	3.74***	4.14***	3.53***	4.72***

续表

维度	认知依赖	情感依赖	行为依赖	量表总均分
2 天及以下（n=154）	1.88 ± 0.81	2.12 ± 0.83	2.35 ± 0.87	2.13 ± 0.68
3~4 天（n=46）	2.13 ± 0.98	2.65 ± 1.02	2.79 ± 0.94	2.55 ± 0.78
5 天及以上（n=142）	2.07 ± 0.85	2.39 ± 0.96	2.67 ± 0.93	2.40 ± 0.76
F	2.63	7.16**	6.88**	8.37***

四、讨论

（一）量表的结构

本研究通过对访谈资料的整理和前人测题的借鉴，编制了有关学前儿童祖辈依赖的 27 个题目。探索性因素分析结果共探索出三个公因子。认知依赖包括 5 个题目，如学前儿童遇到疑难问题，总希望祖辈直接给他（她）答案（Q11）；学前儿童是否出去玩、玩什么，基本上都听从祖辈的安排（Q17）；5 个题目均涉及学前儿童对所遇问题的选择和决策。情感依赖包括 7 个题目，如当祖辈不在家或不在身边时，学前儿童的反应最敏感、最不安，会寻找或询问祖辈的去处（Q1），7 个题目均反映了学前儿童对祖辈在情感上的依赖体验。行为依赖包括 6 个题目，如明明是学前儿童力所能及的事，但其不喜欢独立完成，总想让祖辈帮他（她）做（Q16），6 个题目分别涵盖了学前儿童吃饭、穿衣、玩玩具等日常生活行为。验证性因素分析发现，题目 Q3（需要祖辈喂饭）与 Q4（需要祖辈帮穿衣服）、Q4 与 Q9（需要祖辈整理玩具）、Q3 与 Q9 以及 Q11 与 Q17 之间的残差存在相关，考虑到编制量表题目时最好一个题目涉及一种决策选择或一种行为，并且这些决策选择、行为在学前儿童的日常生活中都非常重要，所以均予以保留，只是将其残差设为两两相关。模型拟合指数良好，表明模型内在质量佳。

（二）量表的信度

本研究采用了多个指标来考察量表的信度，如内部一致性 Cronbach's α 系数、分半信度、重测信度等。绝大多数学者认为信度系数大于 0.7 则符合心理测量学的要求（Aydin et al.，2017；吴明隆，2010），本研究结果除了两个分半信度为 0.74 以上外，其余都达到了 0.85 以上。各题目与各自分量表的相关系数为 0.72~0.89，全量表所有题目与总分的相关系数为 0.54~0.77。另外，结果显示各分量表之间为中等程度的相关、分量表与总分之间相关程度较高，表明量表的内部一致性较高。验证性因素分析得到的组合信度 CR 值，主要是用来评价模型中潜在变量测量指标的一致性程度，CR 值越高，表示某潜在变量对应的测量指标间具有高度的内在关联，当潜在变量与其观察变量的标准化因素负荷量大于 0.5（$p < 0.05$），$CR > 0.6$ 时，表明测量模型具有良好的内部一致性（吴明隆，2013）。本研究的测量模型的这些指标都比较理想，再一次表明祖辈依赖量表具有良好的内部一致性。

（三）量表的效度

验证性因素分析表明，三个分量表各观测指标的标准化因素负荷量较高，均大于 0.5，模型的拟合指数良好，因此本量表具有较好的结构效度。上述信度分析显示量表具有良好的内部一致性，这同时表明了量表具有较高的内容效度。

测量模型的聚敛效度指测量相同潜在特质的项目应属于同一维度，并且项目间所测得的测量值之间具有高度相关（吴明隆，2013）。通常用观察变量的标准化因素负荷量、组合信度（CR 值）、平均方差抽取量（AVE 值）来综合衡量。要保证量表良好的聚合效度，标准化因素负荷量需大于 0.5，CR 值需大于 0.6，若 $AVE > 0.5$，表示聚敛效度良好；若 AVE 为 0.36~0.5，亦可接受。本研究显示，除了行为依赖的 *AVE* 指标在可接受的范围内，其余指标都达到了理想状态，表明量表具有较好的聚敛效度（Fornell & Larcker，1981）。

测量模型的区别效度指所构念的潜在变量的特质与其他潜在变量间有低度的相关或有显著的差异存在（吴明隆，2013）。区别效度的检验要求测量模型在通过组合信度和聚敛效度检验的前提下，其中任一潜在变量的 *AVE* 平方根值高于该变量与其他潜在变量相关系数的绝对值。研究结果显示，各分量表（潜在变量）间的相关系数为 0.41~0.59，而潜在变量的 *AVE* 平方根值为 0.66~0.79，能较好地满足这一条件，表明各分量表具有良好的区别效度。

研究表明，祖辈为主要教养人的学前儿童祖辈依赖及各维度得分显著高于父辈为主要教养人的学前儿童得分。学前儿童的情感依赖、行为依赖均分及祖辈依赖总均分，祖辈教养时间为每周 2 天及以下的学前儿童得分均显著低于祖辈教养时间为每周 3~4 天或每周 5 天及以上的学前儿童得分。这些结果显示，学前儿童与祖辈相处时间较长，学前儿童表现出来的对祖辈的依赖程度较高，尤其是情感上或行为上的依赖更为明显。访谈表明，这非常符合祖辈、父母的养育经验。因此，量表的实证效度、校标效度良好。

第二节　隔代教养学前儿童祖辈依赖的现状调查

一、引言

如上所述，已有关于隔代教养学前儿童的祖辈依赖研究多限于观察研究和经验描述，在有限的实证调查中，缺乏对学前儿童祖辈依赖加以测量的可靠工具。本章上一节所介绍的王玲凤等（2021）编制的《幼儿祖辈依赖问卷》，奠定了学前儿童祖辈依赖调研工具的基础，极大地推动了有关隔代教养学前儿童祖辈依赖的实证研究。本研究正是借助此问卷开展的实证调查，是有关学前儿童祖辈依赖系列研究的基础性研究之一，目的是了解当前隔代教养家庭学前儿童祖辈依赖状况，探究学前儿童祖辈依赖的原因，从而为探讨学前儿童祖辈依赖的预防策略提供科学依据。

二、方法

（一）调研对象

本研究所指的祖辈教养学前儿童，主要是指祖辈参与教养的 3~6 岁学前儿童，包括祖辈完全隔代教养学前儿童和祖辈—父辈共同教养学前儿童。调研对象为学前儿童的主要教养人，包括祖辈教养人和父辈教养人。采用方便抽样法，在杭州市、宁波市和湖州市的 8 所幼儿园各随机整群抽取小、中、大各一个整班。征得幼儿园同意后，以班级为单位下发问卷，由学前儿童带回家，交给其主要抚养人自行填写，完成后 3 天内收回。共发放问卷 720 份，回收 702 份，回收率为 97.5%。剔除无效问卷，确定有效问卷 695 份，有效回收率为 96.5%。从中去除父母教养学前儿童的问卷，筛选出祖辈完全教养学前儿童和祖辈—父辈共同教养学前儿童的问卷 368 份，作为本研究分析样本。样本基本信息情况见表 7-5。

表 7-5　样本基本信息表

维度	班级				性别			主要教养人		
	大	中	小	合计	男	女	合计	祖辈	祖辈—父辈	合计
人数	130	93	145	368	201	167	368	132	236	368
百分比（%）	35.3	25.3	39.4	100	54.6	45.4	100	35.9	64.1	100

（二）调研工具

采用王玲凤等（2021）编制的《幼儿祖辈依赖量表》测量学前儿童的祖辈依赖状况。该问卷共18个题目，分为3个维度：认知依赖（如"当孩子面对疑难问题时，常常自己还没有思考就会来问我"）、情感依赖（如"只要我在身边，孩子就很开心，或很心安"）、行为依赖[如"孩子经常需要我给他（她）喂饭"]。问卷采用李克特（Likert）五级计分法，让被试评价每一题目所描述的情况与自家学前儿童的符合程度，从"完全不符合"到"完全符合"分别对应1~5分。各维度均分及量表总均分别代表学前儿童对祖辈的依赖程度，得分越高说明学前儿童对祖辈的依赖程度越深。认知依赖、情感依赖、行为依赖三个分量表和总量表的内部一致性Cronbach's α系数介于0.847~0.919。

（三）数据统计与分析

使用SPSS 24.0软件进行数据录入和统计分析，包括描述性统计和差异检验等。

三、结果

（一）学前儿童祖辈依赖现状

1. 学前儿童祖辈依赖的一般特点

根据《幼儿祖辈依赖量表》测试结果，统计样本中学前儿童祖辈依赖得分如表7-6所示。由于学前儿童祖辈依赖暂无常模，因此将得分高于平均数1个标准差的学前儿童归于高分组，低于平均数1个标准差的归于低分组，在平均数上下1个标准差之间的为中间组，具体分布见表7-7。在祖辈依赖总分及其各依赖维度上，学前儿童的依赖水平基本呈正态分布。

表 7-6　学前儿童祖辈依赖得分

维度	M	SD	n
祖辈依赖总分	45.63	14.57	360
情感依赖	17.85	6.38	365
行为依赖	16.05	5.71	363
认知依赖	11.84	4.26	366

注：由于被试回答问卷的部分题目存在缺失值，故不同维度和总问卷的人数可能不一样；下同。

表 7-7　学前儿童祖辈依赖分布

维度	高分组 n	高分组 %	中等组 n	中等组 %	低分组 n	低分组 %	合计 n	合计 %
祖辈依赖总分	61	16.9	230	63.9	69	19.2	360	100
情感依赖	58	15.9	243	66.6	64	17.5	365	100
行为依赖	69	19.0	221	60.9	73	20.1	363	100
认知依赖	51	13.9	252	68.9	63	17.2	366	100

2. 学前儿童祖辈依赖的年级差异

分别统计不同年级学前儿童的祖辈依赖得分并进行方差检验，结果如表 7-8 所示。数据显示：学前儿童祖辈依赖存在显著的年级差异。进一步两两比较发现，在祖辈依赖总分及其依赖各维度上，均是小班学前儿童得分显著高于中班和大班学前儿童，但中班和大班学前儿童差异不显著，说明中班是学前儿童祖辈依赖的一个转折点。

表 7-8　不同年级学前儿童祖辈依赖及各维度的差异比较

维度	祖辈依赖总分 M	祖辈依赖总分 SD	情感依赖 M	情感依赖 SD	行为依赖 M	行为依赖 SD	认知依赖 M	认知依赖 SD
小班	48.75	15.793	18.81	6.743	17.74	6.218	12.46	4.523
中班	45.38	12.966	17.70	5.907	15.55	5.039	11.92	3.971

续表

维度	祖辈依赖总分		情感依赖		行为依赖		认知依赖	
	M	SD	M	SD	M	SD	M	SD
大班	42.26	13.515	16.88	6.173	14.49	5.039	11.09	4.061
总计	45.63	14.569	17.85	6.378	16.05	5.706	11.84	4.258
F	6.873**		3.160*		12.149***		3.588*	

3. 学前儿童祖辈依赖的性别差异

分别统计不同性别学前儿童的祖辈依赖得分并进行 t 检验，结果如表7-9所示。数据显示：在行为依赖维度上，男孩的祖辈依赖显著高于女孩；但在祖辈依赖总分和其他维度上虽然男孩得分略高于女孩，却未见显著的性别差异。

表7-9 不同性别学前儿童祖辈依赖及各维度的差异比较

维度	男性		女性		t
	M	SD	M	SD	
祖辈依赖总分	46.22	14.798	44.91	14.303	0.849
情感依赖	17.77	6.324	17.94	6.463	-0.252
行为依赖	16.65	5.886	15.34	5.416	2.195*
认知依赖	12.00	4.347	11.65	4.155	0.777

（二）祖辈隔代教养因素对学前儿童祖辈依赖的影响

1. 祖辈教养人类别对学前儿童祖辈依赖的影响

分别统计祖辈完全隔代教养和祖辈—父辈共同教养学前儿童的祖辈依赖得分并进行 t 检验，结果如表7-10所示。数据显示：不同主要教养人的学前儿童祖辈依赖存在显著差异，在祖辈依赖总分及其情感依赖维度、行为依赖维度和认知依赖维度上，均是祖辈完全隔代教养学前儿童的祖辈依赖水平显著高于祖辈—父辈共同教养学前儿童。

表 7-10 不同主要教养人学前儿童祖辈依赖及各维度的差异比较

维度	祖辈 M	祖辈 SD	祖辈—父辈 M	祖辈—父辈 SD	t
祖辈依赖总分	51.19	15.974	42.60	12.795	5.566***
情感依赖	20.53	6.847	16.34	5.574	6.339***
行为依赖	17.35	6.280	15.34	5.246	3.251**
认知依赖	13.51	4.704	10.91	3.682	5.851***

2. 祖辈主动和被动参与教养对学前儿童祖辈依赖的影响

分别统计祖辈主动和被动参与教养学前儿童祖辈依赖及其各维度得分并进行 t 检验，结果如表 7-11 所示。数据显示：除认知依赖外，在祖辈依赖总分及情感依赖和行为依赖维度上，均是祖辈主动参与教养学前儿童得分显著高于祖辈被动参与教养学前儿童。

表 7-11 祖辈主动和祖辈被动参与教养学前儿童祖辈依赖及各维度的差异比较

维度	祖辈主动参与教养 M	祖辈主动参与教养 SD	祖辈被动参与教养 M	祖辈被动参与教养 SD	t
祖辈依赖总分	49.70	14.802	45.61	14.965	2.172*
情感依赖	19.80	6.246	17.72	6.422	2.597*
行为依赖	17.40	6.138	15.73	5.590	2.245*
认知依赖	12.75	4.426	12.19	4.424	1.007

3. 在不同阶段接受祖辈教养对学前儿童祖辈依赖的影响

分别统计在婴儿阶段和学前阶段接受祖辈教养学前儿童祖辈依赖及其各维度得分并进行 t 检验，结果如表 7-12 所示。数据显示：在祖辈依赖总分及其各维度上，均是婴儿期就接受祖辈教养学前儿童的祖辈依赖水平显著高于在学前期接受祖辈教养的学前儿童。

表 7-12 在婴儿期和学前期接受祖辈教养学前儿童祖辈依赖及各维度的差异比较

维度	婴儿期 M	婴儿期 SD	学前期 M	学前期 SD	t
祖辈依赖总分	49.65	15.454	44.31	13.646	2.771**
情感依赖	19.45	6.558	17.77	6.135	2.039*
行为依赖	17.33	6.142	15.14	5.194	2.912**
认知依赖	12.90	4.586	11.72	4.049	2.078*

4. 祖辈照料时间对学前儿童祖辈依赖的影响

分别统计祖辈照料时间多、祖辈—父辈照料时间相当、父辈照料时间多的学前儿童祖辈依赖得分及其各维度得分，并进行方差分析，结果如表 7-13 所示。数据显示：除了行为依赖维度外，三类学前儿童在祖辈依赖总分及其情感依赖和认知依赖维度得分均存在显著差异。进一步两两比较发现，在祖辈依赖总分和情感依赖维度上，大部分时间由祖辈教养学前儿童得分显著高于祖辈—父辈教养时间相当的学前儿童、再显著高于大部分时间由父辈教养学前儿童；在认知依赖维度上，则是大部分时间由祖辈教养学前儿童得分显著高于祖辈—父辈教养时间相当和大部分时间由父辈教养学前儿童得分，但后二者之间没有显著差异。

表 7-13 祖辈照料时间不同对学前儿童祖辈依赖的影响

维度	祖辈照料时间多 M	祖辈照料时间多 SD	照料时间相当 M	照料时间相当 SD	父辈照料时间多 M	父辈照料时间多 SD	F
祖辈依赖总分	50.38	16.490	46.05	14.498	42.08	12.187	10.049***
情感依赖	20.46	6.732	18.07	6.252	15.89	5.551	16.698***
行为依赖	16.59	6.229	16.32	5.807	15.47	5.224	1.336
认知依赖	13.73	4.820	11.67	3.959	10.70	3.626	16.516***

5. 祖辈每周照料频率对学前儿童祖辈依赖的影响

分别统计祖辈每周照料 1~2 天、3~4 天、5~6 天和每天照料的学前儿童祖辈依赖得分并进行方差检验，结果见表 7-14。数据显示：祖辈照料频率不同对学前儿童祖辈依赖总分和情感依赖维度具有显著不同的影响。进一步两两比较发现，无论是在祖辈依赖总分还是在情感依赖维度，均是祖辈照料频率高（每周照料 5 天及以上）的学前儿童得分显著高于祖辈照料频率低（每周照料 4 天及以下）的学前儿童。

表 7-14 祖辈照料不同天数对学前儿童祖辈依赖及各维度的影响

维度	1~2 天 M	1~2 天 SD	3~4 天 M	3~4 天 SD	5~6 天 M	5~6 天 SD	每天 M	每天 SD	F
祖辈依赖总分	46.36	6.807	15.46	4.777	18.97	5.709	19.38	6.908	2.774*
情感依赖	18.83	15.433	40.04	11.403	47.82	11.940	49.17	16.672	2.780*
行为依赖	17.45	5.854	13.85	4.496	16.93	4.645	16.77	6.624	2.091
认知依赖	11.83	4.707	10.73	3.715	12.19	3.664	12.99	4.830	2.214

6. 与祖辈居住方式对学前儿童祖辈依赖的影响

分别统计与祖辈同住、与父辈同住和与祖辈—父辈同住等不同居住方式学前儿童祖辈依赖得分并进行方差检验，结果见表 7-15。数据显示：在不同居住方式下学前儿童的祖辈依赖存在显著差异。进一步两两比较发现，在祖辈依赖总分及其情感依赖维度、行为依赖维度和认知依赖维度上，均是与祖辈同住学前儿童得分显著高于其他两种居住方式的学前儿童。

表 7-15 不同居住方式学前儿童祖辈依赖及各维度的差异比较

维度	与父辈同住 M	与父辈同住 SD	与祖辈同住 M	与祖辈同住 SD	与祖辈—父辈同住 M	与祖辈—父辈同住 SD	F
祖辈依赖总分	45.00	13.203	56.00	15.631	44.13	14.207	11.895***
情感依赖	17.36	6.147	22.74	6.727	17.23	6.093	13.739***

续表

维度	与父辈同住 M	与父辈同住 SD	与祖辈同住 M	与祖辈同住 SD	与祖辈—父辈同住 M	与祖辈—父辈同住 SD	F
行为依赖	16.15	4.787	18.58	5.991	15.57	5.819	4.930**
认知依赖	11.25	3.940	15.05	4.820	11.51	4.058	13.704***

四、讨论

（一）隔代教养学前儿童祖辈依赖的一般特点

本研究发现，祖辈隔代教养学前儿童的祖辈依赖水平显著高于祖辈—父辈共同教养学前儿童，且学前儿童年级越低，对祖辈的依赖程度越强。在祖辈依赖总分及其依赖各维度上，均是小班学前儿童得分显著高于中班和大班学前儿童，但中班和大班学前儿童间差异不显著，说明中班是学前儿童祖辈依赖的一个转折点。这与陈璐和陈传锋（2017）的研究结果基本一致，又一次凸显家庭教育中的隔代教养对学前儿童身心发展的重要影响。在祖辈隔代教养下，学前儿童过分依赖祖辈主要有以下两个方面：第一，"隔代亲"的感情基础。祖辈有很多时间与年幼的孙辈相聚，并照料孙辈。祖辈对孙辈往往抱着较为宽容的态度，与只求快乐行事的儿童心理十分靠近。在"隔代亲"的心理作用下，祖辈甘愿花大量时间和精力无微不至地照顾孙辈，对其倍加呵护，而孙辈习惯了这种照顾和呵护后，也乐于享受这种隔代亲情，以致逐渐建立起对祖辈生活与情感上的依赖。且学前儿童的年龄越小，独立性越差，对祖辈的依赖自然越强。第二，祖辈过分溺爱和迁就的教养行为。祖辈对孙辈往往"疼爱有余、管教不足"，经常采用过分溺爱和迁就的教养行为，对学前儿童过度关怀和帮助，甚至事事包办代替和"越俎代庖"。同时迁就和纵容学前儿童的言行举止，无原则迁就学前儿童的任性、纵容学前儿童的无理，只要孩子开口"我要……"，祖辈就有求必应。当学前儿童发脾气、哭闹、耍赖时，祖辈也一味迁就。久而久之，学前儿童失去独立思考、行动的机会，并产生惰性，习惯性寻求祖辈的帮助和庇护，并依赖祖辈解决问题和获得满足，从而产生祖辈依赖。

（二）隔代教养相关因素对学前儿童祖辈依赖的影响

本研究发现，祖辈教养的许多相关因素都显著影响学前儿童的祖辈依赖水平，主要表现在：第一，祖辈主动和被动参与教养对学前儿童祖辈依赖具有显著影响，祖辈主动参与教养学前儿童的祖辈依赖水平显著高于祖辈被动参与教养学前儿童。第二，在不同阶段接受祖辈教养对学前儿童祖辈依赖具有显著影响，在婴儿期就接受祖辈教养学前儿童的祖辈依赖水平显著高于学前期接受祖辈教养学前儿童。亦即，祖辈参与教养学前儿童的时间越早，学前儿童的祖辈依赖水平越高。第三，祖辈照料时间多少对学前儿童祖辈依赖具有显著影响，大部分时间由祖辈教养学前儿童的祖辈依赖得分显著高于祖辈—父辈教养时间相当的学前儿童、再显著高于大部分时间由父辈教养学前儿童。第四，祖辈照料频率不同对学前儿童祖辈依赖总分和情感依赖维度具有显著不同的影响，无论是在祖辈依赖总分还是在情感依赖维度，均是祖辈照料频率高（每周照料5天及以上）的学前儿童得分显著高于祖辈照料频率低（每周照料4天及以下）的学前儿童。第五，与祖辈居住方式对祖辈依赖具有显著影响，与祖辈同住学前儿童的祖辈依赖得分显著高于与父辈同住学前儿童和与祖辈—父辈共同居住的学前儿童。这说明即使祖辈参与教养，但若学前儿童不与祖辈同住，可以缓解学前儿童的祖辈依赖情况。亦即，在祖辈主动参与照料家庭、在大部分时间由祖辈照料家庭、在祖辈每周照料5天及以上家庭、在祖辈与学前儿童同住家庭，以及祖辈在孙辈婴儿期就参与照料家庭，由于学前儿童与祖辈长期一起生活，学前儿童受祖辈影响更大。若加上祖辈"隔代亲"的影响，易形成祖辈依赖，包括对祖辈的行为依赖、认知依赖以及情感依赖。陈传锋等

(2021)提出,祖辈对学前儿童过度的宠爱和过多的包办代替,如帮学前儿童把所有事都想得周全,生怕学前儿童受到一点委屈,这样无微不至的照顾在无形之中对学前儿童的发展产生消极影响。学前儿童不用进行信息加工就能直接从祖辈那里得到答案,无须努力解决问题就能得到祖辈的帮助,长此以往,将助长学前儿童的惰性,导致学前儿童在行为上无法自主、在认知上无法独立思考问题、在实践上无法独立解决问题,只能依赖他人,尤其是依赖祖辈。此外,祖辈普遍文化程度较低、教育观念落后、行为模式比较偏执,常用自己过往的经验养育孩子,容易将自己的逻辑强加给学前儿童,从而使学前儿童放弃思考问题和探索事物,遇事不主动解决而依赖于成人的帮助。在与隔代教养家长的访谈中,笔者也发现了这一问题。有一位奶奶在提到孙女的依赖行为时回答道:"小孩子那么小,懂得什么呀,做不来的,所以需要我们帮忙,我们也都是为了孩子好。"在谈到孙女的生活自理能力时,这位奶奶说:"早上起床小孩动作慢,着急上学,我就会直接给她穿好衣服、喂早饭,没时间让她自己慢慢做,而且像穿衣吃饭这种事,孩子长大后慢慢就学会了。"可见,祖辈的教养观念和行为也是导致学前儿童祖辈依赖的重要原因。

第三节　隔代教养对学前儿童祖辈依赖的影响

一、引言

2012年,教育部颁布的《3~6岁儿童学习与发展指南》中,明确提出成人在照顾儿童时"不宜过度保护和包办代替,以免剥夺幼儿自主学习的机会,养成过于依赖的不良习惯,影响其主动性、独立性的发展"(李季湄、冯晓霞,2013)。而在日常生活中,学前儿童自理能力不足,在进餐、睡眠、着装、盥洗等多方面由成人帮助或替代完成的现象普遍存在，思考问题、做出决策时习惯于寻求成人帮助，听从成人安排，自己分析与解决问题的能力不足（陈传锋等，2021），甚至当成人欲离开时百般阻挠，表现出反抗行为和分离焦虑（左彩云，夏江南，2009）。

个体依赖性的发展受诸多因素影响。从生命发展历程来看，童年是生命的初始阶段，学前期是人格发展的关键时期。有研究发现：儿童早期对成人的依赖性在形成其未来的个性方面是极其重要的，早期依赖性强的个体到了成人期依赖性也很强（Kagan & Moss，1960）。早期依赖甚至可能成为日后社会"啃老"现象的重要原因。从生活史的视角来看，家庭作为个体人格形成的关键场域，是影响学前儿童依赖性发展的重要外界因素。家庭养育是学前儿童发展过程中的近端过程，作为儿童发展过程中的"重要他人"，父母与其他教养人的态度与行为对其依赖性心理发展的影响重大。家长教养孩子时与孩子的"领地"无限重叠，不及时"退出"，缺乏边界意识，过度干涉、保护与溺爱，这种"强化性育儿"最终会导致孩子"功能不足"，一直依赖于家长或他人。甚至可以说，依赖源于过度保护的、权威的养育方式（李媛，黄希庭，2002）。有研究指出家长的教养方式直接影响学前儿童独立性的发展，其中权威型教养方式最有利于学前儿童独立性的发展，而在过度保护、忽视或放任的教养方式下，学前儿童独立性差，甚至可能出现过度依赖问题（万禹慧，邹晓燕，2010）。还有研究表明家长的心理控制对学前儿童的行为问题、人际关系、自主性、创造性等发展产生影响（陈巍，2007；曹婷婷，2011；杨婉洁，2020），更与学前儿童的依赖性发展直接相关。母亲心理控制中的积极部分如保护儿童、家长独立能够增强学前儿童自主能力和自信心，而消极部分如焦虑感引导和抑制性信息则会致其焦虑敏感，过度依赖（陈巍，2007）。

已有研究表明，祖辈家长总以长者自居的言行专制和对孙辈的溺爱、包办及无微不至的关怀与学前儿童的认知依赖密切相关（陈传锋等，2021）。相关研究还指出，与新生代母亲相比，有些祖辈会采用更多的高压控制策略，如直接命令、禁止等，更少使用商量、疏导、解释等低控制性引导策略（邢淑芬等，2012）。可见，作为一种愈益普遍的社会现象和教育模式，隔代教养对学前儿童发展的消极影响日渐凸显，尤其会致其依赖性加重，这一问题亟待关注。因此，本研究主要从祖辈的教养方式和心理控制两个角度考察隔代教养对学前儿童祖辈依赖的影响，深入了解变量间的关系。本研究对于提升家庭教育的质量，促进学前儿童心理健康发展具有重要现实意义。

二、方法

（一）调研对象

本研究所指的祖辈教养学前儿童，主要是指祖辈参与教养的3~6岁学前儿童，包括祖辈完全隔代教养学前儿童和祖辈—父辈共同教养学前儿童。调研对象为学前儿童的主要教养人，包括祖辈教养人和父辈教养人。研究共分为两部分：研究一为祖辈教养方式与学前儿童祖辈依赖的相关研究，研究二为祖辈心理控制与学前儿童祖辈依赖的相关研究。采用方便抽样法，在湖州市的2所幼儿园各随机整群抽取大、中、小各两个班，共12个班进行调查。征得幼儿园园长同意后，以班级为单位下发问卷，由学前儿童带回家，交给其主要教养人进行填写，三天后统一收回。研究一共发放问卷400份，收回问卷374份，回收率为93.50%，其中有效问卷为360份，有效回收率为96.26%。研究二共发放问卷381份，收回问卷362份，回收率为95.01%，剔除无效问卷与无关问卷（父辈教养儿童的问卷），有效问卷为287份，有效回收率为79.28%。

（二）调研工具

1. 幼儿祖辈依赖量表

采用王玲凤等（2021）编制的《幼儿祖辈依赖量表》测量学前儿童的祖辈依赖状况，问卷具体介绍详见本章第一节和第二节。

2. 家长教养方式问卷

采用杨丽珠和杨春卿（1998）编制的家长自评《家长教养方式问卷》测查家长教养方式特点，该问卷将教养方式分为溺爱性、民主性、放任性、专制性、不一致性5个维度，采用李克特（Likert）五级计分法，某个维度分数越高表明家长越倾向于采用相对应的教养方式。为了便于祖辈、父辈理解并填写问卷，在不改变原有题目的基础上，增加"我"作为每一题目的主语。经检验，本研究中该问卷的 Cronbach's α 系数为0.717。

3. 自编祖辈心理控制问卷

（1）问卷编制目的

探索并验证祖辈心理控制的结构要素，编制具有良好信效度的祖辈心理控制问卷，以了解祖辈参与教养家庭学前儿童的祖辈依赖水平。

（2）问卷初稿

首先，通过中国知网、万方数据知识服务平台、维普网、维普经纬数据库、史蒂芬斯数据库（EBSCOhost）、Web of Science、外刊资源服务、谷歌学术等中外学术网站以及参考文献追溯法，查阅了与"心理控制"相关的文献。通过对文献的阅读整理，最终主要参考了以下6份引用数较多、较为典型的心理控制问卷：Schaefer（1965）编制的儿童报告的父母行为问卷、Barber（1996）编制的青少年报告的父母心理控制问卷、王潜等（2007）修订的中文版父母控制问卷、Olsen（2002）编制的父母心理控制自评问卷、杨阳（2015）在Olsen的问卷基础上翻译改编的《幼儿母亲心理控制问卷》以及陈巍（2007）编制的将母亲心理控制分为积极和消极两个方面的《母亲心理控制水平调查问卷》。

其次，将以上心理控制问卷中的外文问卷进行翻译，对问卷中的题目进行整理和归纳，将意思相近与内容相似的题目进行合并，并结合前期对我国隔代教养家庭祖辈教养情况进行的观察与访谈，将部分题目的表述进行删减与修改，进行具体化与生活化处理，使之符合学前儿童年龄阶段特点以及我国祖辈家长的特点，以便于阅读与理解。同时对项目维度进行划分，合并相关维度，命名新维度，对问卷中每个题目的严谨性、可靠性、理解性进行初步判断，初步形成《祖辈心理控制水平调查问卷》。问卷结构初步分为两方面，10个维度。其中，消极心理控制方面分别是限制口语表达（3题）、内疚感引导（4题）、爱的撤回（4题）、不稳定的情绪行为（3题）、贬低儿童（3题）、权威控制（3题）；积极心理控制方面分别是情感支持与表达（4题）、理性指导（3题）、鼓励独立（4题）、保护儿童（2题）；问卷共计33道题目。

（3）问卷施测与分析

①问卷施测对象

采用方便抽样法，在湖州市的1所幼儿园随机整群抽取小、中、大各3个班，由幼儿园老师发放问卷240份，剔除无效问卷，有效问卷为232份，有效回收率为96.67%。问卷由学前儿童的主要教养人填写，其中父母填写占71.12%（n=165），祖辈填写占28.88%（n=67）。小班儿童占34.05%（n=79），中班儿童占41.81%（n=97），大班儿童占24.14%（n=56）。男孩占52.16%（n=121），女孩占47.84%（n=111）。

②项目分析

采用两种方法考察项目的区分度。第一，临界比率法。按量表总分排序，从高到低取出27%的高分组被试和从低到高取出27%的低分组被试，对每个项目进行高分组和低分组得分的独立样本 t 检验。结果表明，该问卷中第18题不显著（$p > 0.01$），故删除此题目，保留其他题目。

第二，题总相关法。调查每个题目得分与总分的相关性。相关分析结果表明，问卷项目均与心理控制总分显著相关，但题目3、题目14、题目18、题目27、题目28的相关系数小于0.3，因此将其删除。至此，综合两种结果，共删除3、14、18、27、28共5个题目，保留其余28个题目。

③探索性因素分析

祖辈心理控制问卷Bartlett球形检验值为2915.255，显著性为0.000，说明变量内部有共享因素的可能。KMO系数为0.878，说明此问卷适合进行因素分析。为了明确问卷的结构因子，首先对数据进行了主成分分析，提取出共同因素，计算出初始负荷矩阵，最后使用正交旋转法计算出最终的因素负荷矩阵。

因素分析结果显示，特征值大于1的公共因子有6个，分别为7.90、3.86、1.65、1.30、1.11、1.05，累计解释总方差的62.445%。根据Kaiser准则，应该提取6个公因子。根据提取的6个因子，并结合相关理论与调研实际，最终确定了6个因子，共27个题目。其中，"限制口语表达"因子共2个题目，"内疚感引导与爱的撤回"因子共7个题目，"贬低儿童与权威控制"共3个题目，"不稳定的情绪行为"共3个题目，"理性指导"共9个题目，"情感支持与表达"共3个题目。

④问卷信度

采用内部一致性系数对问卷的信度进行检验，该问卷的Cronbach's α系数为0.896，接近0.9，说明该问卷具有良好的信度。

（三）数据统计与分析

使用SPSS24.0软件和AMOS24.0软件进行数据统计分析，包括描述性统计、差异检验、相关分析、回归分析和探索性因素分析等。

三、结果

（一）学前儿童祖辈依赖发展的一般状况

根据学前儿童的主要教养人将被试分为四类：父辈教养、祖辈—父辈共同教养、父系祖辈教养、母系祖辈教养，并对不同教养人学前儿童在祖辈依赖总分及各维度上的得分进行方差分析，具体结果见表 7-16。

表 7-16　不同主要教养人学前儿童在祖辈依赖总分及各维度上的差异分析（$M \pm SD$）

维度	父辈 （n=66）	祖辈—父辈 （n=136）	父系祖辈 （n=62）	母系祖辈 （n=18）	F
祖辈依赖总分	42.71 ± 12.10	45.65 ± 12.37	50.97 ± 12.72	54.28 ± 13.26	7.239***
认知依赖	10.92 ± 3.60	11.54 ± 3.81	13.24 ± 3.98	13.00 ± 3.33	4.988**
情感依赖	17.27 ± 6.60	17.40 ± 6.11	20.61 ± 6.03	23.61 ± 7.37	8.512***
行为依赖	14.52 ± 4.43	16.71 ± 4.85	17.11 ± 5.33	17.67 ± 5.43	4.249**

结果表明，不同主要教养人的学前儿童在祖辈依赖总分及认知依赖、情感依赖、行为依赖各个维度上得分均存在显著性差异（$p < 0.05$）。具体而言，父辈为主要教养人的学前儿童在任一维度上的得分都是最低的，祖辈—父辈共同为主要教养人的学前儿童得分居中，得分最高的是父系祖辈和母系祖辈为主要教养人的学前儿童。事后多重比较发现，除认知依赖维度外，母系祖辈为主要教养人的学前儿童在祖辈依赖总分、情感依赖、行为依赖上的得分均高于父系祖辈。

（二）祖辈教养方式对学前儿童祖辈依赖的影响

1. 祖辈教养方式的特点

依据问卷填写人将样本分为父辈教养方式和祖辈教养方式两组，进行描述性统计和独立样本 t 检验，结果见表 7-17。结果显示：祖辈教养方式在民主性维度得分最高，说明祖辈家长偏向于对学前儿童采取民主性的教养方式。独立样本 t 检验结果显示：祖辈教养方式与父辈教养方式在各个维度均存在显著性差异。具体而言，在溺爱性、放任性和不一致性维度上，祖辈教养方式得分显著高于父辈教养方式；而在民主性与专制性维度上，父辈教养方式得分显著高于祖辈教养方式。

表 7-17　学前儿童不同教养人教养方式差异比较

维度	祖辈教养方式 M	祖辈教养方式 SD	父辈教养方式 M	父辈教养方式 SD	t
溺爱性	2.32	0.560	1.93	0.496	7.087***
民主性	3.65	0.649	3.95	0.573	-4.671***
放任性	2.20	0.547	1.83	0.442	6.853***
专制性	2.64	0.520	2.77	0.489	-2.463*
不一致性	2.73	0.547	2.52	0.574	3.621***

2. 祖辈教养方式与学前儿童祖辈依赖的相关分析

为考查学前儿童祖辈教养方式各维度与祖辈依赖总分及其各维度之间的关系，筛选出祖辈教养方式样本，采用皮尔逊相关法进行分析，结果见表 7-18。结果显示：溺爱性与行为依赖、祖辈依赖呈显著正相关，说明祖辈教养方式中的溺爱性程度越高，学前儿童的行为依赖和祖辈依赖程度就越高；民主性与学前儿童祖辈依赖及各个维度相关不显著；放任性与行为依赖和认知依赖呈显著正相关，说明祖辈教养方式中的放任性程度越高，学前儿童的行为依赖和认知依赖越高；专制性与情感依赖呈显著正相关，说明祖辈教养方式中的专制性程度越高，学前儿童对祖辈的情感依赖越高；不一致性与行为依赖、祖辈依赖呈显著正相关，说明祖辈教养方式中的不一致性程度越高，学前儿童的行为依赖及祖辈依赖越高。

表 7-18　祖辈教养方式与学前儿童祖辈依赖的相关矩阵

维度	1	2	3	4	5	6	7	8	9
1.行为依赖	—								
2.情感依赖	0.260**	—							
3.认知依赖	0.349**	0.531**	—						
4.祖辈依赖总分	0.702**	0.830**	0.747**	—					
5.溺爱性	0.240**	0.071	0.055	0.164*	—				
6.民主性	-0.143	0.057	-0.078	-0.056	-0.288**	—			
7.放任性	0.172*	0.034	0.160*	0.144	0.564**	-0.436**	—		
8.专制性	-0.039	0.201**	0.09	0.12	0.026	0.167*	0.041	—	
9.不一致性	0.169*	0.102	0.123	0.170*	0.228**	0.071	0.229**	0.225**	—

3. 祖辈教养方式与学前儿童祖辈依赖的回归分析

在相关分析的基础上，为进一步明确学前儿童祖辈依赖与祖辈教养方式之间的因果关系，分别以祖辈教养方式及其各维度为自变量，以祖辈依赖总分及其各维度为因变量，采用逐步回归法进行回归分析，结果详见表 7-19~表 7-22。数据显示：

（1）祖辈不一致性教养方式对学前儿童祖辈依赖具有显著正向预测作用，调整后 R^2 为 0.023，说明祖辈不一致性教养方式能够预测学前儿童祖辈依赖 2.3% 的差异量。

表 7-19　祖辈不一致性教养方式与学前儿童祖辈依赖的回归分析

维度	R	R^2	调整后 R^2	F	$β$	t
常量	0.170	0.03	0.023	5.052*	38.659	8.801***
不一致性					0.591	2.248*

（2）祖辈溺爱性教养方式能显著正向预测学前儿童的行为依赖，调整后 R^2 为 0.052，说明祖辈溺爱性教养方式能预测学前儿童祖辈行为依赖

5.2%的差异量。

表7-20 祖辈溺爱性教养方式与学前儿童行为依赖的回归分析

维度	R	R^2	调整后R^2	F	β	t
常量	0.240	0.057	0.052	10.348**	11.538	7.004***
溺爱性					0.317	3.217**

（3）祖辈专制性教养方式能显著正向预测学前儿童的情感依赖，调整后R^2为0.035，说明祖辈专制性教养方式能预测学前儿童祖辈情感依赖3.5%的差异量。

表7-21 祖辈专制性教养方式与学前儿童情感依赖的回归分析

维度	R	R^2	调整后R^2	F	β	t
常量	0.201	0.040	0.035	7.151**	12.888	5.220***
专制性					0.307	2.674**

（4）祖辈放任性教养方式能显著正向预测学前儿童的认知依赖，调整后R^2为0.020，说明祖辈放任性教养方式能预测学前儿童祖辈认知依赖2.0%的差异量。

表7-22 祖辈放任性教养方式与学前儿童认知依赖的回归分析

维度	R	R^2	调整后R^2	F	β	t
常量	0.160	0.025	0.020	4.446*	10.139	9.672***
放任性					0.109	2.109*

（三）祖辈心理控制对学前儿童祖辈依赖的影响

1. 祖辈心理控制的特点

比较不同家庭类型主要教养人心理控制的得分，结果表明：祖辈为主要教养人、父辈为主要教养人、祖辈—父辈共同为主要教养人家庭中祖辈心理控制得分在贬低儿童与权威控制维度上存在显著性差异（$p < 0.05$）。

具体来看，祖辈—父辈共同为主要教养人家庭的祖辈心理控制得分＞祖辈为主要教养人家庭的祖辈心理控制得分＞父辈为主要教养人家庭的祖辈心理控制得分。进一步两两比较发现，祖辈—父辈共同为主要教养人家庭的祖辈心理控制得分在贬低儿童与权威控制维度上显著高于父辈为主要教养人家庭（$p < 0.05$），具体见表 7-23。

表 7-23　不同类型家庭主要教养人祖辈心理控制总分及各维度上的差异分析（$M \pm SD$）

维度	父辈 （$n=71$）	祖辈—父辈 （$n=136$）	祖辈 （$n=80$）	F
心理控制总分	52.45 ± 13.49	55.21 ± 13.85	54.15 ± 13.27	0.964
限制口语表达	3.45 ± 1.47	3.46 ± 1.45	3.33 ± 1.45	0.228
内疚感引导与爱的撤回	13.90 ± 4.83	17.40 ± 6.11	14.06 ± 4.80	0.286
贬低儿童与权威控制	6.30 ± 1.75	7.30 ± 2.51	6.99 ± 2.22	4.612*
不稳定的情绪行为	6.82 ± 2.31	6.75 ± 2.32	6.74 ± 2.49	0.025
理性指导	17.04 ± 5.94	18.90 ± 6.36	17.85 ± 6.24	2.216
情感支持与表达	4.94 ± 2.22	5.21 ± 2.43	5.19 ± 2.24	0.337

2. 祖辈心理控制与学前儿童祖辈依赖的相关分析

相关分析结果显示：学前儿童祖辈依赖总分与祖辈心理控制总分及其限制口语表达、内疚感引导与爱的撤回、贬低儿童与权威控制、不稳定的情绪行为等维度呈显著正相关；认知依赖与祖辈心理控制总分及其限制口语表达、内疚感引导与爱的撤回、贬低儿童与权威控制、不稳定的情绪行为、理性指导等维度呈显著正相关；情感依赖与内疚感引导与爱的撤回、不稳定的情绪行为等心理控制维度呈显著正相关，与理性指导心理控制维度呈显著负相关；行为依赖与心理控制总分及其限制口语表达、内疚感引导与爱的撤回、贬低儿童与权威控制、不稳定的情绪行为、理性指导等维度呈显著正相关。具体见表 7-24。

表 7-24　祖辈心理控制与学前儿童祖辈依赖相关矩阵

维度	1	2	3	4	5	6	7	8	9	10	11
1. 祖辈依赖总分	—	—	—	—	—	—	—	—	—	—	—
2. 认知依赖	0.866**	—	—	—	—	—	—	—	—	—	—
3. 情感依赖	0.857**	0.633**	—	—	—	—	—	—	—	—	—
4. 行为依赖	0.784**	0.628**	0.407**	—	—	—	—	—	—	—	—
5. 心理控制总分	0.229**	0.285**	0.064	0.287**	—	—	—	—	—	—	—
6. 限制口语表达	0.152*	0.163**	0.039	0.214**	0.574**	—	—	—	—	—	—
7. 内疚感引导与爱的撤回	0.319**	0.290**	0.225**	0.302**	0.752**	0.471**	—	—	—	—	—
8. 贬低儿童与权威控制	0.226**	0.253**	0.090	0.267**	0.643**	0.322**	0.551**	—	—	—	—
9. 不稳定的情绪行为	0.313**	0.320**	0.231**	0.256**	0.626**	0.322**	0.657**	0.516**	—	—	—
10. 理性指导	0.025	0.126*	-0.128*	0.135*	0.764**	0.306**	0.237**	0.279**	0.166**	—	—
11. 情感支持与表达	0.006	0.077	0.079	0.059	0.673**	0.328**	0.269**	0.205**	0.183**	0.674**	—

3. 祖辈心理控制与学前儿童祖辈依赖的回归分析

在相关分析的基础上，为了明确祖辈心理控制与学前儿童祖辈依赖二者之间的因果关系，以祖辈心理控制总分及各分维度得分为自变量，分别以学前儿童祖辈依赖总分、认知依赖、情感依赖、行为依赖为因变量，采用逐步回归法进行回归分析，结果详见表 7-25~表 7-28。

表 7-25 祖辈心理控制与学前儿童祖辈依赖总分的回归分析

维度	R	R^2	调整后 R^2	F	t
常量					13.366***
内疚感引导与爱的撤回	0.347	0.121	0.114	19.157***	2.687**
不稳定的情绪行为					2.457*

（1）内疚感引导与爱的撤回、不稳定的情绪行为对学前儿童祖辈依赖总分有正向预测作用。调整后 R^2 为 0.114，说明内疚感引导与爱的撤回、不稳定的情绪行为能够预测学前儿童祖辈依赖 11.4% 的差异量。

表 7-26 祖辈心理控制与学前儿童认知依赖的回归分析

维度	R	R^2	调整后 R^2	F	t
常量	0.320	0.102	0.099	31.895***	12.69***
不稳定的情绪行为					5.64***

（2）不稳定的情绪行为对学前儿童认知依赖有正向预测作用。调整后 R^2 为 0.099，说明不稳定的情绪行为能够预测学前儿童认知依赖 9.9% 的差异量。

表 7-27 祖辈心理控制与学前儿童情感依赖的回归分析

维度	R	R^2	调整后 R^2	F	t
常量					10.65***
不稳定的情绪行为	0.315	0.099	0.089	10.181***	2.02*
理性指导					-3.32**
内疚感引导与爱的撤回					2.25*

（3）内疚感引导与爱的撤回、不稳定的情绪行为对学前儿童情感依赖

有正向预测作用，理性指导对学前儿童情感依赖有负向预测作用。调整后 R^2 为 0.089，说明内疚感引导与爱的撤回、不稳定的情绪行为与理性指导能够预测学前儿童情感依赖 8.9% 的差异量。

表 7-28　祖辈心理控制与学前儿童行为依赖的回归分析

维度	R	R^2	调整后 R^2	F	t
常量	0.315	0.099	0.089	10.181***	10.65***
不稳定的情绪行为					2.02*
理性指导					−3.32**
内疚感引导与爱的撤回					2.25*

（4）内疚感引导与爱的撤回、贬低儿童与权威控制对学前儿童行为依赖有正向预测作用。调整后 R^2 为 0.100，说明内疚感引导与爱的撤回、贬低儿童与权威控制能够预测学前儿童行为依赖 10% 的差异量。

四、讨论

（一）祖辈教养方式和心理控制的一般特点

1. 祖辈教养方式的特点

本研究发现，在祖辈教养方式上，5 个维度的得分从高到低依次为：民主性、不一致性、专制性、溺爱性、放任性；在父辈教养方式上，5 个维度的得分从高到低依次为：民主性、专制性、不一致性、溺爱性、放任性。总体来看，无论是祖辈还是父辈，对学前儿童均倾向于采取民主性的教养方式，这与以往的不少研究结果一致，如刘洋丽（2019）、杨方娇（2018）和余熙悦（2019）的研究均发现民主性的教养方式是当代家长所普遍采用的教养方式。有所不同的是，以往研究指出教养方式的 5 个维度中，溺爱性维度得分是最低的，但在本研究中，无论是祖辈还是父辈，放任性维度得分是最低的。出现这种差异的原因可能是：随着时代的发展和社会的进步，家长的受教育水平逐步提高，教育理念也不断更新，对学前儿童的教养越来越重视，故此较少采用放任的态度来对待学前儿童。在溺爱性、放任性和不一致性3个维度上，均是祖辈得分显著高于父辈的得分，可见，相较于父辈，祖辈会更多对学前儿童采取溺爱纵容和不一致的教养方式；在民主性和专制性维度上，父辈得分显著高于祖辈，说明相较于祖辈，父辈更多对学前儿童采取民主性的教养方式的同时，对其要求也更为严苛。

2. 祖辈心理控制的特点

以往研究发现，在祖辈—父辈协同教养家庭中，多数祖辈和父辈存在共同教养困境，其教养观念与教养方式普遍存在冲突（宋雅婷，李晓巍，2020）。本研究结果表明，在祖辈—父辈共为教养人的隔代教养家庭中祖辈的心理控制总分高于祖辈为主要教养人的隔代教养家庭。除不稳定的情绪行为维度外，其余消极心理控制维度均是在祖辈—父辈共为教养人的隔代教养家庭中祖辈得分高于祖辈为主要教养人的隔代教养家庭，即在祖辈—父辈协同教养家庭中祖辈对学前儿童的心理控制程度最深。原因可能是在协同教养家庭中，祖辈与父辈教养的不一致性导致了代际间的冲突，一些祖辈为凸显自身的教养价值，在教养方式上固执己见，对孙辈采取更强的控制方式。

（二）祖辈教养方式和心理控制对学前儿童祖辈依赖的影响

1. 祖辈教养方式影响学前儿童祖辈依赖

从祖辈教养方式与学前儿童祖辈依赖的相关分析结果可知，祖辈教养方式的溺爱性、专制性、放任性及不一致性维度均与学前儿童祖辈依赖总分及部分维度显著正相关。回归分析结果发现，祖辈不一致性的教养方式显著正向预测学前儿童的祖辈依赖，这可能是因为若祖辈使用前后不一致的教养方法，对学前儿童的行为时而支持、时而反对，对同一件事有时奖励、有时惩罚，自相矛盾，会让学前儿童无所适从，遇事无法自己做主，惰性和依赖性就会"有机可乘"；祖辈溺爱性的教养方式显著正向预测学前儿童的行为依赖，由于"隔代亲"，大多数祖辈对孙辈都会溺爱，无克制地包办代替，使学前儿童内驱力的发展受到抑制，探索周围环境的主动性受到削弱（林桢等，2016），以致行为依赖严重；祖辈专制性的教养方式能够显著正向预测学前儿童的情感依赖，这可能是因为祖辈精力和体力有限，加之忙于家庭琐事较为劳累，有时对待学前儿童会耐心不足、管教严厉甚至高度控制，致其被动依赖；祖辈放任性的教养方式能显著正向预测幼儿的认知依赖，可能的原因有：大多数祖辈文化水平不高，观念陈旧，也不喜儿童喧闹，对其只问衣食饥寒，其他方面则放任自流，遇事直接告知儿童该如何做或者代为处理，不懂得如何引导和开发其思维和智力（李晴霞，2001），导致学前儿童不擅思考，认知出现惰性，形成对祖辈的认知依赖（陈传锋等，2021）。总之，祖辈越采用消极的教养方式，学前儿童的祖辈依赖越严重。

2. 祖辈心理控制影响学前儿童祖辈依赖

本研究结果表明，祖辈心理控制总分与学前儿童祖辈依赖总分显著正相关，即祖辈心理控制越强，学前儿童祖辈依赖越严重。以往研究表明，过度的心理控制会对儿童的自主性发展产生负面影响（Soenens et al.，2004；陈巍，2007），大量的心理控制行为会阻止儿童心理自主性的发展。本研究的结论则从其反面——依赖性的角度进行了验证。从内涵上看，心理控制指一种通过使儿童保持情感上对家长的依赖来阻止或干涉儿童发展独立性或自我同一性的控制意图（李志楠，邹晓燕，2006）。祖辈过度的心理控制不仅会使学前儿童产生依赖心理，还会影响其独立性的发展。另外，从现实教育的角度考虑，若是祖辈对学前儿童事事包办代替，越俎代庖，经常用自己的观点约束儿童，久而久之，学前儿童也就不再坚持自己的意见，丧失了主见，导致其依赖性增强。

从祖辈心理控制的各维度来看，不同维度与学前儿童祖辈依赖的关系不尽相同。祖辈心理控制中的限制口语表达维度、内疚感引导与爱的撤回维度、贬低儿童与权威控制维度、不稳定的情绪行为维度分别与幼儿的认知依赖维度呈显著正相关；同时，祖辈心理控制的 4 个维度也分别与幼儿的行为依赖维度呈显著正相关；而祖辈心理控制中的内疚感引导与爱的撤回维度、不稳定的情绪行为维度则分别与幼儿的情感依赖维度显著正相关；理性指导维度与情感依赖显著负相关。回归分析的结果也表明，内疚感引导与爱的撤回维度对学前儿童祖辈依赖总分、情感依赖、行为依赖有正向预测作用；贬低儿童与权威控制维度对学前儿童行为依赖有正向预测作用。内疚感是一个人对自己的过错和过失的感知。当学前儿童做错了事，重要的是让他（她）知道自己犯了错误后如何改正，而不是一味地强调错误带来的严重后果、让他（她）感知到犯了错就得不到关爱与尊重，更不能过度地贬低与控制。否则，容易引发儿童抑郁、害怕犯错等心理和行为问题。久而久之，学前儿童可能会处处谨小慎微，事事不敢亲力亲为，从而在情感上与行为上均产生依赖性。不稳定的情绪行为可以正向预测学前儿童祖辈依赖总分、认知依赖、情感依赖。祖辈在教养学前儿童过程中没有科学理性的教养观念指导，遇到问题时而严厉惩罚，一味宣泄自己的负面情绪；时而又温柔和善，乃至溺爱学前儿童。这种不稳定的教养态度与行为缺乏对学前儿童真正的尊重与理解，容易造成其情感上的紊乱与安全感的缺失，难以激发主动性与自主性，遇事胆小退缩，导致依赖性增强。回归分析结果还表明，祖辈的理性指导可以负向预测学前儿童的情感依赖。祖辈若是在学前儿童成长过程中充当睿智的引导者角色，给予其温暖的关怀，鼓励其表达观点，理智地陪伴其成长，将有利于缓解学前儿童的情感依赖，促进其独立性和自主性的发展。

另外，限制口语表达虽没有进入回归方程，但其与学前儿童祖辈依赖总分、认知依赖、行为依赖均显著相关。学前期正是儿童语言发展的关键期，自我意识的逐步发展使其有较强的自我表达意愿，此时若是受到祖辈的限制与打压，使表达意愿得不到充分满足，无疑将会限制学前儿童自主性的发展，导致其依赖性增强。

第四节　祖辈依赖对学前儿童心理发展的影响

一、祖辈依赖对学前儿童科学探究能力的影响

（一）引言

学前儿童科学探究能力是在不断探究学习和动手实践的过程中逐渐形成、发展起来的一种萌芽式的探究能力。《3~6岁儿童学习与发展指南》指出，学前儿童的"科学探究"是其对自然界中的事物和现象进行不断探索和学习，帮助其更好地认识、解释客观世界的过程。学前期是创造性发展的重要时期，支持和鼓励学前儿童自由探索、培养其科学探究能力对学前儿童创造能力的发展起着重要作用。已有研究表明，父母和家庭教养因素对学前儿童科学探究能力的发展具有显著影响。Alexander和Kelley（2012）认为，父母提供的科学教育机会对儿童科学能力的发展具有重要影响。斯滕伯格（Sternberg, 1994）研究发现，家长鼓励孩子寻找和探索而不是拒绝他们的问题，有利于孩子的智力发展。孟晨和韩浩（2019）还发现，不同的家庭教养方式对学前儿童的科学探究能力具有不同影响，例如，在高控、专断型家庭中，学前儿童受到家长更多行为上的限制与干涉，缺乏尝试机会，容易被迫接受成人的是非观和认识世界的逻辑，以致磨灭学前儿童的探究兴趣，阻碍其探究能力发展；而在鼓励、支持型家庭中，家长对学前儿童持认可的态度，家幼关系和谐，家庭气氛融洽，学前儿童情感放松，能把更多精力投入到感兴趣的事物上，能用自己喜欢的方式去探究问题，因而有助于其科学探究能力的形成。

如前所述，随着隔代教养的日益普遍，儿童祖辈依赖问题突出，祖辈依赖对儿童心理发展的影响备受关注，但目前鲜有研究探讨学前儿童的祖

辈依赖对其科学探究能力的影响。因此，本研究探讨祖辈依赖对学前儿童科学探究能力的影响具有重要的现实意义。

（二）方法

1. 调研对象

在湖州市和宁波市各1所共2所幼儿园中随机抽取大中小各1个班、共6个班的学前儿童及其主班教师、主要教养人为调研对象，共发放问卷163份，回收问卷163份，回收率为100%。剔除漏答等无效问卷，共得有效问卷160份，有效率为98.16%。有效样本学前儿童分布如表7-29所示，学前儿童家庭主要教养人分布如表7-30所示。

表7-29 学前儿童性别和年级分布统计表

维度	男孩	女孩	总计
小班	29	22	51
中班	29	24	53
大班	28	28	56
总计	86	74	160

表7-30 学前儿童家庭主要教养人分布统计表

维度	人数	百分比（%）
父辈	84	52.50
父辈与祖辈	65	40.63
祖辈	11	6.87

2. 调研工具

（1）《幼儿祖辈依赖问卷》（家长问卷）

采用王玲凤等（2021）编制的《幼儿祖辈依赖量表》测量学前儿童的祖辈依赖状况，问卷具体介绍详见本章第一节和第二节。

（2）修订《幼儿科学探究能力问卷》（教师问卷）

参考胡睿（2013）的《幼儿园区域活动之科学区中幼儿探究性学习观察记录表》以及郭倩（2020）的《幼儿园科学区角活动中幼儿探究性学习观察评估表》，并略作修改：保留胡睿原表中幼儿探究性学习的4个特点，直接引用表中的4个维度（"自主性""探究性""合作性""想象与创造"），只对表中2个具体条目进行了修改，其余具体条目全部保留。将郭倩原表中的"表达与反思"这一维度及其具体标准全部保留。根据研究实际将观察量表形式改为教师问卷形式，在每一条指标前添加"在科学活动或区角活动中，孩子……"例如将"自主"维度的第1条"能主动地对研究对象观察"改为"在科学活动或区角活动中孩子能主动地对研究对象观察"，以此类推。完成上述修改后，编制成《学前儿童科学探究能力问卷》，包括"自主性""探究性""合作性""想象与创造"和"表达与反思"共5个维度，共25题，由被试学前儿童的主班教师完成问卷，考察学前儿童的科学探究能力发展状况及存在问题。采取李克特（Likert）五级计分法。题目均为正向计分，"1"表示完全不符合，"5"表示完全符合。计算各维度得分及总分，得分越高，则代表学前儿童探究学习能力越好。

3. 数据统计与分析

使用SPSS 26.0软件进行数据录入和统计分析，包括描述性统计、差异检验、相关和回归分析等。

（三）结果

1. 学前儿童科学探究能力状况

（1）学前儿童科学探究能力发展的一般特点

第一，学前儿童科学探究能力大多处于中等水平。由于缺乏常模对比，从统计上对学前儿童的科学探究水平进行分组：把高于平均数1个标准差的学前儿童科学探究水平归为高科学探究水平组，低于平均数2个标准差的学前儿童科学探究水平归为低科学探究水平组，在平均数上下 2 个标准差之内的学前儿童科学探究水平归为中等科学探究水平组，各组人数分布见表 7-31。可见，当前绝大多数学前儿童的科学探究总体水平都处于中等水平，科学探究水平很高或很低的学前儿童都只占少数。

表 7-31　学前儿童的科学探究能力水平分组

维度	n	%
高科学探究水平组	21	13.13
中等科学探究水平组	105	65.63
低科学探究水平组	34	21.24
总计	160	100.00

第二，学前儿童的科学探究能力水平随年级而逐渐提高。以学前儿童年级为自变量、学前儿童科学探究能力各维度得分以及总分为因变量进行方差分析，结果见表 7-32。结果显示：不同年级学前儿童的科学探究能力在各维度得分及总得分上均存在显著差异。进一步事后检验可知，小班学前儿童的科学探究能力在各维度得分及总得分上均显著低于中班学前儿童和大班学前儿童，但中班学前儿童和大班学前儿童的科学探究能力在各维度得分及总得分上未见显著差异。

表 7-32　不同年级学前儿童科学探究水平的差异比较

维度	年级	n	M	SD	F
自主性	小班	51	14.59	4.73	17.019[***]
	中班	53	19.49	4.86	
	大班	56	18.77	4.29	
探究性	小班	51	13.92	5.50	18.553[***]
	中班	53	18.91	4.29	
	大班	56	18.34	3.83	

续表

维度	年级	n	M	SD	F
合作性	小班	51	13.59	5.27	25.211***
	中班	53	19.28	4.31	
	大班	56	18.73	3.91	
想象与创造性	小班	51	13.02	5.37	21.202***
	中班	53	18.43	4.79	
	大班	56	18.36	4.43	
表达与反思	小班	51	13.55	5.49	20.835***
	中班	53	19.43	4.75	
	大班	56	18.41	4.64	
科学探究总分	小班	51	68.67	24.51	23.415***
	中班	53	95.53	21.42	
	大班	56	92.61	19.93	

（2）隔代教养对学前儿童科学探究能力的影响

以学前儿童科学探究能力各个维度得分及总分为因变量，以学前儿童主要教养人类别为自变量进行方差分析，结果见表7-33。结果表明：在主要教养人不同的情况下，学前儿童科学探究能力、探究性、合作性和表达与反思存在显著差异。进一步事后检验可知，主要教养人是父辈与祖辈、主要教养人是祖辈的学前儿童的科学探究能力总分、探究性、合作性和表达与反思得分显著低于主要教养是父辈的学前儿童，但前两者间无显著性差异。

表7-33　不同教养人类别学前儿童科学探究能力及其各维度的差异比较

维度	主要教养人类型	n	M	SD	F
自主性	父辈	84	18.60	4.19	2.992
	父辈和祖辈	65	16.68	5.94	
	祖辈	11	16.55	4.72	

续表

维度	主要教养人类型	n	M	SD	F
探究性	父辈	84	18.06	4.21	3.157*
	父辈和祖辈	65	16.08	5.88	
	祖辈	11	16.09	4.53	
合作性	父辈	84	18.43	4.16	4.656*
	父辈和祖辈	65	15.95	6.05	
	祖辈	11	16.27	4.50	
想象与创造性	父辈	84	17.58	4.99	2.473
	父辈和祖辈	65	15.71	6.04	
	祖辈	11	15.55	4.23	
表达与反思	父辈	84	18.39	4.63	4.265*
	父辈和祖辈	65	15.85	6.45	
	祖辈	11	16.09	4.48	
科学探究总分	父辈	84	91.06	20.59	3.867*
	父辈和祖辈	65	80.26	29.15	
	祖辈	11	80.55	20.37	

2.学前儿童祖辈依赖对其科学探究能力的影响

（1）学前儿童祖辈依赖与科学探究能力的相关分析

对学前儿童祖辈依赖总分及其各维度得分和科学探究能力总分及其各维度得分作相关分析，结果见表7-34。结果显示：学前儿童祖辈依赖总分及其各维度与学前儿童科学探究能力总分及其各维度之间均存在显著负相关（$p < 0.01$），即学前儿童祖辈依赖越强，其科学探究能力越弱。

表7-34 学前儿童祖辈依赖与科学探究能力相关矩阵

维度	依赖总分	认知依赖	情感依赖	行为依赖	科学探究总分	自主能力	探究能力	合作能力	创造能力
依赖总分	—	—	—	—	—	—	—	—	—
认知依赖	0.862**	—	—	—	—	—	—	—	—
情感依赖	0.906**	0.752**	—	—	—	—	—	—	—

续表

维度	依赖总分	认知依赖	情感依赖	行为依赖	科学探究总分	自主能力	探究能力	合作能力	创造能力
行为依赖	0.870**	0.603**	0.636**	—	—	—	—	—	—
科学探究总分	-0.425**	-0.363**	-0.366**	-0.389**	—	—	—	—	—
自主能力	-0.370**	-0.337**	-0.313**	-0.330**	0.943**	—	—	—	—
探究能力	-0.400**	-0.334**	-0.340**	-0.377**	0.933**	0.855**	—	—	—
合作能力	-0.445**	-0.382**	-0.381**	-0.408**	0.952**	0.869**	0.851**	—	—
创造能力	-0.374**	-0.308**	-0.319**	-0.353**	0.942**	0.858**	0.838**	0.875**	—
表达与反思	-0.423**	-0.359**	-0.377**	-0.377**	0.964**	0.886**	0.877**	0.915**	0.882**
M	40.11	10.34	14.79	14.98	85.95	17.68	17.12	17.28	16.68
SD	11.79	3.44	4.85	5.10	24.87	5.07	5.05	5.15	5.45

（2）学前儿童祖辈依赖与科学探究能力的回归分析

以学前儿童祖辈依赖总分及各维度得分为自变量，学前儿童科学探究能力总分为因变量进行线性回归分析，结果见表7-35。结果显示：学前儿童祖辈依赖总分与科学探究能力总分之间存在显著线性关系，自变量可解释因变量的18%。建立回归方程为：$y=-0.896x+121.892$。其中y表示学前儿童科学探究能力总分，x表示学前儿童祖辈依赖总分，说明学前儿童祖辈依赖总分能够负向预测其科学探究能力。

表7-35 学前儿童祖辈依赖总分与学前儿童科学探究能力的回归分析

维度	R	R^2	调整后R^2	F	β	t
常量	0.425	0.180	0.175	34.78***	121.892	19.190***
祖辈依赖					-0.896	-5.897***

同理，以学前儿童祖辈依赖总分及各维度得分为自变量，分别以学前儿童科学探究能力各维度为因变量进行线性回归分析，结果表明：

学前儿童祖辈依赖总分与科学探究能力的自主性维度之间存在显著线性关系，自变量可解释因变量的 13.7%。建立回归方程为：$y=-0.159x+24.046$，其中 y 表示学前儿童科学探究能力的自主性，x 表示学前儿童祖辈依赖总分，说明学前儿童祖辈依赖总分能够负向预测其科学探究能力中的自主性。

学前儿童的祖辈依赖总分与其科学探究能力的探究性维度之间存在显著线性关系，自变量可解释因变量的 16.0%。建立回归方程为：$y=-0.171x+23.994$，其中 y 表示学前儿童科学探究能力的探究性，x 表示学前儿童祖辈依赖总分，说明学前儿童祖辈依赖总分能够负向预测其科学探究能力中的探究性。

学前儿童的祖辈依赖总分与其科学探究能力的合作性维度之间存在显著线性关系，自变量可解释因变量的 19.8%。建立回归方程为：$y=-0.194x+25.068$，其中 y 表示学前儿童科学探究能力的合作性，x 表示学前儿童祖辈依赖总分，说明学前儿童祖辈依赖总分能够负向预测其科学探究能力中的合作性。

学前儿童的祖辈依赖总分与其科学探究能力的想象与创造性维度之间存在显著线性关系，自变量可解释因变量的 14.0%。建立回归方程为：$y=-0.173x+23.606$，其中 y 表示学前儿童科学探究能力的想象与创造性，x 表示学前儿童祖辈依赖总分，说明学前儿童祖辈依赖总分能够负向预测其科学探究能力中的想象与创造性。

学前儿童的祖辈依赖总分与其科学探究能力的表达与反思维度之间存在显著线性关系，自变量可解释因变量的 17.9%。建立回归方程为：$y=-0.199x+25.179$，其中 y 表示学前儿童科学探究能力的表达与反思，x 表示学前儿童祖辈依赖水平总分，说明学前儿童祖辈依赖总分能够负向预测其科学探究能力中的表达与反思。

（四）讨论

1. 祖辈隔代教养显著影响学前儿童的科学探究能力

本研究结果显示，学前儿童的科学探究能力受到祖辈教养人的影响，亦即：主要教养人是祖辈的学前儿童其科学探究能力水平显著低于主要教养人是父辈的学前儿童，尤其是合作、表达与反思能力。已有的相关研究支持了这一结果，陆烨（2020）研究发现，在三代同堂的家庭中，祖辈参与孩子的教养责任越多，则孩子创造力越弱。可能的原因是：受生活环境以及传统观念的影响，祖辈的思想相对僵化，尤其是对知识信息的吸收和对新兴科学技术的了解不如父辈家长；并且大部分祖辈自身缺少科学素养，容易对学前儿童科学教育理解不全面，误认为学前儿童科学教育就是传授文化知识，从而忽视了对学前儿童探索思维、独立思考能力、动手能力等的培养，忽视了学前儿童的科学探究正是专注、执着、坚毅、独立等性格特质形成的过程。祖辈在一定程度上会阻碍学前儿童对新知识、新事物的学习，不利于学前儿童科学探究能力的发展。访谈调查进一步证实了这一结果。例如，王某某就是一个这样的隔代教养学前儿童，在搭桥活动中她一个人站在旁边摆弄材料，只会照着老师的样子搭。当研究者鼓励她尝试新的搭法时，她拒绝了，说"我不会搭"，之后便走开去别的区域玩了。

学前儿童正处于好问好学的时期，他们有各种疑问，喜欢刨根问底。在隔代教养家庭，祖辈可以解答一些生活常识方面的问题，但如果是涉及科学领域的知识问题，祖辈可能就无法给出答案。王晓煊（2021）研究发现，当祖辈因为知识面狭窄而无法回答学前儿童的问题时，他们会选择不回答或者敷衍和误导学前儿童，有的祖辈甚至还采用粗暴批评的方式对待学前儿童，这种做法严重打击了学前儿童表达的积极性，不利于学前儿童反思能力的培养。祖辈对学前儿童科学探究各维度能力的负面影响还与祖辈"重静轻动"的特点密不可分。在日常生活中，祖辈往往更倾向于保持安静，一是因为担心学前儿童出事自己难以向其父母交代，因此过度关注学前儿童的人身安全，对其过度保护和过多限制，从而限制了学前儿童的探究行为发展；二是祖辈被刻板的教育观念以及落后的思想束缚，相较于好奇、好问的孩子，他们更喜欢安静、听话、乖巧、不闹腾的孩子，因而忽视了对学前儿童自主性、探究性和拼搏精神的培养；三是祖辈精力有限，对体育活动兴趣较淡，不喜吵闹，这使有些学前儿童在体育活动、生活自理、动手操作等方面的能力较差，并且也会在一定程度上影响其竞争心、自信心、探究能力及应变能力（孔露，张思正，2020）。

2. 学前儿童的祖辈依赖显著预测其科学探究能力发展

本研究发现，学前儿童的祖辈依赖水平与其科学探究能力存在显著负相关，即学前儿童的祖辈依赖水平越强，其科学探究能力越弱，学前儿童的祖辈依赖水平可显著负向预测其科学探究水平。究其原因，祖辈对学前儿童过度爱护，往往出现包办代替的情况，使学前儿童对祖辈过于依赖，以致其自主性和独立性大大减弱，缺乏科学探究的兴趣，失去科学探究的积极性，进而影响其科学探究能力的发展。这一结果在已有的相关研究中可得到验证。如有研究发现，在祖辈参与照料学前儿童的家庭中，祖辈的"隔代亲怀"以及对学前儿童在心理上溺爱、行为上包办，容易导致学前儿童对祖辈产生过分依赖，形成祖辈依赖。且学前儿童年龄越小、祖辈依赖越强（陈璐，陈传锋，2017）。学前儿童对祖辈的依赖，使其在日常生活中遇到事物和问题缺乏独立的思考、选择和决策，因而影响其认知能力和创造力发展。同时，还会使其在日常生活中习惯衣来伸手、饭来张口，不管遇到什么事都希望祖辈来帮助解决，即使在学习中遇到问题也不主动思考，而是等待祖辈来告诉自己答案，长此以往，使其失去生活自理能力。李炎（2003）的研究也支持了本研究结果：隔代教养家庭中的孩子往往生活自理能力差，习惯家人的照顾，遇到困难习惯于让他人帮助解决，难以自主独立地解决问题，不利于其科学探究能力的发展。

二、祖辈依赖对学前儿童心理健康的影响

（一）引言

学前儿童心理健康是指学前儿童产生的合理需求和愿望被满足后，在情绪、认知、社会性等各方面所表现出来的积极心理状态（刘林娇，龚超，2012），其心理健康问题一般表现为羞怯、胆小、自私、任性、冷漠、自卑、焦虑、孤独、多动、不合群、不会与人沟通交流、攻击性行为等心理状况和外显行为。刘艳（2015）从社会行为问题、生理心理发展问题、不良习惯问题和学习问题四方面调查发现，学前儿童存在明显的心理卫生问题。王星（2002）对内蒙古地区215名学前儿童进行心理健康的现状调查，结果表明学前儿童在情绪、性格、社会适应、行为、交往、饮食与睡眠等方面不同程度地存在心理健康问题，有1/3的学前儿童存在不良习惯，在社会适应、行为和交往三方面，随着学前儿童年龄增长，其心理健康问题呈增长趋势。学前期是儿童身体迅速成长的重要阶段，是心理素质培养和人格塑造的关键时期，同时也是心理健康问题的多发时期（裴永光，刘可，2014）。如果不对学前儿童的心理健康问题进行有效的干预，极易引起严重的心理和精神障碍，这种障碍将会持续影响学前儿童，给其日后的学业、工作和社会交往带来沉重的负担。

学前儿童的心理健康问题是社会环境、社区环境、幼儿园环境、家庭环境和学前儿童自身等多种因素交互作用的产物。其中，家庭作为学前儿童生活的重要场所，与学前儿童发展的关系最为密切，因此，家庭因素直接影响学前儿童的心理健康。桑标和席居哲（2005）研究发现，家庭环境子系统、父母子系统和儿童子系统三者在促进学前儿童心理健康发展的功能上存在着较强的相互作用。杨芷英和郭鹏举（2017）研究发现，家庭经济状况、与父母沟通状况、父母关系对儿童的心理健康水平均具有显著的

正向预测作用。栾文敬等（2013）研究发现，夫妻关系和亲子关系中的忽视、当着外人的吼骂显著影响学前儿童的心理健康。研究还发现，不同家庭教养方式对学前儿童心理健康的影响不同。父亲偏爱、母亲拒绝、祖辈教养人拒绝惩罚和保护溺爱等教养方式对学前儿童心理健康不利，而父亲温暖、父亲干涉以及祖辈教养人温暖支持的教养方式对学前儿童的心理健康发展有利（黄艳苹，2006）。

隔代教养对学前儿童心理健康的影响也备受关注。已有研究表明，隔代教养学前儿童的行为问题检出率要高于父母教养的学前儿童（邓长明等，2003）。另有研究发现，隔代教养学前儿童比父母教养、父母和祖父母共同教养的学前儿童表现出更多的情绪问题、行为障碍、性格缺陷、人际交往缺陷和适应性较差等问题。且隔代教养学前儿童在性格缺陷、人际交往缺陷、适应性差几个因素上的得分和心理健康总均分上存在显著的年龄差异，但随着年龄的增长，心理健康状况会有所改善（王玲凤，2007）。随着农村年轻父母不断向城镇迁移，农村隔代教养家庭占据绝大多数，因而农村隔代教养对学前儿童的影响更受关注。例如，研究发现，农村隔代教养学前儿童具有焦虑、抑郁、迷茫、愤怒、自卑等消极情绪（徐洁等，2008），这类学前儿童的心理问题主要表现为自我意识发展障碍、环境适应障碍、人际关系发展障碍和情绪情感发展障碍（郭红霞，2020）。王玲凤和陈传锋（2018）研究表明，隔代教养学前儿童相较其他教养形式下的学前儿童，更容易产生心理健康问题，其中品行问题与多动问题更为明显。由于长期缺乏父母关怀，农村学前儿童与父母的关系也会日渐淡薄（季小网，2015）。父母离开孩子的时间越久，孩子的人际关系越紧张、敏感、焦虑。王良锋等（2006）还发现农村留守儿童的孤独感较为突出，有 17.6% 的农村留守儿童表现出孤独的情况。

如上所述，在祖辈参与教养的家庭，学前儿童容易对祖辈产生过度依赖，但目前鲜有研究探讨农村学前儿童的祖辈依赖对其心理健康的影响。

因此，本研究探讨祖辈依赖对农村学前儿童心理健康的影响具有重要的现实意义。

（二）方法

1. 调研对象

随机抽取杭州市某区 3 所农村幼儿园，在征得学前儿童主要教养人和幼儿园老师同意后，于每所幼儿园内抽取小、中、大各 1 个整班，共计发放问卷 290 份，回收 271 份问卷，回收率为 93.4%。通过对原始资料的核查，剔除 3 份缺页的无效问卷，最终确定 268 份问卷为有效问卷，有效回收率为 92.4%。

在最终确定的 268 名农村学前儿童中，142 名为祖辈教养下的学前儿童，126 名为父辈教养下的学前儿童。祖辈教养下的学前儿童指父母单方或双方都在外务工，在外时间到调研时间为止达到 6 个月及以上，且由祖辈作为主要教养人，或祖辈—父辈共同教养但是由祖辈承担主要教养责任的学前儿童。男性学前儿童 145 名，女性学前儿童 123 名，详见表 7-36。

表 7-36　调研对象的人口统计学特征

维度	类别	人数	百分比（%）
学前儿童教养类型	主要教养人是祖辈的学前儿童	142	52.99
	主要教养人是父辈的学前儿童	126	47.01
性别	男	145	54.10
	女	123	45.90
年级	小班	105	39.18
	中班	57	21.27
	大班	106	39.55

2. 调研工具

（1）《农村学前儿童及祖辈（父辈）教养人基本信息调查问卷》

采用自编的《农村学前儿童及祖辈（父辈）教养人基本信息调查问卷

对农村学前儿童和主要教养人（祖辈/父辈）的基本信息及教养情况进行调查，由学前儿童的主要教养人进行填写，共10个题目，其中6个题目用于调查农村学前儿童的基本信息，另4个题目用于调查农村祖辈教养和父辈教养学前儿童主要教养人（祖辈/父辈）的基本信息。

（2）《幼儿祖辈依赖量表》

采用王玲凤等（2021）编制的《幼儿祖辈依赖量表》测量学前儿童对祖辈的依赖程度，问卷具体介绍详见本章第一节和第二节。

（3）《幼儿心理健康评定量表（CMHA-72）》

参考使用曾凡梅等（2020）编制的《幼儿心理健康评定量表（CMHA-80）》来测量农村学前儿童的心理健康问题。原问卷共80个题目，分为10个维度：注意力（稳定性、儿童多动症），认知（感知、记忆、想象、思维与言语），情绪情感（焦虑、抑郁、孤独、恐惧、稳定性、自控性、情绪表达、道德感），意志力（坚持性、自制力），自我意识（自我评价、自我体验、自我调控），性格（内外向、合群性、自主性、自制力、态度、情绪、毅力），人际关系（亲子关系、同伴关系、师幼关系），社会行为（分享、合作、谦让、帮助、攻击、说谎、偷拿、破坏、退缩），适应性（人际适应、环境适应、困难与挫折适应），其他（饮食、睡眠、抽动、不良习惯等）。采用李克特（Likert）五级计分法，"1"表示完全不符合，"5"表示完全符合，各级对应1~5分。得分越高，表示学前儿童心理健康问题越突出。用于家长测评时，该量表内部一致性信度为0.948，各分量表与量表总分之间的相关系数为0.272~0.826，表明量表的信效度均良好。

根据马斯洛的心理健康标准（李寿欣，张秀敏，2001），结合学前儿童心理健康问题实际情况，同时为了缩减问卷的篇幅，去掉原问卷中"其他"板块的问题，保留原问卷的9个维度共72个题目。缩减后的初始量表试测后，对量表进行标准化分析，结果显示量表的信度和效度良好。

3. 数据统计与分析

采用 SPSS 24.0 进行数据处理，包括描述性统计、差异检验、相关分析和回归分析等。

（三）结果

1. 农村不同教养类型学前儿童的祖辈依赖状况

分别统计祖辈为主要教养人、父辈为主要教养人学前儿童的祖辈依赖水平，并进行独立样本 t 检验，结果如表 7-37 所示。数据表明：农村不同教养人家庭的学前儿童的祖辈依赖水平存在显著差异。具体而言，祖辈为主要教养人的学前儿童得分均显著高于父辈为主要教养人的学前儿童。在祖辈教养下，学前儿童对祖辈的情感依赖相对高于行为依赖，行为依赖相对高于认知依赖；在父辈教养下，学前儿童对祖辈的行为依赖和认知依赖相近，情感依赖水平相对较高。

表 7-37　不同教养人类别家庭学前儿童祖辈依赖得分的差异比较

维度	情感依赖	行为依赖	认知依赖	量表总均分
祖辈（n=142）	18.82 ± 6.80	15.84 ± 6.35	12.58 ± 4.83	47.24 ± 16.78
父辈（n=126）	14.80 ± 5.97	11.55 ± 4.75	9.59 ± 3.98	35.94 ± 13.60
t	5.11[***]	6.20[***]	5.50[***]	6.00[***]

进一步分别统计农村父系祖辈、母系祖辈、父辈、祖辈—父辈协同等不同教养人家庭学前儿童的祖辈依赖得分，并进行方差分析，结果如表 7-38 所示。数据显示：不同教养人家庭学前儿童的祖辈依赖存在显著差异。首先是父系祖辈为主要教养人的学前儿童的祖辈依赖总分最高，其次是母系祖辈教养下的学前儿童，再次是祖辈—父辈共同教养下的学前儿童，仅由父辈承担主要教养责任的学前儿童的祖辈依赖总分最低。在情感依赖、行为依赖和认知依赖维度，均是父系祖辈为主要教养人的学前儿童的得分最高。

表 7-38　不同主要教养人家庭学前儿童祖辈依赖得分的差异比较

维度	情感依赖 M	情感依赖 SD	行为依赖 M	行为依赖 SD	认知依赖 M	认知依赖 SD	祖辈依赖总分 M	祖辈依赖总分 SD
父系祖辈（$n=71$）	20.87	7.16	17.44	6.62	13.85	4.76	52.15	17.26
母系祖辈（$n=19$）	18.00	6.57	15.89	6.30	11.84	5.12	45.74	16.74
父辈教养（$n=93$）	14.95	6.45	11.32	5.08	9.66	4.22	35.92	14.66
祖辈—父辈共同教养（$n=85$）	15.56	5.11	13.07	4.81	10.46	4.07	39.09	12.89
F	13.977***		17.813***		13.356***		17.317***	

运用邓肯法进一步两两比较，结果显示：

（1）在祖辈依赖总分上，父系祖辈教养学前儿童的祖辈依赖水平显著高于母系祖辈教养学前儿童，母系祖辈教养学前儿童的祖辈依赖水平显著高于父辈教养学前儿童和祖辈—父辈共同教养学前儿童。但父辈教养学前儿童与祖辈—父辈共同教养学前儿童的祖辈依赖总分没有显著差异。

（2）在情感依赖维度，父系祖辈教养学前儿童的情感依赖水平显著高于祖辈—父辈共同教养学前儿童和母系祖辈教养学前儿童，祖辈—父辈共同教养学前儿童和母系祖辈教养学前儿童的情感依赖显著高于父辈教养学前儿童与祖辈—父辈共同教养学前儿童。但父辈教养学前儿童与祖辈—父辈共同教养学前儿童的情感依赖没有显著差异，祖辈—父辈共同教养学前儿童与母系祖辈教养学前儿童的情感依赖没有显著差异。

（3）在行为依赖维度，母系祖辈教养学前儿童和父系祖辈教养学前儿童的行为依赖显著高于父辈教养学前儿童和祖辈—父辈共同教养学前儿童。但父辈教养学前儿童与祖辈—父辈共同教养学前儿童的行为依赖没有显著差异，母系祖辈教养学前儿童和父系祖辈教养学前儿童的行为依赖没有显著差异。

（4）在认知依赖维度，父系祖辈教养学前儿童的认知依赖显著高于祖辈—父辈共同教养学前儿童和母系祖辈教养学前儿童，祖辈—父辈共同教养学前儿童和母系祖辈教养学前儿童的认知依赖显著高于父辈教养学前儿童和祖辈—父辈共同教养学前儿童。但父辈教养学前儿童与祖辈—父辈共同教养学前儿童的认知依赖没有显著差异，祖辈—父辈共同教养学前儿童和母系祖辈教养学前儿童的认知依赖没有显著差异。

2.农村不同教养类别学前儿童的心理健康状况

根据学前儿童心理健康问卷测试结果，统计问卷及各维度平均得分如表7-39。由于问卷暂无全国常模，根据问卷的李克特（Liket）五级计分法，平均分高于3则表示学前儿童心理健康问题较为严重。数据显示：祖辈为主要教养人时，总因子分为 2.86 ± 0.30；父辈为主要教养人时，总因子分为 2.77 ± 0.24，表明农村学前儿童心理健康状况整体较好。

将农村祖辈教养与父辈教养下学前儿童的心理健康状况得分相对比，结果显示：祖辈教养学前儿童心理健康状况总分及各维度均分都相对较高。且祖辈教养与父辈教养的学前儿童在心理健康状况总分及认知维度上具有显著差异。

表7-39 祖辈和父辈教养学前儿童心理健康水平的比较（$M \pm SD$）

维度	祖辈教养（n=142）	父辈教养（n=126）	t
注意力	2.87 ± 0.57	2.78 ± 0.52	1.37
认知	2.87 ± 0.50	2.73 ± 0.35	2.60**
情绪情感	2.68 ± 0.45	2.58 ± 0.39	1.87
意志力	2.95 ± 0.52	2.85 ± 0.54	1.58
自我意识	2.95 ± 0.39	2.92 ± 0.43	0.53
性格	2.86 ± 0.40	2.81 ± 0.37	1.00
人际关系	2.87 ± 0.55	2.79 ± 0.52	1.15
社会行为	2.90 ± 0.35	2.85 ± 0.35	1.09
适应性	2.95 ± 0.56	2.82 ± 0.58	1.88
总因子分	2.86 ± 0.30	2.77 ± 0.24	2.56*
量表总分	205.68 ± 21.70	199.51 ± 17.10	2.60**

依据该量表，本次调研的 9 个因子分数和总因子分数中，任意一个大于或等于 4 分，说明该学前儿童可能有心理健康问题倾向。总检出率，即总均分大于 4 的被试，称为有心理健康问题倾向的学前儿童。祖辈和父辈教养学前儿童的测评结果详见表 7-40。除认知因子、社会行为因子和总因子外，主要教养人为祖辈的农村学前儿童的心理健康问题检出率均高于主要教养人是父辈的学前儿童。

表 7-40　不同教养人家庭学前儿童各因子分数大于 4 分的被试个数及所占百分比

维度	主要教养人	n ($T \geq 4$)	%	维度	主要教养人	n ($T \geq 4$)	%
注意力	祖辈教养	5	3.52	性格	祖辈教养	1	2.11
	父辈教养	0	0		父辈教养	0	0.79
	合计	5	1.87		合计	1	1.49
认知	祖辈教养	0	0	人际关系	祖辈教养	5	3.52
	父辈教养	0	0		父辈教养	0	0
	合计	0	0		合计	5	1.87
情绪情感	祖辈教养	4	2.82	社会行为	祖辈教养	0	0
	父辈教养	0	0		父辈教养	0	0
	合计	4	1.49		合计	0	0
意志力	祖辈教养	5	3.52	适应性	祖辈教养	2	1.41
	父辈教养	3	2.38		父辈教养	1	0.79
	合计	8	2.99		合计	3	1.12
自我意识	祖辈教养	3	2.11	总因子分	祖辈教养	0	0
	父辈教养	1	0.79		父辈教养	0	0
	合计	4	1.49		合计	0	0

进一步分别统计父系祖辈、母系祖辈、父辈等不同教养家庭学前儿童

的心理健康得分，并进行方差分析，结果如表 7-41 所示。数据显示：不同主要教养人家庭学前儿童在注意力维度、认知维度、人际关系维度和社会行为维度上存在显著差异。

表 7-41　不同主要教养人家庭学前儿童心理健康得分的差异比较（$M \pm SD$）

维度	父系祖辈	母系祖辈	父辈	共同教养	F
注意力	2.94 ± 0.64	2.95 ± 0.54	2.86 ± 0.49	2.68 ± 0.50	3.679*
认知	2.86 ± 0.38	2.71 ± 0.42	2.69 ± 0.33	2.86 ± 0.33	5.114**
情绪情感	2.67 ± 0.54	2.74 ± 0.37	2.58 ± 0.41	2.64 ± 0.33	1.024
意志力	2.92 ± 0.60	2.89 ± 0.39	2.87 ± 0.49	2.94 ± 0.54	0.232
自我意识	2.96 ± 0.44	2.88 ± 0.32	2.95 ± 0.44	2.91 ± 0.36	0.370
性格	2.78 ± 0.42	2.86 ± 0.51	2.81 ± 0.36	2.89 ± 0.35	1.250
人际关系	2.88 ± 0.63	2.76 ± 0.50	2.70 ± 0.50	2.95 ± 0.45	3.480*
社会行为	2.89 ± 0.36	2.81 ± 0.39	2.79 ± 0.33	2.97 ± 0.34	4.221**
适应性	2.92 ± 0.63	2.93 ± 0.66	2.79 ± 0.62	2.95 ± 0.41	1.359
心理健康状况总分	205.01 ± 26.63	203.32 ± 19.37	205.08 ± 20.82	198.88 ± 16.86	1.751

运用邓肯法进一步进行两两比较，结果显示：

（1）在注意力维度，父辈教养的学前儿童、父系祖辈教养的学前儿童和母系祖辈教养的学前儿童的得分显著高于祖辈—父辈共同教养的学前儿童和父辈教养的学前儿童。但祖辈—父辈共同教养的学前儿童和父辈教养的学前儿童的注意力没有显著差异，父辈教养的学前儿童、父系祖辈教养的学前儿童和母系祖辈教养的学前儿童的注意力没有显著差异。

（2）在认知维度，祖辈—父辈共同教养的学前儿童和父系祖辈教养的学前儿童的得分显著高于父辈教养的学前儿童和母系祖辈教养的学前儿童。但父辈教养的学前儿童和母系祖辈教养的学前儿童的认知没有显著差异，祖辈—父辈共同教养的学前儿童和父系祖辈教养学前儿童的认知没有显著差异。

（3）在人际关系维度，母系祖辈教养的学前儿童、父系祖辈教养的学前儿童和祖辈—父辈共同教养的学前儿童的人际关系得分显著高于父辈教养的学前儿童、母系祖辈教养的学前儿童和父系祖辈教养的学前儿童。但父辈教养的学前儿童、母系祖辈教养的学前儿童和父系祖辈教养的学前儿童的人际关系没有显著差异，母系祖辈教养的学前儿童、父系祖辈教养的学前儿童和祖辈—父辈共同教养的学前儿童的人际关系没有显著差异。

（4）在社会行为维度，父系祖辈教养的学前儿童和祖辈—父辈共同教养的学前儿童的社会行为得分显著高于父辈教养的学前儿童、母系祖辈教养的学前儿童和父系祖辈教养的学前儿童。但父辈教养的学前儿童、母系祖辈教养的学前儿童和父系祖辈教养的学前儿童的社会行为没有显著差异，父系祖辈教养的学前儿童和祖辈—父辈共同教养的学前儿童的社会行为没有显著差异。

（5）在心理健康总分以及情绪情感维度、意志力维度、自我意识维度、性格维度和适应性维度，父辈教养的学前儿童、祖辈—父辈共同教养的学前儿童、父系祖辈教养的学前儿童和母系祖辈教养的学前儿童的情绪情感没有显著差异。

3. 学前儿童祖辈依赖对其心理健康的影响

（1）农村学前儿童祖辈依赖与其心理健康的相关分析

将农村学前儿童的祖辈依赖各维度与其心理健康状况各维度进行相关分析，结果如表 7-42 所示，结果表明：农村学前儿童的祖辈依赖与其心理健康状况存在显著的正相关（$p < 0.01$）。说明在祖辈依赖上的得分越高的被试，在心理健康状况上的得分也越高，即农村学前儿童对祖辈的依赖越强，其心理健康状况越差。

表 7-42 农村学前儿童祖辈依赖与心理健康的相关矩阵

维度	祖辈依赖总分	情感依赖	行为依赖	认知依赖	心理健康状况总分	注意力	认知	情绪情感	意志力	自我意识	性格	人际关系	社会行为
情感依赖	0.940**	—	—	—	—	—	—	—	—	—	—	—	—
行为依赖	0.930**	0.778**	—	—	—	—	—	—	—	—	—	—	—
认知依赖	0.944**	0.844**	0.840**	—	—	—	—	—	—	—	—	—	—
心理健康总分	0.413**	0.396**	0.372**	0.394**	—	—	—	—	—	—	—	—	—
注意力	0.379**	0.337**	0.392**	0.333**	0.537**	—	—	—	—	—	—	—	—
认知	0.224**	0.176**	0.223**	0.242**	0.508**	0.257**	—	—	—	—	—	—	—
情绪情感	0.287**	0.288**	0.238**	0.282**	0.742**	0.306**	0.380**	—	—	—	—	—	—
意志力	0.196**	0.184**	0.178**	0.191**	0.656**	0.324**	0.291**	0.472**	—	—	—	—	—
自我意识	0.208**	0.199**	0.199**	0.183**	0.605**	0.314**	0.192**	0.371**	0.361**	—	—	—	—
性格	0.207**	0.180**	0.219**	0.183**	0.634**	0.189**	0.206**	0.327**	0.337**	0.374**	—	—	—
人际关系	0.211**	0.234**	0.134*	0.229**	0.604**	0.050	0.204**	0.335**	0.307**	0.294**	0.314**	—	—
社会行为	0.242**	0.264**	0.211**	0.193**	0.585**	0.183**	0.118	0.303**	0.240**	0.313**	0.476**	0.384**	—
适应性	0.303**	0.299**	0.243**	0.315**	0.614**	0.175**	0.083	0.291**	0.272**	0.311**	0.398**	0.577**	0.396**

（2）农村学前儿童祖辈依赖与其心理健康的线性回归分析

第一，祖辈依赖总分及其不同维度对学前儿童心理健康总分的预测作用。将农村学前儿童的祖辈依赖总分作为自变量，心理健康状况总分作为因变量，进行多元线性回归分析，结果如表7-43所示。农村学前儿童的祖辈依赖总分与其心理健康总分存在显著的多重线性关系，建立回归方程为：$y=0.500x+181.673$，y代表心理健康总分，x代表祖辈依赖总分。可见，祖辈依赖总分能正向预测学前儿童的心理健康状况。

表7-43 农村学前儿童祖辈依赖总分与其心理健康总分的线性回归分析结果

维度	R	R^2	调整后R^2	F	t
常量	0.412	0.170	0.167	54.649[**]	59.730[***]
祖辈依赖					7.393[***]

将农村学前儿童的情感依赖、行为依赖、认知依赖作为自变量，心理健康状况总分作为因变量，进行多元线性回归分析，结果如表7-44所示。农村学前儿童对祖辈的情感依赖与其心理健康总分存在显著的多重线性关系，建立回归方程为：$y=1.168x+182.847$，y代表心理健康总分，x代表情感依赖总分。可见，情感依赖能正向预测学前儿童的心理健康状况，即情感依赖越强，心理健康水平越差。而行为依赖和认知依赖对心理健康总分无显著影响。

表7-44 农村学前儿童情感依赖与其心理健康总分的线性回归分析结果

维度	R	R^2	调整后R^2	F	t
常量	0.396	0.157	0.154	49.587[**]	60.525[***]
情感依赖					7.042[***]

第二，祖辈依赖总分及其不同维度对学前儿童心理健康不同维度的预测作用。具体如下：

①对注意力维度的预测作用

将农村学前儿童的祖辈依赖总分作为自变量,注意力维度总分作为因变量,进行多元线性回归分析,结果表明:农村学前儿童的祖辈依赖总分与其注意力总分存在显著的多重线性关系,建立回归方程为:$y=0.101x+18.390$,y代表注意力总分,x代表祖辈依赖总分。可见,祖辈依赖总分能正向预测学前儿童的注意力水平。

将农村学前儿童的情感依赖、行为依赖、认知依赖作为自变量,注意力维度总分作为因变量,进行多元线性回归分析,结果表明:农村学前儿童对祖辈的行为依赖与其注意力维度总分存在显著的多重线性关系,建立回归方程为:$y=0.284x+18.714$,y代表注意力维度总分,x代表行为依赖总分。可见,行为依赖能正向预测学前儿童的注意力水平,即行为依赖越强,注意力越差。而情感依赖和认知依赖对注意力总分无显著影响。

②对认知维度的预测作用

将农村学前儿童的祖辈依赖总分作为自变量,认知维度总分作为因变量,进行多元线性回归分析,结果表明:农村学前儿童的祖辈依赖总分与其认知总分存在显著的多重线性关系,建立回归方程为:$y=0.45x+22.316$,y代表认知总分,x代表祖辈依赖总分。可见,祖辈依赖总分能正向预测学前儿童的认知水平。

将农村学前儿童的情感依赖、行为依赖、认知依赖作为自变量,认知维度总分作为因变量,进行多元线性回归分析,结果表明:农村学前儿童对祖辈的认知依赖与其认知维度总分存在显著的多重线性关系,建立回归方程为:$y=0.171x+22.307$,y代表认知维度总分,x代表认知依赖总分。可见,认知依赖能正向预测学前儿童的认知水平,即认知依赖越强,认知越差。而情感依赖和行为依赖对认知总分无显著影响。

③对情绪情感维度的预测作用

将农村学前儿童的祖辈依赖总分作为自变量,情绪情感维度总分作为因变量，进行多元线性回归分析，结果表明：农村学前儿童的祖辈依赖总分与其情绪情感总分存在显著的多重线性关系，建立回归方程为：$y=0.096x+30.217$，y 代表情绪情感总分，x 代表祖辈依赖总分。可见，祖辈依赖总分能正向预测学前儿童的情绪情感水平。

将农村学前儿童的情感依赖、行为依赖、认知依赖作为自变量，情绪情感维度总分作为因变量，进行多元线性回归分析，结果表明：农村学前儿童对祖辈的情感依赖与其情绪情感维度总分存在显著的多重线性关系，建立回归方程为：$y=0.236x+30.268$，y 代表情绪情感维度总分，x 代表情感依赖总分。可见，情感依赖能正向预测学前儿童的情绪情感水平，即情感依赖越强，情绪情感越差。而行为依赖和认知依赖对情绪情感总分无显著影响。

④对意志力维度的预测作用

将农村学前儿童的祖辈依赖总分作为自变量，意志力维度总分作为因变量，进行多元线性回归分析，结果表明：农村学前儿童的祖辈依赖总分与其意志力总分存在显著的多重线性关系，建立回归方程为：$y=0.038x+15.841$，y 代表意志力总分，x 代表祖辈依赖总分。可见，祖辈依赖总分能正向预测学前儿童的意志力水平。

将农村学前儿童的情感依赖、行为依赖、认知依赖作为自变量，意志力维度总分作为因变量，进行多元线性回归分析，结果表明：农村学前儿童对祖辈的认知依赖与其意志力维度总分存在显著的多重线性关系，建立回归方程为：$y=0.130x+15.987$，y 代表意志力维度总分，x 代表认知依赖总分。可见，认知依赖能正向预测学前儿童的意志力水平，即认知依赖越强，意志力越差。而情感依赖和行为依赖对意志力总分无显著影响。

⑤对自我意识维度的预测作用

将农村学前儿童的祖辈依赖总分作为自变量，自我意识维度总分作为因变量，进行多元线性回归分析，结果表明：农村学前儿童的祖辈依赖总分与其自我意识总分存在显著的多重线性关系，建立回归方程为：

$y=0.031x+16.302$，y代表自我意识总分，x代表祖辈依赖总分。可见，祖辈依赖总分能正向预测学前儿童的自我意识水平。

将农村学前儿童的情感依赖、行为依赖、认知依赖作为自变量，自我意识维度总分作为因变量，进行多元线性回归分析，结果表明：农村学前儿童对祖辈的行为依赖与其自我意识维度总分存在显著的多重线性关系，建立回归方程为：$y=0.081x+16.490$，y代表自我意识维度总分，x代表行为依赖总分。可见，行为依赖能正向预测学前儿童的自我意识水平，即行为依赖越强，自我意识越差。而情感依赖和认知依赖对自我意识总分无显著影响。

⑥对性格维度的预测作用

将农村学前儿童的祖辈依赖总分作为自变量，性格维度总分作为因变量，进行多元线性回归分析，结果表明：农村学前儿童的祖辈依赖总分与其性格总分存在显著的多重线性关系，建立回归方程为：$y=0.044x+23.656$，y代表性格总分，x代表祖辈依赖总分。可见，祖辈依赖总分能正向预测学前儿童的性格水平。

将农村学前儿童的情感依赖、行为依赖、认知依赖作为自变量，性格维度总分作为因变量，进行多元线性回归分析，结果表明：农村学前儿童对祖辈的行为依赖与其性格维度总分存在显著的多重线性关系，建立回归方程为：$y=0.126x+23.762$，y代表性格维度总分，x代表行为依赖总分。可见，行为依赖能正向预测学前儿童的性格水平，即行为依赖越强，性格越差。而情感依赖和认知依赖对性格总分无显著影响。

⑦对人际关系维度的预测作用

将农村学前儿童的祖辈依赖总分作为自变量，人际关系维度总分作为因变量，进行多元线性回归分析，结果表明：农村学前儿童的祖辈依赖总分与其人际关系总分存在显著的多重线性关系，建立回归方程为：$y=0.041x+15.248$，y代表人际关系总分，x代表祖辈依赖总分。可见，祖辈依赖总分能正向预测学前儿童的人际水平。

将农村学前儿童的情感依赖、行为依赖、认知依赖作为自变量，人际关系维度总分作为因变量，进行多元线性回归分析，结果表明：农村学前儿童对祖辈的情感依赖与其人际关系维度总分存在显著的多重线性关系，建立回归方程为：$y=0.112x+15.096$，y 代表人际关系维度总分，x 代表情感依赖总分。可见，情感依赖能正向预测学前儿童的人际水平，即情感依赖越强，人际水平越差。而行为依赖和认知依赖对人际关系总分无显著影响。

⑧对社会行为维度的预测作用

将农村学前儿童的祖辈依赖总分作为自变量，社会行为维度总分作为因变量，进行多元线性回归分析，结果表明：农村学前儿童的祖辈依赖总分与其社会行为总分存在显著的多重线性关系，建立回归方程为：$y=0.042x+21.244$，y 代表社会行为总分，x 代表祖辈依赖总分。可见，祖辈依赖总分能正向预测学前儿童的社会行为水平。

将农村学前儿童的情感依赖、行为依赖、认知依赖作为自变量，社会行为维度总分作为因变量，进行多元线性回归分析，结果表明：农村学前儿童对祖辈的情感依赖与其社会行为维度总分存在显著的多重线性关系，建立回归方程为：$y=0.111x+21.114$，y 代表社会行为维度总分，x 代表情感依赖总分。可见，情感依赖能正向预测学前儿童的社会行为水平，即情感依赖越强，社会行为水平越低。而行为依赖和认知依赖对人际关系总分无显著影响。

⑨对适应性维度的预测作用

将农村学前儿童的祖辈依赖总分作为自变量，适应性维度总分作为因变量，进行多元线性回归分析，结果表明：农村学前儿童的祖辈依赖总分与其适应性总分存在显著的多重线性关系，建立回归方程为：$y=0.064x+14.648$，y 代表适应性总分，x 代表祖辈依赖总分。可见，祖辈依赖总分能正向预测学前儿童的适应性水平。

将农村学前儿童的情感依赖、行为依赖、认知依赖作为自变量，心理健康的适应性维度得分作为因变量，进行多元线性回归分析，结果表明：农村学前儿童对祖辈的认知依赖与其适应性维度得分存在显著的多重线性关系，建立回归方程为：$y=0.231x+14.733$，y代表适应性维度得分，x代表认知依赖得分。可见，认知依赖能正向预测学前儿童的适应性水平，即认知依赖越强，适应性水平越低。而情感依赖和行为依赖对适应性得分无显著影响。

（四）讨论

1. 隔代教养显著影响农村学前儿童的祖辈依赖水平

研究显示，农村祖辈为主要教养人家庭学前儿童的祖辈依赖水平显著高于主要教养人是父辈家庭的学前儿童，这与以往研究结果相一致（陈传锋等，2021），又一次凸显了隔代教养对学前儿童身心发展的重要作用。对父系祖辈、母系祖辈、父辈以及祖辈—父辈共同教养家庭学前儿童的祖辈依赖水平的差异检验表明，农村学前儿童的祖辈依赖总分及各维度上均存在显著差异，且父系祖辈教养下的学前儿童得分最高，即祖辈依赖水平最高。可能的原因有：第一，祖辈年龄较大，易对年幼的学前儿童过度关怀和帮助。学前儿童长时间与祖辈相处，且享受祖辈的包办代替，易产生较强的祖辈依赖。第二，祖辈普遍学历较低，教养观念较为落后，难以给学前儿童提供科学的教养，极大地限制了学前儿童自主性、独立性的发展。本研究进一步发现，无论是否接受隔代教养，学前儿童的情感依赖水平均高于行为依赖和认知依赖水平，与王玲凤等（2021）的研究结果一致。随着学前儿童与祖辈的相处时间增加，学前儿童的祖辈依赖程度更高。

2. 隔代教养显著影响农村学前儿童的心理健康状况

研究显示，在隔代教养的相关因素中，不同主要教养人显著影响学前儿童的心理健康。对父系祖辈、母系祖辈、父辈等不同教养家庭学前儿童的心理健康得分的差异检验表明，不同主要教养人学前儿童在注意力、认知、人际关系和社会行为维度上均存在显著差异。在注意力维度，父系祖辈和母系祖辈教养家庭学前儿童的注意力水平相当，得分较高，即问题显著较多，显著高于祖辈—父辈共同教养下学前儿童的注意力水平。曾凡梅等（2020）的研究结果在本研究中得到了验证，即注意力缺陷是农村学前儿童突出的五大心理健康问题之一。在认知维度，父系祖辈教养家庭学前儿童的认知水平高于祖辈—父辈共同教养下的学前儿童，父辈教养家庭学前儿童的认知水平最好。这与郭筱琳（2014）的追踪研究结果相一致，在认知能力方面，与父母同住祖辈对儿童的言语能力、执行功能、心理理论的发展无消极影响，而祖辈独立教养对儿童心理理论发展水平有消极影响。在人际关系和社会行为维度，隔代教养、祖辈—父辈共同教养下学前儿童的人际关系问题较多，父辈教养下学前儿童的人际关系问题最少。这与王玲凤（2007）的研究结果一致，隔代教养学前儿童比父辈教养、祖辈—父辈共同教养的学前儿童表现出更多的人际交往缺陷，适应性较差。刘丹丹（2017）的研究也表明，隔代教养学前儿童从小跟着祖辈长大，没有建立起良好的亲子关系，会影响其将来的人际交往。

3. 祖辈依赖对农村学前儿童心理健康的预测作用

研究显示，祖辈依赖总分对学前儿童心理健康问题具有正向预测作用，证实了王玲凤等（2021）指出的祖辈依赖是影响隔代教养儿童心理行为的内因这一观点。对农村学前儿童的祖辈依赖各维度和心理健康状况各维度进行回归分析发现：第一，学前儿童对祖辈的情感依赖能正向预测学前儿童心理健康问题的注意力、情绪情感、人际关系、社会行为和适应性维度。其原因在于学前儿童对从小给予自己关心和照料的人会产生一种特殊的情感联结，而祖辈对学前儿童的溺爱、包办和无微不至的关怀会导致学前儿童变得任性、多动、以自我为中心。而另一方面，父辈关爱的缺席使亲子关系存在遗憾，这会影响学前儿童日后人际关系的处理和社会的适应能力。

第二，认知依赖能正向预测学前儿童心理健康问题的认知和意志力维度。陈传锋等（2021）的研究也证实了祖辈教养下的学前儿童会对祖辈产生认知依赖，祖辈以长者自居、言行专制导致学前儿童认知受限，缺乏独立思考。遇到事情不主动解决，希望他人直接告知解决办法或想办法解决，即意志力薄弱。第三，行为依赖能正向预测学前儿童心理健康问题的自我意识和性格维度。学前儿童对祖辈的行为依赖表现为希望祖辈给自己喂饭、穿衣服、整理玩具等。祖辈一味地满足学前儿童的无理要求，导致其在不被满足时大发脾气，且长期的包办代替使得学前儿童对自己和自己力所能及的事情产生怀疑，不确定自己是否能够胜任某件事情，对自己的认知、情感和意志的认识也较为模糊。

三、祖辈依赖对学前儿童自我概念的影响

（一）引言

自我概念是指个体对自我的看法和认识及对自我的总体评价（韩春红，2005），构建着每个人的心理生活和实际生活。自我概念引导着学前儿童的行为，起着经验解释系统的作用，并且决定着学前儿童对自己的期望，是其社会性发展的核心构成部分（金盛华，1996）。当学前儿童的自我概念是积极正面的，其发展的各个方面都会被赋予积极的意义，如对学习有兴趣，容易建立良好的人际关系（姚伟，1997），行为问题会更少（兰燕灵等，2004）。而当学前儿童的自我概念是消极否定的，则其任何经验都会受消极的自我概念影响，如被动依赖、自立水平低（凌辉，黄希庭，2009）。

学前儿童自我概念的发展受内部和外部因素的影响。主要的内部因素有：第一，认知能力的影响。自我概念随着个体认知能力的发展而完善，认知水平是学前儿童自我概念发展成熟的基础（刘凌，沈悦，2009），同时，学前儿童的观点采择能力、社会比较能力均会影响其对自我的认知（徐丽

敏，2002）。第二，气质的影响。有研究表明，气质中的意志控制能显著正向预测儿童青少年的自我概念，消极情绪性能负向预测儿童青少年的自我概念（纪林芹等，2012）。此外，外貌和身体也会对学前儿童的自我概念有影响。例如有生理缺陷或者肥胖的学前儿童，与健康的学前儿童相比，他们的自我概念较低（李洁，2012；汪志超，2010）。主要的外部因素有：第一，教师与同伴的影响。教师对学前儿童行为的评价、情绪反应和认可程度对其自我概念的形成与发展至关重要（韩春红，2005）。同伴交往经验有利于个体自我概念和人格的发展（邹泓，1998）。当学前儿童更多受到同伴的接纳与欢迎时，容易形成肯定的自我评价，其自尊和自我概念水平也会相应提高（文蕊香等，2021）。第二，家长的影响。家庭是学前儿童身心发展的最重要环境，家长教养方式、亲子关系、依恋关系等对学前儿童自我概念的发展具有关键性作用。父母温暖与理解的教养方式有助于学前儿童自我概念的发展，而惩罚与拒绝等消极的教养方式则会阻碍其自我概念的发展（吴盼盼，2020）。研究指出，小学儿童亲子依恋关系与自我概念呈显著正相关。父母对婴幼儿的行为做出敏感、积极的反应，能帮助其建立安全的依恋关系，这种温情与爱会让其更好地理解自我和社会环境之间的关系（刘凌，沈悦，2009），形成积极的自我概念。

在当前中国社会中，隔代教养日益成为一种普遍的家庭教养模式和社会现象，祖辈逐渐成为学前儿童的"重要他人"，与学前儿童之间也会形成依恋关系，即祖孙依恋。学前儿童对祖辈的过度依恋可能发展成为一种依赖——祖辈依赖。前文已经探讨了祖辈依赖对学前儿童的科学探究能力和心理健康的影响，本研究将进一步探讨祖辈依赖对学前儿童自我概念的影响。

（二）方法

1. 调研对象

采用方便整群抽样，从湖州市 2 所幼儿园抽取小、中、大各 2 个班，共 12 个班的学前儿童作为研究对象。在征得学前儿童主要教养人和幼儿园园长及教师同意后,向学前儿童发放问卷,共发放问卷 400 份,收回 374 份,回收率为 93.50%,其中有效问卷为 360 份,有效率为 96.26%。根据本研究需要,从中剔除祖辈从未参与过幼儿教养的问卷,剩余 349 份作为分析样本。样本分布情况见表 7-45。

表 7-45　被试基本信息表

维度	类别	人数	百分比(%)
性别	男	175	50.1
	女	174	49.9
年龄（岁）	3	12	3.4
	4	86	24.6
	5	116	33.2
	6	115	33.0
	7	20	5.7
班级	小班	112	30.4
	中班	118	33.2
	大班	130	36.4

2. 调研工具

（1）《幼儿自我概念量表》

采用韩春红（2005）改编的《幼儿自我概念量表》对学前儿童自我概念水平进行测查。该量表由认知能力、身体运动能力、同伴接纳和教师接纳 4 个分量表构成,其中认知能力和身体运动能力两个分量表各 5 个题目,同伴接纳和教师接纳两个分量表各 6 个题目,共计 22 个题目。采用李克特（Likert）四级计分法。以图片加提问的形式让学前儿童进行自我报告,"4"代表很像肯定的那张图片,即认知能力和身体运动能力很强、同伴接纳和教师接纳程度很高;"1"代表很像否定的那张图片,即认知能力、身体运动能力、同伴接纳和教师接纳程度很低。改编后的总量表 Cronbach's α 系数为 0.89。经检验,本研究中《幼儿自我概念量表》的 Cronbach's α 系数是 0.797。

(2)《幼儿祖辈依赖量表》

采用王玲凤等(2021)编制的《幼儿祖辈依赖量表》测量学前儿童对祖辈的依赖程度,问卷具体介绍详见本章第一节和第二节。

3. 调研程序

在幼儿园园长的支持下,召集抽样调研班级主班教师(班主任)开调研会议,研究者向与会人员说明调研目的和学前儿童自我概念测查程序与要求。随后由经过培训的专业研究团队进入指定班级,以图片加口头提问的形式对学前儿童进行一对一的自我概念水平测查,测试地点为学前儿童熟悉且环境相对安静的休息室,每位学前儿童测试时间约 20 分钟,男生组与女生组分开,互不干扰。正式测试前,研究人员询问学前儿童"你愿不愿意跟老师一起做个小游戏呀?",以征得其同意并且减少其内心的疑虑与紧张。在测试过程中,研究者向学前儿童展示图画册,一边提问,一边根据学前儿童的回答进行打分,测试结束后,向学前儿童赠予糖果作为奖励。

4. 数据统计与分析

使用 SPSS 26.0 软件进行数据录入和统计分析,包括描述性统计、差异检验、相关和回归分析等。

(三)结果

1. 学前儿童的自我概念发展状况

(1)学前儿童自我概念的总体发展状况

对学前儿童自我概念量表的调查结果进行描述性统计,结果见表 7-46。

数据显示：学前儿童自我概念总均分为 3.33，远高于 2.5 分的中间值，可见，学前儿童的自我概念总体水平较高。在各维度上，得分最高的是同伴接纳，认知能力和身体运动能力次之，得分最低的是教师接纳。

表 7-46　学前儿童自我概念的描述统计（n=320）

维度	M	SD
自我概念	3.33	0.360
认知能力	3.39	0.508
身体能力	3.26	0.525
同伴接纳	3.54	0.421
教师接纳	3.13	0.557

（2）学前儿童自我概念的性别差异

为了解不同性别学前儿童自我概念发展水平的异同，对其自我概念及各维度的得分进行独立样本 t 检验，结果见表 7-47。结果显示：学前儿童自我概念不存在存在显著的性别差异。

表 7-47　学前儿童自我概念的性别差异

维度	性别	n	M	SD	t
认知能力	男	175	16.76	2.53	0.152
	女	174	17.13	2.32	
身体能力	男	175	16.43	2.59	0.331
	女	174	16.16	2.44	
同伴接纳	男	175	21.03	2.60	0.102
	女	174	21.46	2.21	
教师接纳	男	175	18.75	3.45	0.875
	女	174	18.8	2.93	
自我概念总分	男	175	72.97	8.26	0.469
	女	174	73.56	6.84	

(3)学前儿童自我概念的年级差异

为了解不同年级学前儿童自我概念及其各维度的差异,对自我概念及各维度的得分进行方差检验,结果见表7-48,结果显示:学前儿童自我概念在认知能力、身体能力和教师接纳维度存在显著的年级差异。进一步事后多重比较发现:在认知能力和身体能力维度上,大班学前儿童得分显著高于中班和小班学前儿童;在教师接纳维度上,则是大班学前儿童得分显著低于中班和小班学前儿童。

表7-48 不同年级学前儿童自我概念的描述性统计和方差检验结果

维度	小班(n=106) M	小班 SD	中班(n=116) M	中班 SD	大班(n=127) M	大班 SD	F
认知能力	15.82	2.907	16.97	2.260	17.86	1.648	23.060***
身体能力	15.60	2.543	16.23	2.630	16.94	2.222	8.677***
同伴接纳	21.36	2.426	21.53	2.081	20.89	2.659	2.269
教师接纳	19.62	2.972	18.9	2.829	17.96	3.504	8.297***
自我概念总分	72.4	8.125	73.62	7.026	73.66	7.602	0.991

2.祖辈教养因素对学前儿童自我概念的影响

(1)祖辈身体健康状况对学前儿童自我概念的影响

依据祖辈目前身体健康状况将被试分为健康状况良好和健康状况一般两类,对两类祖辈教养的学前儿童自我概念总分以及各维度得分进行独立样本t检验,结果见表7-49。数据显示:祖辈不同健康状况下,学前儿童在自我概念、身体能力和教师接纳上存在显著差异。具体而言,祖辈健康状况良好情况下教养的学前儿童的自我概念、身体能力和教师接纳得分均高于健康状况一般情况下教养的学前儿童。

表 7-49　祖辈健康状况对学前儿童自我概念及各维度的影响

维度	健康状况良好（n=275） M	SD	健康状况一般（n=73） M	SD	t
自我概念总分	73.85	7.218	70.98	8.507	2.904**
认知能力	17.03	2.389	16.60	2.570	1.337*
身体能力	16.46	2.391	15.62	2.840	2.322*
同伴接纳	21.40	2.280	20.69	2.833	1.972
教师接纳	18.96	3.106	18.07	3.471	2.129

（2）祖辈主动和被动教养对学前儿童自我概念的影响

分别统计祖辈主动和被动参与教养学前儿童自我概念及其各维度（包括自评和他评）的得分并进行独立样本 t 检验，结果见表 7-50。数据显示：教师接纳维度在祖辈主动和被动参与教养上存在显著差异。具体而言，祖辈主动教养学前儿童的教师接纳得分显著高于祖辈被动教养学前儿童。

表 7-50　祖辈主动和被动参与教养学前儿童自我概念及各维度差异分析

维度	祖辈主动教养（n=215） M	SD	祖辈被动教养（n=98） M	SD	t
自我概念总分	73.69	7.708	72.24	7.59	1.550
认知能力	16.94	2.438	17.09	2.281	−0.511
身体能力	16.33	2.626	16.11	2.282	0.685
同伴接纳	21.41	2.371	20.91	2.573	1.694
教师接纳	19.01	3.238	18.12	3.128	2.267*

3. 学前儿童祖辈依赖对其自我概念的影响

（1）学前儿童祖辈依赖与自我概念的相关分析

为考查学前儿童祖辈依赖及其各个维度与其自我概念总分及其各个维

度相关情况，采用皮尔逊相关法进行分析，结果见表7-51。结果表明：学前儿童祖辈依赖与其自我概念、身体能力呈显著负相关，行为依赖与其自我概念、身体能力呈显著负相关，认知依赖与身体能力呈显著负相关，情感依赖与自我概念及各维度不存在显著相关。

表7-51　学前儿童祖辈依赖与自我概念的相关矩阵

维度	祖辈依赖	情感依赖	行为依赖	认知依赖	自我概念	认知能力	身体能力	同伴接纳
祖辈依赖	—							
情感依赖	0.860**	—						
行为依赖	0.761**	0.391**	—					
认知依赖	0.820**	0.630**	0.482**	—				
自我概念	-0.111*	-0.064	-0.125*	-0.085	—			
认知能力	-0.083	-0.059	-0.082	-0.061	0.604**	—		
身体能力	-0.157**	-0.082	-0.178**	-0.135*	0.738**	0.387**	—	
同伴接纳	-0.083	-0.052	-0.084	-0.072	0.722**	0.208**	0.360**	—
教师接纳	-0.013	-0.003	-0.03	0.004	0.785**	0.209**	0.397**	0.515**

（2）学前儿童祖辈依赖与自我概念的回归分析

为进一步明确学前儿童祖辈依赖与其自我概念的因果关系，分别以祖辈依赖及其各维度为自变量，以自我概念总分及其各个维度为因变量，采用逐步回归法进行回归分析，结果分述如下：

以学前儿童祖辈依赖总分及各维度为自变量，自我概念总分为因变量进行逐步回归分析，结果表明：学前儿童行为依赖能显著负向预测其自我概念，调整后 R^2 为0.013，说明学前儿童的行为依赖能够预测其自我概念1.3%的差异量，详见表7-52。

表 7-52　学前儿童祖辈依赖与自我概念总分的回归分析

维度	R	R^2	调整后 R^2	F	β	t
常量	0.125	0.016	0.013	5.513*	76.211	57.820***
行为依赖					-0.190	-2.348*

以学前儿童祖辈依赖总分及各维度为自变量，身体能力为因变量进行逐步回归分析，结果表明：学前儿童行为依赖能显著负向预测其身体能力，调整后 R^2 为 0.029，说明学前儿童的行为依赖能够预测其身体能力 2.9% 的差异量，详见表 7-53。

表 7-53　学前儿童祖辈依赖与其身体能力的回归分析

维度	R	R^2	调整后 R^2	F	β	t
常量	0.178	0.032	0.029	11.383**	17.689	40.786***
行为依赖					-0.090	-3.374**

（四）讨论

1. 学前儿童自我概念的一般特点

研究结果发现，学前儿童自评与他评的自我概念和认知能力、身体能力、同伴接纳和教师接纳四个分维度得分均高于中间值 2.5，说明学前儿童自我概念的总体发展水平较高，这与以往的研究结果一致（李洁，2012；马燕娟，2015）。在不同的维度上，同伴接纳发展最好，认知能力次之，随后是身体能力，教师接纳水平最低，这与应孔建（2018）的研究结果一致。随着学前儿童步入幼儿园，社交范围逐渐从家庭转向幼儿园，同伴对其成长与发展的作用越来越大。本研究调研时间为 6 月底，此时小班学前儿童即将升入中班，中班学前儿童即将进入大班，而大班学前儿童马上要进入小学。无论是哪个年级的学前儿童均已经与所在班级较为熟悉，也有了一定的社会交往技能，因此同伴接纳水平较高。在本研究中，学前儿童的教师接纳水平是4个维度中最低的,这可能正如研究者实地调研时所看到的,部分教师对学前儿童高要求、严控制,因此学前儿童会认为自己被教师接纳的程度比较低。大班学前儿童的认知能力和身体能力发展优于中班和小班学前儿童,这符合学前儿童身心发展的一般规律,即随着年龄的增长,学前儿童的认知水平不断提高,身体也迅速发育。在教师接纳上,则是大班学前儿童的教师接纳水平显著低于中班和小班学前儿童。笔者在调研的过程中,也切身感受到,到了大班,教师对待学前儿童的态度明显不再像以前那样温和。与主班教师交谈后得知,老师们是想对大班学前儿童在各方面要求严格一点,以便让他们以后能更好地适应小学生活。

2. 隔代教养因素影响学前儿童自我概念

研究结果显示,在教养态度上,祖辈主动或被动教养对学前儿童自我概念有显著影响。具体而言,祖辈主动参与教养的学前儿童的教师接纳得分显著高于被动参与教养的学前儿童。愿意且主动要求教养学前儿童的祖辈对学前儿童会倍加关注和呵护,对学前儿童的需求、行为等能做出更加持续、敏感的反应,有助于学前儿童更好地理解自我和他人之间的关系。但若祖辈不愿意或是被动参与学前儿童的教养,他们的一些消极情绪、教养方式使学前儿童感受不到爱与尊重,从而阻碍其自我概念的发展。祖辈身体健康状况对学前儿童的自我概念也有显著影响。健康状况良好的祖辈教养的学前儿童的自我概念、身体能力和教师接纳得分高于健康状况一般的祖辈教养的学前儿童。当祖辈身体更为健康时,能更多、更好地与学前儿童互动,并且会多带学前儿童去室外活动、接触他人,有助于加强学前儿童与外部世界的联系,有利于学前儿童自我概念的发展。相反,当祖辈身体状况一般或者不太好时,便较少进行运动,大多数时间在家静养或观看电视,很少带学前儿童去户外活动或接触他人,限制了学前儿童接触新鲜事物,进而限制了其自我概念的发展。

3. 学前儿童祖辈依赖影响其自我概念

研究结果显示，学前儿童祖辈依赖与自我概念、身体能力呈显著负相关，说明学前儿童祖辈依赖越严重，其自我概念总体水平和身体能力越低。这也侧面呼应了凌辉和黄希庭（2009）的研究结论，即儿童自立水平越高，其自我概念越积极。学前儿童行为依赖与其自我概念、身体能力呈显著负相关，且行为依赖能显著负向预测其自我概念和身体能力，说明学前儿童行为依赖越严重，其自我概念总体水平和身体能力越低。自主性和独立性高的儿童进取、独立，通过迎接挑战、解决难题来促进自我概念（凌辉等，2014），而习惯于依赖祖辈的学前儿童，遇事只会找祖辈帮忙，缺乏主动面对问题的勇气，遇事容易退缩，久而久之，容易自我否定，产生消极的自我概念。处于学前期的儿童主要通过身体动作去完成对周围世界的感知和探索（陈琦，刘儒德，1997），在行为上越依赖祖辈的学前儿童，不独立探究与尝试，不做力所能及的事情，其身体动作越难以得到锻炼，身体能力自然比较低。本研究还发现，学前儿童认知依赖与身体能力呈显著负相关。当学前儿童在认知方面对祖辈较为依赖，其认知发展受限，独立解决问题的行为动机也会受到抑制，身体能力的发展自然也受到影响。

Chapter VIII | 第八章

隔代教养儿童的身心健康研究

第一节　隔代教养小学儿童的生理健康研究

第二节　隔代教养学前儿童的心理健康研究

第三节　隔代教养小学儿童的学习压力研究

第四节　隔代教养学前儿童的性别角色研究

第一节　隔代教养小学儿童的生理健康研究

一、引言

学龄期儿童的健康问题已成为全球重大公共卫生问题（Abarca-Gómez，2017；Pascolini & Mariotti，2012），包括视力不良、超重肥胖等问题。据统计，我国小学儿童总体视力不良发生率约为53.6%，超重肥胖率高达近20%（刘月姣，2020）。2019年中华人民共和国国务院颁布的《国务院关于实施健康中国行动的意见》（国务院，2019）中明确提出要降低学龄期儿童视力不良、超重肥胖等问题的目标。研究证实，学龄期儿童的健康状况受到饮食（Zhang，2015）、遗传（Wang，2022）等与家庭有关的因素的影响。其中，家庭教养模式及教养人相关因素是最重要的影响因素（Ayanniyi et al.，2010；He et al.，2018）。

关于家庭因素对小学儿童健康状况的影响的研究主要集中在父母相关因素所产生的影响（Alderman & Headey，2017；Smith et al.，2012）。然而，值得关注的是，随着社会的转型、预期寿命的增加、双职工家庭数量的增加以及家庭重组率的提高，有祖辈参与的家庭教养模式变得越来越普遍（Chen et al.，2011；Luo, et al.，2012），并对学龄期儿童健康状况产生不容忽视的影响。国外研究证实，祖辈教养儿童健康状况更差，且祖辈相关因素会对儿童的体重（中国学生体质与健康研究组，2016）、视力（Rudnicka et al.，2008）等产生负向影响。我国祖辈参与教养模式以及主要教养人的相关特征与国外均不相同，其对小学儿童健康状况的影响是否呈现差异性，值得探索。因此，本研究通过调查和分析祖辈教养模式下的小学儿童健康状况，探讨祖辈教养相关因素对其视力不良及超重肥胖的影响，为减少祖辈参与教养家庭因素对小学儿童健康状况的负面影响的实践提供参考依据。

二、方法

（一）调研对象

采用方便抽样法，在浙江省湖州市某小学三至六年级每年级整群随机抽取2个班、共8个班级的420名小学儿童及其主要教养人作为研究对象。于2022年5月在湖州市妇幼保健院对小学儿童进行生理健康指标检查，小学儿童研究对象的入选标准为：年龄为7~13周岁，性别、年龄、城乡等人口学资料和主要教养人等家庭信息完整，无器质性病变。经筛选，获得有效样本394名小学儿童，其中男生198人（50.25%），女生196人（49.75%）。年龄8~13岁，其中8岁14人（3.55%），9岁74人（18.78%），10岁90人（22.84%），11岁92人（23.35%），12岁114人（28.93%），13岁10人（2.54%）。与祖辈居住31人（7.87%），与父辈祖辈共同居住284人（72.08%），与父辈居住79人（20.05%）。

根据小学儿童不同教养人的主导地位，将其区分为祖辈教养、父辈教养2组。在394名小学生中，祖辈教养小学儿童227名，占总人数的57.61%；父辈教养小学儿童167名，占总人数的42.39%。

（二）调研方法

1. 相关指标评价标准

在本研究中，衡量小学儿童的生理健康主要采用两个指标：一是视力，二是身体质量指数。

（1）视力等级评价标准

视力检测按照《2014年全国学生体质调研手册》（中国学生体质与健康研究组，2016）要求，采用5米标准对数视力表，凡左右眼裸眼视力小于5.0为视力不良。其中，4.9为轻度视力不良，4.6~4.9为中度视力不良，

4.6 以下为重度视力不良。根据筛查结果，本研究将视力不良定义为任意一只眼睛的裸眼视力≤5.0。

（2）BMI 等级评价标准

BMI（body mass index）即身体质量指数，判断标准参考中国肥胖问题工作组（WGOC）（中国肥胖问题工作组，2004）的标准：BMI＜18.5 为偏瘦，18.5≤BMI＜24 为正常，24≤BMI＜28 为超重，BMI≥28 为肥胖。根据筛查结果，本研究小学儿童超重肥胖标准采用 2018 年原国家卫生和计划生育委员会发布的《学龄儿童青少年超重与肥胖筛查》分类标准（WS/T 586-2018）：凡儿童 BMI 大于或等于相应性别、年龄组"超重"界值点且小于"肥胖"界值点者，为超重及肥胖，见表 8-1。

表 8-1 小学儿童超重肥胖筛查 BMI 界值点

年龄（岁）	男 超重	男 肥胖	女 超重	女 肥胖
8~	17.8	19.7	17.6	19.4
9~	18.5	20.8	18.5	20.4
10~	19.2	21.9	19.5	21.5
11~	19.9	23.0	20.5	22.7
12~	20.7	24.1	21.5	23.9
13~	21.4	25.2	22.2	25.0

2. 问卷调查

邀请 2 名儿科专家、1 名小学教师共同设计《主要教养人健康知识调查问卷》，该问卷内容分为两个部分，人口学统计资料及健康知识。其中，人口学统计资料包括小学儿童的年龄、性别、教养模式、主要教养人等一般人口学资料，健康知识包括视力健康相关知识和体重相关知识 2 个维度，视力健康相关知识维度包括儿童良好用眼习惯的健康知识、与儿童视力相关的健康知识、对儿童视力不良的看法；体重相关知识维度包括儿童日常良好习惯的健康知识、与儿童体重相关的健康知识、对儿童体重的看法。

共30个题目，采用李克特（Likert）五级计分法，"1"表示完全同意，"5"表示完全不同意，问卷由被调查的学生主要教养人填写，得分越高，代表主要教养人健康知识水平越高。问卷总内部一致性Cronbach's α系数为0.811。

3. 质量控制

为保证小学儿童相关生理数据改变幅度较小以及生理健康检查结果对小学儿童主要教养人健康知识的自我反省影响最小，在小学儿童进行生理健康检查一周前对主要教养人发放问卷，经班主任告知主要教养人后，由小学儿童放学带回家中交予主要教养人填写，次日带回学校回收。根据问卷填写要求，若孩子的主要教养人是其祖辈，则由其祖辈作答；若孩子的主要教养人是其父辈，则由其父辈作答；若孩子是祖辈和父辈共同教养，则尽可能由其主要教养方填写。本次调查共发放问卷450份，回收问卷420份，排除数据缺失、漏答或不认真作答问卷26份，最终有效问卷394份，有效率为98.5%。

4. 数据统计与分析

采用SPSS 26.0软件包进行数据录入及统计分析。其中，小学儿童基本情况采取描述性分析，不同教养模式下小学儿童健康状况差异采取χ^2检验，主要教养人健康知识水平差异采用独立样本 t 检验，对主要教养人体重健康知识水平与小学儿童生理健康水平之间的关系进行相关分析并进行二元逻辑回归分析，采用SPSS 26.0 PROCESS插件检验祖辈一周看护时间在主要教养人生理健康知识水平与小学儿童BMI之间的调节作用。所有显著性检验均为双侧检验，检验水准 $\alpha=0.05$。

三、结果

（一）不同教养模式下小学儿童的生理健康状况

在本研究的394名小学儿童样本中，视力不良总体检出率为68.53%

（270名），BMI大于其性别、年龄节点，属于超重及肥胖等级的小学儿童共128名（32.49%）。

进一步比较不同教养模式下小学儿童生理健康状况的差异情况，结果发现：祖辈教养小学儿童的视力不良情况、超重肥胖情况明显高于父辈教养小学儿童（χ^2分别为16.389、21.406，p值均小于0.001），见表8-2。

表8-2　不同教养模式对小学儿童生理健康的影响 [n（%）]

维度		教养模式		总计	χ^2
		祖辈教养	父辈教养		
视力等级	视力不良	165（77.46）	96（57.49）	270（68.53）	16.389***
	视力良好	48（22.54）	71（42.51）	124（31.47）	
BMI等级	偏瘦及正常	132（58.15）	134（80.24）	266（67.51）	21.406****
	超重及肥胖	95（41.85）	33（19.76）	128（32.49）	

（二）祖辈教养因素对小学儿童生理健康状况的影响

1. 祖辈教养人饮食管理对小学儿童生理健康状况的影响

对394名小学儿童主要教养人的家庭饮食管理情况进行描述统计，结果显示：主要由祖辈管理饮食的小学儿童266人，占总人数的67.51%；由父辈管理饮食的小学儿童126人，占总人数的31.98%。

进一步分析不同教养人饮食管理下小学儿童生理健康状况的差异，如表8-3所示。结果显示：由祖辈进行饮食管理对小学儿童生理健康状况影响更大，且小学儿童肥胖超重现象更普遍（χ^2=7.463，$p<0.05$）。

表8-3　不同教养人饮食管理对小学儿童生理健康状况的影响 [n（%）]

维度		饮食管理		总计	χ^2
		祖辈	父辈		
视力等级	视力不良	191（70.74）	79（29.26）	270	2.919
	视力良好	77（62.10）	47（37.90）	124	

续表

维度		饮食管理		总计	χ^2
		祖辈	父辈		
BMI 等级	偏瘦及正常	169（63.53）	97（36.47）	266	7.576*
	超重及肥胖	99（77.34）	29（22.66）	128	

2. 祖辈一周看护时间对小学儿童生理健康状况的影响

根据祖辈一周内带养小学儿童的时间，将其划分为 0 天、小于 3 天、大于 3 天。对祖辈一周看护时间进行描述统计，结果显示：祖辈一周看护时间大于 3 天的小学儿童 304 人，占总人数的 77.16%；祖辈一周看护时间小于 3 天的小学儿童 62 人，占总人数的 15.74%。

进一步对一周内祖辈不同看护时间下小学儿童的生理健康状况进行卡方检验（见表 8-4），结果表明：祖辈一周看护时间越多（大于 3 天），小学儿童肥胖超重现象越严重（χ^2=8.577，$p < 0.05$）。

表 8-4 祖辈一周看护时间对小学儿童生理健康状况的影响 [n（%）]

维度		祖辈一周看护时间			总计	χ^2
		0 天	小于 3 天	大于 3 天		
视力等级	视力不良	16（5.93）	42（15.56）	212（78.52）	270	1.907
	视力良好	12（9.68）	20（16.13）	92（74.19）	124	
BMI 等级	偏瘦及正常	19（7.14）	32（12.03）	215（80.83）	266	8.577*
	超重及肥胖	9（7.03）	30（23.44）	89（69.53）	128	

3. 祖辈教养人健康知识水平对小学儿童生理健康的影响

对小学儿童不同主要教养人的健康知识水平进行独立样本 t 检验，结果表明：不同主要教养人的体重健康知识水平具有显著差异，祖辈教养人的体重健康知识水平明显差于父辈教养人（t=-4.644，$p < 0.001$）；而不同主要教养人的视力健康知识水平未见差异性（t=1.474，$p > 0.05$），见表 8-5。

表 8-5　不同主要教养人健康知识水平对小学儿童生理健康的影响

维度	主要教养人（$M \pm SD$）		t
	祖辈（$n=227$）	父辈（$n=167$）	
视力健康知识总分	40.74 ± 5.37	39.95 ± 4.99	1.474
儿童良好用眼习惯的健康知识	20.62 ± 3.80	20.22 ± 4.16	1.005
与儿童视力相关的健康知识	15.30 ± 3.23	14.74 ± 2.61	1.819
对儿童视力不良的看法	4.82 ± 1.77	4.99 ± 1.75	-0.972
体重健康知识总分	33.47 ± 4.47	35.54 ± 4.25	-4.644[***]
儿童日常良好习惯的健康知识	15.84 ± 2.47	16.22 ± 2.35	-1.559[**]
与儿童体重相关的健康知识	14.14 ± 3.25	15.37 ± 2.97	-3.845
对儿童超重及肥胖的看法	3.50 ± 1.56	3.96 ± 1.58	-2.877[**]

进一步分析不同教养人生理健康知识水平与小学儿童生理健康状况（视力水平、BMI）之间的相关性。结果表明：主要教养人视力健康知识水平与小学儿童的视力水平相关不显著（$p > 0.05$），见表 8-6；而主要教养人体重健康知识水平与小学儿童的 BMI 呈显著负相关（$r=-0.198$，$p < 0.01$），即祖辈的体重健康知识水平越差，小学儿童 BMI 越大，如表 8-7 所示。

表 8-6　主要教养人视力健康知识水平与小学儿童视力情况相关矩阵

维度	1	2	3	4	5
1. 小学儿童视力水平	—	—	—	—	—
2. 儿童良好用眼习惯的健康知识	0.046	—			
3. 与儿童视力相关的健康知识	0.046	-0.09	—		
4. 对儿童视力不良的看法	0.070	-0.070	0.169[**]	—	
5. 视力健康知识总分	0.043	0.704[**]	0.561[**]	0.429[**]	—

表 8-7　主要教养人体重健康知识水平与小学儿童 BMI 相关矩阵

维度	1	2	3	4	5
1. 小学儿童 BMI 水平	—				
2. 儿童日常良好习惯的健康知识	-0.157**	—			
3. 与儿童体重相关的健康知识	-0.098	-0.024	—		
4. 对儿童超重及肥胖的看法	-0.125*	-0.071	0.251**	—	
5. 体重健康知识总分	-0.198**	0.498**	0.786**	0.493**	—

在相关分析的基础上，为了明确主要教养人与小学儿童生理健康水平间的因果关系，分别以小学儿童是否视力不良（视力良好 =0，视力不良 =1）、是否超重肥胖（偏瘦正常 =0，超重肥胖 =1）为因变量，主要教养人视力健康知识水平、体重健康知识水平分别为自变量，进行二元逻辑回归分析（表 8-8），结果显示：主要教养人的体重健康知识水平对小学儿童是否超重肥胖有反向预测作用，说明主要教养人体重健康知识水平每增加一个单位，小学儿童超重肥胖状况减少幅度为 0.918 倍（β=-0.086，z=-3.470，p < 0.01）；但主要教养人的视力健康知识水平对小学儿童视力不良状况影响不大（β=0.009，z=0.415，p > 0.05）。

表 8-8　小学儿童生理健康状况与主要教养人健康知识水平二元逻辑回归分析

维度	β	SE	z	Wald–χ^2	OR 值（OR 值 95% CI）
视力健康知识水平	0.009	0.021	0.415	0.172	1.009（0.968~1.051）
体重健康知识水平	-0.086	0.025	-3.470	12.044	0.918（0.874~0.963）

（三）主要教养人的人口统计学因素对小学儿童生理健康的影响

1. 主要教养人的年龄对小学儿童生理健康状况的影响

对394名小学儿童主要教养人的年龄进行描述统计，结果显示：小学儿童的主要教养人年龄集中在40~50岁，共179人（45.43%）；其次为51~60岁，有124人（31.47%）；60岁以上87人（22.08%）。不同年龄主要教养人下小学儿童生理健康状况如表8-7所示：主要教养人年龄在50~60岁及60岁以上的小学儿童超重肥胖现象更为普遍（χ^2=9.636，$p < 0.01$）；而不同年龄主要教养人下的小学儿童视力不良状况无明显差异（χ^2=2.82，$p > 0.05$），详见表8-9。

表8-9 主要教养人年龄差异对小学儿童生理健康状况的影响

生理健康等级		主要教养人年龄 [n（%）]			总计	χ^2
		50岁以下	50~60岁	60岁以上		
视力等级	视力不良	132（48.89）	84（31.11）	54（20.00）	270	2.82
	视力良好	51（41.13）	40（32.26）	33（26.61）	124	
BMI等级	偏瘦及正常	133（50.00）	86（32.33）	47（17.67）	266	9.636**
	超重及肥胖	50（39.06）	38（29.69）	40（31.25）	128	

2. 主要教养人的学历对小学儿童生理健康状况的影响

在394名小学儿童的主要教养人中，学历水平在高中及以下的有225人，占总人数的51.77%；学历水平在大专及以上的有169人，占总人数的42.9%。主要教养人学历对小学儿童生理健康状况的影响，结果显示：未上过学、学历水平在小学以及高中及以下的主要教养人所教养的小学儿童超重肥胖现象更为突出（χ^2=12.726，$p < 0.05$）；不同学历水平主要教养人所教养的小学儿童视力不良状况未见差异（χ^2=9.254，$p > 0.05$），见表8-10。

表 8-10　主要教养人学历差异对小学儿童生理健康状况的影响

维度		主要教养人学历 [n（%）]					总计	χ^2
		未上过学	小学	高中及以下	大专	本科及以上		
视力等级	视力不良	9（3.33）	84（31.11）	66（24.44）	91（33.70）	20（7.41）	270	9.254
	视力良好	6（4.84）	44（35.48）	16（12.90）	42（33.87）	16（12.90）	124	
BMI 等级	偏瘦及正常	11（4.14）	72（27.07）	64（24.06）	95（35.71）	24（9.02）	266	12.726*
	超重及肥胖	4（3.13）	56（43.75）	18（14.06）	38（29.69）	12（9.38）	128	

（四）祖辈一周照料时间在主要教养人体重健康知识与小学儿童 BMI 之间的调节作用

分析祖辈一周照料时间在主要教养人体重健康知识水平与小学儿童 BMI 之间的调节作用，由于自变量体重健康知识水平是连续变量，故对其进行标准化处理。另由于调节变量是分类变量，故在进行分析前对调节变量进行虚拟化处理。在控制小学儿童性别、年龄变量后结果发现，体重健康知识水平负向预测小学儿童 BMI（$\beta=-0.162$，$t=-4.147$，$p<0.001$），祖辈一周照料时间和体重健康知识水平的交互项显著负向预测小学儿童 BMI（$\beta=-0.808$，$t=-4.157$，$p<0.001$）。

对祖辈一周照料时间在体重健康知识水平与小学儿童 BMI 之间的调节作用进行简单斜率分析，当祖辈一周照料时间小于 3 天时，$\beta=0.292$，$SE=0.193$，$p<0.01$；当祖辈一周照料时间大于 3 天时，$\beta=0.563$，$SE=0.166$，$p<0.01$。可知祖辈一周照料时间在主要教养人体重健康知识水平与小学儿童 BMI 之间有调节作用，且祖辈一周照料时间大于 3 天对小学儿童 BMI 的消极影响要大于照料时间小于 3 天的消极影响（$\beta_{祖辈一周照料时间大于三天}$＞

β _{祖辈一周照料时间小于三天}，$p < 0.05$）。结果见表 8-11。

表 8-11 祖辈一周看护时间在主要教养人体重健康知识水平
与小学儿童 BMI 间的调节作用

回归方程		拟合指标		系数显著性		
结果变量	预测变量	R^2	F	B	β	t
小学儿童 BMI	体重健康知识水平	0.163	10.733***	-0.162	-0.195	-4.147***
	看护时间	—	—	-0.160	-0.194	-4.062***
	体重健康知识水平 × 看护时间	—	—	-0.668	-0.808	-4.157**
	性别	—	—	-1.740	-0.234	-4.959***
	年龄	—	—	0.638	0.214	4.581***

四、讨论

（一）祖辈教养人对小学儿童超重肥胖状况的影响

本研究结果表明，祖辈教养下的小学儿童肥胖超重发生率（41.85%）（$\chi^2=21.406$，$p < 0.05$）较父辈教养下的小学儿童高，与以往国内外研究结论相一致（Birch et al.，1982）。究其原因，儿童生理健康状况受祖辈教养人的影响很大。在有祖辈参与教养的家庭中，主要由祖辈为儿童提供饮食照料（张雨茜等，2022）以及陪伴（Green，2010）。由于学历水平、年龄的限制以及健康知识的欠缺，多数祖辈认为肉和油是珍贵的食物，且营养较高，利于孩子身体发育，因此经常为孩子烹饪高油、高脂肪的食物（Rogers et al.，2018）。本研究也证实，在祖辈饮食管理下的小学儿童超重肥胖率（77.34%）明显高于父辈饮食管理下的小学儿童（22.66%）（$\chi^2=7.576$，$p < 0.05$），Liu 等人（2022）的研究结果在本研究中得到了验证。同样，在祖辈一周参与照料的时间上，祖辈照料时间大于 3 天的小学

儿童超重肥胖率（69.53%）显著高于祖辈照料时间小于 3 天（23.44%）及 0 天（7.03%）的小学儿童（χ^2=8.577，$p < 0.05$）。原因可能在于一周内照料时间大于 3 天的祖辈与儿童相处时间更多，祖辈也更加深入地参与孙辈日常活动。例如，He（2018）通过对中国健康与营养调查（China Health and Nutrition Survey）的家庭数据分析发现，祖辈通常担心过多的锻炼活动会使孙辈受伤，因此往往限制其活动，导致孙辈活动量不足。根据本研究结果，在祖辈一周照料 3 天以上的情况下，祖辈对孙辈的限制可能更多，导致孙辈的活动量可能更为不足、孙辈的饮食行为受祖辈影响也可能更深、摄入油和脂肪量也可能更多，进而导致孙辈更可能超重甚至肥胖。

（二）主要教养人的人口统计学因素对小学儿童超重肥胖状况的影响

本研究结果显示，主要教养人的年龄、学历均会对小学儿童健康状况产生显著影响（χ^2 分别为 9.636，12.726，$p > 0.05$）。国外已有研究发现，低学历水平的祖辈会用果汁、运动饮料等高糖饮料代替牛奶、苏打水等饮品（Rogers，2018），导致孙辈 BMI 增大。不仅如此，在对孩子体重的看法上，低学历水平的祖辈也存在着一定的认知偏差（Malik et al.，2013），通常认为孩子越重，越代表受到了良好的照顾。因此，为证明自己对孙辈的良好照顾，祖辈更偏向于将孙辈喂养至超重甚至肥胖（Jiang，2007）。而本研究发现小学儿童超重肥胖现象多发生在 50 岁以上、高中以下学历的教养人的教养下，结果也验证了这一结论。

（三）主要教养人的健康知识水平对小学儿童超重肥胖的影响

本研究结果表明，主要教养人的体重健康知识水平与小学儿童 BMI 存在显著负相关，且对小学儿童 BMI 水平预测作用显著（r=-0.198，β= -0.086，OR：0.918，$p < 0.05$）。比较不同教养人的健康知识水平发现，

祖辈教养人体重健康知识水平（$M±SD$：33.47±4.47）显著差于父辈教养人（$M±SD$：35.54±4.25）。综合上述祖辈教养人对小学儿童超重肥胖的影响可知，祖辈教养人健康知识水平越差，其教养下小学儿童超重肥胖现象越普遍。

进一步探讨祖辈一周照料时间在主要教养人体重健康知识水平与小学儿童BMI间的调节作用，结果表明：祖辈一周照料时间对主要教养人体重健康知识水平与小学儿童BMI的关系具有调节作用，即主要教养人体重健康知识水平对小学儿童BMI的预测作用存在祖辈照料时间上的差异。由于时代背景的限制，祖辈对儿童饮食的科学认知有所欠缺（Roberts & Pettigrew，2010），在照料时，主要选择高油、高糖、高热量的糕点（Campbell et al.，2006），儿童长时间食用此类食品极易超重肥胖。另外，祖辈对儿童体育活动的认识也存在着不足，倾向于让儿童参与低强度运动（Bell et al.，2018），如瑜伽、太极等，但此类运动通常无法达到儿童所需的消耗水平（Green，2010）。可见，祖辈的体重健康知识水平较低时，对于如何科学地带养孙辈存在认知偏差，不良喂养方式以及其喜静的生活方式导致儿童摄入热量过高、锻炼过少，对小学儿童BMI产生不利影响，且祖辈一周内照料时间愈长（大于3天），这种负面影响越显著。

（四）祖辈参与教养对小学儿童视力状况的影响

研究结果显示，祖辈教养家庭小学儿童视力不良情况显著高于父辈教养家庭小学儿童（χ^2=16.389，$p<0.001$）。而祖辈视力健康知识水平（40.74±5.37）虽略高于父辈（339.95±4.99），但无统计学意义（t=1.474，$p>0.05$），且对小学儿童视力情况未见显著影响（OR：1.009，$p>0.05$）。此外，研究结果还表明，祖辈饮食管理、主要教养人的人口统计学因素对小学儿童视力不良的影响未见显著差异性（p值均大于0.05）。综合以上结果，推测小学儿童视力不良不受饮食管理方法、祖辈年龄和性别影响，而可能受祖辈的视力健康知识水平、祖辈教养方式或其他相关因素影响。例如，祖辈的教养方式多以溺爱为主，倾向于顺从孩子意愿，导致祖辈在日常照料中放任孩子使用电子设备、沉迷网络（Lakó，2014），从而大大增加了儿童的视屏时间。不仅如此，小学儿童在学习中用眼频繁且时间较长，且祖辈对视力健康知识了解相对匮乏，不太懂得培养孙辈良好的学习和用眼卫生习惯（Lee et al.，2018）。加之祖辈在参与教养的过程中更看重孩子身高、体重的变化，对于不明显的视力变化关注较少，在孩子出现眼红、视物不清等问题时未能及时带其就诊（Campbell et al.，2012），从而使祖辈教养下小学儿童的视力不良状况比非祖辈教养下的小学儿童更为严重。

五、小结

综上所述，祖辈参与教养会对小学儿童的生理健康状况产生影响，主要表现为：祖辈教养小学儿童的视力状况、BMI 状况更差；祖辈管理饮食、一周照料时间大于 3 天会导致小学儿童超重肥胖；主要教养人的年龄越大、学历水平越低以及体重健康知识水平越低，对小学儿童超重、肥胖现象产生负向影响越大；相较于祖辈一周照料时间小于 3 天，祖辈一周照料时间大于 3 天时其生理健康知识水平对小学儿童 BMI 的消极影响更大。

六、建议

上述结论提示我们，在当今社会儿童日常起居生活多由祖辈参与照料的情况下，如何提高祖辈教养人健康知识水平、改善祖辈教养人对小学儿童的教养模式、适当控制祖辈教养人照料孙辈的时间等问题尤为重要，特此建议：

（一）祖辈个人层面

在小学儿童 BMI 方面，祖辈可在平时主动关注食品营养、体育锻炼等方面的健康知识内容，并将其融入孙辈的日常照料中，在喂养时多以瘦肉、蔬菜等富含蛋白质、维生素的食物为主。在日常活动中可以督促孙辈参与快步走、跳绳等中强度体育活动，在均衡小学儿童饮食营养的同时，增强其体质，从而改善并预防小学儿童超重肥胖问题。

在视力方面，祖辈可制订课后用眼时间表，在小学儿童放学后督促其在长时间用眼后远眺休息 15 分钟及以上，促使小学儿童形成健康的用眼习惯，以此缓解视力疲劳，尽可能地减缓其视力不良状况进一步加重。

此外，在父辈有能力、有时间、有精力亲自照料孩子时，祖辈可适当减少对小学儿童的照料和干预，每周照料的时间尽可能不超过 3 天，尽量以照料饮食、陪同户外活动为主，减少因祖辈过多地参与照料对小学儿童生理健康所产生的不良影响。

（二）学校教育层面

学校可联合专业营养师定期开展儿童健康知识和营养知识讲座，帮助祖辈了解小学儿童身心发展规律，向小学儿童祖辈普及身体健康知识、食物营养知识及食用过量甜食的危害，加强祖辈对儿童身体活动的重视和引导。同时注重教授祖辈食物的营养搭配知识，改变祖辈高热量的不健康喂养方式，从而改善小学儿童的饮食习惯，进而降低小学儿童的超重肥胖发生率。

学校也可每学期组织视力健康知识主题宣讲并播放相关影片，内容可包括认识眼睛、如何保护视力、如何矫正视力等视力健康知识，邀请祖辈教养人及小学儿童观看，祖辈和学校共同协助小学儿童保护视力、改善视力。

(三)社区活动层面

在条件允许时,社区可组织焦点小组,对有祖辈参与教养的家庭提供一对一健康知识、体重知识和营养知识讲解,并针对超重肥胖的小学儿童的家庭设计科学饮食及体育锻炼方案,从小学儿童饮食及身体活动水平两个方面改善其超重肥胖状况。

社区还可每周定期举办户外活动,例如放风筝、跳绳比赛等活动,邀请祖孙共同参与,强健双方身体素质的同时,增加小学儿童户外活动的频率,加强身体锻炼,不仅可改善小学儿童的 BMI 状况,还可减少用眼时间,从而减缓小学儿童视力不良现象。

本研究的局限性有:首先,本调查资料来源于浙江省湖州市某小学 8~13 岁儿童数据,样本的选择有一定的局限性。其次,问卷的设计只能揭示家庭因素对小学儿童健康状况的影响,其视力、BMI 状况是否受到小学儿童课堂学习压力、学校体育课程量以及教师健康知识水平的影响可在今后的研究中进一步探索。最后,家庭因素的相关变量仅考虑不同主要教养人健康知识水平的影响,未来研究可进一步探究主要教养人不同教养方式对小学儿童健康状况的影响。

第二节 隔代教养学前儿童的心理健康研究

一、农村留守家庭隔代教养学前儿童的心理健康研究

(一)引言

随着农村年轻父母不断向城镇迁移,受自身经济状况和生活条件所限,

或因城乡二元结构体制的长期存在，导致大量儿童被留在农村由祖辈照料，以致农村中隔代教养家庭占大多数，因而农村隔代教养对儿童的影响更受关注。例如，研究发现，与父辈教养学前儿童相比，农村留守家庭隔代教养学前儿童的认知水平较低（吴凡，梅萍，2009），且焦虑、抑郁、迷茫、愤怒、自卑等消极情绪水平较高（徐洁等，2008）。其心理健康问题主要有自我意识发展障碍、环境适应障碍、人际关系发展障碍和情绪情感发展障碍（郭红霞，2020）。由于长期缺乏父母关怀，农村留守学前儿童的亲子关系也会日渐淡薄，其母子亲密关系（36.80分）与父子亲密关系（34.10分）显著低于非留守学前儿童的母子亲密关系（42.08分）和父子亲密关系（39.40分），甚至出现亲子关系濒临残缺或断裂的情况（赵浩，2019；季小网，2015）。父母离开孩子的时间越久，孩子的人际关系越紧张、敏感、焦虑。王良锋（2006）还发现农村留守儿童的孤独感较高，几乎有17.6%表现出孤独。刘占兰（2017）也发现，农村留守学前儿童的孤独倾向得分高达21.3分，远高于非留守学前儿童的孤独倾向得分（17.7分）。综观已有的关于农村留守儿童心理健康的研究，由于调研工具不一，导致研究结果存在一定差异。因此，本研究采用曾凡梅（2020）编制的《幼儿心理健康评定量表（CMHA-80）》侧重探讨农村留守学前儿童的心理健康问题，以期为促进农村留守学前儿童的心理健康发展提供科学依据。

（二）方法

1. 调研对象

采用方便抽样法，在杭州市某区3所农村幼儿园整群随机抽取小、中、大各一个整班，在征得学前儿童主要教养人和老师同意之后，向学前儿童发放问卷，共计发放问卷290份，回收271份问卷，回收率为93.4%。通过对原始资料的核查，剔除3份缺页的无效问卷，最终确定268份问卷为有效问卷，有效回收率为92.4%。

在最终的 268 位农村学前儿童中，其中 142 位为祖辈教养下的学前儿童，指父母单方或双方都在外务工，在外时间到调查时间为止达到 6 个月及以上，且由祖辈作为主要教养人的农村 3~6 岁学前儿童，或祖辈—父辈共同教养学前儿童但是由祖辈承担主要教养责任的学前儿童；126 位为父辈教养下的学前儿童；其中男性学前儿童 145 位，女性学前儿童 123 位。年龄分布在 3~6 岁。

2. 调研工具

（1）《农村学前儿童及祖辈（父辈）教养人基本信息调查表》

采用自编的《农村学前儿童及祖辈（父辈）教养人基本信息调查问卷》收集农村学前儿童和主要教养人（祖辈/父辈）的基本信息和教养情况，由学前儿童的主要教养人进行填写，共 10 个题目，其中 6 个题目用于调查农村学前儿童的基本信息，4 个题目用于调查农村祖辈教养和父辈教养学前儿童主要教养人（祖辈/父辈）的基本信息。

（2）《幼儿心理健康评定量表（CMHA-80）》

参考使用曾凡梅（2020）编制的《幼儿心理健康评定量表（CMHA-80）》来测量农村学前儿童的心理健康问题。原问卷共 80 个题目，分为 10 个维度：注意力（稳定性、儿童多动症）、认知（感知、记忆、想象、思维与言语）、情绪情感（焦虑、抑郁、孤独、恐惧、稳定性、自控性、情绪表达、道德感）、意志力（坚持性、自制力）、自我意识（自我评价、自我体验、自我调控）、性格（内外向、合群性、自主性、自制力，态度、情绪、毅力）、人际关系（亲子关系、同伴关系、师幼关系）、社会行为（分享、合作、谦让、帮助、攻击、说谎、偷拿、破坏、退缩）、适应性（人际适应、环境适应、困难与挫折适应）、其他（饮食、睡眠、抽动、不良习惯等）。计分方式采用李克特（Likert）五级计分法，从"不符合"到"完全符合"分别对应 1~5 分。得分越高，表示学前儿童心理健康问题越突出。用于家长测评时，该量表 Cronbach's α 系数为 0.948，各分量表与量表总分之间的相关系数为

0.272~0.826，量表的信效度均良好。

根据马斯洛的心理健康标准（李寿欣，张秀敏，2001），结合学前儿童心理健康问题实际，同时为了缩减问卷的篇幅，去掉原问卷中"其他"板块的问题，保留原问卷的9个维度共72个题目。缩减后的初始量表试测后，对量表进行标准化分析，量表的信度和效度良好。

3. 数据统计与分析

所有数据输入计算机，采用SPSS22.0进行数据统计和分析，主要方法包括描述统计、方差分析、相关分析、回归分析等。

（三）结果

1. 农村留守家庭隔代教养学前儿童的心理健康状况

按调查前学前儿童主要由谁教养，将学前儿童的教养情况分为四种：父系祖辈、母系祖辈、父辈和祖辈—父辈共同教养。父系祖辈教养和母系祖辈教养家庭都属于祖辈—孙辈留守家庭，采取隔代教养，即学前儿童大部分时间由父系祖辈或母系祖辈教养，且祖辈在教养中起主要作用。父辈教养指大部分时间由父母自己教养，祖辈极少插手。祖辈—父辈共同教养指的是父母忙碌时由祖辈教养，空闲时由父母自己教养，两者在教养孩子中所花的时间和精力相差不大。表8-12是父系祖辈、母系祖辈、父辈和祖辈—父辈共同教养学前儿童在心理健康状况上的差异比较。

表8-12 不同主要教养人家庭学前儿童心理健康得分的差异比较（$M \pm SD$）

维度	父系祖辈	母系祖辈	父辈	祖辈—父辈共同教养	F
注意力	2.94 ± 0.64	2.95 ± 0.54	2.86 ± 0.49	2.68 ± 0.50	3.679*
认知	2.86 ± 0.38	2.71 ± 0.42	2.69 ± 0.33	2.86 ± 0.33	5.114**
情绪情感	2.67 ± 0.54	2.74 ± 0.37	2.58 ± 0.41	2.64 ± 0.33	1.024
意志力	2.92 ± 0.60	2.89 ± 0.39	2.87 ± 0.49	2.94 ± 0.54	0.232

续表

维度	父系祖辈	母系祖辈	父辈	祖辈—父辈共同教养	F
自我意识	2.96 ± 0.44	2.88 ± 0.32	2.95 ± 0.44	2.91 ± 0.36	0.370
性格	2.78 ± 0.42	2.86 ± 0.51	2.81 ± 0.36	2.89 ± 0.35	1.250
人际关系	2.88 ± 0.63	2.76 ± 0.50	2.70 ± 0.50	2.95 ± 0.45	3.480*
社会行为	2.89 ± 0.36	2.81 ± 0.39	2.79 ± 0.33	2.97 ± 0.34	4.221**
适应性	2.92 ± 0.63	2.93 ± 0.66	2.79 ± 0.62	2.95 ± 0.41	1.359
心理健康状况总分	205.01 ± 26.63	203.32 ± 19.37	205.08 ± 20.82	198.88 ± 16.86	1.751

结果显示，在父系祖辈、母系祖辈、父辈和祖辈—父辈共同教养这四种教养情况下，学前儿童在注意力（$F=3.679$，$p < 0.05$）、认知（$F=5.114$，$p < 0.01$）、人际关系（$F=3.480$，$p < 0.05$）和社会行为（$F=4.221$，$p < 0.01$）维度的得分上存在显著差异。后继两两差异检验结果表明，在注意力维度，父系祖辈教养和母系祖辈教养的学前儿童的得分显著高于祖辈—父辈共同教养的学前儿童和父辈教养的学前儿童；在认知维度，祖辈—父辈共同教养的学前儿童和父系祖辈教养的学前儿童的得分显著高于父辈教养的学前儿童；在人际关系维度，母系祖辈教养和父系祖辈教养的学前儿童，以及祖辈—父辈共同教养的学前儿童的得分显著高于父辈教养的学前儿童；在社会行为维度，父系祖辈教养的学前儿童和祖辈—父辈共同教养的学前儿童的得分显著高于父辈教养的学前儿童。

2. 农村留守家庭祖辈教养因素对学前儿童心理健康的影响

（1）祖辈承担不同教养责任对学前儿童心理健康的影响

分别统计祖辈不承担教养责任、祖辈承担一定教养责任家庭学前儿童的心理健康状况，并进行独立样本 t 检验，结果如表8-13所示。数据显示：祖辈承担不同教养责任下学前儿童的心理健康存在显著差异。祖辈承担教养责任时，学前儿童的心理健康状况总分显著较低（$F=3.279$，$p < 0.05$），且认知水平也显著较低（$F=0.390$，$p < 0.05$）。

表 8-13 祖辈承担不同教养责任对学前儿童心理健康得分的影响（$M \pm SD$）

维度	祖辈承担教养责任（$n=142$）	祖辈不承担教养责任（$n=126$）	t
注意力	2.82 ± 0.57	2.78 ± 0.52	1.368
认知	2.84 ± 0.36	2.73 ± 0.35	2.518*
情绪情感	2.68 ± 0.45	2.58 ± 0.39	1.866
意志力	2.95 ± 0.52	2.85 ± 0.54	1.583
自我意识	2.95 ± 0.39	2.92 ± 0.43	0.530
性格	2.86 ± 0.40	2.81 ± 0.37	1.002
人际关系	2.87 ± 0.55	2.79 ± 0.52	1.150
社会行为	2.90 ± 0.35	2.85 ± 0.35	1.088
适应性	2.95 ± 0.56	2.82 ± 0.58	1.880
心理健康状况总分	205.39 ± 21.59	199.51 ± 17.10	2.453*

（2）祖辈主动被动参与照料对学前儿童心理健康的影响

分别统计祖辈主动参与照料和被动参与教养学前儿童的心理健康水平，并进行独立样本 t 检验，结果如表 8-14 所示。数据显示：在认知维度上，农村祖辈主动被动参与教养情况下学前儿童存在显著差异，祖辈主动参与照料的学前儿童，其认知水平显著较低（$F=2.174$，$p < 0.01$）。

表 8-14 学前儿童心理健康得分的祖辈教养人主被动照料的差异比较（$M \pm SD$）

维度	祖辈主动	祖辈被动	t
注意力	2.98 ± 0.54	2.79 ± 0.58	2.018
认知	2.91 ± 0.41	2.78 ± 0.30	2.174**
情绪情感	2.68 ± 0.51	2.68 ± 0.40	−0.122
意志力	3.03 ± 0.51	2.89 ± 0.52	1.553

续表

维度	祖辈主动	祖辈被动	t
自我意识	2.97 ± 0.42	2.93 ± 0.37	0.497
性格	2.88 ± 0.38	2.84 ± 0.42	0.590
人际关系	2.85 ± 0.54	2.88 ± 0.55	−0.381
社会行为	2.93 ± 0.36	2.87 ± 0.34	1.107
适应性	2.96 ± 0.56	2.94 ± 0.56	0.199
心理健康状况总分	207.90 ± 22.99	203.39 ± 20.33	1.240

（3）祖辈在不同时期参与隔代教养对学前儿童心理健康的影响

分别统计祖辈在婴儿时期介入教养和祖辈在幼儿园时期介入教养的学前儿童的心理健康水平，并进行独立样本 t 检验，结果如表 8-15 所示。数据显示：在认知维度上，农村祖辈在不同时期介入教养的情况下学前儿童存在显著差异，祖辈在婴儿时期介入教养的学前儿童，其注意力水平显著较低（F=0.883，$p < 0.01$）。

表 8-15 祖辈在不同时期参与隔代照料对学前儿童心理健康得分的影响（$M ± SD$）

维度	婴儿时期	幼儿园时期	t
注意力	3.00 ± 0.56	2.74 ± 0.55	2.833**
认知	2.82 ± 0.37	2.87 ± 0.34	−0.825
情绪情感	2.69 ± 0.47	2.67 ± 0.42	0.329
意志力	3.00 ± 0.53	2.90 ± 0.50	1.104
自我意识	3.00 ± 0.43	2.88 ± 0.34	1.827
性格	2.85 ± 0.41	2.87 ± 0.40	−0.330
人际关系	2.83 ± 0.52	2.91 ± 0.57	−0.848
社会行为	2.92 ± 0.37	2.87 ± 0.32	0.988
适应性	2.92 ± 0.51	2.97 ± 0.61	−0.528
心理健康状况总分	206.70 ± 23.81	203.97 ± 18.96	0.752

（4）祖辈与学前儿童不同居住情况对学前儿童心理健康的影响

分别统计与父辈同住、与祖辈同住，以及与祖辈—父辈同住的农村学前儿童心理健康状况，并进行方差分析，结果如表 8-16 所示。数据显示：不同代际同住情况下学前儿童的心理健康存在显著差异（$F=4.757$，$p<0.01$）。主要表现在三种不同居住方式下，学前儿童在心理健康状况总分以及注意力（$F=4.521$，$p<0.05$）、认知（$F=3.505$，$p<0.05$）、情绪情感（$F=6.511$，$p<0.01$）、人际关系（$F=3.884$，$p<0.05$）、社会行为（$F=3.107$，$p<0.05$）和适应性（$F=3.822$，$p<0.05$）维度的得分上存在显著差异。在学前儿童的心理健康及各维度，均是与祖辈同住学前儿童得分显著低于与父辈同住或祖辈—父辈共同居住的学前儿童。

表 8-16　不同代际同住家庭学前儿童心理健康得分的差异比较（$M±SD$）

维度	与父辈同住（n=95）	与祖辈同住（n=34）	与祖辈—父辈同住（n=139）	F
注意力	2.92 ± 0.53	2.94 ± 0.71	2.73 ± 0.50	4.521*
认知	2.71 ± 0.35	2.86 ± 0.37	2.82 ± 0.36	3.505*
情绪情感	2.64 ± 0.44	2.86 ± 0.52	2.57 ± 0.37	6.511**
意志力	2.93 ± 0.50	3.00 ± 0.58	2.87 ± 0.54	0.861
自我意识	2.97 ± 0.43	3.06 ± 0.42	2.88 ± 0.39	3.318*
性格	2.81 ± 0.36	2.86 ± 0.40	2.84 ± 0.40	0.237
人际关系	2.74 ± 0.52	3.03 ± 0.72	2.84 ± 0.47	3.884*
社会行为	2.81 ± 0.36	2.98 ± 0.39	2.89 ± 0.33	3.107*
适应性	2.82 ± 0.62	3.13 ± 0.60	2.87 ± 0.51	3.822*
心理健康状况总分	201.45 ± 18.59	212.26 ± 27.66	201.07 ± 17.70	4.757**

运用邓肯法进一步进行两两比较，结果显示：

在心理健康状况总分上，与祖辈同住的学前儿童的得分显著高于与祖辈—父辈同住的学前儿童和与父辈同住的学前儿童，与祖辈—父辈同住的学前儿童和与父辈同住的学前儿童的得分没有显著差异。

在注意力维度，与父辈同住的学前儿童和与祖辈同住的学前儿童的得分显著高于与祖辈—父辈同住的学前儿童，与父辈同住的学前儿童和与祖辈同住的学前儿童的得分没有显著差异。

在认知维度，与祖辈—父辈同住的学前儿童和与祖辈同住的学前儿童的得分显著高于与父辈同住的学前儿童和与祖辈—父辈同住的学前儿童，父辈同住的学前儿童和与祖辈—父辈同住的学前儿童的得分没有显著差异，与祖辈—父辈同住的学前儿童和与祖辈同住的学前儿童的得分没有显著差异。

在情绪情感维度，与祖辈同住的学前儿童的情绪情感得分显著高于与祖辈—父辈同住的学前儿童和与父辈同住的学前儿童，与祖辈—父辈同住的学前儿童和与父辈同住的学前儿童的得分没有显著差异。

在自我意识维度，与父辈同住的学前儿童和与祖辈同住的学前儿童的得分显著高于与祖辈—父辈同住的学前儿童，与祖辈—父辈同住的学前儿童和与父辈同住的学前儿童的得分没有显著差异，与父辈同住的学前儿童和与祖辈同住的学前儿童的得分没有显著差异。

在人际关系维度，与祖辈同住的学前儿童的得分显著高于与父辈同住的学前儿童和与祖辈—父辈同住的学前儿童，与父辈同住的学前儿童和与祖辈—父辈同住的学前儿童的得分没有显著差异。

在社会行为维度，与祖辈—父辈同住的学前儿童和与祖辈同住的学前儿童的得分显著高于与父辈同住的学前儿童和与祖辈—父辈同住的学前儿童，与父辈同住的学前儿童和与祖辈—父辈同住的学前儿童的得分没有显著差异，与祖辈—父辈同住的学前儿童和与祖辈同住的学前儿童的得分没有显著差异。

在适应性维度，与祖辈同住的学前儿童的得分显著高于与父辈同住的学前儿童和与祖辈—父辈同住的学前儿童，与父辈同住的学前儿童和与祖辈—父辈同住的学前儿童的得分没有显著差异。

在意志力维度和性格维度，与父辈同住的学前儿童、与祖辈—父辈同住的学前儿童和与祖辈同住的学前儿童的得分没有显著差异。

（5）祖辈教养频率对学前儿童心理健康的影响

一周内祖辈带养 1~4 天的属于低频率教养，一周内带养 5 天及以上的属于高频率教养。分别统计祖辈低频率教养和高频率教养学前儿童的心理健康水平，并进行独立样本 t 检验，结果如表 8-17 所示。数据显示：在注意力维度上，农村祖辈不同频率教养下的学前儿童的得分存在显著差异，祖辈高频参与教养的学前儿童，其注意力水平显著较低（$F=3.773, p < 0.01$）。

表 8-17　祖辈教养人的教养频率对学前儿童心理健康得分的影响（$M \pm SD$）

维度	祖辈低频教养	祖辈高频教养	t
注意力	2.51 ± 0.35	2.92 ± 0.58	-2.829[**]
认知	2.82 ± 0.41	2.84 ± 0.35	-0.212
情绪情感	2.57 ± 0.38	2.70 ± 0.46	-1.039
意志力	3.03 ± 0.64	2.95 ± 0.50	0.628
自我意识	2.90 ± 0.33	2.95 ± 0.40	-0.481
性格	2.78 ± 0.30	2.87 ± 0.41	-0.902
人际关系	2.76 ± 0.62	2.88 ± 0.54	-0.813
社会行为	2.88 ± 0.23	2.90 ± 0.37	-0.256
适应性	3.02 ± 0.31	2.93 ± 0.59	0.592
心理健康状况总分	200.06 ± 14.36	206.10 ± 22.48	-1.076

（6）主要教养人教养时间对学前儿童心理健康的影响

分别统计主要教养人不同教养时间下学前儿童的心理健康状况，并进行方差分析，结果如表 8-18 所示。数据显示：祖辈和父辈教养人不同教养时间下，所教养学前儿童的认知（$F=3.188, p < 0.05$）、情绪情感（$F=3.784,$

$p < 0.05$）得分存在显著差异。

表 8-18　主要教养人教养时间不同对学前儿童心理健康得分的影响（$M \pm SD$）

维度	祖辈教养时间多	祖辈—父辈教养时间相当	父辈教养时间多	F
注意力	2.87 ± 0.56	2.74 ± 0.57	2.85 ± 0.53	1.145
认知	2.83 ± 0.34	2.84 ± 0.37	2.73 ± 0.36	3.188*
情绪情感	2.74 ± 0.49	2.62 ± 0.32	2.57 ± 0.41	3.784*
意志力	2.92 ± 0.52	2.95 ± 0.56	2.88 ± 0.52	0.390
自我意识	2.99 ± 0.41	2.90 ± 0.31	2.92 ± 0.46	0.978
性格	2.83 ± 0.41	2.86 ± 0.38	2.82 ± 0.38	0.169
人际关系	2.92 ± 0.57	2.81 ± 0.55	2.78 ± 0.49	1.562
社会行为	2.91 ± 0.35	2.90 ± 0.29	2.83 ± 0.38	1.500
适应性	2.94 ± 0.62	2.88 ± 0.49	2.85 ± 0.58	0.618
心理健康状况总分	206.18 ± 23.49	202.56 ± 15.22	200.18 ± 18.98	2.265

运用邓肯法进一步进行两两比较，结果显示：

在认知维度，祖辈教养时间多的学前儿童和祖辈—父辈教养时间相当的学前儿童的得分显著低于父辈教养时间多的学前儿童，但祖辈教养时间多的学前儿童和祖辈—父辈教养时间相当的学前儿童的得分无显著差异。

在情绪情感维度，祖辈—父辈教养时间相当的学前儿童和祖辈教养时间多的学前儿童的得分显著低于父辈教养时间多的学前儿童，但祖辈—父辈教养时间相当的学前儿童和祖辈教养时间多的学前儿童的得分无显著差异。

在注意力、意志力、自我意识、性格、人际关系、社会行为、适应性维度，不同教养人的教养时间对学前儿童的心理健康状况没有显著影响。

（四）讨论

调查表明，农村留守家庭隔代教养学前儿童的心理健康问题水平显著高于父辈教养学前儿童。这与大多数学者的研究结果相一致，即：隔代教养会给学前儿童心理健康发展带来不利影响。农村祖辈的教养观念较为落后，照料学前儿童仅停留在"吃饱穿暖"层面，而难以顾及对学前儿童心理健康发展的引导。由于父辈长期在外，家庭结构失衡后，学前儿童无法受到来自父母的关爱，再加上祖辈不当的教养方式和生活中可能存在的偏见，学前儿童无法很好地自处，久而久之产生一系列心理健康问题，甚至陷入恶性循环。当祖辈对孙辈承担教养责任时，以及当学前儿童仅与祖辈共同居住时，尤其是在祖辈主动提出教养学前儿童的家庭，祖辈对孩子的溺爱尤为明显，充分暴露出隔代教养的弊端。在这些情况下，学前儿童的心理健康状况显著较低，认知水平也显著较低。例如，学前儿童身心发展水平有限，一些事情做不好或不会做，教养人本应鼓励他们通过努力来做好，但祖辈却"积极地"帮助他们解决这些问题，形成"包办代替"。过多的溺爱使学前儿童产生祖辈依赖，不会自己做决定和解决问题，反而享受事事依赖祖辈的感觉。并且，祖辈在孙辈婴儿时期就介入教养，尤其是高频率介入隔代教养，对学前儿童心理健康发展的负面影响更加显著。数据显示：祖辈在孙辈婴儿时期介入隔代教养的学前儿童，以及祖辈高频率介入隔代教养的学前儿童，其注意力水平显著较低。

将学前儿童的主要教养人分为父系祖辈、母系祖辈、父辈、祖辈—父辈共同教养后，研究发现，在注意力方面，相较于父辈教养和祖辈—父辈共同教养的学前儿童，父系祖辈和母系祖辈教养学前儿童表现出更多的注意力问题；在认知、人际关系和社会行为方面，相较于父辈教养的学前儿童，父系祖辈和祖辈—父辈共同教养学前儿童表现出更多的认知问题、人际关系问题和社会行为缺陷，甚至在祖辈—父辈共同教养时，学前儿童的人际关系问题和社会行为缺陷更为严重。父系祖辈相较于母系祖辈不善于日常照料，一些生活细节无法顾及，因此可能导致学前儿童在某方面的发展较弱。当学前儿童仅与祖辈同住时，其注意力、认知、情绪情感、自我意识、人际关系、社会行为和适应性方面的问题显著较高。如果由父辈承担或多或少的教养，主要教养人的不同教养时间也会影响学前儿童的心理健康。在认知维度，祖辈教养时间多的学前儿童和祖辈—父辈教养时间相当的学前儿童的认知水平显著弱于父辈教养时间多的学前儿童；在情绪情感维度，祖辈—父辈教养时间相当的学前儿童和祖辈教养时间多的学前儿童的情绪情感水平显著弱于父辈教养时间多的学前儿童。

（五）结语

随着农村年轻劳动力不断地向城镇迁移，工作负荷和经济压力使越来越多的幼童被留在农村由祖辈照料，且祖辈隔代教养的学前儿童存在低龄化的趋势。现状难以改变，唯有父辈和祖辈协调沟通，达成一致的、较为科学的教养观念，改善教养行为，努力克服隔代教养中存在的弊端，才能促进学前儿童心理健康发展。

二、隔代教养学前儿童的心理健康状况

（一）引言

国内有关学前儿童行为问题的调查研究较多，少量研究也探讨了隔代教养学前儿童的行为问题，如邓长明等（2003）的研究表明，隔代教养儿童的行为问题的检出率高于父母教养儿童。但这一研究探讨的只是学前儿童的行为问题，没有评估学前儿童的心理健康状况。从现有的文献资料来看，国内有关隔代教养学前儿童的心理健康状况的调查研究大多针对农村留守儿童，例如，郭红霞（2020）调查发现，农村留守学前儿童的心理健康问题较为突出，主要表现为自我意识发展障碍、环境适应障碍、人际关系发展障碍和情绪情感发展障碍等；曲苒等（2019）进一步探讨了留守状况对隔代教养留守儿童心理健康的影响，结果发现：留守状况通过影响儿童祖辈抚养者的心理健康进而对留守儿童心理健康产生影响。关于普通家

庭隔代教养儿童心理健康状况的调查研究极少，已有的调查结果表明隔代抚养儿童的心理健康水平较低（朱凯利，2015）。因此，本研究试图自编学前儿童心理健康问卷，从学前儿童的情绪、性格、行为、人际交往和适应性等方面进一步评估隔代教养学前儿童的心理健康状况，为提高学前儿童的心理健康水平提供参考依据。

（二）方法

1. 调研对象

在湖州市抽取5所有代表性的幼儿园，在每个幼儿园随机选取小、中、大一个班进行调查，共调查学前儿童372人，其中有效样本359人。小班102人，男孩54人，年龄为（4.17±0.42）岁，女孩48人，年龄为（4.11±0.32）岁；中班127人，男孩62人，年龄为（5.20±0.26）岁，女孩65人，年龄为（5.13±0.42）岁；大班130人，男孩67人，年龄为（6.11±0.39）岁，女孩63人，年龄为（6.17±0.40）岁。

2. 调研工具

本研究试图自编问卷，从情绪、性格、行为、人际交往和适应性等方面评估学前儿童的心理健康状况。首先，查阅国内外有关学前儿童心理健康状况的研究文献，通过对学前儿童教师和家长的访谈了解学前儿童可能存在的各种心理行为问题，在此基础上，编制了一份学前儿童心理健康状况测查问卷，并经过修订和试测形成正式问卷（方丰娟等，2006；王星，2002；Koot et al.，1997）。问卷采用李克特（Likert）三级计分法，由学前儿童教养人对有关学前儿童心理行为状况的陈述进行评定，选项分为经常、偶尔和没有，按1~3分评分。采用主成分分析法对评定结果进行因素分析，结果表明，参与因素分析的事件有54个，特征值大于1的因素有8个，能解释73.28%的变异。但因素碎石图表明，抽取5个因素更合理，能解释55.96%的变异。因此，正式的问卷共包括54个题目，分为5个因素，分别为情绪问题、性格缺陷、行为障碍、人际交往缺陷和适应性差，得分越高，心理健康状况越好。各分量表的 Cronbach's α 系数为 0.85~0.88，题目与因子分的相关系数为 0.84~0.89，题目与总分的相关系数为 0.79~0.83。过一个月后取 50 个样本重测，各分量表和总量表的重测信度为 0.85~0.92。

学前儿童心理健康状况测查问卷由学前儿童主要教养人填写，同时尽量征求其他教养人的意见，务必做到客观、实事求是。

3. 数据统计与分析

采用 SPSS21.0 进行数据统计和分析，采用方差分析、独立样本 t 检验等进行数据统计和分析。

（三）结果

1. 隔代教养和非隔代教养学前儿童的心理健康状况的差异分析

按调查前学前儿童主要由谁带养将学前儿童的教养情况分成三种：祖辈隔代教养、父辈亲代教养、祖辈—父辈共同教养。祖辈隔代教养指学前儿童大部分时间由祖父母带养，祖父母在教养孩子中起主要作用；父辈亲代教养指学前儿童大部分时间由父母自己带养，父母在教养孩子中起主要作用，祖父母只是偶尔帮忙带养；祖辈—父辈共同教养指父母上班时由祖父母带养，下班后由父母自己带养，父母和祖父母在教养孩子中所化时间和精力相差不大。表 8-19 是隔代教养和非隔代教养学前儿童在心理健康状况上的差异比较。

表 8-19 隔代教养与非隔代教养学前儿童心理健康状况各因子均分和总均分的比较（$M \pm SD$）

维度	祖辈隔代教养 （n=119）③	父辈亲代教养 （n=118）①	祖辈—父辈共同教养 （n=122）②	F	两两比较	$p < 0.05$
情绪问题	2.30 ± 0.19	2.63 ± 0.14	2.60 ± 0.20	124.239***	③<①，②	—

续表

维度	祖辈隔代教养 (n=119）③	父辈亲代教养 (n=118）①	祖辈—父 辈共同教养 (n=122）②	F	两两比较	$p < 0.05$
行为障碍	2.29 ± 0.24	2.65 ± 0.18	2.60 ± 0.30	79.030***	③<①，②	—
性格缺陷	2.17 ± 0.21	2.52 ± 0.19	2.44 ± 0.26	79.253***	③<①，②	②<①
人际交往	2.42 ± 0.33	2.88 ± 0.28	2.76 ± 0.25	80.675***	③<①，②	②<①
适应性差	2.42 ± 0.29	2.77 ± 0.23	2.73 ± 0.25	67.519***	③<①，②	—
心理健康 状况总分	2.30 ± 0.16	2.66 ± 0.14	2.60 ± 0.19	167.345***	③<①，②	②<①

结果显示，祖辈隔代教养，祖辈—父辈共同教养和父辈亲代教养三种教养情况下的学前儿童的心理健康状况各维度得分和心理健康状况总分均存在显著差异，进一步两两比较检验表明，情绪问题、行为障碍和适应性差等维度，均为祖辈隔代教养学前儿童的得分显著低于父辈亲代教养和祖辈—父辈共同教养的学前儿童；性格缺陷、人际交往缺陷因子得分和心理健康状况总分均为祖辈隔代教养学前儿童显著低于非隔代教养学前儿童，共同教养学前儿童显著低于父辈亲代教养学前儿童。即祖辈隔代教养学前儿童的心理健康状况不如父辈亲代教养学前儿童和祖辈—父辈共同教养学前儿童，父辈亲代教养学前儿童的心理健康状况要优于祖辈—父辈共同教养学前儿童，尤其是在性格和人际交往方面。

2. 祖辈隔代教养学前儿童的心理健康状况的年龄和性别差异

从表8-20的数据可以看出，祖辈隔代教养学前儿童在性格缺陷、人际交往缺陷、适应性差维度上的得分和心理健康状况总分上存在显著的年龄

表 8-20　隔代教养学前儿童的心理健康状况各维度得分和总分的年龄和性别差异（$M \pm SD$）

维度	小班 ($n = 42$) ①	中班 ($n = 33$) ②	大班 ($n = 44$) ③	F	两两比较	$p < 0.05$	男孩 ($n = 59$)	女孩 ($n = 60$)	t
情绪问题	2.26 ± 0.21	2.31 ± 0.20	2.33 ± 0.15	1.696	0.188	—	2.30 ± 0.19	2.30 ± 0.19	0.259
行为障碍	2.24 ± 0.26	2.29 ± 0.17	2.33 ± 0.26	1.425	0.245	—	2.24 ± 0.21	2.33 ± 0.25	2.135*
性格缺陷	2.11 ± 0.18	2.16 ± 0.26	2.24 ± 0.18	5.048	0.008	①<③	2.17 ± 0.23	2.18 ± 0.19	0.227
人际交往	2.14 ± 0.24	2.62 ± 0.21	2.54 ± 0.30	40.556	0.000	①<②, ③	2.42 ± 0.34	2.42 ± 0.32	0.038
适应性差	2.29 ± 0.30	2.48 ± 0.28	2.50 ± 0.25	7.443	0.001	①<②, ③	2.41 ± 0.30	2.43 ± 0.29	0.307
心理健康状况总分	2.20 ± 0.15	2.34 ± 0.13	2.36 ± 0.16	14.443	0.000	①<②, ③	2.28 ± 0.17	2.31 ± 0.16	1.054

差异。后继检验表明，在性格缺陷维度上小班学前儿童得分显著低于大班学前儿童，其余维度得分和心理健康总分均为小班学前儿童得分显著小于中班和大班学前儿童。即祖辈隔代教养学前儿童随着年龄的增长，在性格、人际交往和适应性方面有所提高和改善。

性别差异的显著性检验表明，除了在行为障碍上的得分是男孩（平均年龄为 5.02 岁）显著小于女孩（平均年龄为 5.16 岁），即女孩的行为障碍显著少于男孩外，其余维度得分和心理健康状况总分均不存在性别差异。

（四）讨论

调查表明，相较于父辈亲代教养、祖辈—父辈共同教养的学前儿童，祖辈隔代教养学前儿童表现出更多的情绪问题、行为障碍、性格缺陷、人际交往缺陷，且适应性较差。在性格和人际交往方面，父辈亲代教养学前儿童要优于祖辈—父辈共同教养学前儿童。本研究的部分结果和邓长明等（2003）的研究结果一致。祖辈家长具有充裕的时间和精力，能够给学前儿童以充分的关爱和安全保障，但祖辈家长在价值观念、生活方式、儿童的教养观念等方面往往不能与时俱进，与现代的教育观念存在差距，尤其是他们可能会对孩子过度保护、限制，无原则地迁就和溺爱，时时处处以孩子为中心，从而滋长孩子"娇""骄"两气，使祖辈隔代教养学前儿童表现出更多的情绪问题、行为障碍、性格缺陷、人际交往缺陷，且不能很好地适应新的环境。

研究表明，祖辈隔代教养学前儿童随着年龄的增长，在性格、人际交往和适应性方面有所提高和改善。小班学前儿童可能因为受到祖辈家长的过度保护和溺爱，在人际交往方面显得有些退缩，对祖辈家长过分依赖，对幼儿园生活不太适应。随着年龄的增长，学前儿童在幼儿园教师的教育和同伴的影响下，渐渐适应幼儿园生活，在与同伴的交往过程中不断改变自己的自我中心，到了中班和大班，在性格、人际交往方面有明显的改善。

学前儿童男孩的行为问题要多于女孩,但在心理健康状况的其他方面不存在显著的性别差异。儿童大约在3岁时能分清自己的性别,幼儿期的性别差异受社会经验的影响相对较少,更多地表现出生物特征的性别差异。攻击性就被视为由生物学因素造成的有性别差异的行为(朱莉琪,1998)。男孩相对于女孩可能表现出更多的攻击性。因此,除了男孩的行为问题多于女孩外,学前儿童在心理健康状况的其他方面并没有表现出显著的性别差异。

第三节　隔代教养小学儿童的学习压力研究

一、引言

学习压力是中小学生在学习过程中面对学习问题时所产生的心理压力,具体指学习者在学习过程中遇到挑战和期待,从而产生焦虑、紧张和不安的心理反应(陈秋怡,2018)。调查发现,我国小学生和中学生感到学习压力大、因学习压力大而苦恼的人数比例均接近或超过半数。而且,随着年级的升高,学生的学习压力逐渐增大(路海东,2008)。学习压力是一把双刃剑,适度的学习压力可以成为学习的动力,促进学生的学习积极性;但过大的学习压力则可能导致学生的身心健康问题,如睡眠质量下降、肠胃紊乱、抑郁、注意力不集中、记忆力下降等(Shankar & Park,2016;Jayanthi et al.,2015),并对学生的学习时间和成绩产生消极影响(刘素等,2019;野晓航,2003),甚至导致学生的攻击行为和自杀行为(路静,2013)。

造成学习压力的因素来自多方面,如社会、家庭、学校教师、学业水平、人际关系、个人健康和自我评价等(曾岑莉,2016)。在影响学习压力的众多因素中,家庭因素备受关注。例如,家庭过高的期望和过多的惩罚会使学生产生学习压力(宋保忠等,2007)。尤其是家长给学生布置较多作业、要求学生参加较多培训班等,更是导致学生学习压力的重要原因。如本书第一章所述,当前隔代教养现象非常普遍。因此,探讨隔代教养对儿童学习压力的影响,对于提出有效干预隔代教养儿童学习压力的对策具有重要的现实意义。

二、方法

(一)调研对象

本研究的被试来自某市某小学一至六年级学生。共发放问卷353份,收回问卷294份,其中有效问卷为274份,问卷回收率为83.3%,问卷有效率为93.2%。其中,男生140人(占51.1%),女生134人(48.9%);一年级29人(10.6%),二年级29人(10.6%),三年级32人(11.7%),四年级34人(12.4%),五年级81人(29.5%),六年级69人(25.2%)。

(二)调研工具

1. 小学儿童学习压力状况调查问卷

参考以往研究者所使用的《小学生学习压力问卷》(尉海婷,2018;张彤,2018),同时综合以往学者观点,将儿童学习压力划分为5个维度,分别为课堂压力、作业压力、考试压力、课外学习压力和成绩压力。其中,课堂压力是指儿童在课堂上受到的压力,包括老师上课内容的难度、课堂的教学方法等;作业压力是指儿童在课后作业上受到的压力,包括学生完成课后作业的时间、作业的类型、作业的难度等;考试压力是指学校考试对儿童造成的压力,包括考试的频率、考试的难度、学生对考试的态度等;成绩压力是指儿童对成绩的期望造成的压力,包括担心自己没考好、担心班级排名下降等方面。问卷的问题编制紧紧围绕这5个维度展开,共20题。其中,考试压力为第1~4题,作业压力为第5~8题,课堂压力为第9~12题,成绩压力为第 13~18 题，课外学习压力为第 19~21 题。

问卷采用李克特（Likert）五级计分法，"1"表示完全不符合，计 1 分；"5"表示非常符合，计 5 分。得分越高，表明小学生学习压力越大。问卷 Cronbach's α 系数为 0.838，KMO 值为 0.7~0.8。

2. 小学儿童家庭教养情况调研问卷

参考以往研究者所使用的《父母教育观念问卷》（胡菲菲，2008；刘小先，2009），综合以往学者观点，将教养观念划分为 4 个维度，分别为成才观、儿童观、教育观和亲子观。成才观指父母或祖辈对成才的看法，包括对"何为人才""如何成才"的理解以及父母对儿童发展目标的期望；儿童观指父母或祖辈对儿童的地位、权利以及发展规律的认识；教育观指父母或祖辈对儿童教育策略、方式、行为的观念，对学校教育的理解及其对自己教育影响力及教育能力的认识；亲子观指父母或祖辈关于儿童与自己关系的认识。本问卷共 33 题，采用李克特（Likert）五级计分法，"5"表示非常赞同，"1"表示非常不赞同。为了避免回答问卷时的定势效应，部分题目采用了否定表述，对其赋分做反向处理。得分越高，教养人教育观念水平越高。问卷 Cronbach's α 系数为 0.766，KMO 值为 0.831。

3. 数据统计与分析

使用 SPSS25.0 录入原始数据，并进行描述统计、独立样本 t 检验、方差分析、相关分析和回归分析等。

三、结果

（一）祖辈隔代教养对小学儿童学习压力的影响

根据小学儿童的主要教养人是祖辈或父辈、祖辈与父辈共同为教养人，将小学儿童分为祖辈隔代教养（1 组）、父辈亲代教养（2 组）和祖辈—父辈共同教养（3 组）三大类。比较这三类小学儿童的学习压力，结果表明：

除课外学习压力，不同教养类型的小学儿童在学习压力总分及其各维度上存在显著差异，祖辈隔代教养的小学儿童学习压力水平最高，差异有统计学意义（$p < 0.05$），详见表8-21。

表8-21　不同教养类型的小学儿童学习压力比较（$M \pm SD$）

维度	1组（$n=15$）	2组（$n=97$）	3组（$n=162$）	F
考试压力	13.00 ± 3.38	10.13 ± 3.23	10.77 ± 3.08	5.598
作业压力	8.87 ± 3.16	6.59 ± 2.16	7.34 ± 2.85	5.726**
课堂压力	9.53 ± 4.26	6.93 ± 2.97	7.29 ± 2.71	5.238**
成绩压力	18.80 ± 5.12	15.42 ± 5.16	15.95 ± 4.32	3.394*
课外学习压力	5.87 ± 3.38	5.41 ± 2.52	5.73 ± 2.92	0.444
学习压力总分	56.07 ± 13.37	44.48 ± 11.46	47.08 ± 10.86	7.212**

（二）祖辈教养时间对小学儿童学习压力的影响

根据祖辈和父辈对孩子的教养时间情况，将小学儿童的教养类型分为三大类：父辈教养时间最多（1组）、祖辈教养时间最多（2组）和祖辈—父辈共同教养时间最多（3组）。分别统计这三大类小学儿童学习压力得分的平均数和标准差，并进行方差分析，详见表8-22。结果表明：祖辈不同教养时间小学儿童在成绩压力上存在显著差异，在学习压力总分上接近显著差异。进一步运用邓肯法进行两两比较结果显示：在成绩压力和学习压力总分上，祖辈教养时间最多的小学儿童压力水平显著高于其他两类小学儿童。

表8-22　祖辈、父辈不同教养时间对小学儿童学习压力的影响（$M \pm SD$）

维度	1组（$n=126$）	2组（$n=16$）	3组（$n=132$）	F
考试压力	10.41 ± 3.07	11.81 ± 3.33	10.77 ± 3.29	1.500
作业压力	6.91 ± 2.37	7.19 ± 2.95	7.39 ± 2.94	0.999

续表

维度	1组（n=126）	2组（n=16）	3组（n=132）	F
课堂压力	7.22 ± 3.04	8.63 ± 3.95	7.18 ± 2.70	1.774
成绩压力	15.67 ± 5.16	18.94 ± 4.57	15.80 ± 4.18	3.558*
课外学习压力	5.47 ± 2.73	6.44 ± 3.85	5.67 ± 2.73	0.890
学习压力总分	45.69 ± 11.96	53.00 ± 12.42	46.80 ± 10.69	2.946

（三）祖辈居住方式对小学儿童学习压力的影响

根据小学儿童仅与父母同住（1组）、与父系祖辈及父母一起同住（2组）、与母系祖辈及父母一起同住情况（3组），分别统计这三类小学儿童学习压力得分的平均数和标准差异，并进行统计分析，详见表8-23。结果表明：祖辈和父母与小学儿童的不同居住方式显著影响小学儿童的学习压力总分和成绩压力。进一步运用邓肯法进行两两比较分析，结果显示：母系祖辈及父母一起同住的小学儿童在学习压力总分和成绩压力水平上显著高于其他两种居住方式的小学儿童。同时，母系祖辈及父母一起同住的小学儿童在课堂压力水平上也显著高于其他两类居住方式的小学儿童。

表 8-23　与祖辈的不同居住方式对小学儿童学习压力的影响（$M \pm SD$）

维度	1组（n=124）	2组（n=134）	3组（n=16）	F
考试压力	10.35 ± 3.06	10.82 ± 3.30	11.81 ± 3.33	1.779
作业压力	6.85 ± 2.33	7.44 ± 2.95	7.19 ± 2.95	1.573
课堂压力	7.09 ± 2.81	7.31 ± 2.92	8.63 ± 3.95	1.947
成绩压力	15.69 ± 5.19	15.78 ± 4.16	18.94 ± 4.57	3.551*
课外学习压力	5.48 ± 2.75	5.66 ± 2.72	6.44 ± 3.85	0.838
学习压力总分	45.46 ± 11.91	47.00 ± 10.73	53.00 ± 12.42	3.234*

（四）祖辈教养观念对小学儿童学习压力的影响

1. 祖辈教养观念状况

分别统计祖辈主要教养人、父辈主要教养人和祖辈—父辈共为主要教养人教养观念得分的平均数和标准差异，并进行统计分析，详见表 8-24。结果表明：祖辈教养人（1 组）、父辈教养人（2 组）和祖辈—父辈共为教养人（3 组）在教养观念总分及其儿童观和亲子观 2 个维度上存在显著差异；进一步运用邓肯法进行两两比较，结果显示：祖辈教养人的教养观念总分及其亲子观维度得分显著低于父辈教养人和祖辈—父辈共为教养人，祖辈教养人和祖辈—父辈共为教养人的儿童观得分显著低于父辈教养人。此外，祖辈教养人的教育观维度得分也明显低于父辈教养人。

表 8-24 祖辈、父辈及祖辈—父辈共为主要教养人教养观念的比较分析（$M \pm SD$）

维度	1 组（n=15）	2 组（n=97）	2 组（n=162）	F
教养观念总分	116.33 ± 4.84	122.48 ± 5.84	120.06 ± 6.29	9.003***
成才观	25.60 ± 2.38	26.33 ± 1.84	26.01 ± 2.06	1.288
儿童观	31.87 ± 2.17	34.18 ± 2.77	32.97 ± 3.08	7.141**
教育观	32.93 ± 2.19	34.29 ± 2.35	33.92 ± 2.60	2.111
亲子观	25.93 ± 2.43	27.69 ± 1.79	27.16 ± 1.95	6.207**

2. 祖辈教养观念与小学儿童学习压力的相关分析和回归分析

皮尔逊相关分析结果显示：祖辈教养观念总分及其亲子观与学习压力总分及其各维度压力（除课外学习压力）呈显著负相关（$p < 0.05$），详见表 8-25。

以学习压力为因变量，教养观念为自变量，进一步进行回归分析，结果显示：

（1）教养观念中的儿童观和亲子观可显著负向预测小学儿童学习压力

表 8-25 祖辈教养观念与小学儿童学习压力相关矩阵

维度	1	2	3	4	5	6	7	8	9	10	11
1. 教养观念总分	—	—	—	—	—	—	—	—	—	—	—
2. 成才观	0.581**	—	—	—	—	—	—	—	—	—	—
3. 儿童观	0.731**	0.229**	—	—	—	—	—	—	—	—	—
4. 教育观	0.712**	0.283**	0.276**	—	—	—	—	—	—	—	—
5. 亲子观	0.566**	0.117	0.213*	0.280**	—	—	—	—	—	—	—
6. 学习压力总分	-0.305**	-0.083	-0.318**	-0.130*	-0.234**	—	—	—	—	—	—
7. 考试压力	-0.251**	-0.083	-0.226**	-0.070	-0.281**	0.750**	—	—	—	—	—
8. 作业压力	-0.150*	-0.014	-0.189**	-0.029	-0.139*	0.732**	0.474**	—	—	—	—
9. 课堂压力	-0.217**	-0.090	-0.192**	-0.118	-0.155*	0.648**	0.473**	0.441**	—	—	—
10. 成绩压力	-0.282**	-0.075	-0.309**	-0.141*	-0.170*	0.821**	0.508**	0.447**	0.357**	—	—
11. 课外学习压力	-0.112	-0.010	-0.138*	-0.065	-0.053	0.470**	0.120*	0.276**	0.033	0.290**	—

的总体水平和考试压力水平。儿童观和亲子观与儿童学习压力总分的回归分析结果详见表 8-26，建立回归方程分别为：$y=-1.072x_1-1.012x_2+110.435$。儿童观和亲子观与儿童考试压力的回归分析结果详见表 8-27，建立回归方程分别为：$y=-0.194x_1-0.417x_2+27.107$。

表 8-26　儿童观和亲子观与儿童学习压力总分的回归分析

维度	R	R^2	调整后 R^2	F	B	t
常量					110.435	8.424***
儿童观	0.360	0.130	0.117	10.028***	-1.072	-4.619***
亲子观					-1.012	-2.886**

表 8-27　儿童观和亲子观与儿童考试压力的回归分析

维度	R	R^2	调整后 R^2	F	B	t
常量					27.107	7.331***
儿童观	0.333	0.111	0.098	8.394***	-0.194	-2.967**
亲子观					-0.417	-4.219***

（2）教养观念中的儿童观还可显著负向预测小学儿童的作业压力、课堂压力和成绩压力水平，回归分析结果分别见表 8-28~表 8-30。

表 8-28　儿童观与儿童作业压力的回归分析

维度	R	R^2	调整后 R^2	F	B	t
常量					14.328	4.455***
儿童观	0.221	0.049	0.035	3.466**	-0.165	-2.893**

表 8-29　儿童观与儿童课堂压力的回归分析

维度	R	R^2	调整后 R^2	F	B	t
常量					19.453	5.539***
儿童观	0.231	0.053	0.039	3.793**	-0.149	-2.397*

表 8-30　儿童观与儿童成绩压力的回归分析

维度	R	R^2	调整后 R^2	F	B	t
常量	0.328	0.108	0.095	8.135***	38.991	7.139***
儿童观					-0.440	-4.549**

（五）祖辈教养小学儿童学习压力的性别、年级差异

祖辈教养男生和女生在学习压力总分及考试压力、作业压力、课堂压力和成绩压力上均无统计学差异（$p > 0.05$），而祖辈教养男生的课外压力高于女生，差异有统计学意义（$t=2.352$，$p < 0.05$）。四至六年级学生的学习压力总体水平及其各维度的压力高于一至三级学生，其中，考试压力：六年级＞五年级＞四年级＞三年级＞二年级和一年级；课堂压力：六年级和五年级＞四年级和三年级＞二年级和一年级，差异均有统计学意义（$p < 0.05$）。详见表 8-31。

表 8-31　祖辈教养小学儿童学习压力的年级差异（$M \pm SD$）

维度	考试压力	作业压力	课堂压力	成绩压力	课外学习压力	学习压力总分
一年级	7.10 ± 1.52	4.90 ± 1.00	5.50 ± 1.18	12.60 ± 3.13	6.80 ± 3.08	36.9 ± 4.43
二年级	8.27 ± 2.20	5.27 ± 1.49	5.55 ± 1.29	11.91 ± 2.43	4.09 ± 1.30	35.09 ± 3.62
三年级	9.37 ± 2.59	6.26 ± 2.35	6.26 ± 1.49	14.79 ± 3.68	5.00 ± 2.26	41.68 ± 9.30
四年级	10.42 ± 1.98	8.04 ± 2.37	7.17 ± 2.90	18.58 ± 3.84	5.79 ± 2.92	50.00 ± 10.99
五年级	11.51 ± 2.90	7.91 ± 2.99	7.91 ± 3.13	16.75 ± 4.34	5.69 ± 2.87	49.77 ± 10.37
六年级	12.54 ± 3.29	8.10 ± 3.14	8.40 ± 3.11	16.52 ± 4.65	6.23 ± 3.41	51.79 ± 11.55
F	10.903***	4.921***	4.151***	6.148***	1.477	9.242***

四、讨论与建议

（一）祖辈教养观念对儿童学习压力的影响与建议

已往研究发现，祖辈隔代教养对儿童具有负面影响。例如，姚植夫等（2019）研究发现隔代抚养对儿童的学业成绩存在明显的消极影响，且不同的隔代抚养类型对学业成绩的影响存在差异：白天接受隔代抚养仅对儿童语文成绩有消极影响；晚上接受隔代抚养对语文和数学成绩、班级排名、年级排名均产生显著负面影响；白天和晚上都接受隔代抚养会对语文和数学成绩产生负面影响。Smith 等（2007）则发现，隔代教养儿童表现出更多的心理健康问题，包括情绪问题和行为障碍。Li 等（2019）研究发现，儿童的情绪和行为问题与祖辈的教养方式（如溺爱和过度保护）有关。本研究结果进一步证实了祖辈隔代教养对小学儿童的学习压力具有显著的负面影响，即相对于父辈亲代教养和祖辈—父辈共同教养，祖辈隔代教养的小学儿童明显感受到更高的学习压力，包括更高的考试压力、作业压力、课堂压力和成绩压力。这不仅与小学儿童受祖辈教养时间更长有关（祖辈教养时间最多的小学儿童在成绩压力和学习压力总分上，压力水平显著高于父辈教养时间最多和祖辈—父辈共同教养时间最多的小学儿童），也与祖辈教养观念有关（祖辈教养观念与学习压力呈显著负相关，教养观念中的儿童观和亲子观可显著负向预测小学儿童学习压力的总体水平及其考试压力水平；教养观念中的儿童观还可显著负向预测小学儿童的作业压力、成绩压力和课堂压力水平）。因此，为了减轻小学儿童的学习压力，祖辈需要改进教养观念，尤其是要培育科学的儿童观，充分理解儿童，尊重儿童，相信儿童，欣赏儿童，鼓励儿童。同时，祖辈和父辈都要摆正自己的位置，祖辈要把更多的时间留给儿童与其父母，增进其亲子关系，使儿童尽可能多地接受亲代教养，尤其在儿童的学习问题上，更应引导儿童尽可能向其父母咨询和请教。

（二）家庭居住方式对儿童学习压力的影响与建议

受我国"儿孙绕膝、享受天伦乐"和"隔代亲"的传统家庭观念影响，祖辈随成年子女一起三代同堂居住、并参与孙辈教养的现象，越来越普遍，且多数祖辈和父辈存在共同教养困境，其教养观念普遍存在冲突（宋雅婷，李晓巍，2020）。我国城市家庭中约16%的祖辈和23.6%的父辈认为祖辈参与教养会增加双方的代际冲突（朱莉等，2020）。由于祖辈和父辈两代人的教养观念、教养内容和教养方式存在差异，在共同教养儿童过程中难免发生冲突，以致对儿童的身心健康发展产生不利影响（李玲，2019）。本研究进一步区分了父系祖辈同住和母系祖辈同住，发现二者对小学儿童学习压力的影响不同，即相对于父系祖辈及父母同住，母系祖辈及父母同住，使小学儿童感受更大的学习压力，尤其是更大的成绩压力、课堂压力。这可能与我国现阶段的家庭结构有关。一般而言，我国家庭是"男主外、女主内"，家庭事务一般由母亲主导，母亲对孩子的教养影响更大。当祖辈介入教养后，孩子母亲对自己的母亲（母系祖辈）更放心，母系祖辈自身也更有"主人翁感"，以致母系祖辈对孩子的影响也更大。加之上述祖辈教育观念和过高期望，使儿童感受到更大的学习压力。当然，更深层次的原因还有待进一步研究。因此，母系祖辈要摆正自己的位置，做好孩子父母的助手，"到位而不越位"；管教儿童，但不是干涉儿童；关爱儿童，但不能溺爱儿童；关心儿童学习，但不能过度关注儿童的学习；对儿童要有期望，但不能有过高期望。同时，要与时俱进，改进自己的教养观念，端正自己的儿童观，以免给儿童造成学习压力。

综上，祖辈隔代教养对小学儿童的学习压力具有显著的负面影响，尤其会增加高年级小学生的考试压力和课堂压力。母系祖辈与儿童及其父母同住对小学儿童学习压力具有显著的消极影响。

第四节 隔代教养学前儿童的性别角色研究

一、引言

性别角色是在先天的生物学基础上,男女两种不同性别的个体所做出的一系列符合社会文化要求的行为、态度、价值观及人格特征的总和,包括男性角色、女性角色、双性角色(宫亚男,2008)。学前期是性别角色形成与发展的重要阶段。学前儿童的性别角色发展虽然受到先天因素的影响,但受后天因素的影响更大,如教养者在教养过程中对待学前儿童的方式与态度(王海英,崔梦舒,2014)。随着生理和心理的不断发展与成熟,儿童在学前期从教养者身上获得的不同的性别角色经验会以先验的方式对其以后的性别角色发展产生一定的影响。并且,在与环境不断地进行相互作用的过程中,这些经验会不断丰富并加以完善,以此促使其向着不同的性别角色方向发展,并逐渐趋于固定。杨昕昕(2014)指出,教养者是学前儿童性别角色形成的引导者和强化者,学前儿童会模仿教养者的行为,教养者是否具有正常的性别角色会直接影响其教养对象的性别角色的形成。

当前社会,人的性别角色呈现多元化趋势,包括男性女性化、女性男性化以及双性化,同时存在性别角色未分化现象和性别角色错位现象。且大众普遍存在性别刻板印象,如认为女孩喜欢玩毛绒玩具,喜欢帮助母亲烹饪或缝纫,情感丰富且较为脆弱;而男孩则具有冒险精神、性格果断(卢乐山,陈会昌,1995)。王金生等(2011)的调查显示,存在性别角色错位的大学生占10.5%,女性化的男生占7.5%,男性化的女生占13.0%,且女性男性化的被试数量显著多于男性女性化。而秦晋芳(2018)调查发现,男孩女性化倾向的个体占男孩总人数的11.66%,女孩男性化倾向的个体占女孩总人数的4.05%;男孩出现女性化倾向的个体所占比例远高于女孩出现男性化倾向的个体。本研究通过实地调查,了解3~6岁学前儿童性别角色的发展特点,探讨隔代教养对学前儿童性别角色形成与发展的影响。

二、方法

(一)调研对象

采取方便抽样法和整群抽样法,对湖州市某幼儿园两个园区随机选取小、中、大3个年级各2个班级,共6个班级180名学前儿童及其教养者。

(二)调研工具

1. 主要教养者教养情况问卷

自编《主要教养者教养情况问卷》,由15道题组成,用以考查学前儿童的基本情况、家庭居住情况以及学前儿童主要教养人的基本情况及其教养情况,包括学前儿童的祖辈教养和父辈教养情况。

2. 儿童性别角色问卷

采用薛祎凌(2008)编制的《儿童性别角色问卷》(Children's Gender Role Questionnaire,GRQC)。该问卷由男性性别角色倾向 Male 问卷(以下简称 M 问卷)和女性性别角色倾向 Female 问卷(以下简称 F 问卷)两个分问卷组成,分别有13个、15个题目,共计28个题目。两个分问卷相互独立,分别测量同一个体的男性气质和女性气质。所有题目均以图片形式呈现,每个题下均设置"很不喜欢、不太喜欢、比较喜欢、很喜欢"或者"很不愿意、不太愿意、比较愿意、很愿意"四个选项。采用李克特(Likert)四级计分法,分数越高则其代表的性别气质越强。每个被试最后将有一个男性化特质分数 M 分和一个女性化特质分数 F 分,M 分越高则学前儿童男性化气质越强，F 分越高则学前儿童的女性化特质越高。M 问卷的 Cornbach's α 系数为 0.746，F 问卷的 Cornbach's α 系数为 0.738，说明该问卷具有良好的信度。

问卷结果中，若一个被试的 M 分数高于 M 中位数，并且 F 分数低于 F 问卷中位数，则该被试即是男性化个体，反之为女性化个体；若一个被试的 M 分数、F 分数都高于中位数的个体即是双性化个体；两个分数都比各自中位数低的则为未分化个体；若一个男孩 M 分数低于 M 问卷中位数，并且 F 分数高于 F 问卷中位数，或者若一个女孩 F 分数低于 F 问卷中位数，并且 M 分数高于 M 问卷中位数，则认定该个体存在性别错位现象。

（三）施测程序与质量控制

由于被试年龄较小，理解和表达水平、集中力有限，故采用个别测验的方法，对所有被试进行单独施测。研究者将题目问题以图片的形式呈现给儿童，一对一进行问答，并由主试记录学前儿童的答案。

（四）数据统计与分析

使用 SPSS24.0 软件对收集的数据进行统计和分析。通过描述性统计分析学前儿童性别角色的基本情况；通过独立样本 t 检验、方差分析、卡方检验，分析学前儿童性别角色的发展特点及群体差异。

三、结果

（一）被试一般情况

发放《主要教养者教养情况问卷》和《学前儿童性别角色问卷》各 180 份，分别回收 127 份和 142 份，综合考虑两份问卷的对应关系，最终确定有效问卷共 120 份。其中男生 66 人，女生 54 人；小班 30 人，中班 54 人，大班 36 人；与父母同住 58 人，有祖辈同住 62 人。

（二）被试性别角色分布

调查显示，学前儿童性别角色发展呈现出两个极端的表现：大多数学前儿童（占 32.5%）的性别角色尚未分化，双性化学前儿童较多（占 34.2%）。同时值得注意的是，极少数学前儿童表现出性别错位现象（占 5.8%）。见表 8-32。

表 8-32　学前儿童性别角色分布 [n（%）]

总数	男性化	女性化	双性化	未分化	性别错位
120	14（11.7）	19（18.8）	41（34.2）	39（32.5）	7（5.8）

（三）被试性别角色发展的年级、性别差异

对 120 名学前儿童按不同年级、性别分别统计其性别角色分布，结果见表 8-33。卡方检验结果表明：学前儿童各年级性别角色分布呈现出显著差异，$\chi^2=29.20$，$df=8$，$p<0.001$；学前儿童性别角色分布呈现出显著的性别差异，$\chi^2=31.85$，$df=4$，$p<0.001$。

表 8-33　学前儿童性别角色发展的年级、性别差异 [n（%）]

	维度	男化性	女性化	双性化	未分化	性别错位
年级	小班（n=30）	7（23.3）	3（10.0）	15（50.0）	5（16.7）	0
	中班（n=54）	5（9.3）	11（20.4）	22（40.7）	13（24.1）	3（5.6）
	大班（n=36）	2（5.6）	5（13.9）	4（11.1）	21（58.3）	4（11.1）
性别	男（n=66）	14（21.2）	2（3.0）	19（28.8）	25（37.9）	6（9.1）
	女（n=54）	0	17（31.5）	22（40.7）	14（25.9）	1（1.9）

（四）祖辈一周参与隔代教养天数对学前儿童性别角色的影响

根据祖辈一周平均参与隔代教养的时间，分别统计学前儿童性别角色的分布情况，结果表明：祖辈一周参与教养不同天数对学前儿童性别角色发展具有显著的影响，$\chi^2=21.21$，$df=12$，$p<0.05$。见表8-34。

表8-34　祖辈一周教养不同天数对学前儿童性别角色的影响 [n（%）]

维度	男化性	女性化	双性化	未分化	性别错位
3~4天（$n=4$）	1（25.0）	0	3（75.0）	0	0
5~6天（$n=27$）	3（11.1）	4（14.8）	6（22.2）	13（48.1）	1（3.7）
7天（$n=37$）	9（24.3）	4（10.8）	12（32.4）	11（29.7）	1（2.7）
0天（$n=2$）	1（50.0）	0	0	0	1（50.0）

（五）祖辈参与隔代教养不同类型对学前儿童性别角色的影响

根据祖辈参与隔代教养的不同类型，分为工作日白天参与型、工作日晚上参与型、周末参与型和每天参与型。分别统计学前儿童性别角色的分布情况，结果表明：祖辈参与隔代教养的不同类型对学前儿童性别角色发展具有显著的影响，$\chi^2=22.91$，$df=12$，$p<0.05$。见表8-35。

表8-35　祖辈参与隔代教养的不同类型对学前儿童性别角色的影响 [n（%）]

维度	男化性	女性化	双性化	未分化	性别错位
工作日晚上（$n=18$）	3（16.7）	3（16.7）	9（50.0）	1（5.6）	2（11.1）
周末（$n=3$）	1（33.3）	0	1（33.3）	0	1（33.3）
工作日白天（$n=33$）	6（18.2）	4（12.1）	8（24.2）	15（45.5）	0
每天（$n=16$）	4（25.0）	1（6.3）	3（18.8）	8（50.0）	0

（六）祖辈一周参与隔代教养天数对学前儿童男性化和女性化特征的影响

学前儿童的男性化特征得分为（37.3±8.72）分，祖辈一周参与教养不同天数对学前儿童的男性化特征得分具有显著的影响（$F=4.452$，$p<0.01$），祖辈一周参与教养5~7天的学前儿童男性化特征最低。祖辈一周参与教养不同天数对学前儿童的女性化特征影响不显著（$F=2.147$，$p>0.05$）。见表8-36。

表8-36 祖辈一周教养不同天数对学前儿童男性化和女性化特征的影响（$M\pm SD$）

维度	3~4天 （n=4）	5~6天 （n=27）	每天 （n=37）	0天 （n=2）	F
男化性特征	49.0±2.94	34.2±9.07	38.0±7.59	43.0±11.31	4.452**
女性化特征	50.75±7.81	39.48±10.11	42.76±7.94	41.50±2.12	2.147

四、讨论

（一）学前儿童性别角色发展的主要特点与问题

1. 学前儿童性别角色双性化现象较为突出

本研究中，双性化性别角色的学前儿童最多，超过1/3。这与当今社会提倡培养双性化人格的总体教育观念相符，也与王璐（2016）的研究结果一致。现代社会对个体人格特质的期待在不断提高，每个个体也在逐渐完善自己的人格特质，这使学前儿童的家庭教养者以及幼儿园的教师逐渐转变性别教育理念，注重对学前儿童的人格培养，使学前儿童逐渐形成完善的性别角色类型。杨昕昕（2014）认为，当今社会，传统的性别角色刻板观念逐渐被打破，男女平等的观念被更多的家庭所接受，使男女两个性别的学前儿童在气质与性格上的差距逐渐缩小，以致双性化人格成为一种性别角色发展的新趋势。但值得注意的是，随着年级的升高，双性化性别角色学前儿童的比例逐渐下降，其原因有待进一步调查。

2. 学前儿童性别角色分化不明显

本研究中，性别角色未分化的学前儿童占比较高，接近1/3，且男孩和女孩的男性化特征和女性化特征都没有显著的年级差异，说明男性和女性的性别特征在学前儿童阶段并没有随着年级增长而显著增长。进一步访谈发现，当学前儿童被问到"你知道什么是性别吗？"学前儿童回答"不知道"；当继续追问"那你知道你是男孩还是女孩吗？"的时候，学前儿童回答"我是男孩"。可见，不少学前儿童虽然知道自己是男孩还是女孩，但并不知道什么是性别，也不知道什么是性别角色。亦即，学前儿童缺乏性别概念，性别特征意识薄弱，导致学前儿童性别角色未分化。研究还发现，男孩性别未分化的比例明显高于女孩，这与主流研究对性别差异的解释是一致的，即男孩比女孩懂事晚，其性别意识比女孩更弱。

3. 部分学前儿童存在性别角色错位现象

本研究还发现，部分学前儿童存在性别角色错位现象，虽然性别角色错位的个体占比低（只有5.8%），但由于性别角色错位直接影响学前儿童人格的健康发展，故仍须引起家庭和幼儿园的重视。值得注意的是，年级越高，学前儿童性别角色错位的现象越严重，且男孩群体中性别角色错位的现象比女孩群体严重。幼儿园是学前儿童性别角色发展和性别特征形成的重要场所，其中，幼儿园教师起关键作用。教师不仅通过各种教育方法将性别角色和性别特征信息传递给学前儿童，还以其自身的性别角色和性别特征直接影响学前儿童。当前，幼儿园中女教师较多，在其教育和影响下，加上儿童善于模仿的天性，男孩难免形成更多的女性化特征，严重者甚至出现性别角色错乱。

（二）祖辈参与隔代教养对学前儿童性别角色发展具有显著影响

1. 祖辈参与隔代教养的时间显著影响学前儿童的性别角色

在本研究中，祖辈一周内参与教养的天数显著影响学前儿童的性别角色发展，性别角色未分化和性别特征女性化的学前儿童都集中分布在祖辈一周参与教养5~7天的家庭。这可能与老年人传统的教养观念和身体状况有关。由于老年人普遍行动缓慢、反应较慢，因而对孩子看得紧，不敢让孩子从事冒险的活动，以致孩子的冒险、勇敢、独立等男性化特质较少，而逐渐养成了乖巧、依赖等女性化特质。

2. 祖辈参与隔代教养的类型显著影响学前儿童的性别角色

已有研究发现，祖辈参与隔代教养的不同类型对儿童发展具有不同影响，例如，姚植夫等（2019）发现，隔代抚养对儿童的学业成绩存在明显的消极影响，且不同的隔代抚养类型对儿童学业成绩的影响存在差异：祖辈白天照料儿童一般仅对其语文成绩产生显著负面影响；晚上照料儿童对其语文和数学成绩、班级排名、年级排名均产生显著负面影响；白天和晚上都照料儿童则会对语文和数学成绩产生负面影响。本研究发现，祖辈参与隔代教养的不同类型对儿童性别角色具有不同影响：在祖辈天天参与教养的学前儿童中，性别角色未分化现象最严重，进一步印证了上述祖辈参与教养时间越多、对学前儿童性别角色未分化影响越严重的结果。同时，祖辈在工作日晚上参与教养的学前儿童中，双性化的性别角色最突出，这可能与祖辈晚上参与教养一般仅负责学前儿童的日常生活，而学前儿童的学习活动和其他活动受其祖辈影响较小有关，具体原因有待进一步调查。

综上，学前儿童性别角色发展体现出两个特点：一是由于年龄小，大多数学前儿童的性别角色尚未分化；二是由于性别角色优化，双性化学前儿童较多。另外，值得注意的是，极少数学前儿童存在性别错位现象，祖辈隔代教养时间和类型对学前儿童性别角色和性别特征有明显影响。

Chapter Ⅸ | 第九章
隔代教养家庭的干预对策

第一节　祖辈隔代教养价值的提升策略

第二节　隔代教养祖辈身心健康的干预方案

第三节　隔代教养学前儿童祖辈依赖的干预对策

第四节　农村留守家庭隔代教养的干预策略

第一节　祖辈隔代教养价值的提升策略

有效发挥隔代教养的价值，不仅可以提升家长家庭教育的效果，更重要的是可以促进儿童健康发展。隔代教养价值的提升包含两方面的内容：一是发挥隔代教养既有的优势，二是克服隔代教养存在的不足。祖辈和父辈是隔代教养的主体，因此在隔代教养价值提升中二者的作用不容忽视；学校教育可以指导家庭教育，若学校能发挥其力量，将对提升隔代教养的价值大有助益；社区和政府也可为发挥隔代教养的价值贡献一份力量。鉴于此，下文将从祖辈、父辈、学校、社区和政府等方面，提出发挥多方力量、优化隔代教养、提升隔代教养价值的策略。

一、祖辈提升策略

隔代教养的主体是祖辈，其教养行为、教养方式和教养观念对孙辈影响巨大。因此，要提升隔代教养的价值，祖辈的自我提升至关重要。

（一）爱教结合，培育孙辈良好的道德品质

孩子道德品质的发展大多始于家庭。在对孩子的品德教育上，家庭具有无可比拟的优势，可见家庭教养具有家庭德育价值。然而，在隔代教养中家庭德育却并未得到应有的重视，甚至被忽视。造成这种情况的一个重要原因是：祖辈溺爱孙辈，易忽视培育孙辈道德品质的重要性（欧阳鹏，胡弼成，2018）。溺爱易使孙辈养成任性妄为、过于依赖他人等个性，不利于培养孙辈良好的道德品质。因此，为提升隔代教养的家庭德育价值，祖辈不应溺爱孙辈，而应"爱教结合"。

首先，祖辈要满足孙辈的基本需要，拒绝孙辈的不合理要求，必要时要对孙辈进行限制。当孙辈提出一些要求时，祖辈要保持理性，分析孙辈

的要求的合理性，不能为了孙辈的一时开心而事事"顺孙心意"。若孙辈以哭闹要挟祖辈，祖辈则要坚守原则，不能心软或妥协。同时，告知孙辈不满足其要求的原因，让孙辈明白无理取闹并不能达到目的。必要时也可以采取批判的方式，但要做到对事不对人，告知孙辈他（她）错在何处、有何后果。"拒绝"是一种教育，通过立规矩，让孙辈学会做事要讲原则，培育孙辈懂事明理的良好品格。

其次，祖辈要学会放手，不溺爱。祖辈常常陷入孙辈什么都不懂、什么都不会的认知误区，也因此常常包办代替，而包办代替是祖辈溺爱的重要表现形式。实际上，儿童是处于发展中的个体，他们各方面的能力或许远不及成人，但这并不代表儿童"无能"，更不能因此而"轻视"儿童。包办代替是溺爱，更是阻碍，是对孙辈发展权利的剥夺。祖辈正确的做法应是在确保孙辈安全的情况下学会放手，充分信任孙辈，让孙辈做自己力所能及的事情，要求孙辈做事要有始有终，不因遇挫而半途而废。"放手"也是一种教育，能有效引导孙辈自立自强品格的发展。

（二）改变观念，促进孙辈身心的健康发展

时代在变化，社会在发展，教养观念也应随之改变。祖辈落后、陈旧的教养观念易导致错误的教养行为，不利于孙辈的身心健康发展。因此，为提升隔代教养价值，祖辈既要改变不适宜的教养观念，也要积极主动地学习科学的育儿观念，努力跟上时代的脚步，做具有与时俱进的"智慧"祖辈。

首先，祖辈要改变经验至上的教养观念。祖辈具有丰富的经验，这是隔代教养的一大优势。但经验并不都是科学的，且一旦利用不当，会阻碍隔代教养价值的提升。有的祖辈太过依赖既有的教养经验，当自己的教养经验与父辈有出入时，就会不认可父辈的教养观念，甚至与父辈发生矛盾。也有的祖辈在教养时以经验代替科学（史小力，吴秀兰，2013），导致教

养效果不佳，影响孩子的成长。对此，祖辈需要改变经验至上的教养观念，虚心与父辈沟通，多听取父辈的意见。发挥有益经验的作用，摒弃落后的经验，并结合现代观念，努力实现科学育儿。

其次，祖辈要转变"重身轻心"这一片面的教养观念，不仅要关注儿童的身体发展，更要关注儿童的心理发展（骆风等，2014），如主动学习儿童心理学与教育学知识，了解孙辈心理发展规律，增进对孙辈的理解；多与孙辈沟通，主动走进孙辈的内心，帮助孙辈解决困惑。

再次，祖辈要改变早期教育无关紧要的观念，重视孙辈的早期教育。葛书含（2020）指出，祖辈对于孙辈的早期教育大多不甚在意，意识不到早期教育对孙辈成长的重要性，更有甚者不送孙辈去幼儿园。实际上，早期教育对儿童的成长是有帮助的，如有利于儿童集体意识、合作意识的发展，有利于加深儿童对世界的认识，有利于儿童良好习惯的养成（马淑芳，2018）。

最后，祖辈要改变传统的学习观念和成才观念。"万般皆下品，唯有读书高"，这句话表明了读书对成才的重要性，具有一定的合理性。但在现代社会，"读圣贤书"虽好，但不能仅关注文化知识学习。祖辈深受传统观念的影响，学习观较为落后，容易忽视其他方面的学习（闫洪波，2015）。对此，祖辈要转变将学习狭义地理解为学习文化知识的观念，关注孙辈多方面的发展，将孙辈培养成德、智、体、美、劳全面发展的人。祖辈的成才观念也带有较强的功利性。因此，祖辈要将功利性成才观加以优化，不应将其个人期待凌驾于孙辈个人意志之上，而要发现孙辈的闪光点，挖掘孙辈的优势，结合孙辈个人的兴趣，与父辈共同努力，探寻出适合孙辈的成才之路。

（三）明确定位，为孙辈营造良好家庭环境

当前隔代教养，大多是祖辈与父辈协同教养，而非祖辈完全隔代教养。因此，若祖辈对自身角色认识不清，未能明确自身定位，就易出现缺位、

越位、不作为，甚至乱作为的问题，会影响良好家庭关系的形成，不利于营造良好的家庭环境，进而对孩子成长产生不利影响。祖辈只有明确定位，才能提升隔代教养的家庭支持价值。

隔代教养这一词，本身蕴含了"教"和"养"两层含义。在实际教养过程中，祖辈很容易只扮演"生活照料者""儿童看管者"的角色，但对其心理关怀明显不足（陈嘉钰，周燕，2019），忘记自身的"教育者"角色。祖辈对自身角色的片面认识导致隔代教养的内容较片面，不利于孙辈的全面发展，也易引发代际矛盾。为了孙辈的良好发展，也为了家庭的和谐发展，祖辈应在教育中"有所作为"。唐玉春和王正平（2018）指出，祖辈要转变过去只"养"不"育"、"养""教"分离的观念，应把自己在家庭中的"保姆"角色转变为"教育者"角色，回归正确的角色定位。

但是，祖辈的行为应有限度，否则容易出现角色失范的问题。在家庭教育中，主要有"主角"和"配角"两大角色。祖辈既可能因为父辈外出而不得已将教养任务包揽到自己身上，也可能因为不信任父辈的育儿经验而主动承担（史小力，吴秀兰，2013），这就导致祖辈在隔代教养中会自觉或不自觉地扮演主角。这种行为并不科学，也不可取。因为在家庭教育中，亲子教养应是主导，隔代教养则是一种补充。教养方式的地位决定了教养者的角色定位，即在隔代教养家庭，父辈应是主角，祖辈是配角。当父母角色缺位（如留守儿童家庭），祖辈不得不补位时，祖辈充当了孩子的"代理父母"角色。但当父辈重返家庭时，祖辈就要及时退出，主动扮演配角，将孩子主要教养者的角色归还给父辈，当隔代教养的协调者而不是主导者（付雨鑫，杨春艳，2014）。祖辈作为协调者的具体表现为：在教育理念上，以父辈的教育理念为主，自己的教育理念为辅（张彦欣，2016）；在教养责任上，非必要不把责任都承担在自己的身上（张梅，2017），应充分信任父辈，放手让他们教育自己的孩子，不肆意干涉（王青，2017）；在教养方式上，当父辈管教犯了错误的孩子时，要与他们站在统一战线上，并采取一致的处理方式，而不是袒护孩子（李玲，2019）。

二、父辈提升策略

父辈是家庭教育的主角，在孩子的心中具有不可替代的地位，其教养行为、教养态度和教养观念对孩子的影响更大。因此，要提升隔代教养的价值，父辈的提升更为重要。

（一）积极育儿，满足孩子归属和爱的需要

在隔代教养中，祖辈的关心爱护能给予孩子一定的归属感，具有情感价值，但这种情感不能和父辈对孩子的影响相比拟。尽管隔代教养对孩子的情感需要具有弥补作用，但无论出于何种原因，父辈都不能当甩手掌柜（梁军，刘玲，2011），而应花时间去陪伴孩子，与孩子沟通交流，主动地承担教养的责任和义务。否则，不仅无法满足孩子归属感和爱的需要，更会阻碍良好亲子关系的形成。因此，为提升隔代教养的情感价值，父辈应做到积极育儿。

在祖辈参与协同教养家庭，父辈要有"主角"意识，应积极主动承担教养孩子的主要责任。下班回家后、周末或节假日，要主动与孩子进行互动，例如，孩子喜欢游戏，父辈可以多和孩子做家庭游戏；孩子热爱阅读，父辈可以陪伴孩子阅读绘本；孩子喜欢大自然，父辈可带孩子参加户外运动；也可带孩子参加有益身心的社会活动，或带孩子外出旅游（汪依桃，陈雪斌，2017；陈改君，2014）。特别要注意的是：父辈不能沉迷手机，应放下对电子产品的依赖，将注意力转向孩子，履行教养之职（尚英楠，2018）。

在农村祖辈和孙辈留守家庭，父辈外出打工致使亲子沟通、互动的难度加大，但父辈不能因此放弃其教养责任。在外出打工前，父辈可请相关人员负责督导子女日后的学习，并经常和教师、祖辈保持联络，就子女的教育问题进行及时沟通（刘红升，靳小怡，2017）。父辈也可尽量选择就地、

就近就业，定期返乡探望子女（刘红升，靳小怡，2018）。积极进行亲子沟通也是十分必要的。在平时，可以做"遥控式"父母，即采用电话、微信、视频等方式与儿童沟通交流；在暑期或节假日，可以把孩子接到自己身边，增加接触的机会；在家时，则应主动亲近孩子，加强亲子沟通。

（二）加强沟通，共促孩子的健康成长

隔代教养加强了代际的联结，使祖辈、父辈建立起合作育儿关系，具有合作价值。良好的合作有利于孩子的健康成长，但祖辈不够科学的教养行为和教养方式常导致代际冲突生，影响祖辈、父辈良好合作关系的建立。沟通是合作的基础，祖辈、父辈不及时或未能有效沟通，可能使本就普遍存在的教养分歧演变成教养矛盾甚至教养冲突，对孩子的健康成长极为不利。因此，为提升隔代教养的合作价值，共同促进孩子的健康成长，父辈应加强与祖辈的沟通。

首先，找到沟通的前提。在隔代教养中，父辈和祖辈沟通的前提是二者的目标都在于促进孩子的健康成长。很多时候，祖辈和父辈的教养矛盾之所以难以调解，一个重要原因就是二者忽视了这一目标。当父辈明确目标后，就不会在发生矛盾时将重点放在与祖辈对峙，而会关注于解决问题，如此，沟通才会发生，沟通才更有效。例如，当孩子进食时，祖辈认为孩子自主进食会吃不饱，于是出现保姆式喂饭行为，实际上此举对孩子发展有诸多不利。由于祖辈的初心是关爱孩子，所以对此父辈不要急于指责祖辈，应先对祖辈的行为表示理解，然后表达自己的顾虑，接下来与祖辈共同商讨如何进食才更有利于孩子的发展。

其次，营造沟通的氛围。沟通氛围是影响沟通质量的关键因素，轻松愉快的沟通氛围更能使沟通双方达成共识，严肃压抑的沟通氛围则易使沟通陷入僵局。个体在情绪不稳定时最易口无遮拦，不利于营造良好的沟通氛围，因此，父辈在与祖辈沟通前，最好要控制好自己的情绪，在沟通时

做到情绪稳定、平和。父辈与祖辈沟通时也不要高高在上，要保持真诚的态度与祖辈共商教养问题，如此才能获得祖辈的信任，拉近与祖辈的心理距离，更好促使祖辈打开心扉，主动诉说教养的难处、问题或介绍有用的经验。

此外，讲究沟通的方式。中国有"长幼有别"的传统观念。因此，年轻一辈在与长者沟通时要懂得变换语言表达的风格，不能采取直来直去的方式，要多给长者以"台阶"，让其有"面子"。在隔代教养中父辈也要注意这一点，当祖辈某些做法不妥当时，父辈切不可横加指责、言语粗暴，或是断然全盘否定，而应顾及祖辈的"面子"，从侧面进行提醒（郑日金，郑晓燕，2006），也可以假借孩子的口吻来间接传达自己的真实意见（何姗姗，2021）。

（三）树立榜样，对孩子施加积极正向影响

俗话说，"上梁不正下梁歪"。若父辈品德不良、言语粗鄙，甚至有违规、违纪甚至违法犯罪行为，孩子在父辈的影响下，可能会自觉、不自觉模仿父辈，不利于其良好人生观、价值观的形成，影响其健康成长。因此，为提升隔代教养的示范价值，父辈应格外注意自身的言行举止，努力将自己打造出品行良好、遵纪守法、积极向上的父母形象，为孩子树立良好的榜样，对孩子施加积极正向的影响。

首先，父辈要树立"尊亲孝亲"的榜样。"夫孝，百行之冠，众善之始也"，可见孝顺对个体发展具有重要意义。崔荣荣和国晓虹（2016）指出，父辈若能做到孝顺、敬爱祖辈，孩子就更容易感悟到家庭和谐之爱，也会自觉地模仿父辈的谦爱、孝顺，变得更有爱心和责任。因此，在祖辈参与教养家庭，父辈要为孩子树立尊亲孝亲的良好榜样，要关怀、照顾、尊重祖辈（王健，2011），比如多关心祖辈的日常生活，鼓励祖辈丰富自己的生活，多去参加一些活动等（马媛，2014）。父辈绝不可"重幼轻老"，不能忽视对祖辈的赡养、照料和慰藉，不能对祖辈不敬、不尊、不养（刘桂莉，

2005），否则对孩子来说就是一种不良的示范，负面影响极大。

其次，父辈要树立"遵纪守德"的榜样。这对孩子良好品德的培育至关重要。对此，父辈要以身作则，引导孩子树立正确的人生观、世界观和价值观（杨明辉，李宜文，2019），例如，不在公共场所随意扔垃圾、不随意插队等。

再次，父辈要树立"积极上进"的榜样。"育人先育己"，父辈要想教养好孩子，就应树立"勤学上进"的榜样。回到家中后，应尽可能选择读书、学习等有利于提升自己的活动，也可以与孩子一同学习、游戏。不可一边玩手机一边陪伴孩子，此种行为不仅无法满足孩子的陪伴需求，反而是对孩子的一种漠视，久而久之不仅会影响亲子关系，也会令孩子形成父辈不思进取、手机成瘾的负面印象。

最后，父辈要树立"调控情绪"的榜样。父辈的情绪会影响孩子的情绪（桑晔等，2019），因此父辈最好不要把在工作上的烦心事、不良情绪带回家中，更不应将之宣泄到孩子的身上。当然，父辈也要言传和身教相结合，教孩子一些情绪处理策略。

三、学校提升策略

学校是隔代教养的重要支持者，家庭与学校相互配合、通力合作，形成家校共育的良好局面对孩子健康成长大有裨益。可见，隔代教养具有家校共育价值。因此，提升隔代教养的家校共育价值，学校大有可为。

（一）开展活动，为祖辈更好教养孙辈助力

祖辈一般学习能力较差，接受新事物较慢，在活动中学习教养知识和方法是祖辈学习的良好途径。为提升隔代教养的家校共育价值，学校可开展相关活动。

首先，可开展祖辈家长交流会。在隔代教养中有"教孙有方"的祖辈，

也不乏"教孙无方"的祖辈。学校开展祖辈家长交流会，并邀请孩子的祖辈参加，为祖辈家长搭建相互交流的平台，可使祖辈交流教养的经验和教训，及时改正教养问题。

其次，可开展教育专题活动。许多祖辈对教育的理论知识知之甚少，遇到问题不知如何处理或不能正确处理，学校开展教育专题活动可对祖辈进行家庭教育指导，如开展教育专题讲座、讨论会和答疑会等，通过这些活动，可向祖辈家长传授教育理念和教养方法，也可传授更加具体的技能，告诉祖辈家长在教养时该采用何种语言、动作等（陈亚，2007）。需要注意的是，为更好地提高这些教育专题活动的质量及对祖辈家长的指导作用，学校先要对祖辈家长进行调查，再将祖辈最需要、最感兴趣的内容纳入活动中（刘海华，2006）。

（二）积极沟通，提升家校合作育人效益

学校与祖辈家长的积极沟通可以使学校对隔代教养的指导更具针对性，在学校层面提升隔代教养的家校共育价值。家长学校是学校与祖辈进行高效沟通的良好平台，学校可以此为依托，设立隔代教养家庭祖辈家长学校，定期或不定期开展家校沟通活动。家访是家校沟通的常见形式，教师可灵活采取电话家访、视频家访、上门家访等具体方法与祖辈家长进行沟通，帮助祖辈了解孩子的发展情况，对祖辈进行家庭教育指导。为使家访起到实效，学校可建立家访制度，将家访纳入教师考核。由于祖辈家长对电子通信设备不够熟悉，采用QQ、微信、电子邮件等沟通方式可能多有不便。因此，教师在和祖辈家长的面对面沟通非常有必要。教师也可以利用祖辈送孩子入校或接孩子离校的时间，与祖辈家长进行简短的沟通。此外，亲子开放日、家长会、家校联系栏也可作为学校与隔代教养家庭沟通的良好途径。

教师在与祖辈沟通时需要注意几项内容：在沟通前，应尽量事先和祖

辈约定好沟通的时间、地点、时长等事宜，这既可使沟通更有效率，又能减少沟通对祖辈家长的干扰；在沟通时，语气要平和委婉，态度要谦逊尊重，这有利于拉近与祖辈的距离，增加祖辈的配合度，提升沟通的效果；在沟通后，也要持续跟进了解祖辈的家庭教育情况及孩子的发展状况，为下一次沟通做好准备。

四、社区提升策略

社区中的设施设备、社区服务等对居民的行为和观念起重要影响，对于提升隔代教养的陪伴价值具有重要作用。

（一）完善设施，使祖辈陪伴孙辈有所依托

首先，社区的各种设施是人们开展活动的重要工具，也是社区重要的教育资源，若社区能提供完备的设施，且家长予以充分的利用，会对家庭教养起积极影响。但实际上，在我国大多数社区中，儿童教养配套设施资源并不充足（葛翔辉，2020），以致祖辈在社区活动时空无所依，影响祖辈的陪伴价值。因此，社区应完善相应的教养设施。

其次，当前社区在建设过程中大多配备了户外娱乐健身设施，满足了大多数人的休闲娱乐需求，但室内公共设施还很不完善。对于祖辈和年龄尚小的孩子而言，酷暑严寒常常阻碍他们进行户外活动，进而对祖辈和孩子的身体发展产生不利影响。对此，社区应关注祖辈和孩子的需求，完善社区的室内公共设施（李飞飞，2019）。另外，在完善设施的过程中设施配备要体现人性化及安全性，充分考虑老人和孩子的认知特点，如设施的安全标识要醒目、生动，做到图文并茂。

（二）提供服务，提升祖辈陪伴孙辈的能力

社区提供的服务能在吸引祖辈参与活动的过程中间接影响祖辈的教养

观念，或者直接解决祖辈的教养困惑，对祖辈陪伴能力的提升有所帮助。因此，为提升隔代教养的陪伴价值，社区应围绕祖辈最需要、最关切的问题提供多样的服务。

首先，提供隔代教养知识宣传和交流服务。社区做好隔代教养知识宣传工作可能改善祖辈的陪伴观念，进而改变其陪伴行为。因此，社区应切实提供好知识宣传服务。一方面，可以根据社区的特点，在社区宣传栏开辟隔代教养专区，宣传正确的隔代教养方式、应对隔代教养问题的技能技巧等隔代教养知识；另一方面，知识宣传的权威性和可信度非常关键，因此社区可邀请高校教师等专家进行知识讲座，宣传隔代教养知识（梅鹏超，2015），或是建立隔代教养家庭指导中心，积极开展隔代教养的有关宣传与讲座。举办隔代教养交流活动有利于构建社区祖辈学习共同体，营造良好的社区隔代教养心理环境，利于祖辈共享隔代教养资源，提升祖辈的陪伴效果。因此，社区可举办定期或不定期的隔代交流活动，并依靠社区工作者的力量，引导建立隔代教养互助小组，增加祖辈之间的交流（李瑶，2020）。

其次，提供线上和线下全覆盖的隔代教养咨询服务。社区提供便捷而有效的咨询服务可以更有针对性地解决祖辈在陪伴孩子时遭遇的困难。因此，社区可设立隔代教养咨询服务点，邀请隔代教养专家和高校教师定期或不定期到服务点对祖辈进行辅导，对祖辈遇到的困难进行解答（陈传锋，孙亚菲，2020）。在当前信息技术迅速发展的社会背景下，社区也要紧跟时代步伐，积极开拓线上隔代教养咨询服务。社区可充分发挥网络平台的服务功能，开设隔代教养服务平台云窗口。线上咨询服务既可由在社区工作者中专门培育的咨询服务人员完成，也可发展有经验的祖辈，让其成立志愿服务团队，协助社区进行线上咨询服务。

五、政府提升策略

隔代教养关乎家庭和社会的发展，可弥补家庭照料和公共托育资源不足的问题，同时也可促进社会机构提升服务职能。可见，隔代教养具有重要的社会价值。为提升隔代教养的社会价值，政府可从政策、机构和媒体等方面提供支持。

（一）政策支持，减轻隔代教养的发展压力

政府可通过制定或完善有关政策的方式，采取保护性和支持性措施，对隔代教养进行政策支持，减轻隔代教养的家庭压力，发挥隔代教养的社会价值。

一方面，政府要出台专门的隔代养育政策。例如，为减轻隔代教养家庭的经济压力，可以出台相关的经济支持政策。有学者发现，澳大利亚不仅对需要教养孩子的家庭予以补贴，还对其中的隔代教养家庭设置了额外补贴（郝素玉，2020）。还有一些国家会提供生育补贴，如匈牙利政府免除生育抚养至少4个孩子妇女的个人所得税（于也雯，龚六堂，2021）。对此，我国可以结合社会经济发展水平、隔代教养者的收入水平、隔代教养的教养强度等情况予以借鉴，出台符合我国国情的经济支持政策，如向隔代家庭发放财政补贴，向女性发放生育津贴，减轻育儿家长的个人所得税等。针对特殊隔代教养家庭，如对单亲隔代家庭，可提供社会救助津贴（林卡，李骅，2018）。隔代教养之"隔"，有很大一部分原因是生活压力导致的。繁重的工作使父辈无暇顾及家庭，对此政府可以先解决较为突出的哺乳期女性育儿问题，制定并落实女性产假制度或男性陪产假制度，而后再出台更完善的政策帮助父辈更多参与家庭教育。

另一方面，完善公共政策也十分有必要。完善政策的原因之一是：随着经济的发展，社会变化巨大，很多政策可能并未考虑全面。如长期以来，我国都将祖辈托育视为家庭内部的事务和祖辈的义务，导致政府几乎未出台祖辈照料孙辈的相关政策（单文顶，王小英，2021）。对此，政府应发挥其社会引领作用，将祖辈托育纳入公共政策，让社会关注到祖辈托育的价

值；完善政策的原因之二是：之前制定的公共政策可能早已不适应当今社会的状况。公共政策中很多与教养相关的内容，如监护政策、就业政策及社会保障政策等，需要政府适当调整，及时完善。李向梅等（2021）发现，美国和英国都出台了相关的法律政策，以法律形式承认祖辈在隔代教养中的角色。我国法律中对祖辈的教养角色、教养义务和责任并未作明确规定，未成年人的监护委托制度还不健全，因此，可建立监护权移转制度，完善儿童监护政策（何征南，2011）。农村留守隔代教养家庭是隔代教养家庭的重要组成部分，所占比例大，问题较多，应予以政策的倾斜，加大政策的帮扶。农村就业机会少、工资低，农村的父辈多外出打工，这是造成农村留守隔代教养的重要原因之一。对此，政府需要完善相关的就业政策，为农村的父辈提供工作岗位，为他们在家工作创造条件，减少父辈外出的情况。城市政府对外来人口相关的限制政策是促使父辈将子女交给祖辈教养的重要原因。对此，城市政府应完善社会保障政策，破除户籍制度对医疗、住房、教育等方面造成的藩篱，使外出打工的父辈有条件、有信心把子女带进城市，与其共同生活（秦敏，2013）。

（二）机构支持，为隔代教养提供发展动力

政府政策的实施主要依靠机构落实，因此，为提升隔代教养的社会价值，政府可为机构提供支持，发挥机构力量，为隔代教养的发展提供持续动力。

首先，建立专门的隔代教养指导机构，发挥新设机构的力量。2021年，我国颁布了《中华人民共和国家庭教育促进法》，但尚未明确提及家庭教育中的隔代教养问题，也并未规定谁来对隔代教养进行指导。因此，建立专门的隔代教养指导机构成为迫切需要。如组建全国性的隔代教养监督机构，来管理祖辈的隔代教养行为（李妍，2008）。

其次，拓展既有机构的服务职能，整合社会服务机构的力量。托儿

所、幼儿园既是托育机构，也是社会服务机构。托育机构不仅具备现成的教育场地和设施，也具备完整的教育体系，可见托育机构在提升隔代教养中具有一定的优势。因此，政府应发挥托育机构的作用，可让祖辈参与托育工作者的培训，也可让托育机构专门为祖辈开展隔代托育课程（葛琳，2020），这样既能提升祖辈参与教养的科学性和专业性，又能使祖辈教养观念得以更新，进而减少代际矛盾与冲突的发生。儿童保健机构、医院等也是社会服务机构的重要组成部分，政府应让该类机构定期组织开展讲座或培训，向祖辈传授儿童发展基本规律、儿童常见疾病预防、儿童膳食营养等知识（闫洪波，2015），以提升祖辈的育儿认识，促进儿童的健康成长。对于农村祖辈和孙辈留守家庭，既可通过调动共青团、村委会、妇联等社会服务机构的力量，以构建多元协作的教育监护体系（周国雷，2017），也可依托乡村社会工作服务站、公益机构等社会服务机构对父辈进行培训，以解决父辈在教养中"有心无力"的问题，使其在隔代教养中有效承担教养责任（琚晓燕，张晨轩，2022）。

在社会服务机构中，尤其要发挥以老年大学为主的老年服务机构的力量。刘海华（2006）认为，祖辈的育儿知识欠缺，但他们内心是想要教养好孙辈的，只是"讨教无门"。朱莉等（2020）对上海城区参与隔代教养的祖辈进行调查，发现大多数祖辈学习动机强烈，但获取育儿知识的渠道较少，更多基于经验的积累。可见，满足祖辈的学习需求，对其进行家庭教育指导具有重要的现实意义。老年大学作为当前我国老年教育的主要实施机构，承担着服务社会的职责，是老人进行终身学习的良好平台。因此，政府可依托老年大学，开设隔代教养家庭祖辈教育课程，向祖辈传授家庭教育知识、教育观念、教育方法，以及儿童心理发展知识，保证祖辈"老有所学"，提升祖辈的教育水平和教育能力。在具体的学习形式上，祖辈既可按时到线下教学点学习教育课程，也可采取居家远程学习的方式。

(三)媒体支持,加强隔代教养的舆论引导

隔代教养是利弊兼有的家庭教养模式,媒体过多强调隔代教养的负面影响可能会打击祖辈的教养信心或对祖辈参与家庭教养造成阻碍,不利于隔代教养价值的发挥。大众媒体具有广泛的影响力,为更好提升隔代教养的价值,政府应充分利用媒体力量,积极引导社会舆论。

在利用媒体力量时需要秉持一定的原则。有的媒体缺乏职业道德,可能为了博人眼球而夸大隔代教养的弊端,这易使大众对隔代教养造成误解。加强对隔代教养的正面宣传有利于增加社会对隔代教养的认可,增进祖辈的教养信心,对发挥隔代教养的价值具有促进作用,因此媒体应秉持客观、正向的宣传原则,发挥媒体的正面导向功能。

在发挥媒体力量、加强媒体支持的具体策略上,首先,政府首先要利用好书籍、报纸等纸质媒体的力量。书籍是获得知识的重要来源,但通过阅读书籍来获取家庭教育知识的祖辈较少,原因可能是市面上的书籍字体小、篇幅长,并不适合祖辈阅读(闫洪波,2015)。因此,政府应组织人员编写隔代教养科普书籍,需要注意的是,书籍编写不仅要考虑祖辈的阅读特点、保证易读性;也要考虑祖辈育儿的实际需要,体现实用性。报纸在知识传播中具有一定的优势,因此也可在报纸上设置隔代教养专栏(余盈盈,2014)。

其次,要充分利用电视等传统电子媒体的力量。比如,在电视上定期播放关于有利于隔代教养儿童成长的优质隔代教养的理念与做法的节目,更新祖辈的教养观念,使之与父辈的观念趋向一致,缓解祖辈与父辈因育儿产生的矛盾(崔继红,2016)。也可对隔代教养的相关事迹做一些电视报道,或者投放一些公益广告去宣传正面的人物典型(文鑫,2017)。

最后,要利用好新媒体的力量。当今社会信息技术飞速发展,基于互联网的新媒体得到迅速发展。因此,利用网络开办网上祖辈家长学校、提

供早教咨询服务，可以打破空间的限制，使祖辈与专家就隔代教养问题展开交流、共同解决（陈迎春，2011），也不失为一种促进隔代教养良好发展的策略。

第二节　隔代教养祖辈身心健康的干预方案

参与隔代教养对祖辈存在着"双刃剑"效应。一方面，祖辈在隔代教养中享受着"含饴弄孙"的天伦之乐，孙辈可为祖辈带来愉悦，祖辈角色使他们感受到自身的价值，提高了生活满意度（肖海翔，李盼盼，2019）。祖辈与孙辈的互动还能刺激其大脑，延缓细胞衰老，预防老年痴呆（马磊，潘韩霞，2019）。另一方面，育孙往往给祖辈带来多重身心压力与挑战（Grundy et al., 2012）。重复又机械的日常照料可能使祖辈感到疲惫，社交活动时间与机会减少，医疗需求无法及时满足（肖雅勤，2017），身体总体健康水平下降（Hughes et al., 2007）。研究表明，每周照顾孙辈9小时以上的祖辈患冠心病（CHD）（Lee et al., 2003）、关节炎、糖尿病、哮喘等慢性疾病的风险更高（Whitley & Fuller-Thomson, 2018），日常生活自理能力（ADL）受限的机率高达50%（Minkler & Fuller-Thomson, 1999）。同时，照料孙辈并且兼顾家庭琐碎事务容易让祖辈感觉生活枯燥无味，失去个人空间和时间。祖辈也担心自己老套的教养方式无法引导孙辈健康成长（Kolomer & McCallion, 2005），长期的担忧易导致祖辈出现高度焦虑（Butler & Zakari, 2005），甚至明显的抑郁症状（Fuller-Thomson & Minkler, 2000）。可见，祖辈作为孙辈的照料提供者其身心健康问题不容乐观。因此，应高度重视并采取干预措施以改善隔代教养祖辈的身心健康状况。现就隔代教养中祖辈身心健康干预的方法、内容、实施效果等进行综述，以期对开展相关干预研究有所启示。

一、隔代教养祖辈身心健康的干预方案概述

（一）智谋训练

智谋（resourcefulness）是指个体独立完成日常任务（个人智谋）和在无法独自完成日常任务时寻求他人帮助（社会智谋）的技能（Zauszniewski et al.，2006；Zauszniewski et al.，2007）。个人和社会智谋是两种能够促进个体心理健康和社会化、增强身体机能、提高生活质量的技能。

1. 干预方式

接受过专业培训的护理或社会工作专业的研究生将社区作为干预地点，以一对一课程为载体对隔代教养祖辈实施干预，向其发放列有智谋技能的卡片，依次详细介绍应对策略、积极的自我陈述、探索新想法、压力应对技巧、决策能力、寻求家人朋友支持、与他人共同探讨育孙问题与挑战、寻求专业人士和专家帮助8项智谋技能，并进一步讨论祖辈可能在日常活动和照顾孙辈的过程中使用每一种技能所遇到的潜在情况。30~40分钟的课程结束后，干预人员为祖辈提供日记本和录音机，建议其每日进行3~5页的表达性写作（日记）或使用录音机进行5~7分钟的口头表述，以强化所学智谋技能，要求祖辈在日记或录音中描述日常生活和教养孙辈过程中使用了什么智谋技能，这些技能是否有效，哪些最有效。

2. 干预效果

有研究验证了基于表达性写作和口头表述的智谋训练对减轻隔代教养祖辈身心压力的有效性。该研究对40名教养孙辈的祖母进行为期4周的智谋训练，结果显示口头表述和表达性写作天数与祖母的心理压力显著相关，而干预可提升祖母在压力应对方面的智谋技能，从而缓解心理压力（Zauszniewski et al.，2013）。该研究团队在另一项研究中随机分配80名隔代教养祖母到智谋训练—表达写作组、智谋训练—口头表述组以及没有智

谋训练的表达写作组及口头表述组，两名干预人员为祖母提供智谋训练课程以及强化训练（表达写作或口头表述）指导，另外两名干预者只引导祖母进行表达写作和口头自我表述训练，分别在基线期、干预过程中和干预结束后使用结构化访谈和标准化的智谋测量方法收集数据，结果显示与没有接受智谋训练的祖母相比，接受智谋训练的祖母智谋水平显著提高，其压力水平明显降低（Zauszniewski et al., 2014a）。该团队进一步将102名隔代教养祖母随机分配到以下五组：智谋训练—表达性写作组，智谋训练—口头表述组，普通表达性写作组，普通口头表述组，无任何干预组。对智谋训练组的祖母在智谋课程后通过表达性写作或口头表述进行强化练习，对比较组的祖母只进行日常表达性写作或口头表述训练，而另外一组则不提供任何干预服务。分别在基线期、干预过程中和干预结束后进行数据收集，结果表明与其他3个对照组相比，智谋训练在减轻祖母压力、缓解抑郁症状以及提高生活质量方面有显著成效（Zauszniewski et al., 2014b）。

（二）支持小组

支持小组由公益基金会资助，通过提升隔代教养祖辈的社会支持而减轻其心理应激反应、缓解其精神压力、提高其社会适应能力（李强，1998）。维系小组成员之间关系的纽带一般是相似的生活经历（李仪，2021）。对于隔代教养祖辈来说，教养孙辈过程中的问题与困惑便是他们的共同话题，因此，他们之间更容易互相支持与鼓励，共同面对相似的生活事件，一起走出困境。

1. 服务内容

支持小组由社会工作者引导，在社区内开展，主要为祖辈提供教育和社会支持服务。社会工作者将祖辈分成多个小组，每组6~12人，每月举行1~2次小组会议，会议主题包括祖辈身心健康状况、情绪变化、自我护理、家庭关系、开拓和使用小组之外的社会支持系统以及学习新的养育和压力应对技能等。与会过程中社会工作者与祖辈共同讨论教养孙辈的问题与挑战及解决方案，祖辈成员彼此支持、鼓励并分享育儿经验与信息。

2. 干预效果

有研究验证了支持小组对提升祖辈社会支持的有效性。在该项研究中，40 名祖辈加入支持小组接受干预，另有 21 名祖辈作为对照组未参加支持小组。参加支持小组的祖辈每月出席一次小组会议，支持小组提供交通援助和儿童保育服务以提升祖辈的出席率。6 个月后参加支持小组的祖辈比没有参加支持小组的祖辈有更高的社会支持感（Strozier，2012）。另有研究报告了隔代教养祖辈参加支持小组的益处，42 名祖辈在 6 个月内参加了至少 6 次小组会议，祖辈表示他们获得了更多的情感支持，孤独感减少，育儿压力得到了缓解（Leder et al.，2007）。还有研究将 97 名隔代教养祖辈随机分配到干预组和对照组，干预组参加了 6 次小组会议，主题包括祖辈自身压力舒缓、营养问题、获取服务资源、养育技能等以及有关孙辈的问题行为、教育方法、未来规划等，对照组不进行任何干预。干预 3 个月后的数据表明，相较于对照组，干预组祖辈的抑郁症状显著减少，获取服务和资源的能力提升，对生活的控制感提高。干预结束 3 个月后，对照组进行同样的干预，结果也显示出类似的积极效果（McCallion et al.，2004）。李梦圆（2017）指出 F 社区的隔代教养祖辈基本都存在释放负面情绪、保持身心健康、改变保守观念等方面的需求。通过开展小组论坛，可丰富祖辈科学教养知识，增进祖辈之间的互动，减少其孤立感，缓解其负性情绪及压力。

（三）教育课程

教育课程可使祖辈掌握教养孙辈的知识、获取自身健康的知识与技能，从而增强其育孙信心和效能感，提升其身心健康水平。

1. 干预内容

教育课程可以由多个机构提供，如社区、老年大学、公共福利机构等。

课程提供者均为各领域的专业人员。一方面教授祖辈关于孙辈成长与发展的知识，涉及孙辈身心健康发展的规律与特点、亲密关系、问题行为、游戏、沟通等；另一方面为祖辈提供自我护理的知识与技能，如营养与健康、体育运动、压力管理等。

2. 干预效果

有研究针对隔代教养祖辈在处理孙辈行为问题、祖孙沟通等方面的困惑以及对孙辈发展知识缺乏的问题，开发了一个以网络为载体的儿童发展知识信息表，内容涵盖依恋关系、沟通、儿童的情绪和问题行为改善等，祖辈可在线查看或免费下载学习。在该项干预中，153 名使用过该信息表的祖辈接受了调查，结果显示祖辈获得了更多有关育儿的专业知识，提升了育儿敏感性，改善了祖孙关系（Brintnall-Peterson et al., 2009）。朱敏（2019）探讨了华东师范大学老年大学开发的"科学育儿与隔代教育"课程的有效性。该课程从营养、心理、社会等多学科为教养孙辈的祖辈提供儿童身心发展规律与特点方面的知识，向祖辈普及儿童在游戏过程中的安全问题，以及绘本的选择与阅读引导策略，同时还指导祖辈从各个渠道获取育儿资源。课程结束后所有学员表示隔代教育课程对自己教养孙辈有所帮助，且绝大多数祖辈表示已经把所学应用到教养孙辈的过程中，该研究评估结果显示祖辈教育素养得到有效提升。另有一项以课程为载体的祖辈健康教育计划，让 12 名祖辈和 29 名孙辈进行为期 12 周的课程学习。课程具体内容包括压力管理、体育运动、营养、药物滥用、社区资源和服务、安全预防、情感的健康表达、家庭角色和决策技能等。干预后祖辈表示压力得到了缓解，精神健康状况有所提升，开始健康膳食，并且学会了新的压力管理技能（Duquin et al., 2004）。Young 和 Sharpe（2016）在一项体育活动干预计划中，对 12 名祖辈及其孙辈进行为期 8 周的尊巴舞教学及练习指导，结果发现，这种祖孙代际体育活动锻炼了祖辈肌肉、四肢灵活性和身心协调能力，显著提升了其生理健康水平，同时还缓解了祖孙间紧张的代际关系。

(四）案例管理

案例管理是将个体的个人和家庭需求与所需资源联系起来的过程，案例管理者多为护士和社会工作者。对隔代教养祖辈进行案例管理的目的是提升其养育技能和自我护理能力以及引导祖辈寻求和使用所需资源，从而改善其健康福祉。

1. 干预过程

注册护士和社会工作者组成了案例管理团队，案例管理干预的程序包括：①评估隔代教养家庭的优势和需求。注册护士对祖辈的身体健康状况、日常保健行为、健康知识等方面进行评估，社会工作者对祖辈的心理和情绪健康状况进行评估。同时，注册护士和社会工作者帮助祖辈了解社区可以运用的育儿方面的资源和优势。②制定案例管理计划。案例管理经理与祖辈基于优势视角共同制定出一个详细的家庭计划，包括干预目标、干预措施以及预期结果。③实施计划。每个家庭各分配一名社会工作者和注册护士，社会工作者和注册护士根据祖辈需求每月对其进行一次或多次家访（或电话访问），帮助祖辈发展自我护理技能、教养技能、有效沟通技能、问题解决能力以及获得所需资源和援助的能力。同时，案例管理经理尽最大可能帮助祖辈联系所需资源与服务，如住房、法律援助、卫生保健和紧急援助等。④对计划和结果进行评估。在两个月一次的案例管理会议上交流干预计划进展情况，案例经理完成后期调查，以确定项目的有效性。

2. 干预效果

研究者对50名参加了为期3年的案例管理的祖辈进行了评估，结果表明祖辈心理健康状况显著改善，生活质量有所提高，育孙效能感得到提升，与孙辈的关系也有所改善（Campbell et al., 2012）。有研究评估了一项名为亲属关系支持网络（kinship support network）的案例管理项目的干预成效。424名祖辈接受了6个月的干预，结果表明祖辈的社会支持增加，对案例管理提供的服务需求减少，总体健康状况可能得到改善（Cohon et al.，2003）。另有研究设计了一个旨在促进农村隔代教养祖辈身体健康的案例管理项目，11 位祖辈接受了 6 个月的干预，重点是注册护士家访并为祖辈提供个性化的健康指导与教育，干预后祖辈在心血管问题和营养均衡问题方面得到显著改善（Bigbee et al.，2011）。

（五）综合干预

综合干预将不同领域的专家或工作人员合并到一个服务交付计划中，包含案例管理、支持小组、教育课程和法律咨询等服务中任意两个及以上的干预因素，为隔代教养祖辈提供个性化综合服务。该干预方案旨在减轻祖辈心理压力、改善身心健康、增加其教养孙辈的社会支持和资源。

1. 服务内容

在综合干预中，案例管理是指为每个隔代教养家庭都分配一名社会工作者，每月至少进行两次家访，解决祖辈在教养孙辈过程中所遇难题，指导他们发掘并利用自身、家庭以及社区潜在资源与优势以更好地教养孙辈；注册护士每月对参与者的身体健康进行评估，并为祖辈和孙辈就健康问题提供指导；支持小组提供平台与机会让祖辈相互讨论教养孙辈遇到的共同问题，增加同辈交流机会，缓解孤独感；法律工作者就孙辈监护问题向祖辈提供咨询援助服务；教育课程为祖辈提供育儿技能和心理健康教育知识。

2. 干预效果

"健康祖父母计划"（PHG）是一个典型的多模态综合干预项目，干预服务组成包括案例管理、支持小组、育儿课程和法律咨询。Kelley 团队对 529 位隔代教养祖母实施了"健康祖父母计划"，测试后发现祖辈由身体健康问题引起的角色功能受限、身心活力、心理健康问题有所改善（Kelley et al.，2010）。三年之后该团队再次验证了 PHG 对提升教养孙辈的祖母健康水平的有效性，504 名非裔美国祖母参加了为期 12 个月的干预，结果发现祖母血压问题明显改善，每年的常规癌症筛查、每周锻炼的频率、改善饮食习惯等健康促进行为明显增加（Kelley et al., 2013）。Kirby 和 Sanders（2014）为 54 名隔代教养祖辈提供了为期 9 周的课程，结合了育儿教育课程、心理健康教育课程和支持小组服务的综合干预，包括 6 次 120 分钟的小组会议和 3 次 30 分钟的电话咨询，内容涉及运用积极的教养策略、建立良好的代际关系和应对消极情绪 3 个方面。结果表明祖辈的抑郁、焦虑和压力水平显著降低，家庭关系满意度以及育儿信心和效能感得到了显著提升。

二、小结与启示

（一）小结

综上所述，智谋训练、支持小组、教育课程、案例管理以及综合干预等 5 种干预方案对祖辈的身心健康均产生了一定积极影响。

智谋训练在缓解祖辈参与隔代教养的压力、抑郁症状和改善生活质量方面的有效性得到了验证，但学习智谋技能对祖辈的文化程度有一定要求，这可能会影响干预方案推广度。支持小组是隔代教养祖辈主要的教育和支持来源，简单易实施，成本较低，可提升祖辈的社会支持，减轻育孙压力，提高教养能力。但很多时候祖辈忙于看护孙辈和料理家务，无暇参加支持小组会议。此外，支持小组只是倾向于让祖辈发泄在照料孙辈过程中遭遇的挫折和委屈，而不转向更积极和建设性的焦点（Strom & Strom, 2000），一旦干预结束，所提供的支持就会消失。因此，如何帮助祖辈维持已经有所改善的行为，并将在小组中获得的经验运用于日常生活，这一问题有待进一步探索。教育课程能提升祖辈的育儿技能和教养信心，同时也能增长祖辈的自我护理知识，有助于改善祖辈身心健康，但该干预措施未设置对照组，其有效性有待进一步验证。案例管理可有效地改善祖辈的心理健康，但项目注重提升祖辈本身各方面技能以及资源获取能力，却忽视了照顾孙辈对祖辈的身心健康的影响，因此应将个性化的健康促进策略纳入干预措施。综合干预的优势在于涉及多个领域，能更有针对性地为祖辈提供个性化服务。但这一干预方案存在样本量小且非随机分配导致样本代表性不足、缺乏非隔代教养祖辈的对照组等缺陷。

（二）启示

隔代教养祖辈身心健康干预可有效提高祖辈的身体健康水平，能切实缓解其孤独、抑郁、焦虑情绪，减轻其育孙压力，提高其晚年生活质量，促进社会积极老龄化，成本低效益高。国外对隔代教养祖辈身心健康的干预研究已较为广泛和深入，国内相关干预研究则较少，因此，如何借鉴并优化国外研究成果，在我国深入有效地开展干预研究是未来研究的着眼点。

一是提供政策支持。国外相关政府部门、基金会、志愿服务机构等为祖辈照顾者提供政策及资金援助，采用支持小组、家庭访问、养育及健康知识培训、健康与医疗信息咨询等服务促进祖辈身心健康，启示我国应为隔代教养祖辈提供社会服务层面的政策支持，将相关政府部门与社会服务部门、社区及公益组织等整合起来，建构多主体的服务网络为隔代教养祖辈提供服务（郝素玉，2020）。

二是以社区为干预实践基地。多项研究以社区为基础，将服务提供者、祖辈团体以及社区联系起来，整合了多方资源，干预效果良好，启示国内的干预研究可以社区为单位聚焦干预对象，针对祖辈教养人实际需求，制订有针对性的干预方案，提升干预效果。

三是落地干预人员的培训。上述多项研究的干预人员均为各个领域专业人士或在干预开始前接受专业培训，以促进干预方案顺利有效开展，启示我国应落地工作人员的培训，即对干预提供者如高校研究人员、社会工作者、医疗卫生人员等进行专业培训，提升其专业性以及面对祖辈群体时的伦理敏感性和问题解决能力。

四是重视文化差异性。在我国集体主义文化背景下，祖辈视教养孙辈为应尽责任，将"含饴弄孙"视作晚年幸福感的重要来源，对此甘之如饴并从中获得自我价值感（古吉慧，2013），而在西方个人主义文化主导下，祖辈多是被迫教养孙辈。不同文化背景下的隔代教养者群体异质性强，因此我国在对祖辈的身心健康（尤其是心理健康）进行干预时，借鉴国外研究成果的同时应考虑我国文化背景下祖辈的心理特点。

第三节　隔代教养学前儿童祖辈依赖的干预对策

如本书第七章所述，祖辈依赖（dependence on grandparents）问题在祖辈教养学前儿童中日益突显，对学前儿童心理发展具有很多负面影响。因此，探讨隔代教养学前儿童祖辈依赖问题的干预对策具有重要的现实意义。

一、学前儿童祖辈依赖的表现

（一）依赖对象

在隔代教养家庭，祖辈可能来自两个家庭，即祖父母家庭和外祖父母家庭，亦即父系祖辈家庭和母系祖辈家庭。相比之下，母系祖辈比父系祖辈在隔代教养上花的时间更多（Tanskanen et al., 2011），其中女性母系祖辈通常是最积极的隔代照顾者，其次是男性母系祖辈，再次是女性父系祖辈，最后是男性父系祖辈（Danielsbacka et al., 2011）。同样有研究指出大多数女性祖辈对儿童的影响大于男性祖辈（岳坤，2018）。正如本书第七章第三节的研究结果表明，与父系祖辈相比，母系祖辈为主要教养人的学前儿童祖辈依赖程度更深。因此，可以推断在隔代教养家庭中，与父系祖辈相比，母系祖辈为主要教养人的学前儿童祖辈依赖程度更深，亦即，学前儿童对外祖母的依赖程度更高，而对祖父的依赖程度更低。

（二）具体表现

1. 认知依赖

学前儿童对祖辈的认知依赖是指学前儿童在认知过程中缺乏独立思考和见解，倾向于依赖祖辈对事情进行判断，或照搬祖辈的想法；在问题解决过程中倾向于向祖辈求助、依赖于祖辈的帮助。研究指出，相比于父辈教养学前儿童，祖辈教养学前儿童对祖辈存在更严重的认知依赖（陈传锋等，2021）。祖辈在教养孙辈过程中，多是将自己的个人想法和价值观直接灌输给学前儿童，学前儿童被动接受，这种教育形式会压抑学前儿童的主动性，阻碍其独立思考的能力，导致学前儿童在认知上对祖辈有所依赖。

2. 情感依赖

相较于主要教养人是父辈的学前儿童，主要教养人是祖辈的学前儿童的情感依恋问题更为严重（李福杰，2021）。由于祖辈的介入会加剧学前儿童对母亲的分离焦虑，学前儿童有可能放大对祖辈的依赖来满足自己的情感需求。另外，在隔代教养家庭中，祖辈与父辈难免会出现矛盾分歧，为了满足情感需要，学前儿童也会无意识地放大自己的依恋需求（岳建宏等，2010），从而可能在情感上形成对祖辈的过度依赖。值得注意的是，不仅仅是学前儿童因各种因素而"主动"依赖祖辈，祖辈为增强情感联结，也可能会通过干预学前儿童的生活来满足自身的情感需求（钱少靖，2019），产生"孙辈依赖"，从而加剧学前儿童对祖辈的情感依赖。

3. 行为依赖

祖辈参与教养是催生学前儿童依赖行为的重要因素，尤其使得学前儿童在生活起居和问题解决方面的依赖较为严重。而且，与祖辈同住学前儿童的依赖行为水平最高,其次是与祖辈—父辈共同居住学前儿童,而与父辈同住学前儿童的依赖行为水平最低(陈传锋等,2022)。相较于父辈,祖辈在生活中更加溺爱学前儿童,致其在生活中很多事情不自己动手处理。调查显示,有23.7%的学前儿童在家时需要家长喂食才能进餐,而有55%的孩子都依赖于祖辈喂食(黄忠秀,2007)。祖辈不让学前儿童参加力所能及的家务劳动和有益的社会实践活动,导致孩子产生依赖行为。研究还指出,祖辈由于宠爱学前儿童,怕其受欺负,故此很少带其外出,导致学前儿童在社交方面很依赖祖辈(孙艳,2011)。

4. 人格依赖

依赖性人格主要是指个体自主精神较弱,缺乏独立意识的人格,表现为过分渴求、对他人的亲近与归属、过分顺从容忍、无独立性、敏感多思、控制情绪的能力较弱(俞婷,陈传锋,2022;邓晓霞,2011)。一项研究指出隔代教养学前儿童的依赖人格在总分上显著高于父辈教养学前儿童(陈传锋等,2022)。还有研究表明,隔代教养学前儿童的自我认识和评价明显比父辈教养学前儿童低,自我消极情绪体验较多,自我控制能力也较差(张剑锋,2008)。在隔代教养家庭中,学前儿童可能与父辈接触较少,情感较为疏离,导致其情感与归属的需要得不到满足,因此产生了补偿心理,这种心理使其对更加宠溺自己的祖辈产生过度依赖,从而形成了依赖型人格。

此外,在隔代教养家庭中,幼儿还存在学习依赖,缺乏学习自主性,在学业上遇到困难时更倾向于依赖家长或同伴解决问题。

二、隔代教养学前儿童祖辈依赖的干预对策

(一)祖辈改善教养方式,张弛有度培养学前儿童独立性

本书第七章第三节的实证研究指出,祖辈对学前儿童的溺爱、专制、放任和与父辈不一致的教养方式,与学前儿童祖辈依赖及其相关维度显著

相关。另外，溺爱性正向预测行为依赖，专制性正向预测情感依赖，放任性正向预测认知依赖。因此祖辈应当优化自身教养行为。祖辈应当把握好关爱的尺度，学前儿童提出不合理要求、做出不合理行为时要正确引导，不能一味顺从。对学前儿童过于专制的祖辈，应当学会"放手"，多给他们一些独立探索的机会和空间，尊重并肯定他们的想法，让其意识到自己是一个独立的个体，有自己的认知，培养其主动性和独立性。民主性教养方式最利于学前儿童独立性发展。祖辈在情感上给予学前儿童温暖和理解，鼓励和尊重学前儿童，与学前儿童平等沟通交流，自然能使其在生活自理能力、人际交往、学习等方面有较好的独立性，不会对祖辈有过度的依赖。

对于有消极心理控制的祖辈，则要尝试新的教养模式以替代心理控制，增加对学前儿童的理性指导与情感支持，发展融洽的关系支持学前儿童，促进其主动性的发展。祖辈要始终相信学前儿童是有能力的主动学习者，激发其内在驱动力，而非使用"如果你不＿＿＿＿＿＿＿我就不喜欢你了"等控制性话语与手段去管教。一方面，学前儿童具有主动探索的能力，对世界有着与生俱来的好奇，热衷于感兴趣的活动，具有学习新技能的天赋；另一方面，在环境能够满足其基本心理需求的前提下，学前儿童愿意将那些符合社会化期待的行为整合与内化（顾芮莹，2019）。因此，祖辈不妨秉持"自然教育"的理念，调整心态，让教育更多地遵循自然规律。如当学前儿童在从事其感兴趣的活动时，充分调动与激发其内在驱动力，当学前儿童需要从事不感兴趣的活动时，可以考虑将其转化为学前儿童想要从事的活动。如此一来，既解放了祖辈，使教养过程更为轻松，又调动与培养了学前儿童的主动性与独立性，预防了依赖性的产生，实现教育"双赢"。

（二）母系祖辈摆正位置，重塑家庭秩序

本书第七章第三节的实证研究指出，在祖辈为主要教养人的家庭中，

学前儿童的祖辈依赖最为严重。进一步区分父系祖辈与母系祖辈，发现二者对学前儿童祖辈依赖的影响有所不同：母系祖辈为主要教养人的学前儿童在祖辈依赖总分、情感依赖、行为依赖上的得分均高于父系祖辈为主要教养人的学前儿童。即相比父系祖辈，母系祖辈为主要教养人的学前儿童祖辈依赖程度更深。这可能与当前我国家庭性别分工与成员地位有关，也可能与我国的传统文化和现阶段的家庭关系有关（陈传锋等，2021）。受到我国"男主外、女主内"家庭传统性别分工的影响，在教养孩子过程中女性长辈的影响往往会大于男性长辈。同时随着社会的转型变迁及独生子女的增多，母系祖辈参与带养孙辈的现象更加普遍。由于母亲对母系祖辈更为亲近与信任，母系祖辈在教养孙辈的过程中更具"主人翁"感，教养卷入程度更深，其对孙辈的影响也就更大，进而导致孙辈的祖辈依赖更强。有调查显示，相较于父系祖辈，母系祖辈对儿童各方面的投资更多（吴宝沛等，2013），母系祖辈对儿童在时间、精力、情感和金钱等方面投资过多，则有可能导致儿童对其更为依赖。因此，面对母系祖辈对学前儿童投资过多甚至"垄断"的情况，应当及时对育儿工作进行合理分工，既要保证祖辈适度参与，又要巩固父辈作为学前儿童主要教养人的地位，重塑家庭秩序（何姗姗，2021）。母系祖辈应适当给父辈家长让位，摆正自己的位置，要意识到自己不能替代孩子的父母，将教养责任归还给父辈，不过度干涉和全盘控制，从而避免学前儿童对其产生依赖性。

（三）转变教养观念，放开束缚学前儿童的手

首先，学前儿童不是"小大人"，家长不能对其高要求、严控制。很多家长将听话作为好孩子的标准，在应试教育背景之下，以高分定义孩子的成功，这种教养观念所培养的学前儿童只会成为迷失了自己的"回声筒"。无论祖辈还是父辈家长，都应及时更新自己的教养观念，树立科学的成才观，适当削减权威，降低要求，不唯分数至上，把学前儿童独立尝试的机

会和不断探究新事物的好奇心还给他们,"让儿童成为儿童"。

其次,"未成熟状态"不是"包办代替"的理由。家长们尤其是祖辈家长不能认为学前儿童还小、什么事都做不好,或因贪图幸福感而有意让孩子依赖自己,将孩子束缚在自己身边。应当正确看待独立性发展关键期,因势利导,满足学前儿童的独立性需求,给予其不断试错和解决问题的机会。家长应创造机会和条件,让学前儿童从被动、顺从转变为主动、独立,再由"我自己会做"转变为"我要自己做"。

最后,依赖并非常态,自我依靠最重要。家长应意识到学前儿童独立自主的重要性以及依赖的严重后果,在教育引导过程中学会说"不"。当学前儿童发出不合理的"依赖信号"时,家长要学会拒绝,并以此为契机教育学前儿童自我依靠的重要性,抑制其依赖动机。相较于父辈,祖辈在教养学前儿童过程中更易出现教养观念问题,父辈应与祖辈共同积极探索科学的家庭教养观念,预防学前儿童的祖辈依赖。

(四)避免教养冲突,协同预防学前儿童依赖性

在祖辈与父辈协同教养时,两代教养人的育儿观念及行为大相径庭,父辈的"科学育儿"与祖辈的"经验育儿"观念在教养学前儿童时会碰撞出许多矛盾和冲突。尤其是在祖辈、父辈和孙辈三代共同居住的家庭,祖辈照料学前儿童的时间久,与其接触的频率高,代际矛盾和冲突更加突出,导致对学前儿童的养育质量降低,更可能致其不知所措、产生依赖性。家庭亲密情感氛围能让学前儿童感受到更多关爱,给予学前儿童安全感和归属感,这种积极的心态能够促进学前儿童独立性的形成与发展。因此家庭成员之间应互相信任、互相尊重,创设亲密度高、轻松愉快的家庭氛围。不同教养人间要做到相互支持、理解接纳,建立长期有效的沟通机制,保持一致的教养观念与方式。在必要且有条件的情况下,可与祖辈分开居住,避免祖辈和父辈及其孙辈三代人共同居住。分开居住可为祖辈和父辈两代

人留有充分私人空间，利于减少因日常琐事而引发的矛盾，避免家庭教养冲突，营造温馨和谐的家庭教养氛围。

由于文化背景与生活经历的差异，祖辈与父辈在教育过程中产生矛盾在所难免，但双方要能够互相理解，在共情的基础上坚守自己的角色。祖辈要学会调整心态，减少焦虑，将个人价值与学前儿童养育相分离，避免因想要凸显自身价值而对学前儿童控制、过度保护与溺爱，从而有效预防其依赖性的滋生。另外，隔代教养不能取代亲代教养，父辈要主动承担起育儿责任，为学前儿童树立独立自主的榜样，陪伴、鼓励学前儿童逐渐独立，而不是遇事就找家人尤其是祖辈帮忙。同时父辈应该多与祖辈沟通交流，最好能够站在同一个"战线"上来教养学前儿童，设定利于儿童独立性和各方面发展的规则和要求，并共同遵守，而不能任由祖辈包办代替和娇惯，致使学前儿童祖辈依赖严重。只有祖辈—父辈携手，使家庭教育的正面效应达到最大化，才能最大限度地预防学前儿童过度依赖祖辈的情况发生。

（五）强化教育自觉，发挥独特教育优势

家长的教育自觉，指家长一方面要意识到自身培养学前儿童独立性、引导其自信自立自强的责任，另一方面指家长应当付诸行动，利用好家庭在学前儿童教养上时间自由空间独立的优势所在，创造机会，在教育过程中建立起有效的互动反馈机制，增加学前儿童的参与感。学前儿童对祖辈在行为、认知、情感等方面容易产生依赖，也可理解为学前儿童自身的自我依靠、自我主张的能力低下。针对学前儿童自我依靠能力的培养，家长应理论结合实践，告诉学前儿童自己动手、独立自主的道理，同时让孩子参与一些力所能及的家务劳动，如打扫卫生、自身物品整理等。长此以往，学前儿童便会逐渐养成自我依靠的习惯，而不是衣来伸手，饭来张口。针对学前儿童自我主张能力的培养，家长应当给予儿童个人事务的决定权以及家庭事务的发言权和参与权。在这个过程中，儿童可以获得自我肯定，

也有主动参与感,日后遇事也能自己动脑动手解决,不过度依赖他人。此外,当学前儿童犯错时,家长们不能过度批评,要尽量站在孩子的视角看问题,积极与其交流,一起找到问题产生的根源,帮助其提升自我价值感,而不是一味地抓住其错误和弱点不放,增加孩子内疚感,导致其之后害怕主动做事,从而失去独立性。

(六)家园携手同行,共促学前儿童独立性发展

幼儿园在帮助学前儿童摆脱依赖性、提升独立性方面应积极主动。

一方面,幼儿园应与家庭保持紧密联系。第一,可定期开展教育知识讲座或培训,提升家长尤其是祖辈的教育素养和敏感性,让家长认识到学前儿童若依赖性严重会阻碍其认知、情感、行为、个性等方面的健康发展,以后还有可能会成为与社会格格不入的"巨婴",而只有独立自主才能较好地适应社会和取得成功。第二,要定期组织家长会,教师与家长沟通交流学前儿童关于独立性发展的问题,在关于对学前儿童独立性教育的要求上保持一致。

另一方面,家长和教师均应有教育自觉,意识到双方在培养学前儿童独立性方面的作用都不可替代,不可"踢皮球"。家长不可认为教育孩子是幼儿园的事情,而教师则不可认为学前儿童的独立性应当由家长来培养。家长与教师都要有作为。家长要定位好家庭与幼儿园的关系,做好学前儿童独立性教育的本职工作。教师要亲自教授学前儿童关于独立、自主方面的知识和规范,并且以身作则,为学前儿童树立好榜样。

此外,幼儿园可通过开展主题活动培养学前儿童的独立性。第一,定期开设有关劳动的主题活动,调动儿童积极性,因为劳动体验能提升学前儿童独立性,即便是简单的日常劳动也可以培养学前儿童的独立性、责任心和自我组织能力。因此,定期开展劳动主题活动,对预防学前儿童的依赖性、促进独立性有独特意义。第二,开展学习自立、"我的事情我做主"

等主题班会，让学前儿童交流分享自己从哪些方面管理和安排自己的生活，推动儿童内化自立自强等优良品质。在家园合作过程中，教师要注重做好祖辈家长的工作，动之以情，晓之以理，循序渐进地做出指导，让祖辈明晰由于自身问题而导致学前儿童祖辈依赖的可能性与危害性，并采取行动预防改善。

第四节　农村留守家庭隔代教养的干预策略

随着我国社会工业化、城镇化进程日益加快，农村年轻父母纷纷涌向城市以谋求更好的生活，出于种种考量，大部分父母将子女留在老家，由此产生了数量庞大的留守儿童。留守儿童通常和祖辈生活在一起，由祖辈进行抚养和教育，即隔代教养。由于成年子女常年不在身边，祖辈大多只能留在农村务农和照看孙辈，因而这些农村祖辈也被称为留守祖辈。目前，社会各界均十分关注留守儿童家庭教育存在缺失和不良等问题，并纷纷提供支持和帮助。同时，学界一直积极探讨留守儿童家庭教育的干预策略。武慧娟（2007）认为留守儿童在学习、生活、心理的发展上存在许多问题，需要家庭、学校、社会三方合力解决。张帮辉和李为（2016）也指出留守儿童在学习、品行、心理和安全四方面存在问题，并从政府、学校、社会、家庭四方面提出了具体对策。然而，鲜有研究者从隔代教养的角度出发，系统地探寻农村留守家庭隔代教养问题的干预策略。

我国于2021年颁布的《中华人民共和国家庭教育促进法》指出，未成年人的父母或其他监护人负责实施家庭教育，国家和社会为家庭教育提供指导、支持和服务，这说明隔代教养人承担的家庭教育的责任与父母同等重要。在农村留守家庭中，祖辈是孙辈的主要教养人，完全承担教养孙辈的职责和义务，但留守祖辈因文化水平、经济状况、体力精力等方面的限制，在教养孙辈时可能会对孙辈的发展和成长产生不利影响。因此，关注农村留守家庭隔代教养的教育问题并提出干预策略，有利于祖辈科学合理地教养孙辈，促进留守儿童身心健康成长。

一、农村留守家庭隔代教养的特点及问题

（一）祖辈文化水平较低，影响教养质量

留守祖辈的文化水平普遍较低，直接影响其教养质量。李高勇（2016）调查发现，留守祖辈文化水平较低，82%的留守祖辈学历为小学及以下。一项全国性的调查也显示，74.96%的留守祖父学历为小学及以下，留守祖母的比例则为84.02%，二者的受教育年限分别为5.84年和3.16年（段成荣，杨舸，2008）。而祖辈的文化水平会直接影响其教养质量，例如在学习辅导上，留守祖辈往往力不从心，只能口头督促和检查孙辈作业是否完成，无法给孙辈提供实质性的作业辅导（李高勇，2016）。一项针对留守儿童的调查显示，76.5%的孙辈认为祖辈没有能力辅导自己学习（陈芸，2017）。此外，由于自身文化水平的限制，留守祖辈多采取机械传授知识的教育方式，例如，在教授孙辈背诵古诗时，通常要求孙辈采用死记硬背的方式，而不要求孙辈理解记忆（胡业方，2015）。留守祖辈由于文化水平较低，导致其教养观念相对落后，主要体现在发展观、期望观和教育观上。在发展观上，大部分留守祖辈较为重视对孙辈读、写、算等能力的训练，但不鼓励孙辈进行游戏、画画等兴趣活动，一切以考试分数为重，缺乏引导孙辈全面、协调发展的意识（王畅，2013）；在期望观上，留守祖辈具有较强的功利思维。过半数的留守祖辈对孙辈的学历没有太高要求，认为孙辈只要识字、不是文盲就行，最重要的是事业成功、能赚大钱（胡业方，2015）；在教育观上，留守祖辈大多重养轻教、重男轻女，其教育观念较为陈旧、落后，一般只注重对孙辈的日常生活照料，确保他们吃饱穿暖、身体健康，

其他方面则放任自流（李丹，2019）。

（二）祖辈完全隔代教养，存在教养弊端

农村留守家庭的隔代教养有其特殊性，即孙辈完全由祖辈照顾，这种完全隔代教养存在一定的弊端。

首先，在完全隔代教养家庭，留守祖辈扮演的是主要教养人的角色，但在现实生活中，留守祖辈一般将自己定位为孙辈的养育者，而忽视了教育者、监护人的身份，通常认为教育是学校教师的职责，自己只需负责好孙辈的生活。

其次，留守祖辈常采取不科学、不合理的教养方式，不能履行好监护人的监管职责。大多数留守祖辈采取放纵型的教养方式，多表现为对孙辈的宠溺，在孙辈犯错后，舍不得管教和约束孙辈，往往持纵容态度（白哲，2016）。"疼"和"惯"是留守祖辈教养的代名词，留守祖辈通常事事顺着孙辈，对孙辈有求必应（余盼，熊峰，2014；王一涛，冉云芳，2013），以致孙辈极易养成傲慢、自私、以自我为中心的不良品质（白哲，2016）。对孙辈采取放任型的教养方式的祖辈，只是在生活方面照顾孙辈，而对其他方面一概不管（郭红霞，2021），这可能导致孙辈出现社交能力差、同伴关系不佳、违纪行为增加等问题（唐小茜等，2018）。另有一些留守祖辈为了捍卫自己的权威则采取专断型的教养方式，要求孙辈绝对听话，经常限制孙辈的自由，在教育孙辈时也多采取批判和否定的态度，甚至采用恐吓和打骂的方式，容易导致孙辈自卑、胆怯、孤僻，极大影响了孙辈的社会化（唐小茜等，2018；朱爱国，2020）。

最后，在农村完全隔代教养家庭中，祖辈对孙辈的负面影响更大，尤其在不良习惯方面。例如，一些留守祖辈有说脏话的习惯，孙辈可能有意无意地模仿，留守祖辈对此现象虽会制止，但态度并不严厉，可能使孙辈养成说脏话的陋习（胡业方，2015）。还有些留守祖辈对孙辈良好卫生习惯

的养成不够重视，不会严格要求孙辈饭前洗手、勤换衣服、修剪指甲等（张霄，2015），可能会使孙辈在生活中也养成不良的卫生习惯（夏霜，2017）。

（三）祖辈经济状况较差，影响教养投入

农村地区基础条件较差，经济发展水平较为落后，加之留守祖辈文化水平较低，年龄较大，只能通过务农或打零工等方式获取收入，经济来源很不稳定且收入有限。他们缺乏经济保障，往往入不敷出，只能勉强应付孙辈上学的基本开支（梁在，李文利，2021）。任明新（2017）通过访谈同样发现，孙辈跟着留守祖辈一起生活，外出务工的父辈一般不会支付额外的教养费用给留守祖辈，留守祖辈也难以开口向父辈索要生活费。因此，留守祖辈的经济状况较差，在教养孙辈时没有充足的资金，难以支持孙辈的健康成长和全面发展。受经济条件的限制，留守祖辈对孙辈在生活和学习方面的经济投入较为欠缺，往往只能尽力满足其物质生活和学习用品方面的需求，但却忽视其心理和个性发展的需求。有些留守祖辈在物质方面虽然投入较大，也只能满足孙辈吃饱、穿暖的需求，缺乏足够的资金确保其营养均衡。梁在和李文利（2021）调研发现，留守儿童家庭在书本、课外读物、文具等教育经济投入方面显著少于未留守儿童家庭。一些留守祖辈对心理健康毫无概念，他们可能无法发觉儿童出现了心理问题，即使发现，有些祖辈也可能会被昂贵的心理咨询费用"劝退"。在个性发展方面，由于留守祖辈将大部分资金投入在孙辈的日常生活和知识教育上，便没有足够资金投入技能教育、审美教育、兴趣教育等发展孙辈个性特长的教育活动上，在一定程度上阻碍了孙辈的全面发展。

（四）祖辈体力精力不足，教养力不从心

留守祖辈年龄一般较大，大多在60岁以上，甚至在70岁以上，体力、精力、活力等随着年龄的增大而衰退，年纪较高的留守祖辈体力精力较差。

同时，留守祖辈平日里不但要干农活或者打零工，还要操持家务，体力和精力都经受着严峻的考验，因此在教养方面往往显得力不从心，常常不能满足孙辈的社交需求和情感需求（朱爱国，2020；吴秀兰，2014；董士昙，曹延彬，2010）。

部分留守祖辈任务较重，白天需要外出干活，无法陪伴和照料孙辈，为了保证孙辈的人身安全，便会给孙辈看电视、玩手机，使其安静地待在家中（朱爱国，2020）。经过一天的辛苦劳作，留守祖辈晚上回到家中已甚是疲惫，面对活泼好动的孙辈，已无足够的精力和体力进行看管，便倾向于"圈养"孙辈，很少带其出门玩耍，由此隔断了孙辈与外界交流的可能，无法满足孙辈的社交需求。周芳（2018）指出，留守祖辈年龄较大，体力精力不足，接受信息和学习新事物的能力较弱，加之学习路径较少，往往按经验行事，沿袭着陈旧的理念教育孙辈，以致祖孙之间的共同话题少，产生巨大的代沟，依恋关系难以建立，情感逐渐疏远，教养效果差。

二、留守家庭隔代教养的教育干预策略

农村留守家庭隔代教养是隔代教养的一种特殊类型，也是最受关注和占比较大的一类，因此加强留守家庭隔代教养的干预研究，提出有针对性的教育建议显得尤为重要。本章第一节"祖辈隔代教养价值的提升策略"为优化隔代教养、提升隔代教养价值所提出的策略，大都适合留守祖辈改善隔代教养。但农村留守祖辈存在一定的特殊性，如文化水平低、不与父辈同住、经济状况差、体力精力不足等，因此，农村留守家庭隔代教养的教育干预有其特殊性。下文根据农村留守祖辈存在的典型问题再补充提出一些有针对性的、更具体的干预策略。

（一）提升祖辈教养能力，提高孙辈教育质量

留守祖辈因文化水平的限制而影响对孙辈的教育质量，因此政府、社

会、学校和父辈要积极发挥作用，留守祖辈也要坚持自我革新，不断提升自己的教养能力和教育素养，从而提高教育孙辈的质量。

第一，政府应该着重关注留守家庭的隔代教养，把其当成一项重要的民生工作，制定保障性和奖励性的政策，以鼓励留守祖辈积极参加各类与隔代教养相关的培训，不断提高留守祖辈的素质和教养能力（朱福，2019）。相关部门对隔代家长培训班、培训学校的开办予以政策倾斜，鼓励其将隔代教养培训办大、办好。除了积极组织各部门开办相关学校外，政府还应发挥协调作用，整合各类资源，联合各种服务型机构、妇联、村委会、学校、共青团等，为参与隔代教养的祖辈提供帮扶，共同构建良好的教育监护体系（周国雷，2017）。

第二，相关部门要积极承担起相应的义务。全国各级妇联、老龄协会和关心下一代工作委员会等部门可以组织开办各种形式的亲子园、祖辈学校、老年大学和家长学校等，教授留守祖辈相关的教育知识，转变其不当的教养方法，更新其落后的教养观念（王慧杰，2020），使其在知识方面，了解隔代育儿的现状和最新的科学育儿知识，以及孙辈身心发展的规律与特点；在技能方面，掌握科学育儿的方法，学会与孙辈有效沟通；在观念方面，明白隔代教养和科学育儿的重要性（朱敏，2019）。

第三，学校可以通过发放农村隔代教养小册子、召开家长培训会以及家访的形式加强对留守祖辈的培训。农村隔代教养小册子可以由教育家、心理学家和一线教师共同编写，包括农村隔代教养的概念、影响、问题和措施等内容，其中措施部分最为关键，要贴合实际需求，指导留守祖辈科学、合理地教养孙辈（张彦欣，2016）。可以定期举办家长培训会，教师对留守祖辈进行教育学、心理学等理论知识的培训，重点讲解有关儿童的个性发展、品德行为、心理健康和素质教育等方面的内容（毛瑞静，2014）。家访也是提升留守祖辈教养质量的一种有效方式，熊洁（2012）指出传统的"告状式""通报式"家访易引起祖辈情绪紧张，对年龄较大、心理承受能力较差的祖辈来说不适宜，提倡教师与祖辈采用"聊天式""商讨式"的家访形式，共同交流和探讨如何发挥家校合力教养好儿童。

第四，父辈要多鼓励和引导祖辈发挥其经验丰富、较为耐心、注重品德教育等优势，增强其教养信心。对祖辈的辛勤付出给予充分的肯定和大力的支持，同时教育儿童尊老、敬老，树立起祖辈的威信，使祖辈顺利开展合理的管教活动，减少其担忧和顾虑，激发祖辈教养孙辈的积极性和潜能（秦敏，2015）。还要经常打电话与祖辈沟通交流，倾听他们在日常教养中遇到的困难和趣事，在精神上给予其有力的支持（毕波，2015）。同时，也要利用自己的优势，向祖辈传授科学的育儿理念，改变祖辈陈旧的教养观念和教养方法，对于识字的祖辈，父辈还可以买一些科普类书籍指导祖辈学习观看，鼓励祖辈参加相关讲座，有条件的家庭还可以鼓励祖辈去老年大学或其他培训机构学习（李晴霞，2001）。

第五，留守祖辈也要发挥主观能动性，积极学习、更新自己的教养观念，提高自己教育孙辈的质量。在发展观上，留守祖辈要意识到时代在进步，社会在发展，只注重文化知识的学习是不够的，当今的教育目标是培养德、智、体、美、劳全面发展的社会主义建设者和接班人。留守祖辈要树立全面发展的观念，鼓励和引导孙辈全面发展；在期望观上，留守祖辈要积极寻求与父辈的沟通交流，确立合理的价值取向，理性定位孩子的发展目标，形成正确的期望观；在教育观上，留守祖辈要及时更新自己的教育观念，扭转"重养轻教""重男轻女"等落后、陈腐的观念，树立"科学教养"的教育意识和男女平等的教育观念，以平等的态度对待不同性别的留守儿童（张雁，2018）。

（二）转变祖辈教养方式，培养孙辈良好品质

社会各界要加大对农村留守家庭隔代教养家庭的关注与帮扶，例如社会媒体发挥作用、村委会加强干预和社会工作者介入等，帮助留守祖辈树

立科学民主的教养方式,并与孙辈加强沟通,使孙辈养成良好的个性品质。

黄元元(2020)指出溺爱型的教养方式会使儿童形成情绪性气质,民主型的教养方式更利于儿童形成反应性、专注性的气质,因此留守祖辈在教养孙辈时要根据孙辈不同的气质类型选用适当的教养方式,通过积极引导和互动,发扬孙辈个性中积极的成分,促进其健康发展。例如,面对活泼好动的孙辈,祖辈可以适当干预,但不可压制他们的探索行为;面对内向退缩的孙辈,祖辈可以启发引导,激发其探索行为。王立静(2017)的研究发现,开明权威的教养方式有利于孙辈亲社会行为的发展,建议留守祖辈采取高回应、高要求的方式教养孙辈,在管束孙辈的同时也能尊重和关照孙辈的需求。毕波(2015)则指出留守祖辈应在日常生活和学习中多鼓励孙辈,培养孙辈的独立意识,在孙辈做出不当行为时要及时制止并做出限制。

为了帮助留守祖辈采用的科学、合理的教养方式,社会各界可参考以下干预策略:

第一,媒体发挥对农村隔代教养的导向作用。电视媒体和广播可以制作一些关于农村隔代教养方面的指导类节目,拓宽留守祖辈学习隔代教养的途径,发挥媒体的教化和引导功能(黄元元,2020)。学历层次高的留守祖辈,还可以通过自主阅读相关书籍、期刊和网络文章学习相应的教养内容;学历层次低的留守祖辈,可以通过听育儿广播、看教育类电视、听育儿知识宣讲等形式获取相关知识(闫洪波,2014)。

第二,村委会加强对本村隔代教养家庭的干预。村委会可组织开展一些活动,如安全教育、心理健康教育、生活常识以及亲子关系方面的体验活动,通过游戏加讲解的方式使留守儿童和祖辈获得知识,增进感情(张幸炜,2017)。

第三,社会工作者介入农村留守儿童隔代教养。李茜(2020)指出社会工作者可根据服务对象的需求,链接多方资源,采用线上和线下相结合的方法，使留守祖辈形成科学的教养方式、教养观念和教养行为，以此解决隔代教养问题。可采取小组工作方式，其方案可多种多样，如"角色扮演"法：让留守祖辈模拟日常生活中教育孙辈的场景，使祖辈认识到自己不合理的教养观念；观看影片法：通过观看教育类影片使留守祖辈获得一定的感悟，成员之间相互交流、分享经验，形成民主科学的教养观念；专家讲授法：邀请育儿专家帮助和引导留守祖辈制定适宜的教养规则，并沟通解决留守祖辈在教养过程中遇到的问题，形成科学的教养方式和教养行为。

此外，祖辈要想自己采取的教养方式发挥成效，更好地培养孙辈形成良好的个性品质，就要多陪伴孙辈，多与孙辈沟通交流，多给予鼓励和关爱。增加与孙辈的互动，注意接收和解读其传达出的信息，并积极回应，从而增强与孙辈之间的感情交流。留守祖辈在陪伴孙辈时还要意识到"身教"重于"言传"，除了用语言告诫和教导孙辈外，更应该以身作则，做孙辈的榜样。

（三）加大祖辈经济支持，确保孙辈发展费用

多数留守祖辈在经济方面存在较大困难，只有提供了足够的经济支持，祖辈才能为孙辈提供高质量的教育。因此政府、社会和父辈应加大对农村留守家庭的经济支持，以助力孙辈全面、健康发展。

第一，政府工作部门应根据当地的财政收入，将留守儿童关爱服务工作经费纳入年度预算，建立政府财政投入为主、社会捐赠为辅，吸纳民间资金的资金保障机制（常亚琼，2017）。重点加大以下四方面的资金投入：一，对在医疗救助、临时救助、住房救助、低保和特困等保障范围的留守儿童，确保足额发放，逐年提高保障标准。二，根据当地留守儿童的总数，预算专项工作所需经费。三，将政府购买的、由社会组织开展的农村留守儿童关爱服务活动的相关经费列入财政预算，并建立自然增长机制。四，加大基础设施建设经费投入，例如儿童之家、未成年人保护中心、儿童服

务站、老年活动中心等（刘金接等，2020）。

第二，社会应加大对农村留守家庭的经济支持。企业要承担起相应的社会责任，力所能及地助农、惠农，积极参加公益事业，开展公益项目，设立留守儿童专项基金，重点支持有困难的留守家庭，为其提供必要的物资与资金支持，减轻祖辈的经济负担。秦泽文和龚壹洋（2022）指出可以充分挖掘高校公益力量，为祖辈及留守儿童提供物质支持。学生支教团可以进行一对一帮扶，并向高校师生介绍和宣传，以获得必要的经济支持，设立奖助学金，支持留守儿童的学习和发展。相关组织还可以在节假日联合高校开展物资募集活动，举办"微心愿"活动，鼓励高校师生认领并满足留守儿童合理的小心愿，以及"爱心捐款"活动，提供直接的经济支持。此外，还可以鼓励社会各界爱心人士，通过捐款捐物、爱心志愿活动等对农村留守儿童实施经济援助。

第三，父辈外出务工后，经济条件有所改善，经济支持能力有所提高，则需给予祖辈一定的经济支持。应增强自身责任感，定期给祖辈汇款，并多与祖辈和孩子沟通交流，时刻关注孩子成长和发展的需求，确保留守祖辈有足够的资金开展教育活动，缓解祖辈的经济压力（王群，2019）。李骅等（2020）指出祖辈帮助父辈照顾儿童，父辈给予祖辈相应的经济支持，这种家庭互惠的模式有利于缓解祖辈照顾孙辈的经济压力，使其生活有保障。有了充足的经济支持，祖辈教养孙辈就有必要的投入，确保孙辈学习和发展所需要的费用。

（四）多方助力隔代教养，优化孙辈成长环境

农村留守祖辈任务繁重，体力、精力不足，常常无法为孙辈创造良好的成长环境、履行好教养孙辈的任务。此时，政府、社区、学校就要承担起职责，履行好义务，发挥出优势，积极帮助留守祖辈教养儿童，给留守儿童创造一个快乐、健康的成长环境。

政府要承担起相应的职责,加强顶层设计,创新制度,完善服务功能,在教育、福利、卫生保健和社会保障等方面提供精准、有效的保护措施,将留守儿童的福利纳入相关法规和政策之中,还要鼓励和引导专业化服务机构和社会组织参与留守儿童服务保护工作,加大力度培养专业的社工人才。同时,可建立政府领导、相关部门负责、社会组织及团体共同参与的跨部门、跨领域合作的工作模式(宋文珍,2016),调动社会团体、企业、个人积极投入留守儿童关爱工作中,在节假日或特殊时期为留守儿童开展送温暖的活动,引导广大志愿者、一线教师、大学生等结对帮扶留守儿童,营造全社会关爱留守儿童的良好氛围。

社区应建立儿童保护与服务网络。一,社区相关人员可组建留守儿童保护工作办公室,负责计划、组织、管理社区留守儿童保护工作,例如建立留守儿童档案、监测和帮扶高风险留守家庭、开展留守儿童关爱与保护的宣传培训与服务。二,依托现有资源和设施,实施代理家长模式,动员和遴选符合要求的各界人士担任留守儿童的"代理家长"和"爱心妈妈",一对一帮扶留守儿童,以弥补留守儿童父母的缺位和管教的缺失。加快建设留守儿童之家,配置电视、计算机、电话、书籍和体育健身器材。儿童之家须设立图书阅览室,方便留守儿童查阅资料和借阅图书,创设良好的学习环境;设立课外活动室,使留守儿童在课余时间能有空间、有保障地进行锻炼;设立心理咨询室,加强对留守儿童心理健康的关注和指导,培养留守儿童良好的自我调节能力,树立自立、自信、自强的良好品质;形成全方位的关爱网络,共同为留守儿童创设良好的成长环境。三,确立留守儿童救助保护流程与措施,在留守儿童出现困难和伤害时,落实强制报告、应急处理、救助和康复治疗等一体化的保护措施(宋文珍,2016;和学新,李楠,2018)。

学校要加大对留守儿童的关爱,有条件的学校可实施寄宿制度。一,学校教师应加强对留守儿童这一弱势群体的关爱,对留守儿童付出更多的耐心、爱心和责任心，采用个别谈心法，走进他们的生活，打开他们的心扉，使其树立积极向上的人生态度和正确的三观，呵护留守儿童身心健康成长；加大对留守儿童学业方面的帮助，加强与祖辈的联系，在作业等方面对留守儿童进行个别辅导（张成，2018）。二，学校实施寄宿制度在一定程度上能弥补留守儿童家庭教育的缺失（程艳艳，2007），避免隔代教养的不良影响。实施寄宿制的学校不仅可以配备值班教师，在课余时间辅导儿童作业，提高其学习质量，还可以配备生活教师，实行营养午餐计划，关心其心理状况和生活状况，提高其生活质量（郭开元，张晓冰，2018）。

（五）祖辈科学教养孙辈，促进孙辈全面发展

为了促进孙辈全面发展，留守祖辈要进行科学的隔代教养。

第一，在健康教育方面，留守祖辈要重视孙辈的饮食，做到荤素搭配，营养均衡，保障孙辈身体的成长和智力的发展。要合理控制孙辈所吃的零食，令其少吃垃圾食品；要教育孙辈养成良好的卫生习惯，做到勤洗手、勤换衣服、勤洗澡、勤刷牙，养成爱干净、爱卫生的良好习惯；要培养孙辈的安全意识，学会自我保护，同时重视性知识的教育；要对孙辈讲解用电用火的注意事项、碰到陌生人的注意事项；使用图案、故事、声音等方式普及110、119和120等紧急求助电话的用途，通过绘本、儿歌等方式给孙辈讲解安全知识，增强孙辈自我保护意识（张霄，2015）。

第二，在语言教育方面，留守祖辈要抓住儿童语言发展的敏感期，在3~6岁注重培养孙辈的语言能力，有条件的地区可以鼓励孙辈说普通话，耐心引导其完整表达自己的想法。会讲普通话的留守祖辈也要以身作则，尽可能地用普通话与孙辈进行沟通交流，尽量不说脏话或不文明用语（张霄，2015）。

第三，在科学教育方面，留守祖辈要遵循孙辈的身心发展规律，保护

其求知欲和探索精神。例如，积极回应孙辈的提问，利用农村的天然素材，培养孙辈认真观察、探索自然、热爱大自然的美好品质。在日常生活中，留守祖辈要注意观察和了解孙辈的心理特点、行为习惯、兴趣爱好和个性特征，发现问题的同时积极挖掘孙辈的潜能，扬长避短，科学地关心和教育孙辈（毛瑞静，2014）。

第四，在社会教育方面，留守祖辈要积极教导孙辈，促进其社会化。在人际交往上，多鼓励孙辈与他人进行沟通交往，传授注意礼貌和尊重他人的交往原则，培养孙辈诚实、善良、勇敢等良好的品德。对孙辈表现出来的优良品质要及时表扬，给予充分的肯定，对其积极行为给予正强化（张霄，2015）。

第五，在艺术教育方面，留守祖辈要注重对孙辈审美能力的培养，善于发现孙辈唱歌、舞蹈、画画等方面的兴趣和天赋，挖掘孙辈的艺术潜能（张霄，2015）。

第六，和江群和李毅（2018）还指出，留守祖辈在教养过程中要充分利用自己的优势资源，对孙辈进行品德教育、美德教育、礼仪教育和劳动教育。应注重对孙辈品德的培养，例如教会孙辈做人的道理，培养孙辈的公德心，学会尊老爱幼等，在言传身教中培养孙辈勤俭持家、艰苦朴素的优良美德（付雨鑫，杨艳春，2014）。

此外，留守祖辈也要注重"礼"文化的传承，严格要求孙辈遵循一定的行为准则规范，例如家风家训、社会道德、礼仪教化等（范禹，2019）。对于劳动教育，留守祖辈要给孙辈提供参与家庭劳动的指导，引导孙辈自己的事自己干，必要时帮助自己做一些家务和农活等（刘芳，2018）。

后　记

　　本书是国家社科基金教育学国家一般项目"隔代教养儿童的祖辈依赖及其教育干预策略"（课题编号：BBA180077）研究成果，是作者继2009年和2012年受国家社科基金资助后的又一个教育学国家一般课题成果。前两个课题成果主要关注学生的课内外学习与学校教育，而本课题成果则更加关注学生的身心发展与家庭教育，尤其是家庭隔代教育。在当前我国隔代教养日益普遍的背景下，本书基于对隔代教养儿童及其主要教养人的抽样调查，揭示了我国当前隔代教养儿童的心理和行为状况，系统地考察了隔代教养相关因素对儿童心理发展和社会行为的影响，并侧重考察了隔代教养儿童的祖辈依赖及其心理依赖特点。基于本研究调研结果，同时综合国内外有关隔代教养研究成果，对如何优化我国隔代教养、提升隔代教养价值，进而促进隔代教养儿童健康成长，提出了相应的教育干预对策。

　　在本课题研究和成果提炼过程中，中国人民大学心理研究所所长、博士生导师俞国良教授，上海教育科学研究院院长、华东师范大学博士生导师桑标教授，中国老年学和老年医学学会老年心理分会主任委员、北京师范大学心理学部博士生导师王大华教授等给予了热情指导和大力支持；《心理发展与教育》编辑部主任刘霞教授，《学前教育研究》主编赵南研究员和文字编辑刘向辉博士，杭州师范大学学报《健康研究》常务副主编杨宏艳女士,《上海教育科研》周明编辑等对本课题成果提升和发表给予了细心指导和热情支持;许多学校、幼儿园和广大师生(含幼儿)对本课题的调研给予了大力支持和热情配合。本研究还得到了全国教育科学规划办的大力支持和资助,以及浙江省教育科学规划办的大力支持和帮助,作者所在单位(湖州师范学院)的领导和同事也为课题组的研究工作提供了强有力的支持和帮助。此外,我的许多本科生和研究生参与了本课题研究。作者在此一并表示深深的敬意和谢意。

本课题成果得以成书,是课题组全体成员共同参与和精诚合作的结果,是大家集体攻关和共同奉献的结晶,也是我的学生共同参与和努力的结果。具体而言,本书各章内容撰稿分工如下:第一章"隔代教养概述":陈传锋,李萍,杨雨清,黄娅妮,赵玲玲,徐可盈,邓惠连,姜徐淇,卞娟娟;第二章"隔代教养对学前儿童认知与依恋的影响":陈传锋,葛国宏,赵玲玲,卢丹凤,岳慧兰,卞娟娟,张文鸢;第三章"隔代教养儿童的人际关系研究":陈传锋,陈璐,赵玲玲,梁佳怡,曹佳敏,岳慧兰,杜晓凌,洪鑫兰;第四章"隔代教养儿童的学业发展研究":陈传锋,吕敏燕,梁佳怡,孙亚菲;第五章"隔代教养儿童的品行问题研究":陈传锋,王玲凤,周宇琦,高瑜婕,杜晓凌;第六章"隔代教养学前儿童的心理依赖研究":陈传锋,王敏,陈钰雯,俞婷,张金荣,俞睿炜,卞娟娟;第七章"隔代教养学前儿童的祖辈依赖研究":陈传锋,王玲凤,黄娅妮,杨雨清,陈璐,孙雨田,张笑阳,王英杰,张文鸢;第八章"隔代教养儿童的身心健康研究":陈传锋,王玲凤,张雨茜,孙雨田,田涌立,金雪菲,张宪山,姜秀荣,罗燕;第九章"隔代教养家庭的干预对策":陈传锋,邓惠连,黄娅妮,徐可盈,洪鑫兰,罗燕,刘盛敏。书稿完成后,研究生杨雨清、黄娅妮、张雨茜、姜徐淇、徐可盈、赵玲玲、邓惠连对书稿内容进行了三遍精心校对,研究生张淑芳也参与了校对的部分工作。

中国纺织出版社的编辑关雪菁与宋贺对本书的编辑和出版给予了密切

关注和大力支持，在书稿内容和编校质量等多方面加以指导、亲自把关，不仅使本书能够得以顺利出版，而且使本书的整体水平得以提高。俞国良教授对本书的撰写给予了高度关注和热情鼓励，并在百忙之中为本书作序。此外，本书引用了许多前辈和同行的研究成果，使本书内容更加丰富和充实。在此，谨向所有关心和支持课题研究和书稿出版的领导、师长、同事、学生和亲朋好友们，致以深切的敬意和衷心的感谢！

陈传锋　谨识

2022 年 10 月 31 日

本书参考文献请扫描下方二维码获取